KB104565

청소년을 위한
과학인물사전

청소년을 위한

과학
인물
사전

아리스토텔레스에서 파인만까지
인류의 빛을 밝힌 과학의 스타들

에른스트 페터 피셔 지음 | 김수은 옮김

열대림

청소년을 위한 과학인물사전
아리스토텔레스에서 파인만까지 인류의 빛을 밝힌 과학의 스타들

초판 1쇄 인쇄   2009년 12월 10일
초판 1쇄 발행   2009년 12월 15일

지은이   에른스트 페터 피셔
옮긴이   김수은
펴낸이   정차임
디자인   디자인플랫
펴낸곳   도서출판 열대림
출판등록   2003년 6월 4일 제313-2003-202호
주소   서울시 마포구 동교동 156-2 마젤란 503호
전화   332-1212
팩스   332-2111
이메일   yoldaerim@naver.com

ISBN   978-89-90989-40-6 03400

머리말

과학은 분명 인간이 만든 것이다. 그러나 실제로 일반인들은 과학을 만든 사람들에게 접근하기가 쉽지 않다. 또 특별히 과학자에게 관심을 쏟을 일도 별로 없다. 이 책은 청소년들에게 과학자들의 삶에서 많은 것을 배우고 즐거움을 찾을 기회를 제공하고자 한다. 과학이라는 사업에 결정적으로 기여한 26명의 인물을 소개함으로써 독자로 하여금 서구 사회의 가장 중요한 권력을 이해할 길을 열어주고자 한다. 과학으로 향한 문을 열기는 그리 쉽지 않다. 하지만 불가능한 일만은 아니다. 이 텍스트는 '벽난로 가에 앉은 친구들에게 들려주는 과학자들 이야기'이다. 각주는 문헌학적 정확성을 기하기 위해서가 아니라 잠시 줄거리에서 벗어나 에피소드를 이야기하는 차원에서 달았다.

유감스럽게도 과학자들의 사적인 면모는 별로 알려져 있지 않다. 물론 우리는 한번쯤은 아인슈타인의 사진을 본 적이 있고, 코페르니쿠스나 다윈의 이름에서 무엇인가를 떠올릴 수 있다. 그러나 과학이라는 이름의 위대한 모험 뒤편에 존재하는 인물들에 대한 호기심은 놀랍도록 제한적으로만 충족되었다. 작가, 작곡가, 철학자에 관한 전기는 셀 수 없이 많고 대부분의 책들이 구매자들을 찾는 반면, 과학자들의 인생 역정에 관한 도서목록은 매우 짧은 것이 현실이다. '아주 위대한' 몇몇 소수에 관한 책을 제외하면 말이다. 자연과학자들의 생애를 다룬 책을 내는 출판사는 높은 판매부수를 기대하지 않으며, 그 예상은 대부분 들어맞는다.

자연과학자로서 역사를 만든 인물들을 알고자 할 때 우리는 큰 공백을 마주 대하게 된다. 어떤 식으로든 우리 머릿속에는 고정관념이 자리하고 있다. 화학자, 물리학자, 생물학자, 그리고 다른 모든 분야의 대표자들이 지루한 인생을 살았을 것이며, 개개 연구자가 과학 발전에 기여한 것은 과학 전체를 두고 보면 그다지 특별한 의미가 없다는 생각 말이다. 이렇게 이해할 수 있겠다. 예컨대 토마스 만이 존재하지 않았더라면《파우스트 박사》역시 없었겠지만, 아이작 뉴턴이 존재하지 않았더라도 분명 다른 누군가가 중력법칙과 색채 스펙트럼을 발견했으리라는 것이다.

여기서 범한 오류는 진부하면서도 중대하다. 근본적인 차이를 경시하고 있기 때문이다. 한 인간의 작품(예컨대 소설《파우스트 박사》)과 연구의 내용, 즉 핵심 이념(예컨대 중력법칙)을 혼동하며, 비교할 수 없는 것을 비교한다는 점이다. 작가와 과학자의 성과를 비교분석하고자 하는 사람은 더 정확한 태도를 취해야 한다. 아주 단순한 사실이다. 아이작 뉴턴이 존재하지 않았더라도 분명히 언젠가는 중력법칙이 발견되었을 테지만 누구도 뉴턴의《자연철학의 수학적 토대》와 같은 책을 쓸수는 없었을 것이다. 반대로 토마스 만이 없었더라도 사람들은 전설로 내려오는 파우스트 이야기를 알고 있다. 토마스 만이 소설을 쓰기 훨씬 전부터 이미 전설은 존재하고 있었기 때문이다.

한 문화를 다른 문화와 대립시키는 일은 결코 추천할 만한 것이 아니다. 그런 시도는 해당 시대의 자연과학 전반에 악영향을 미칠 것이다. 자연과학의 프로그램 안에는 우리 모두가 다가갈 수 있는 미학적 측면이 별로 없기 때문이다. 결정적인 것은 자연과학을 연구하는 인간들이 예술 활동을 하는 인간만큼이나 중요하다는 사실이다. 적어도 그들의 인생을 아는 것 역시 충분히 가치 있는 일이다. 이 책을 읽는 사람은 인정하리라 믿는다. 과학으로 가는 문은 열려 있다. 관심을 가진 모든 사람이 진심 어린 초대를 받아 기꺼이 그 문을 통해 안으로 들어갈 수 있을 것이다.

| 차례 |

1장

과학의 시초

아리스토텔레스
알마게스트와 연금술
알하젠과 아비센나

시작은 언제나 어렵다. 또 그 시작으로부터 벗어나는 일은 특히 더 어렵다. 과학에서 이룬 아리스토텔레스의 흥미진진한 성과는, 과학자가 이념으로부터 해방된 후에야 비로소 모든 형태의 근대적 과학 연구가 발전할 수 있다는 사실을 알게 해준다. 오늘날에도 예컨대 최근의 논리학 발전을 보면 여전히 이 문제를 볼 수 있다. 고대 초기부터 최초의 아랍 과학 사이에는 1,000년에 이르는 공백이 존재한다. 이 1,000년의 세월은 근대까지 영향을 미친다. 아랍 학자들의 업적이 과학에 기여한 의미를 살펴보면, 그들이 과학의 매개 역할만 한 것이 아니라는 사실을 알 수 있다. 그들은 오늘날까지 이어지는 고유한 흔적을 남겼다. 그렇게 보면 독서의 출발이 한결 쉬워질 것이다.

아리스토텔레스

부동의 동자

Aristoteles

아리스토텔레스는 눈이 작고 다리가 약했으며 특히 말할 때마다 잇소리를 냈다고 한다. 서양 학문의 핵심에 자리하며 무엇보다 위대한 철학자인 이 인물의 외모에 대해 동시대인들은 그렇게 증언하고 있다. 아리스토텔레스는 근대 과학의 '부동(不動)의 동자(動者)'(자신은 움직이거나 변화하지 않으면서 다른 존재를 움직이고 변화시키는 존재라는 뜻 - 옮긴이)와도 같은 사람이다. 그의 학문 체계 한가운데에 바로 그 부동의 동자가 있었으며, 이 개념을 통해 아리스토텔레스는 우주의 질서를 규명하고 그 질서의 영원성을 이해하고자 했다.

최후의 기관이자 최고의 기관으로서 그 무엇도 채근하지 않으며 오로지 하늘의 순환만을 지지하는 이 부동의 동자 이념은 물론 과학의 다른 분야에도 쉽게 적용 가능하다. 예를 들어 생물학에서의 부동의 동자는 유전자라고 할 수 있다. 유전자는 생명을 가능하게 하는 정보의 순환을 이용할 뿐, 그 자체로는 아무것도 건드리지 않는다. 이렇게 보면 아리스토텔레스는 생리학과 의학 분야에서 노벨상을 받을 만한 업적을 이룬 셈이다. 스톡홀름의 정관이 사후 수상을 인정하지 않는다는 점이 유감스러울 따름이다.

아리스토텔레스는 실제로 우리 정신세계의 부동의 동자이다. 그의 사상과 저서들은 현재까지 서양 학문의 역학에 지대한 역할을 하고 있다. 처음부터 그랬다. 우리는 번역하고 정리하며 주석을 달고 해석했으며, 가끔 비판하고 반박하며 때로는 경시하기도 했다. 이런 과정이 우리가 살고 있는 현재까지 죽 이어져 왔으니, 아직도 우리는 아리스토텔레스에게 몰두하고 여전히 우리의 활동은 그 자체로 부동인 어떤 것으로 말미암아 이루어진다. 과학에서 무엇인가를 시도하는 사람은 아리스토텔레스를 통해 자신이 원하는 일을 할 수는 있으나 아리스토텔레스를 못 본 척하거나(영향을 받지 않거나) 지나쳐갈 수는 없다.

그는 우주론, 논리학, 물리학, 생물학, 기상학 등 거의 모든 과학 분야를 포괄하는 연구를 남겼다. 그가 언급하지 않은 곳, 즉 백지로 남겨두었던 곳은 오늘날까지도 특수한 연구를 필요로 한다. 예를 들어 화학이 그렇다. 화학의 주제들에 관해서 아리스토텔레스는 별다른 언급이 없었고, 따라서 이 분야는 다른 곳에서 토대를 빌려와야 했다. 화학은 연금술이라는 이름의 마법적인 우회로를 거쳐서야 전개될 수 있었다. 그 때문에 화학이 서양 과학으로 자리잡기까지는 몇백 년의 세월이 지나야 했다(현재까지도 많은 물리학자들은 화학을 소홀히 여기고 있다. 다시 말해 그들은 중간 영역인 화학을 거치지 않고도 생물학 문제를 이해하고 답할 수 있다고 생각한다).

아리스토텔레스는 우리의 정신이 운동할 수 있게 해준 사람이다. 근래에 와서야 사람들은 4대 공리(동일률, 무모순률, 배중률, 충족이유율)를 가진 그의 명민한 논리학을 진지하게 탐구하려고 시도했다. 이 새로운 형식의 논리학은 ― '모호한 논리학(fuzzy logic)'이라고 불리듯 ― 두루뭉술해 보이기는 하지만 정확하고 분명한 사유를 통해 고대의 모범을 재해석한다. 모호한 논리학은 아리스토텔레스의 유명한 배중률(排中律)을 강조한다. 배중률은 A는 B이거나 B가 아니거나 둘 중의 하나이며 제3은 실제로 존재하지 않는다는 원칙이다. 사람들은 결혼하거나 하지 않으며, 물건을 사거나 사지 않고, 책을 읽거나 읽지 않는다. 그러나 누군가 방금 읽은 텍스트 ― 예컨대 여러분이 읽고 있는 이 책 ― 에 만족하는지 불만인지를 곰곰이 생각해 본다면, 중간의 제3의 것이 존재할 수 있다는 사실을 알게 될 것이다.

아리스토텔레스에 따르면 완전히 만족하거나 완전히 불만족하거나 둘 중 하나가 되어야 하며 중간의 것은 존재하지 않는다. 그렇게 보면 논리적 사유는 더 쉬워질지 모른다. 하지만 현실은 그렇게 단순하게 사유에 끼워맞출 수 있는 것이 아니다. 예컨대 여러분은 이 책의 몇몇 장들을 성공적이라 평가하지만 나머지 장들은 없어도 된다고 생각할 수 있다. 우리는 무엇인가를 완전히 인정하거나 완전히 부인하기 어렵다. 대부분은 만족하는 동시에 불만을 갖게 마련이다. 아리스토텔레스 이후 모든 논리학자들이 다루어온 소위 냉엄한 정량(定量)은 현실 속에는 존재하지 않는다. 우리는 부정확하고 매번 변하는 크기 ― 예컨대 엄격성, 순수성, 만족 등에서 ― 를 정확하게 다루어야 한다. 그럴 때에야 '논리'라는 용어가 계속 정당하게 남을 수 있고 '모호한 논리학'이 실제로 하나의 논리학이 될 수 있다.

'사느냐 죽느냐', 이것은 잘못된 물음이다. '존재하느냐 존재하지 않느냐'뿐만 아니라 '존재하는 동시에 존재하지 않다' 역시 가능하다. 무엇인가가 존재할 가능성이 있다는 의미에서 말이다. 비록 부수적으로만 언급했지만, 아리스토텔레스 역시 그 사실을 알고 있었다. 우리에게 불충분한 논리학을 남겨주었다고 그를 비난한다면 너무 경솔한 행동이다. 그 전에 우선 왜 그에게 '~하거나(or)'가, 즉 세계의 이분화가 더 잘 어울렸는지를 정확히 이해하려고 노력해야 한다. 또 그렇게 많은 운동이 있지만 부동의 동자는 단 하나뿐인 그 세계를 이해해야 한다.

배경

아리스토텔레스가 올바른 사유 방법을 분석하면서 도입한 양가성(兩價性)은 사물에 관한 그의 시각이 기본적으로 이분법적이라는 점을 보여준다. 이 이분법은 하늘과 땅 혹은 외부적 힘과 내부적 힘 같은 수많은 쌍 속에서 나타났다. 그런데 아리스토텔레스가 살았던 시대의 배경을 추적하고 그의 인생 역정을 들여다볼 때에도 바로 그런 양가성을 다시 만나게 된다.

아리스토텔레스는 기원전 384년 아테네에서 멀지 않은 칼키디케 반도의 스타게이라에서 태어났다. 아버지는 마케도니아 왕의 주치의로, 철학에 매진하겠다는 아들의 소원을 들어주기에 부족함이 없는 부자였다. 이 시대에 철학을 한다는 것은 오늘날보다 더 포괄적이고 광범위한 의미를 가지고 있었다. 고대 그리스의 철학은, 단순한 손재주 이상이 필요한 직업에 종사하고자 하는 사람이면 누구나 가장 먼저 접하는 분야였다.

17세의 아리스토텔레스는 플라톤이 설립한 아카데미에 참여하기 위해 수도 아테네로 갔다. 아리스토텔레스는 처음 20년 동안은 학생으로, 다음에는 선생으로 아카데미에서 활동했고, 기원전 347년 플라톤이 사망한 후에야 이 일터를 떠났다. 한편으로는 폐허가 된 아카데미의 통솔권을 넘겨받을 가능성이 없었기 때문이고 다른 한편으로는 환관 헤미아스(Hemias)의 초대를 받아 소아시아 해안의 아소스로 가서 연구를 계속하기 위해서였다. 하지만 아리스토텔레스가 아소스에 머무른 것은 2년뿐이었다. 그는 결혼과 함께 레스보스 섬의 미틸레네로 이주했고, 거기서 경이로운 관찰을 담은 생물학 관련 자료를 모으기 시작했다.

그러나 이번 체류도 몇 년을 넘기지 못했다. 기원전 342년 마케도니아의 왕 빌립보 2세가 아리스토텔레스에게 펠라의 궁정에서 당시 15세이던 알렉산드로스 왕자(훗날 '대왕'이 됨)를 그리스 식으로 교육시켜 달라고 부탁한 것이다. 아리스토텔레스는 제의를 수락했다. 이 시기는 그의 전기를 쓰는 사람들에게 고통을 안겨주는 공백의 기간이었다. 42세의 철학자가 어린 왕자에게 무엇을 가르쳤고 훗날 알렉산드로스 대왕의 정복 원정에 대해 무슨 생각을 했는지 우리는 알 수 없다. 단지 알렉산드로스가 전투 중에 항상 몸에 지닌 것은 아리스토텔레스가 주석을 단 《일리아드》였다는 사실만이 전해진다. 소문에 따르면 알렉산드로스는 훗날 《형이상학》이라는 제목으로 세상에 널리 알려진 책이 출간된 것에 불편한 심기를 드러냈다고도 한다.[1] 대왕은 자신만을 위해 만들어진 것이 모두에게 개방된다는 사실에 화가 난 것이다.

어쨌든 알렉산드로스 왕자는 기원전 336년 아버지가 살해된 후 통치자로 등극했다. 2년 후(기원전 334년) 왕자가 헬레스폰트를 횡단하여 위대한 정복 원정을 시작할 때, 아리스토텔레스는 자신의 학교를 설

립하기 위해 아테네로 돌아왔다. 그는 학생들을 모아 함께 철학스포
츠를 했다. 그들은 손을 뒷짐 진 채 주랑 홀 안을 어슬렁거리며 토론
을 벌였다. 이런 식으로 산보하는 사람들은 오늘날 '소요학파'라고
불리는데, 이 단어는 아리스토텔레스와 그 제자들처럼 철학하는 사
람, 혹은 그들과 같은 의미에서 세계를 바라볼 줄 아는 모든 사람을 가
리킨다. 현대에는 더 이상 어슬렁거리며 돌아다닐 일이 많지 않지만
어떤 관점으로 보면 우리 모두가 소요학자라 할 수 있다. 그런 의미에
서 아리스토텔레스는 우리에게 너무도 많은 삶의 방식을 제시해 준
인물이었다.

　생전에 학생들은 가끔 스승의 행동거지를 이상하게 생각했다. 아리
스토텔레스는 휴식을 취할 때 기름을 가득 채운 가죽부대를 배 위에
올려놓곤 했다고 한다. 아마도 배 부위에 통증이 있어 찜질 효과로 고
통을 줄이려 했던 것 같다. 기록에 따르면 그의 사망 원인도 복부 질
환이었다. 기원전 322년, 제자인 알렉산드로스 대왕이 죽은 지 1년도
되지 않은 때였다. 서서히 기지개를 펴고 있던 아리스토텔레스의 적
들은 이 위대한 제왕이 죽기만을 손꼽아 기다리고 있던 터였다. 알렉
산드로스가 죽자 그들은 아리스토텔레스를 체포해 신성모독죄를 뒤
집어 씌웠다. 아리스토텔레스는 "아테네인들이 다시 한 번 철학에 대
해 죄를 범하지 않도록" 아테네를 떠날 결심을 했다. 기원전 399년 말
도 안되는 이유로 사형선고를 받아 독미나리즙을 마시고 죽은 소크라
테스를 떠올리며 한 말이었으리라. 아리스토텔레스는 에우보이아 섬
의 칼키스로 피신했고, 거기서 생을 마쳤다.

　소크라테스가 독약을 마시고 죽었을 때 — 그리고 플라톤이 유명한
대화편을 기술하기 시작했을 때 — 아테네는 더 이상 민주주의 국가

가 아니었다. 거대한 정치권력은 마케도니아로 이양되었고, 그곳의 지배자 알렉산드로스 대왕은 훗날 페르시아에 승리를 거두고 이집트를 정복했다. 같은 시대, 천체 관측을 토대로 지구 위에는 아직 해명되어야 할 우주가 존재한다는 견해가 제기되었다. 또 기원전 4세기 이래로 피타고라스 학파에 의해 성스러운 숫자로 숭배받아 온 숫자 '4'가 많은 것을 이해하고 해석하는 원리가 되었다.[2] 아리스토텔레스는 이 숫자놀이를 전수받고 보완해서 4대 논리학 공리를 표명했다.

오래전 철학자 엠페도클레스는 불, 땅, 물, 공기를 4대 원소로 칭하며 그것들로부터 사물이 구성된다고 주장했다. 또 의학자 히포크라테스는 혈액, 점액, 흑담즙, 황담즙이라는 네 가지 액체가 균형을 이루었을 때에만 생명체가 건강을 유지할 수 있다고 주장했다. 플라톤은 사람들이 목표로 삼아야 할 네 가지 미덕으로 용기, 영민, 정의, 신중을 꼽았다. 그 밖에도 수많은 4중주 내지 4위일체가 존재했다. 덧붙여 필자가 보기에 그와 같은 구조는 ─ 숫자의 신비와는 상관없이 ─ 완전하고도 폐쇄적인 세계상을 제시하는 이점을 가지고 있는 듯하다.[3]

숫자 4의 의미에 관한 아리스토텔레스의 고유한 업적은 오늘날 우리가 인과성이라고 칭하는 것과 관련되어 있다. 그는 모든 사물 내지 상태, 그리고 그 변화 내지 운동의 네 가지 원인을 구분한다. 첫번째 원인은 '질료인(causa materialis)'으로, 자동차에는 양철부품이 필요하다는 식의 단순한 재료 혹은 소재를 뜻한다. 두 번째 원인은 '형상인(causa formalis)'인데, 하나의 사물이 얻을 수 있는 형식 또는 외모를 지적하는 것이다. 자동차의 예를 들어보면 차의 형태를 고안한 디자이너의 구상 정도가 맞을 것이다. 세 번째 원인은 '작용인(causa movens)'이라고 불렸는데, 설계도의 실제적 추진장치 또는 구체적 실현에 해당한다. 우리가 선택한 예에서 살펴보면 이 부분을 맡은 사람들, 즉 자동차를 조립하는 노동자를 말할 것이다. 네 번째 원인은 가장 중요한 원인으로, 우리가 어떤 사물의 인과성을 탐구할 때 그 사물로 귀결되는 의도와 관련된 것이다. 이 네 번째 원인인 '목적인(causa finalis)'은 존재하는 것의 의미와 목적을 말한다. 자동차의 경우에는 모델을 시장에 내놓는 기업 경영진의 목표가 그에 해당하겠다.

초상

아리스토텔레스의 학문을 연구하는 사람은 언제나 네 가지 원인 모두가 중요하다는 사실을 인정해야 한다. 예를 들어 오늘날 우리는 돌을 움직이거나 공을 던질 때 외적인 힘이 무엇인가만을 질문한다. 즉 '작용인'만을 탐구한다. 그러나 작용인은 아리스토텔레스에게는 가장 작은 역할을 했다. 반면 그가 더 중요하게 생각한 '목적인'은 현대 자연과학에서 전혀 주목하지 않는다. 우리는 운동이 '어떻게' 진행되는지를 이해하고자 하지만, 그는 운동이 '왜' 진행되는지를 알고자 했다. '왜'에 관심을 갖는 사람이라면 아리스토텔레스가 자연과학에서 범한 수많은 '실수'를 두고 웃고 즐기기 ─ 이는 우리 시대에 이르기까지 일종의 유행이 되었다 ─ 를 그만두어야 한다. 더욱이 부동의 동자라는 그의 구상은, '운동'의 이해란 예컨대 창(槍)의 비행로를 정확히 기록하고 예측할 수 있는 것 이상을 의미한다는 사실을 암시한다.

그러나 너무 이론적으로만 대할 필요는 없다. 아리스토텔레스 역시 무조건 이론만을 좋아하지는 않았다. 그에게는 바로 눈앞에 존재하며 감각적으로 파악할 수 있는 것이 무엇보다 중요했다. 사물 자체가 가장 우선이었지 사물 뒤편에 숨겨진 것은 중요하지 않았다. 아리스토 텔레스는 사물에서 분리된 '이데아'에 관심이 없었다. 플라톤은 아카 데미에서 이 '이데아'를 그토록 수없이 설명하면서 존재하는 것의 본 질을 정신적으로 파악하고자 했다. 그는 더 높은 영역에서 사유했고 거기서 불멸의 것 — 즉 의자의 이데아나 물고기의 이데아 — 을 추구 했다. 반면 아리스토텔레스는, 땅 위에 발을 붙이고 서서 자연 속에 존재하는 것들 자체에 더 몰두했다. 그에게 인간은 공동체적 존재 — '정치적 동물(zoon politicon)' — 이고 인간의 활동은 모두의 보편적인 행복을 목표로 하는 것이다. 인간은 일상적인 논쟁을 통해 함께 살아 가야 하는 존재로, 플라톤이 말하듯 지고의 가치를 지향하며 행동하 는 어떤 이상적인 피조물은 아니었다.

무엇보다 아리스토텔레스는 일단 자신의 눈앞에 나타난 것을 관찰 했고, 이것을 사냥꾼이나 어부에게 들은 것과 연관지어 이해했다. 그 는 지역 주민들의 말에 주의를 기울였다. 예를 들어 "피리 소리나 노 래를 이용한 사냥으로" 붙잡혀서 "황홀경에 빠진 채" 쓰러진 사슴에 관해 묘사한 적이 있다. 이때 그가 언급한, 여섯 갈래의 뿔이 달린 사 슴은 오늘날까지도 유명세를 잃지 않았다. 이 아리스토텔레스의 사슴 과 함께 유명한 메기 이야기도 있다. 여기서 유래해 메기는 위대한 형 이상학자의 이름을 따서 파라실루루스 아리스토텔리스(Parasilurus aristotelis)라는 학명을 얻었다. 메기의 특별한 행동을 아리스토텔레스 의 저작에서 읽어보자.

담수어 중에서 메기의 수컷은 부화에 많은 역할을 한다. 다시 말해 암컷 은 산란한 후에 바로 헤엄치지만 수컷은 알을 모아놓은 자리에 머물러 있곤 한다. 작은 물고기들이 치어를 훔쳐갈까 봐 감시하는 것이다. 이 일은 40일에서 50일 가량, 치어가 충분히 성장해서 다른 물고기로부터 도망갈 수 있을 때까지 계속된다. 어부는 수컷 메기가 다른 물고기들을 쫓아버리기 위해 헐떡거리고 휙휙 움직이며 윙윙거리는 것을 보며 이놈의 감시 장소를 알아차린다. 또 이놈은 항상 알 옆에 고집스럽게 남아 있기 때문에, 언제나 어부는 알들이 달려 있는 나무뿌리와 함께 이놈을 얕은 물로 끌어올릴 수 있다. 그럼에도 불구하고 이놈은 알을 떠나지 않은 채, 몰려오는 작은 물고기들을 잡으려 애쓰다가 쉽게 낚싯줄에 포획된다. 그러나 한 번이라도 낚싯줄을 문 적이 있는 놈이라면 눈치를 채게 마련이다. 그런 놈들은 알을 지키는 와중에도 날카로운 이빨로 낚싯줄을 끊는다.

19세기에 와서야 동물학자들은 아리스토텔레스의 이야기가 동화가 아닌 실제의 관찰을 재구성한 것이라는 사실을 알았다. 또 1906년 아리스토텔레스의 이름을 따라 메기 종을 파라실루루스 아리스토텔리스라고 부르게 된다. 만약 아리스토텔레스가 다시 살아나 사람들이 그에게 축하의 말을 건넨다 해도 그는 이런 상황을 거의 이해하지 못할 것이다. 근대에 와서야 도입된, 동식물의 종에 대해서는 전혀 모를 것이기 때문이다. 물론 아리스토텔레스는 'Species'라는 개념은 분명히 알고 있었다. 하지만 이 개념에서 그가 뜻한 것은 현재의 종이 아니라 아강(亞綱, 생물 분류에서 강綱과 목目의 사이 – 옮긴이)에 가까웠다.[4]

더욱이 이 개념을 사용한 것은 생명체의 동질적이고 지속적인 면을 제시하려는 의도에서였다. 현대 생물학자들의 종이 분리와 경계 짓기를 위한 것이라면 — 오늘날 우리는 이런 식으로 생식에 빗장을 걸기 위해 자연이 세웠다는 '종의 경계'라는 말을 쓰기 좋아한다 — 아리스토텔레스는 연속이라는 개념을 통해 사다리의 계단 각각을 찾으려

했다. "중단 없는 연속성이 무생물로부터 식물을 거쳐 동물에까지 다다른다." 그가 세운 '자연의 사다리' ─ 즉 생물의 거대한 위계등급 ─ 는 진화라는 더 심오한 사상에 자리를 내주게 되는 19세기까지 효력을 발휘한다. 만약 찰스 다윈처럼 아리스토텔레스에게도 세계를 여행할 기회가 있었더라면 인류 사상의 역사가 어떤 과정을 밟았을지는 상상해 봄직하다.

아리스토텔레스의 아주 다양한 관찰들 중에서도, 그가 다룬 작은 세계에 주목하지 않을 수 없다. 그가 현미경을 비롯해서 오늘날 당연하게 여겨지는 도구들 없이 연구했다는 사실 역시 꼭 고려해야만 한다. 무장하지 않은 눈으로 한 관찰들은 필시 한계를 가지고 있었다. 그러나 그렇기 때문에 아리스토텔레스의 판타지는 거기에 만족할 수 없었고, 눈이 (아직) 도달하지 않은 것에서도 대답을 얻기 위해 노력했다. 그러는 과정에서 생긴 오류가 얼마나 자주 오만한 조소의 대상이 되어왔던가. 예를 들어 위에서 언급했듯, 심장을 통해 생각을 하고 뇌가 피를 식히는 기능을 한다는 견해가 그러했다. 그러나 이런 실수는 그냥 두고 더 중요한 것을 살펴보기로 하자. 긴 세월 동안 관철되었고 아주 자명한 이유로 우리 사상에 받아들여진 통찰들을 말이다. 기본적인 예를 하나 들어보겠다.

아리스토텔레스는 생명체의 통일성 ─ 자연의 사다리 ─ 을 주장했지만 동시에 거기에는 이분법이 존재한다고 생각했다. 그 하나는 오늘날 사람들이 물질(Materie)이라고 부르는 마테리아(materia)[5]로, 이것은 무생물의 영역에도 존재했다. 생명에는 또 다른 것이 들어 있어야 하는데, 그것은 생명체의 물질에 복잡한 형상을 부여해서, 해당 생명체의 발달과 더 복잡한 행동방식을 가능하게 해주어야 한다. 아리스토텔레스는 이것에 '에이도스(eidos)'라는 어렵고도 염치없는 개념을 제안했다. 이 개념이 염치없는 까닭은 플라톤이 영원한 이데아를 위해 사용했던(또 분명히 아리스토텔레스가 반대했던) 바로 그 단어이기 때문이다. 다른 한편 이 개념이 어려운 까닭은 단순하게 하나의 단어로 번역할 수 없기 때문이다. 아리스토텔레스가 사용한 '에이도스'는 무엇을 뜻하는가?

오늘날 생물학을 보면, 아리스토텔레스의 이분법이 오래전부터 차용되었다는 사실을 확인할 수 있다. 아리스토텔레스에게 '생명 = 마테리아 + 에이도스'라면, 현재 우리는 '생명 = 분자 +정보, 혹은 생명 = 하드웨어 + 소프트웨어'라고 말하고 있다. 이런 분할에는 또다른 가능성들이 존재한다. 대(大)생물학자 에른스트 마이어는 1960년대에 '에이도스'를 '유전적 프로그램'이라는 현대적 개념으로 번역할 것을 제안했다. 이 제안이 정말 멋지게 들릴지는 모르지만, 내 개인적으로는 잘못된 방향이라는 견해이다. 다음 세대 혹은 그 다음 세대는 아마도 '프로그램'이라는 용어가 생명체에 적용된다면 무슨 의미인지 이해하지 못할 것이기에 그렇다. 프로그램이란 여전히 인간적 감정 또는 그와 유사한 특질을 가지고 있지 않은 기계를 돌리는 데 필요한 어떤 것일 뿐이다. 반면 생명은 일종의 프로그램으로 환치될 수는 있을지언정 그런 프로그램에 의해 규정되지는 않는다.

엄밀히 말해 우리는 아리스토텔레스의 '에이도스'가 무엇을 뜻하는지 정확히 알지 못한다. 적어도 두 가지 이유에서이다. 첫째로 사실 우리는 '마테리아'라는 표현의 의미도 정확히 모른다. 아리스토텔레스는 분명히 사물의 물질적 측면을 의미하는, 죽어 있는 어떤 것을 말하지는 않았다. 그가 보기에 — 그가 유기적이라고 칭하는 세계상 속에서 ─ 모든 것은 적어도 하나의 영혼을 가지고 있었기 때문이다. 두 번째로 그는 '에이도스'에서 자연의 복잡한 질서뿐 아니라 무엇보다 자연의 목적지향성을 언급했다. 이것들은 자연에 관여하는 모든 사람의 눈에 띄어야 했다. 아리스토텔레스는 자신의 감각을 신뢰했고, 감각의 도움으로 직접 자연의 의미를 인식할 수 있었다. 또 비록 그가 많은 부분에서 잘못된 결과를 도출했다 하더라도(특히 물리학에서),[6] 그 오류는 오로지 과학적인 차원에서만 발생한 것이다.

현대 서구의 과학은 그 동안 감각적인 외견(外見) 뒤편에 도달했다는 자부심 때문에 그를 더욱 이해하지 못하고 있다. 프랜시스 베이컨 시대 이후로(그의 장에서 더 자세히 살펴보겠다) 현대 과학자들에게 '무엇 때문에'라는 물음은 다소 금기시되어 왔다. 오래전부터 자연과학자들은 더 이상 자연의 목적지향성을 탐구하지 않는다. 현대 자연과학 어느 곳에도 목적 개념은 들어 있지 않다. 그런 까닭에 몇백 년 전부터 우리는 '에이도스'의 의미와 단절된 상태이다. 만약 우리가 조류를 거슬러 헤엄치면서, 우리 눈과 귀에 인식되는 이 모든 것이 무엇 때문에 존재하고 발생하는지를 새롭게 질문하지 않는 한 그렇다. 자연과학이 더 현대적으로 된다면, 우리는 꼭 그렇게 해야만 할 것이다. 하지만 지금은 일단 아리스토텔레스를 더 살펴볼 차례이다.

아리스토텔레스가 규정한 의미란 세계 전체를 포괄하는 어떤 것이라고 단언해 보자. 그는 무생물과 생물을 구분하기는 했지만, 그렇다고 죽어 있는 물질에 아무런 목적이 없다고 말하지는 않았다. 돌 하나하나, 자연의 모든 것 하나하나가 그 안에 목적을 담고 있고 그 목적에 도달하려고 노력한다. 목적을 뜻하는 그리스 어는 '텔로스(telos)'이다. 따라서 아리스토텔레스가 말한 '엔텔레키(Entelechie)'는 어떤 사물이 자연적으로 존재하는 (내적) 기질을 실현하고 우주에서 특정한 위치를 차지하려 하는 것을 의미한다. 아리스토텔레스가 관심을 두고 연구한 운동들은 어떤 외적인 영향(힘)으로부터 기인한 것이 아니라 내적인 동인으로부터 이루어졌으며, 이때 하나의 대상은 그 자연적인 위치를 점유하려고 애쓴다. 예컨대 어떤 돌조각의 자연적 위치는 아래쪽에 있고, 그래서 돌은 아래쪽으로 떨어진다. 그것도 자기가 원래 속했던 곳에 도달할 때까지 직선으로 떨어진다. 그리고 기체 형태의 '구성체' ― 오늘날 우리는 이런 용어를 쓴다 ― 는 자연적 위치가 위쪽이어서 예컨대 불은 위로 올라가 널리 퍼지며 발산된다.

《피지카(Physica)》에서 아리스토텔레스는 자연적인 장소가 각기 다른 네 가지 원소가 존재한다고 더 일반적으로 규정했다. 모든 물질 혹은 대상은 이 4대 원소로 구성되기 때문에, 그 구성 원리에 따라 내적인 운동 목적을 알아낼 수 있다. 예를 들어 물 성분은 어떤 사물을 상대적으로 아래로 움직이게 하며, 공기 성분은 어떤 것을 상대적으로 위쪽으로 몰아간다. 이런 식으로 시스템이 전개되면 일종의 역학이 발전한다. 그러나 그 역학에 관해 세부적으로 논의하는 일은 생략하기로 하겠다. 대신 아리스토텔레스가 비교적 적은 관심을 보였던 화학과 관련된 또다른 운동을 관찰해 보자.

물질의 '운동'은 물질의 조합이 변화할 때, 예컨대 소금이 액체로 녹거나 나무가 타서 불이 될 때에 발생한다. 따라서 원소들은 움직일 ― 상태가 바뀔 ― 수 있으며, 그 원인은 '형상인'이라고 상정되었다. 이런 변화의 토대에도 역시 부동의 동자가 놓여 있는데, 이 경우에 아리스토텔레스는 '제1질료'(prima materia)라는 표현을 사용했다. 훗날 연금술사들이 실험을 통해 유리해 내고자 했던 것이 바로 이것이었다. 아리스토텔레스는 이 제1질료 이념과 4대 기본원소의 상호 변형 이념을 — 오늘날의 언어로 말하자면 — 물리학적 방식으로 이해하고자 시도했다. 하지만 사실 원래 이 운동은 — 다시 현대 언어로 말하자면 — 화학적 과정, 다시 말해 화학적 결합과 해체이다.

여기서 아리스토텔레스는 구성성분들이 느슨하게 모인 '혼합'과 구성성분들이 서로 밀착해 있는 '결합'을 구분했다. 예를 들어 그는 이렇게 말한다. "구성성분들이 아직 각각의 작은 부분들 안에 나뉘어 들어 있다면, 우리는 이것을 '결합'이라고 말해서는 안된다. (……) '결합' 안에서는 조합 방식이 시종일관 동일해야 하고, 따라서 각각의 부분은 전체와 똑같다." 그러나 그는 이 지극히 작은 부분들이 무엇인지의 문제에는 제대로 다가가지 않았다. 그리고 세계는 (분리할 수 없는) 원자들과 텅 빈 공간으로 구성되어 있다는 류키포스와 데모크리토스의 견해에 이의를 제기하는 듯해 보였다. 아리스토텔레스는 자연을 이루는 재료들의 하위집단(최소한의 자연)을 나누는 일종의 경계를 요청하지만, 곧 이 단위들 사이에 빈 공간이 존재한다고 주장하는 대신 사물의 연속성(제1질료)을 추구한다.

아리스토텔레스가 세상에 도입한 이분법은 무엇보다 지상과 하늘을 나눈다. 그는 이 둘에 전혀 다른 운동법칙을 적용한다. "하늘과 별들의 실체에 우리는 에테르라는 이름을 부여한다. 원 안에서 회전하면서 계속 돌아가는 에테르는, 저 유명한 4대 원소와는 다른 종류로 불멸의 신적인 원소이다." 그러나 다른 한편 이분법은 그로 하여금 화학의 토대를 세우지 못하게 막았던 것 같다. 아리스토텔레스는 — 많은 동시대인들이 그러했듯이 — 매우 추상적으로 사유했고 직접적으로 명백한 것만을 포착했다. 제3의 것은 존재할 수 없는 것처럼 보였다. 오늘날 사람들이 매우 잘 알고 있는 화학이라는 학문이야말로 바로 그 제3의 것일지 모른다. 단순한 관찰과 극도의 추상 사이에 존재하며, 제대로 작동하기 위해서는 적절한 추상이 요구되는 과학이기에 말이다. 위대한 아리스토텔레스는 이 중간을 미해결로 남겨두었다. 이런 측면에서도 그는 많은 후계자를 두었고, 오류에 있어서도 자신이 부동의 동자임을 증명했다.

빼먹어서는 안될 것이 또 하나 있다. 아리스토텔레스가 우리 학문의 선조이자 오늘날까지도 유효한 '철학자'가 된 것은 결코 엄청난 지식과 탁월한 사상 때문만은 아니다. 앞으로 살펴보게 될 알베르투스 마그누스와 그의 제자 토마스 아퀴나스가 거기에 큰 몫을 했다. 그들은 위대한 이방 사상가 아리스토텔레스를 그들 자신을 위해, 그럼으로써 기독교 서양 전체를 위해 재발견했고, 고대 그리스 철학과 기독교 철학을 화해시켰다. 이 두 인물이 존재하지 않았더라면, 아리스토텔레스는 어쩌면 플라톤에 묻혀 빛을 잃어야 했을지도 모른다. 만약 그랬더라면 우리의 역사는 어떻게 흘러갔을까? 정답을 말할 수 있는 사람은 아무도 없다. 다만 다음 장들에서 스케치할 모습과 다르리라는 점만은 확실하다.

알마게스트와 연금술

천년 동안의 긴 공백

Almagest & Alchemie

아리스토텔레스와 그의 학문이 과학사에서 차지하는 비중은 너무도 크다. 이제 모두가 한번 숨 돌릴 휴식기를 가져야 할 만큼 충분히 그렇다. 학자들 역시, 적어도 겉보기에는 그러했다. 위대한 그리스인 아리스토텔레스가 죽고 거의 천년이 흐른 후에야 비로소 우리의 관심을 끌 만한 두 인물이 등장한다. 우리는 먼저 아랍 학자들의 세계에 닻을 내리고, 이어서 다시 서양 전통으로 돌아갈 것이다. 중세시대에 다시 이어진 이 전통은 근대에 이르기까지 계속된다. 아랍이라는 우회로를 거친 후 유럽에는 점점 더 흥미로운 인물들이 등장하는데, 이들은 오늘날 우리가 접하며 공부하는 과학이 성립하도록 서서히 길을 닦았다.

과학이 생성된 길은 유일무이한 것이 아니었다. 언제나 대안이 존재했고 제시되었다. 언제나 그렇듯 역사는 승자를 집중 조명하지만, 그렇다고 해서 현재의 우리가 그 승자의 역사에 속하는지 아닌지는 다른 문제이다. 그런 까닭에 특히 몇몇 인물들에 집중해 논의하고, 그들이 우리에게 최선의 길을 제시해 주었는지, 어쩌면 잘못된 길로 인도하지는 않았는지 질문해 보겠다.

현대 과학은 중세 후기와 르네상스 초기에 만들어졌다. 알다시피 우선 전래의 세계상 내지 사상 모델에 대항해 어렵게 관철되어야 했다. 이 전래의 상들은 때로 너무 쉽게, 단순하고 조잡한 것으로 조롱받아 왔다. 그 예 중 하나가 오늘날까지도 반복해서 인용되는 프톨레마이오스의 우주 모델인데, 우주의 중심에는 모든 종류의 천체들에 둘러싸인 부동의 지구가 있다는 견해이다. 또 하나의 예로, 이미 언급했듯 연금술사들이 원소를 변형 내지 정제하려고 노력했던 사건을 들 수 있다.

그러나 이 두 종류의 사상을 소개할 때 항상 유의해야 할 것이 있다. 그것들의 내용이 불충분하며 게다가 오래전 극복된 것이기에 현대인에게는 전혀 중요하지 않다는 식의 자세를 취하지 말라는 것이다. 과학의 역사는 실로 복잡하다. 칼 포퍼가 주도한 합리주의 철학이 우리에게 설파한 견해로는 다 파악할 수 없을 만큼 복잡하다. 이 합리주의 철학에 따르면 과학의 역사에는 영원히 상승하는 중단 없는 직선이 존재하며, 코페르니쿠스 같은 승자들과 프톨레마이오스 같은 패자들은 쉽게 구분된다는 것이다.

물론 우리는 코페르니쿠스에게 단독으로 장 하나를 바칠 것이다. 하지만 그를 이해하기 위해서는, 그의 이름이 어떤 천문학 체계와 관련되어 있는지를 아는 일도 중요하지만 그보다는 프톨레마이오스에 대해 많이 알아보는 일이 더 시급하다. 마찬가지로 연금술[7]에 대해 더 많이 아는 것이, 연금술을 행한 사람들이 금을 만드는 실험에서 애석하게 실패했다는 것(이는 최종적인 사실로 굳어진 것처럼 보이지만 정확히 말해 전혀 사실이 아니다)보다 더 중요하다. 과학의 뒷문으로 가는 계단을 올라가는 도중 우리는 잠시 멈추어 이 두 지점을 둘러볼 것이다. 그전에 우선, 무한한 과학의 역사를 위해 좀더 넓은 자리를 확보하려는 이유에서 비워둔, 아리스토텔레스와 아랍 학자들 사이의 공백을 메워보도록 하자.

공백

아리스토텔레스가 세상을 떠난 기원전 322년 에우클레이데스, 즉 유클리드(기원전 322~285년)가 탄생했다. 그는 기하학의 초석을 다졌고, 저서 《원론》에서 자신의 이름을 딴 유클리드 기하학이라는 형태로 오늘날까지 살아남은 수학의 원리를 소개했다. '삼각형의 전체 각의 합은 180도이며, 평행선들은 결코 교차하지 않는다' 등이 대표적인 명제이다. 공간을 설명하기 위한 또다른 가능성들이 존재한다는 생각이 출현하기까지 유클리드 기하학은 2,000년 이상 세상을 지배했다. 또 물리학자들 ― 특히 알베르트 아인슈타인 ― 이 우주에는 비(非)유클리드적 대안이 중요하며 우리 은하계에서 실제 발견할 수 있다고 생각하기까지 다시금 50년의 세월이 필요했다. 비유클리드 기하학에서는 평행선이 서로 교차하며, 삼각형의 합이 180도 이상이거나 이하일 수 있는 만곡(彎曲) 공간이 존재한다.

유클리드에 이어 아르키메데스(기원전 287~212년)가 등장했다. 알다시피 욕조 안에서 위대한 발견을 해낸 사람이다. 왕관이 순금으로 만들어졌는지 납으로 합금한 것인지 알아내라는 과제를 받고 이를 해결한 그는 저 유명한 '유레카(Eureka)!'를 외쳤다고 한다.[8] 아르키메데스가 쓴 유명한 논문 《부체(浮體)에 관하여》는 훗날 갈릴레이가 운동의 힘들을 이해하기 위해 인용한 책이기도 하다. 덧붙이자면, 아르키메데스는 과학 비평가들에게 약간은 특별한 경우라 할 만하다. 과학 역사상 누구도 그처럼 열심히 군수품에 대해 심사숙고하여 파괴의 목적으로 기술적 역량을 제공한 사람은 없을 듯하다. 과학의 이런 측면 역시 현대에 와서 새롭게 등장한 것은 아니다.

아르키메데스 다음으로 등장한 사람은 히파르코스(기원전 190~127년)이다. 그는 처음으로 기하학을 우주에 적용했고, 우리 기대에 부응하듯 지구에서 태양까지의 거리를 측정했다. 그가 죽은 후 얼마 지나지 않아 우리 역사를 근본적으로 변화시킨 인물이 태어난다. 특히 후세 사람들로 하여금 자신의 이름을 딴 연대를 통용케 한 인물, 예수 그리스도이다. 예수가 세상에 온 시점이 언제인지 공식적으로 확정된 것은 서기 532년이다.

그리스도의 탄생연도는 오늘날 0년으로 불리는데, 여기에 두 가지 주석을 달아볼 수 있다. 첫째로 요하네스 케플러가 지금으로부터 약 400년 전에 '입증'했듯이 그것이 잘못된 결정임에도 불구하고 오늘날까지 그대로 쓰이고 있다는 점이다. 17세기의 과학자 케플러는 예수가 서기 1년에 벌써 현재로 말하자면 학교에 들어갈 일곱 살의 소년이었음을(이에 대해서는 나중에 더 보충하겠다) 밝혔다. 케플러가 오류를 시정하며 서기 1년에 관심을 집중했다는 사실은 두 번째 주석과 관련되어 있다. 0이라는 숫자가 막 창안된 시점은 교회가 그리스도교 달력을 확정해서 새로운 연대를 사용하기 시작했을 때였다. 그러나 0이 사용된 것은 서양에서가 아니라 인도에서부터였다. 교부들은 일견 아무 가치가 없어 보이는 이 기이한 숫자를 무시하고, 비수학자라도 쉽게 따라할 만한 일을 했다. 즉 수를 셀 때 1로 시작한 것이다. 1이 처음에 자리하는 데는 물론 또다른 이유가 있다. 처음에 0이 올 수 없다. 처음은 '하나의' 신이 차지하는 자리이기 때문이다.

예수 그리스도가 탄생한 지 300여 년 후, 기독교는 "이 표식으로 승리하리라(in hoc signo vinces)"라는 모토 아래 콘스탄티누스 대제의 승인을 받아 확고한 지위를 얻는다. 이 결정과 함께 숫자 4는 의미를 잃는다. 또 1이 물러난 자리를 3이 차지한다. '성부, 성자, 성령'의 삼위일체 형태뿐만 아니라 '믿음, 소망, 사랑'의 3가지 미덕의 형태로 말이다. 이 변화가 그다지 대단해 보이지 않을지도 모르고 또 이렇게 말하면 이상하게 들릴지는 모르지만, 4에서 3으로의 무게중심 변화와 함께 이제 기독교 세계의 과학적 힘은 사라지고 만다.

400년경 ― 이 당시 세계 인구는 약 2,000만 명이었다 ― 서양이 아니라 인도에서 0과 음수(陰數)가 발견되었고, 아주 점차적으로 아랍 사람들 역시 과학에 눈을 뜨기 시작했다. 여기서 연금술의 한 형식이 발전했고, 대수학이 창안되었으며, 기하학 분야에서 위대한 알콰리즈미(al-Hwarizmi)가 서기 700년에 벌써 체계적으로 방정식의 해법을 연구했다. 현재 우리가 쓰는 '알고리즘'이라는 용어가 바로 여기서 나왔다. 알고리즘이라는 용어는 그리스의 로가리듬과는 아무 상관없이, 아랍 수학자 알콰리즈미로부터 생겨난 것이다.

이제 고도의 학식을 누린 아랍 과학계로부터 많은 덕을 입은, 그러나 오늘날 완전히 신용을 잃은 과학의 한 지류를 더 자세히 살펴보기로 하자.

연금술

현대 과학사가들은 거리낌 없이 연금술사들을 그릇된 길을 간 학자들로 이해한다. 그들은 갖가지 도구를 이용해서 납을 금으로 만들려는 속수무책의 시도를 감행했고 당연히 실패한 사람들이라는 것이다. 이런 입장은 아이작 뉴턴에 관한 문서 일부가 발굴된 이후로 약간은 바뀌었다. 뉴턴이 오늘날 자신을 유명하게 만든 역학과 광학보다는 연금술에 더 많은 시간을 소비했다는 사실이 알려지면서부터이다. 또 연금술의 기본 사상이 다시 시사성을 획득한 것은, 어쩌면 연금술의 올바른 토대를 발견하고 현대 물리학이 찾아낸 현실에 적용하기 시작하면서부터일 것이다.

연금술의 기본 사상은 실제로 변형과 관련되며, 모든 노력 뒤에는 분명히 무가치한 물질을 가치 있는 것으로 바꾸려는 의도가 숨어 있다. 그러나 그것은 단순히 납을 금으로 바꾸는 것만을 의미하지는 않는다. 그렇게 본다면 종이를 돈으로 바꾸는 것이 더 그럴싸하다. 오늘날 우리에게는 얼마나 손쉬운 일인가. 그러나 연금술사들에게는 아리스토텔레스가 '프리마 마테리아'라고 부른 원재료, 즉 모든 원소들에 포함된 원재료를 유리해 내는 일이 훨씬 더 중요했다. 다른 말로 하자면 각각의 물질에 — 따라서 납에도 — 원재료의 형태로 존재하는 금을 성장시키고 부각시키는 일이 중요했다. 그들은 금을 해방시키고자 했다.

연금술사들은 금속들이 지구라는 모체에서 성장할 수 있다는 생각 속에 살고 있었다. 금속은 적절한 빛의 영향으로(또는 올바른 행성 배치에 의해) 유기체처럼 자라난다는 것이다. 연금술에서 원재료, 즉 '프리마 마테리아'는 검은 빛을 띠고 있는데, 여기서 '연금술(Alchemie)'이라는 개념이 생성되었다는 견해가 있다. 이집트어로 검은 땅을 뜻하는 '케메(kheme)'에서 도출된 단어라는 설명이다. 일부 학자들은 이 단어가 금속주조를 의미하는 그리스어 '키마(chyma)'에서 유래한다고 말한다. 거기에 이슬람 세계와의 중개자 역할을 환기시키는 '알(al)'이라는 아랍어 접두사가 덧붙여졌다는 것이다. 그러나 유기체 관련 은유가 무생물적 자연에서 생물적 자연으로 한 걸음 더 나아간 것은 바로 '금속주조인간(chymische Menschen)' 때문이다. 괴테의 《파우스트》이후로 흔히 '호문쿨루스'로서 알려진 인조인간을 말한다. 연금술의 마지막 목표는 영혼을 가진 자연이었고, 그럼으로써 물질적 세계를 떠나고자 했다. 보다 중요한 것은 영혼 속의 금을 해방시키고 그렇게 해서 비술의 대가, 즉 비밀을 알고 있는 자를 더 높은 단계의 존재로 인도하는 일이었다.

연금술 사상에서 금은 ― 태양과 마찬가지로 ― 불멸의 물질이었다 (예를 들어 금은 부식하지 않는다). 반면에 납은 덧없음의 상징이고, 그런 의미에서 토성에 귀속되었다. 토성은 그리스어로 크로노스(Kronos)인데, 이것은 시간을 뜻하는 크로노스(Chronos)로 변형되면서 모든 사물과 인간의 시간성을 가리킨다. 연금술사들 ― 자신들의 표현에 따르면 '진정한 철학자들' ― 은 납에 숨겨진 금을 해방시키면서 덧없음을 극복하고 영원을 얻고자 노력했다. 다른 말로 하자면, 연금술은 시간을 정복하고 그 자리를 차지하려는 인간의 시도이다. 실제로 연금술사들은 창조자가 되고자 하며 ― 또 앞서 언급한 '금속주조인간'의 창조자가 되고자 하며 ― 이런 능력을 통해, 예컨대 파라셀수스에게서 볼 수 있듯이 자연을 완성하고자 소망한다. 따라서 연금술은 자연의 완성이며, 사실 인간은 지극히 여러 가지 방식으로 그것을 추구한다. 인간은 적어도 빵과 포도주와 옷가지 — 전부 (더 이상) 자연적이지 (만은) 않은 — 를 만든 이래로 자연을 완성하기 위해 노력한다.

검은 원재료의 변형은 '현자의 돌'로 알려진 촉매를 소유한 사람만이 할 수 있다고 했다. 연금술의 본질적으로 어려운 부분이자 가장 중요한 부분이 바로 이제 이 돌을 생산하는 일이었다. 이 목적으로 행한 수많은 조제 행위는 놀라운 동시에 집요했다. 이런 집요함이 있었기에 사람들은 모든 실험이 무산되어도 다시, 또다시 시도하곤 했다.

알마게스트

아랍권의 연금술사들이 오늘날 서양의 학자들처럼 과학에 매진했던 반면 기독교 사회는 안정을 취하고 있었다. 외부의 것들에 관한 연구는 많지 않았다. 어쩌면 그들 자신이 밝혀내고자 했던 것을 이미 밝혀냈기 때문일지도 모르겠다. 예를 들어 세계 내지 우주의 구조 같은 것이었다. 프톨레마이오스라는 이름의 헬레니즘 시대 이집트인이 서기 2세기에 처음으로 천문학에 대한 최초의 교본을 발표한 이래로 우주 구조의 외양은 오늘날 우리가 말하는 식으로 문헌화되었다. 프톨레마이오스는 지구를 중심에 두었다. 지구는 움직이지 않으며 천체들의 운행에 기준 역할을 한다고 여겼다. 눈앞에 그린 듯 생생하면서도 심미적으로 다듬어진 이 모델은 수많은 세월 동안 건전한 인간 오성에 부합했고 교회의 품위수호자 및 그들의 사상 또한 만족시켰다.

왜 건전한 인간 오성의 입장에서는 지구가 중심에 고정되어 있어야 했을까? 그 이유는 쉽게 설명할 수 있다. 만약 우리 눈이 매일 동쪽에서 시작해 서쪽에서 끝나는 태양의 움직임을 추적한다면, 또 만약 눈으로 관찰한 것만을 그대로 받아들인다면, 우리는 태양 주변을 도는 행성 위에 인간이 살고 있다고는 상상할 수 없을 것이다. 태양은 우리가 말로 표현하는 그대로 떠오르고 져야만 한다.

그러나 지구가 멈춰 있다고 알려주는 것은 우리 눈만이 아니다. 성서 역시 부동의 지구를 주장한다. 매우 간접적인 방식이기는 하지만 성서는 지구 중심 구조를 묘사했고, 교회는 공식적으로 그런 관점을 강요했다. 모세 5경 바로 다음에 등장하는 여호수아서에는 가나안 땅에서 벌어지는 이스라엘 백성과 아모리인들 간의 전쟁이 언급된다. 전투는 이미 오래되었고, 승리는 아주 가까이 있는 듯 보였다. 그러나 너무 많은 시간이 흘러 벌써 시간은 저녁이었다. 그때 여호수아는 주님(HERREN)과 이야기한다. "여호와께 아뢰어 이스라엘의 목전에서 이르되 태양아 너는 기브온 위에 머물라. (……) 백성이 그 대적에게 원수를 갚기까지 태양이 멈추고 (……) 태양이 중천에 머물러서 거의 종일토록 속히 내려가지 아니하였다."(10장 12절 이후 참조)

"머물라!"는 명령에 의미가 있다면, 이전에 어떤 것이 움직였기 때문이고, 따라서 태양이 움직이고 지구는 정지해 있다는 결론을 피할 수 없다. 위에서 보았듯이 이것은 우리 눈이 지각한 것과 일치한다. 그래서 이중으로 짜인 이 원칙을 바탕으로 훗날 기독교인뿐만 아니라 초기의 천문학자들 역시 우주 모델의 중심에 지구를 두는 것이 당연했다. 또 이 원칙에 따른 가장 유명한 체계를 만든 사람이, 약 서기 160년에 상부 이집트 지역 프톨레마이오스에서 사망했으며 바로 그 지명으로 후세에 알려진 사람, 클라우디오스였다.

프톨레마이오스는 알렉산드리아의 큰 도서관에서 일했고 모든 도서관에 자신의 저서를 남겼다. 아직 기독교의 3원설이 관철되기 전

《테트라비블로스(Tetrabiblos)》라는 일종의 별 해석, 즉 점성술 입문서를 썼다. 또 최초의 음악이론 개론서로 평가되며 케플러가 천체의 음악에 귀기울일 때 큰 영향을 준 《하르모니아론(論)》이 저서 목록에 들어 있다. 나아가 프톨레마이오스는 빛의 굴절 문제를 연구한 뒤 그 결과를 모아 최초의 광학서를 저술하기도 했다. 그러나 이 대단한 저서들도 '최고의 예술'을 주제로 한 13권(!)의 대작에 비하면 그 빛을 잃고 만다. 천체 관측 내지 천체 탐색 기술을 담은 이 대작의 원래 이름은 그리스어 'Magiste techne'였다. 이것을 아랍인들은 아랍어 관사와 위대한 것을 뜻하는 단어를 결합해 '알 미드쉬스티(al midschisti)'라고 불렀다. 이 단어는 중세에 '알마게스툼(Almagestum)'으로 발전했고, 오늘날에는 짧게 '알마게스트'라고 불린다.

《알마게스트》에서 프톨레마이오스는 천체들의 기하학적 모델만을 다루지 않았다. 첫번째 과제는 당시 잘 알려진 행성들, 즉 태양과 달을 비롯해서 토성, 목성, 화성, 금성, 수성의 궤도를 이해하는 일이었다. 이집트 프톨레마이오스 출신 클라우디오스가 제기한 문제는 실로 긴박감 넘치는 것이었다. 그는 선배 학자들이 하늘을 보고 기록한 모든 움직임들을 하나의 모델로 이해했고, 언제나 두 가지 원칙에 주목했다. 첫째로 지구는 중심에 정지해야 했고, 둘째로 운행 경로는 오로지 원이어야 했다. 이는 실제 관찰의 결과이자 아리스토텔레스의 전통이기도 하며, 그런 면에서 프톨레마이오스가 창안한 것은 아니라고 할 수도 있겠다. 그러나 적어도 그가 구제할 수 없는 것을 구제하고자 노력한 점에는 모두가 존경을 표해야 한다. 왜 그는 시야를 원으로 좁혀서 우주를 바라보았을까?

알렉산드리아에서 온 도서관 사서는 자신이 어려움에 봉착해 있었음을 정확히 알고 있었다. 7개의 행성들 자체의 움직임이 똑같은 형태의 원궤도가 될 수 없음을, 수많은 현대의 잘난 전문가들보다도 더 잘 알고 있었다. 그랬기 때문에 스스로 회전하는 저 유명한 주전원(周轉圓)으로 행성들을 자전하도록 만들었다. 지구 주위를 도는 것은 행성들 자체가 아니라 주전원들의 중심이었다. 행성들이 움직이는 순환궤도(주전원)의 중심은 정지해 있지 않고 그 자체로 지구 주위를 회전하는 것이다.

프톨레마이오스는 주전원의 중심들이 원을 그리며 돈다고는 했지만 그 원궤도의 중심은 지구가 아니라 지구에서 약간 떨어진 곳에 있는 소위 이심점(離心點)이었다. 관측한 바에 따르면 행성들의 운동은 부동형(不同形)이었고, 따라서 동형(同形)의 원궤도를 중첩시킨다고 행성운동을 설명할 수 없었다. 따라서 그는 세 번째 아이디어를 생각해내야 했다(천년 후 코페르니쿠스는 이 문제에 아주 다른 해결책을 제시한다). 프톨레마이오스는 아리스토텔레스에서 유래한 동형의 원들을 구제하고 건전한 인간 오성을 달래기 위해, 오늘날 '보정원'이라고 부르는 것을 고안해 냈다. 이것은 꽤 복잡하기는 하지만 다음과 같이 묘사해 볼 수 있다. 즉 프톨레마이오스는 첫째로 행성들이 움직이는 주전원의 중심이 정확하게 세계의 중심(즉 지구) 주위를 도는 것이 아니라 보정점 주변을 돌고 있다고 가정했다. 나아가 그는, 이 주전원 중심들의 운동을 보았을 때 그것들의 운행 속도가 동형인 것이 아니라 그것들 각도가 움직이는 속도가 동형인데, 이는 각각의 보정점들과 관련되어 있기 때문이라고 가정했다.

이 이론을 더 정확하게 상상하려고 노력할 필요는 없다. 그저 우리는 위대한 사고력을 지닌 사람들이 얼마나 군건하게 형이상학적 규정들(이 규정들은 무조건적으로 합리적 원천에서 나온 것도 아니다)에 집착할 수 있는지를 보고 놀랄 뿐이다. 과학의 시초에는 많은 것이 비합리적으로 진행되었다. 비합리성이 중요한 까닭은 오로지 그것들이 고집스럽게 유지되기 때문일 뿐이다. 우리는 하늘의 운행을 더 일목요연하게 파악하게 되기까지 얼마나 많은 세월이 필요했는지 곧 알게 될 것이다.

알하젠과 아비센나

사물을 보는 이슬람의 시각

Alhanzen & Avicenna

　알하젠과 아비센나(사진)는 현대인에게 그렇게 유명하고 인기 있는 사람들은 아니다. 대체로 우리는 아랍의 과학 전통에 관한 지식이 부족하고, 아랍 과학자들의 이름을 중세 유럽에서 만들어진 라틴어식으로 부른다. 알하젠의 본명은 그의 제2의 고향 이집트의 말로 '아부 알리 알-하산 이븐 알 하산 이븐 알하이삼'인데, 간략하게 '이븐 알하이삼'이라고도 부른다. 또 아비센나는 그의 고향 이란에서 '아부 알리 알-후살린 이븐 아브드 알라 이븐시나'라는 긴 이름을 가지고 있었지만, 우리는 이름의 마지막만을 따서 '이븐시나'라고도 부른다.

　이 두 인물은 같은 시대(서기 1,000년 즈음)를 살았지만 과학 발전과 진보에 기여한 방식은 아주 상이했다. 물리학자이자 수학자인 알하젠(965~1039년)은 시각에 대한 이론과 광학을 근본적으로 새롭게 했고, 의사이자 철학자인 아비센나(980~1037년)는 고대 그리스 학문의 본질을 전수받아 이를 중세로 계속 전달 내지 환원하는 데 크게 기여했다. 사람들이 흔히 아비센나의 업적을 너무 단순화해 이슬람 과학의 유일한 성과라고 평가하기도 한다. 그러나 아비센나는 단순한 중개자 이상이었고, 독자적인 의학적 연구를 발전시켜 훌륭한 결과를 낳았다. 당시 모든 의사들이 그러했듯이 그는 별에 대한 지식을 탐구하고 의학과 점성술적 연관에 주목했다.[9] 전반적으로 아랍인들은 우리가 생각하는 것 이상으로 독창적인 업적을 남겼다. 이는 알하젠의 예에서만 증명되는 것이 아니라 우리가 쓰는 모든 숫자만 봐도 명백히 알 수 있다. 우리의 숫자들은 바로 아랍에서 탄생했고, 전세계에서 예외 없이 사용되고 있을 만큼 매우 훌륭한 것이다. 아라비아숫자, 이는 보편적으로 이해 가능하고 널리 수용된 기호체계이다.

배경

알하젠과 아비센나가 이집트와 이란 지방에 살면서 활동할 때로부터 약 400년 전으로 돌아가 보면 또다른 인물을 만나게 된다. 오늘날까지, 그리고 분명히 앞으로도 계속 영향을 미칠 것이며 인류 역사에 결정적인 진로를 설정한 사람, 우리가 모하메드라고 부르며 560년 메카에서 탄생한 남자이다. 마흔의 나이에 모하메드는 처음으로 지브릴(가브리엘) 천사의 현현을 영접했고, 설교자가 되어 고향 땅의 통치자들에게 눈엣가시가 되었다. 그들에게 추방당한 모하메드는 사막을 통과해 오늘날 메디나라고 불리는 오아시스까지 400킬로미터를 떠돌아다녔다. 학창시절 이후로 우리에게 친숙한 이 도주사건은 이슬람 기원의 공식적 원년인 622년 7월 16일의 일이다.

사막의 오아시스에서 모하메드는 지브릴 천사가 어떤 계시를 내렸는지 주위 사람들에게 기록하게 했다.[10] 그리고 그들의 원고는 점차로 수라(코란의 장들)가 되었고 이 수라들이 코란으로 성장했다. 코란은 지금까지도 앞으로도 계속 이렇게 고지한다. "알라 외에 신은 없다. 또 모하메드는 그분의 예언자나라."

예언자 모하메드는 자신의 모슬렘 신앙 동료들에게 설파했다. 기도, 금식, 자선이라는 세 가지 과제를 매우 진지하게 받아들여야 하며 하나의 공동체로 성장해야 한다는 것이었다. 그러나 그는 후계자를 남기지 않고 죽었고, 그런 까닭에 현재까지도 아랍세계는 극심한 분열과 갈등 상황에 처해 있다. 그가 죽은 후에 칼리프들을 비롯한 수많은 남성들이 '신이 보낸 자의 후계자'를 자청했다. 또 그들은 세계를 향해 정복전쟁을 벌이는 데에도 의견일치를 보였기에, 이후로 이슬람세계 내 온갖 신앙의 조류들 ― 이스마엘파, 수니파, 시아파, 자이드파 등 ― 을 각각 구별해 내기 어려울 지경이 되었다. 이런 상황은 우리가 그들을 제대로 이해하고 그들 자신이 서로를 구분할 때까지 계속될 것이다.

어쨌든 모하메드의 의식이 형성되는 것과 함께 신봉자들의 행렬이 사막으로 잇달았다. 뿐만 아니다. 그때까지 인정받지 못한 채 숨죽여 살던 민족은 모하메드가 죽은 후 인도에서 스페인까지 세계정복을 시작한다. 그들은 특히 동방을 향한 침략에서 ― 학문적으로 보아 ― 성과를 얻었다. 인도의 숫자 체계를 전수받은 것이다. 6세기 인도의 수학자들은 오늘날의 10진법 체계를 처음으로 구상하기 시작했다. 그들은 0을 창안했고, 따라서 특별한 숫자 0부터 그만큼 스펙터클하지는 않은 9까지, 10개 숫자를 사용했다. 인도를 정복한 아랍인들은 10진법을 유럽으로 전파시켰다. 오늘날까지 우리는 아랍을 거쳐왔기 때문에 아라비아숫자라고 불리는 이 체계에 따라 수를 쓴다. 무엇보다 매혹적인 것은, 그것이 모든 세상에서 사용되는 보편적인 기호법처럼 되었다는 사실이다. 천년 후에 고트프리트 빌헬름 라이프니츠가 더 큰 맥락에서 찾으려고 애썼지만 찾을 수 없었던 그런 기호법 말이다.

모하메드와 함께, 그리고 모하메드의 계시와 함께 발생한 아랍의 변혁을 좀더 살펴보자. 정복전쟁이 승리를 거두면서 아랍어 역시 널리 퍼졌고, 모하메드 시대 이후 이슬람, 유대, 기독교 학자들은 아랍어로 글을 썼다. 비록 완전히 동질적이지는 않은 세계이지만, 이 세계의 문화적 중심으로 바그다드가 점차 부상했다. 그러나 1055년 터키의 바그다드 정복은 아랍 패권 종말의 신호탄이 되었다. 이제 이슬람 세계는 다시 침묵에 들어갔고, 그렇다고 터키인들이 서둘러 학문과 문화에 매진하지도 않았다. 지적인 분야에서 그들은 외면상 눈에 띌 만한 성과를 내지 못했고, 세계적으로 학문과 문화는 한동안 정지상태에 머물렀다.

터키에 정복당하기 전 바그다드는 활력이 넘치는 도시였다. 762년 칼리프 알-만수르가 세운 이 도시에는 오늘날까지도 정체를 알 수 없는 여러 학문들이 번성했다. 연금술, 밀교, 수비학(數秘學) 등이 유행이었다. 이런 사이비과학들의 귀환에 찬성하는 것은 결코 아니다(이것들이 지나치게 발전하는 모습은 구체적으로 상상만 해도 소름이 끼친다). 그러나 이 분야를 발전시킨, 부분적으로는 진지한 사상적 배경을 적어도 약간은 알 필요가 있다고 생각한다.

사실 수비학은 어떤 어리석은 미신 때문에 숫자를 사용하는 것을 의미하지는 않았다. 중요한 것은, 오늘날 완전히 주변부로 밀려난 사상이지만 숫자는 단지 양적인 의미만을 갖는 것이 아니라 그 안에 질(質)과 심지어 미학적 매력도 숨어 있을 수 있다는 생각이었다. 숫자가 예컨대 환율이나 경제성장률 이상의 것을 전달하고 의미한다는 사실은 모두가 알고 있다. 하지만 사람들은 어떤 식으로든 이런 측면을 과학에서 떼놓기 위해 애쓴다. 그러기 위해서 차라리 컴퓨터에 삽입하는 숫자 등을 정보로서 진심으로 환영하고 그 숫자의 식민지에서 질식당하는 것을 택할 정도이다. 우리는 독일 대도시에서 30세 이상 시민들 중 기독교인이지만 기민당(독일 2대 정당 중 하나로 중도우파 정당 - 옮긴이)을 선택하지 않는 사람이 얼마나 많은지를(또는 이런 종류의 어떤 것을) 아주 정확하게 알고자 한다. 또 관련 정보를 제공하는 연방 통계청을 신뢰한다. 우리는 숫자로 이루어진 수많은 가치들을 부지런히 추구하지만, 숫자의 본질적인 실제 가치(질)는 당시 바그다드의 사람들이 훨씬 더 잘 이해했을 것이다. 이 측면에 다시 주목해 볼 필요가 있다.

바그다드에서 연금술과 수비학이 성행할 때, 유럽에서는 샤를마뉴 대제가 권좌에 올랐다. 유럽에서 카롤링거 예술이 꽃피었을 때, 아랍인들은 항성(恒星) 목록을 작성하는 프로젝트를 시작했다. 유럽에서 대성당을 건축하고 오토 1세가 로마에서 독일 신성로마제국 최초의 황제로 등극했을 때, 바그다드의 세헤라자데는 '1001일 밤 동화'를 이야기했고, 알하젠이 이라크 바스라에서 태어났다. 알렉산드리아에는 100만 권 이상의 장서를 갖춘 도서관이 설립되어 앎의 총합을 추구하며 고전 텍스트들을 번역했다. 반면 외부로부터는 '터키인들의 위협'이 점점 심각해졌고, 곧 그 위협에 굴복하게 된다.

아랍은 이제 파피루스로 서적을 만들지 않았다. 8세기 말 이후로 아랍인들은 중국에서 발명된 종이를 사용했다. 종이는 파피루스보다 더 견고했고, 벌써 일종의 서적시장 같은 것이 생겨나게 되었다. 1179

년이 되어야 유럽에 종이가 전파된 것과 비교해 보면 매우 이른 혁신이었다. 이때 아랍으로부터 유럽으로 종이를 가져온 사람들은 아라비아숫자도 함께 들여왔다. 이탈리아의 수학자 레오나르도 피보나치가 정확히 1200년에 우아한 아라비아숫자 서체와 아랍식 주판을 입수해 동시대인들에게 소개했다.

아비센나

아비센나(이븐시나)는 10세기와 11세기 부카라, 이스파한, 사마르칸트, 하마단 등 품격 높은 이란 궁정에서 불안정하지만 화려한 삶을 보냈다. 그의 경력은 스캔들과 함께 시작되었다. 보리스 베커(전前세계 랭킹 1위의 프로 테니스 선수 - 옮긴이)가 윔블던에서 첫번째 승리(17세)를 자축한 것과 같은 나이에 젊은 이븐시나는 부카라 술탄의 병을 고쳐줌으로써 분에 넘치는 행운을 맞이했다고 한다. 그는 술탄에게 올바른 조언을 해주어 병을 낫게 했고, 그 대가로 지배자는 종에게 자신의 광범위한 도서관을 이용할 수 있게 해주었다. 도서관 안에는 예를 들어 아리스토텔레스의 모든 저작이 있었다.

이븐시나는 아리스토텔레스를 비롯해 눈길이 닿는 모든 책을 읽었다. 무엇보다 그를 감동시킨 것은 페르가몬 출신의 클라우디우스 갈레노스(129~199년)였다. 갈레노스는 고대의 가장 위대한 의사로 평가받으며 우리 시대까지 이름을 남긴 사람으로, 자연약재 이론(Galenik)[11]이라는 말이 그에게서 나왔다. 21세에 이미 이븐시나는 독자적인 책을 저술하기에 충분한 학식을 갖추었던 것 같다. 그가 관심을 가진 영역은 의술이었는데, 돌이켜보면 그의 시도는 완성되고 통일된 형태의 의학을 제시하는 일종의 맛보기였다. 각고의 노력 끝에 이븐시나는 5부작인 《의학경전》이라는 결과물을 내놓았다. 제1권은 이론적으로 의학을 다루었고 제2권에서는 약학에 전념했으며 제3권은 오늘날 우리가 병리학 및 치료학이라고 부르는 것을 연구한 성과였다. 계속해서 제4권은 외과적 처치에 관한 가르침을 주었고 ― 고대 이집트로 회귀한 처치법이었다 ― 마지막 제5권에서는 독약의 효과와 해독제를 찾는 방법을 설명했다.

이븐시나의 《의학경전》은 16세기에 이르기까지 중세 유럽에 큰 영향을 미쳤다. 이 책의 명성에 흠집이 나기 시작한 것은 레온하르트 푹스라는 이름의 슈바벤 출신 식물학자가 등장했을 때였다. 푹스는 이븐시나의 충고 뒤에 고대 그리스의 갈레노스가 숨어 있음을 알아차렸고 원본을 연구하는 편이 더 낫다고 제안했다. 또 직접 모범이 되어 갈레노스를 공부하기도 했다.

이븐시나가 갈레노스의 기본 사상에 어떤 새로운 구상도 추가하지 않은 것은 사실이다. 하지만 아마도 그 때문에 그의 경전이 갈레노스의 이론보다 더 합리적으로 잘 짜여졌다고 말할 수 있다. 이븐시나는 결국 ― 아랍 의사들 대다수가 그러했듯이 ― 관찰자에 가까웠고 구체적으로 일하는 실천가였다. 또 그의 약재 리스트는 인도에서 온 수많은 재료들로 풍성했고, 그 때문에 그리스에서 만든 것보다 더 광범위했다.

그럼에도 불구하고 '아랍의 갈레노스'(훗날 사람들은 아비센나를 이렇게 불렀다)는 질병의 본질을 다룬 기본 사상에서, 즉 의학 이론에서 그리스의 갈레노스에 완전히 사로잡혀 있었다. 갈레노스는 오늘날 사람들이 체액 이론이라고 부르는 것을 주장했다. 이 이론에 따르면 모든 질병현상에 존재하는 단 하나의 원인은 체액들의 불균형이라고 한다. 체액에는 네 종류가 있다. 점액, 황담즙, 흑담즙, 그리고 특별한 액체로 불리는 혈액이 그것이다.

역사학자들의 전문은어로 '의학의 체액 패러다임'이라고도 불리는 이 체액 이론은 1,000년이 넘는 세월 동안 모든 사혈과 관장, 치료 목적의 구토 등에 일상적으로 영향을 미쳤다. 18세기에 와서, 기능을 잃고 병에 걸리는 것은 몸의 기관들일 뿐이라는 사실이 점차로 명백해진 후에야 체액 이론은 힘을 잃었다. 체액 이론은 미세한 국부적 질병 인자 내지 병리학적 싹이 존재한다는 가능성을 통찰하지 못하게 했다. 체액 이론을 대변하는 사람들은 아주 작은 분리된 단위들이 존재하며 이것들이 서로 유리된 채 작용하여 건강을 해칠 수 있다는 사실을 상상할 수 없었다. 예컨대 이븐시나는 페스트가 오늘날 우리가 박테리아라고 부르는 미세한 구조물 내지 지극히 작은 생명체에 의해 발생한다고는 결코 생각하지 못했다. 그가 보기에 전염병의 원인은 지속적인 어떤 것이었다. 페스트에 관해 말하자면, 그는 지진 등의 흔들림에 의해 땅이 갈라질 때 대지에서 올라올 수 있는 공기(일종의 '페스트 악취')로부터 병이 발생한다고 추측했다.

고대인들의 편협한 사고를 꾸짖는 사람이 있다면, 무턱대고 그들의 잘못을 비웃을 것이 아니라 우리도 만만치 않게 편협하다는 사실을 깨달아야 한다고 충고하고 싶다. 우리는 사안을 반대편 끝에서 관찰할 뿐이다. 다시 말해 우리는 로베르트 코흐가 결정적으로 기여한(나중에 더 설명하겠지만) 19세기 말 세균학의 성과에 따라, 그리고 바이러스와 기생충을 비롯한 미생물체들을 관찰해 얻은 많은 정보들에 따라, 확정적으로 작용하는 인자에 의해 유발되지 않는 질병은 없다고 생각한다.[12] 암과 위궤양조차도 — 최근의 경향에 따르면 — 결코 너무 많은 산(체액 이론이 좋아할 만한 액체이다) 또는 예컨대 공기에서 나온 발암성 유해물질(페스트 악취가 환영할 만하다)이 아니라 박테리아와 그밖의 전염성 미생물에 의해 유발된다고 주장한다. 오로지 그렇게만 생각하고 이븐시나와는 다른 방식으로만 질병에 접근하는 사람은, 질병에 실제로 올바른 평가를 내리고 질병을 통찰하기 위해서 먼 길을 가야만 한다. 물론 '올바른'이라는 단어가 의미 있게 사용된다는 전제하에서 말이다.

《의학경전》에는 페스트도 언급되어 있다. 글을 쓸 무렵 이븐시나는 하마단에서 샴 아드-다울라 왕자의 궁정의로서 근무했다. 아랍의 의사이자 학식 높은 저술가의 불안정한 인생에서 하마단 시절은 휴식기와도 같았다. 그는 해부학, 생리학, 병인학, 진단학과 의약품에 관해 100만 개가 넘는 단어들을 서술했다. 1022년 왕자가 사망하자 이븐시나는 하마단을 떠나야 했다. 그는 이스파한의 '알라 압-다와'라는 술탄의 왕궁을 새로운 도피처로 삼고 왕궁의 새로운 의사가 되었다. 얼마 후 술탄은 하마단 방향으로 원정을 떠났고, 이븐시나도 행렬에 참여했다. 그러나 1037년 이븐시나는 이 원정에서 살아남지 못하고 세상을 떠났다. 이븐시나가 자기 죽음에 책임이 없지는 않다는 지적(좋게 말하면) 내지 소문(나쁘게 말하면)이 있었다. 동시대인들이 전해준 바에 따르면 그는 치사량에 이르는 술을 마셨다고 한다. 이븐시나는 평소에도 졸음을 쫓고 생기를 얻기 위해 매일 한 잔의 와인을 처방했다.

무수한 테마를 아우르는 이븐시나의 저서 범위를 조망해 보면, 그가 큰 업적을 남긴 것은 분명하다. 《의학경전》과 함께 예를 들어 《회복의 서》가 유명한데, 후자는 영혼의 치유를 다룬 책이다. 또 그는 철학적 연구도 계속했다. 아리스토텔레스의 형이상학과 모슬렘의 형이상학을 연결하려고 노력했고, 심지어는 암석 이론을 공격하기도 했다.

철학은 내버려두고 — 모슬렘 사상에 대해 아는 것도 별로 없으니 — 서양을 진지하게 수용한 저서와 의학적 치료법을 남긴 의사만을 기억하도록 하자. 예를 들어 1502년에 설립된 비텐베르크 대학의 의학부는 1508년에도 아비센나의 저서를 교재로 한 강의를 진행했다. 신선한 바람이 공중위생 분야에 새로운 도약을 가져다주기까지는 몇십 년이 더 필요했다. 바람은 바젤로부터 불어왔다.

파라셀수스라고 불리는 테오프라스투스 폰 호헨하임이 '동냥질로 모은' 기존의 교과서를 비판하며 새로운 교과서를 선포한다. "현재 대부분의 의사들이 환자에게 최악의 방식으로 지극히 큰 피해를 끼치면서 히포크라테스, 갈레노스, 아비센나의 말에 너무 노예처럼 매달린다는 사실을 모르는 자 누가 있겠는가." 약 500년 전에 결국 새로운 시대가 시작되었고, 이 시대가 야기한 것은 비단 새로운 종류의 의학만이 아니었다.

알하젠

다시 한 번 고대로, 정확하게 서기 1000년으로 돌아가 보자. 바로 이 시대 이집트에서 알하젠(이븐 알하이삼)이라는 이름의 한 남자가 나타나, 파티마 왕조에 속하는 칼리프 알하킴의 신하로 일했다. 파티마 왕조는 962년 이후로 이집트를 통치했고 카이로 시를 창건해 그곳을 수도로 삼았다. 1000년 즈음, 그리고 1010년까지는 나일강의 수위가 항상 너무 낮아서 매해 흉작이 발생했고 그에 따른 정치적 문제가 들 끓었다. 칼리프 궁정의 신하들이 대책 마련에 고심하던 중, 이븐 알하이삼이 기발한 아이디어를 냈다. 나일강의 흐름을 바꾸자고 제안한 것이다! 물론 그의 제안은 수용되지 않았고, 목이 잘리지 않기 위해 그는 약간 머리가 돈 사람 흉내를 내야 했다. 1021년까지 그는 광인 행세를 했다. 같은 해 칼리프 알하킴이 죽자 궁정을 떠나야 했던 이븐 알하이삼은 아랍 도시들의 시장에서 경필사로 끼니를 연명했다. 오늘날에도 이 지역에는 그런 직업을 가진 사람들이 있다고 한다.

이븐 알하이삼은 시장에서 일하는 동안 틈틈이 독자적인 사상을 종이에 옮겼고, 일생 동안 200권(!) 이상의 책을 썼다. 주저는 1030년에 나와 12세기에 라틴어로 옮겨져 1572년 마침내 완전한 모습으로 출간된《광학보전》이다. 제목 그대로 광학의 보화들에 대한 책이다. 훗날 요하네스 케플러는 이 책에서 많은 자극을 받았고 때로는 결정적인 진전에 도움이 되었다고 독자들에게 말한 바 있다. 그만큼 이븐 알하이삼은 눈의 구조에 관해 대략적이나마 추측했고, 빛을 굴절하는 렌즈의 작용도 이미 이해하고 있었다. 하지만 눈의 뒤편(망막)에서 세계상이 정확히 반대로 맺힌다는 사실을 처음으로 알아차리고 우리에게 전해준 사람은 요하네스 케플러이다.

눈은 이븐 알하이삼이 특별히 주목한 대상이었다. 그가 눈에 부여한 과제를 살펴보면 그리스 과학 전통과의 단절이 엿보인다. 가히 시각의 혁명(Revolution)[13]이라고 말할 수 있다. 그리스인들이 눈은 시광선(視光線)을 발산하고 그 시광선이 대상을 지각한 후 다시 눈으로 돌아온다고 생각한 반면에, 이븐 알하이삼은 진행 과정을 역전시켜 대상에서 빛이 흘러나와 눈이 이 빛을 수용한다고 주장했다. 이 이론은 오늘날까지도 그대로 유지된다. 아랍의 시각 이론에서 눈은 일종의 광학기구인데, 이 기구는 오늘날 굴절이라고 부르는 물리학적 질에 의해 작동한다. 매체(예컨대 공기)에 의해 제2의 사물(예컨대 유리나 물)로 빛이 이행하면서 굴절이 일어나고, 이 현상은 광선의 방향전환에 의해 관찰된다. 광학의 변화는 다가올 세기의 핵심 문제가 될 뿐 아니라 창조적 새 출발을 가능하게 하기도 했다. 즉 시광선이라는 그리스의 개념이 어떤 기계적인 틀도 수반하지 않은 반면, 아랍의 혁명과 함께 바로 기계적인 은유가 등장하여 건설적인 성과를 낳게 된다. 이제 광선은 발사된 총알처럼 직선으로 날아가며, 광선이 구부러지거나 꺾이는 것은 상이한 밀도를 지닌 상이한 물체 속에서 나타나는 상이한 속도 때문이라고 이해된다. 《빛에 관한 이론》에서 이븐 알하이삼은 이렇게 말한다.

> 투명한 물체에서 퍼지는 광선은 매우 빠르기 때문에 그 움직임을 지각할 수 없다. 얇은 물체, 즉 투명한 물체에서 광선의 움직임은 두꺼운 물체에서보다 더 빠르다. 그러나 사실상 모든 투명한 물체는, 빛이 그 물체를 뚫고 지나갈 때 자신의 고유한 특성에 따라 작게나마 빛에 저항한다.

매우 현대적으로 들리는 논거이다. 그렇다면 이 아랍 광학자는 ─ 물리학적 이해를 바탕으로 ─ 색에 관해서도 명료하게 이해했을까? 색 역시 굴절에 의해 이해될 수 있으니 말이다. 그러나 유감스럽게도 그는 그러지 못했다. 어쨌든 이와는 무관하게, 위에서 인용한 속도의 논거는 지극히 유용한 것이다. 또 14세기 말 처음으로 어둠상자(camera obscura)로 빛의 굴절을 연구하고 설명한 중동의 다른 과학자들이 있었는데, 그들은 빛의 속도는 빛이 뚫고 들어갈 수 있는 매체의 두께에 반비례한다고 주장했다. 물질이 얇을수록 빛은 더 빠르다는 것이다. 그러나 이 주제가 실험으로 입증되기까지는 매우 긴 세월이 필요했다.

《광학보전》을 통해 이븐 알하이삼이 부각시킨 또다른 통찰이 있다. 예를 들어 그는 황혼의 지속 시간으로부터 대기의 고도를 측정하려고 시도했다. 대기는 빛을 굴절시키고 그럼으로써 빛의 방향을 바꾸기 때문에, 우리는 태양 자체가 더 이상 우리 시야에 있지 않음에도 불구하고 ― 즉 해가 졌음에도 불구하고 ― 아직 무엇인가를 볼 수 있다는 것이다. 빛을 굴절시키는 공기는 17세기 이후 '대기권'이라는 이름을 얻었고, 대기의 고도를 재는 더 나은 방법을 찾은 현재까지도 이 이름을 계속 지니고 있다.

새롭게 대기 개념이 등장하자, 아리스토텔레스 이후 하늘을 차지하고 행성들의 순환궤도를 '설명'해 온, 옛날의 '에테르권(Äthersphären)'이라는 용어가 사라지게 되었다. 이븐 알하이삼은 고대의 모델을 개선하고 더 많은 에테르권들이 함께 작용하도록 만들어서, 프톨레마이오스보다 더 나은 해석으로 행성운동을 파악하고자 했다. 다른 많은 사람들처럼 이븐 알하이삼은 프톨레마이오스의 악명 높은 '조정운동'을 거부했고, 거기서 벗어나기 위해 프톨레마이오스의 기계적인 행성체계를 물리적인 연속성 속에서 재구성했다. 역학은 지구에 속한 것이며, 하늘에는 다른 이론이 적용되어야 했다. 이 문제에 대해서는 수백 년 동안 서양과 동양이 같은 입장이었다. 뉴턴이 등장해서 과학에 아주 새로운 빛을 비춰줄 때까지 말이다.

아랍의 광학은 그렇게 유용한 것이었음에도 불구하고 유감스럽게도 천천히 의미를 잃어갔고, 일종의 신학적 광학이 그 자리에 들어선다. 12세기에 아랍 학자들의 저작이 번역되어 서양에 소개되었을 때, 유럽은 인구수가 급증하고 도시들이 성장하던 참이었다. 도시 주민들의 지식에 대한 갈증은 점점 커졌고, 대학이 설립되어 아랍의 저서들이 수용되었다. 서양은 어떤 새로운 종교도 필요로 하지 않았고 — 이미 기독교가 있었다 — 어떤 새로운 법도 필요없었다. 그들은 로마의 전범을 추종했다. 다만 더 필요한 것은, 세계와 우주를 해명하고 과학을 영위하는 일이었다. 그런 보화는 아랍의 책들이 번역됨으로써 가능해졌다. 오늘날 우리는 이 새로운 시작을 반드시 기억해야 한다.

1 아리스토텔레스는 처음에 이 책에 제목을 붙이지 않았다. 나중에 제자 알렉산드로스 대왕의 도시인 알렉산드리아의 거대한 도서관에서 그의 모든 저작을 정리했을 때, 이 책은 우연히 《피지카(Physika)》라는 제목의 책 뒤쪽에 놓이게 되었다. 제목이 없었던 이 책은 그리스어로 '피지카 다음(meta ta physica)'이라고 불렸고 현재의 《형이상학(Metaphysik)》이 된 것이다. 형이상학은 알렉산드리아 도서관에서 물리학에 관한 저서 뒤에 있던 바로 그 책에서 아리스토텔레스가 논구한 것이다.

2 피타고라스 학파는 '테트라크티스(Tetraktys)'라는 형태로 숫자 4를 숭배했는데, 그들은 특히 1,2,3,4의 합이 10이며 1,2,3,4개의 점으로 변의 길이가 4인 정삼각형을 그릴 수 있다는 점에 열광했다.

$$*$$
$$*\quad*$$
$$*\quad*\quad*$$
$$*\quad*\quad*\quad*$$

3 숫자의 의미에 관해서는 요하네스 케플러에 관한 장에서 더 서술할 것이다. 그에게는 기독교의 삼위일체를 상징하는 숫자 3이 중요한 의미를 갖는다.

4 아리스토텔레스는 생명체의 형태들을 '피를 가진' 것과 '피가 없는' 것으로 구분했다. 그는 피를 가장 중요하게 생각했고, 인간이 사유할 수 있게 해주는 기관을 심장으로 보았다. 그리고 뇌는 피를 식히는 역할을 한다고 추측했다. 심리학적으로 보아 아리스토텔레스의 이런 '오류'는 의미가 있다. 적어도 오늘날 우리는 심장으로 무엇인가를 이해한다고(또는 이해하지 않는다고) 말하며, 또 우리의 오성이 감정을 냉각시키고 조절한다고도 표현한다. 어쨌든 해부학적으로 부정확한 아리스토텔레스의 잘못된 분석은 후세에 큰 영향을 미쳤고, 이 영향은 피의 순환이 발견될 때까지 거의 2,000년 동안 지속되었다.

5 아리스토텔레스는 원래 그리스어 'hyle'를 사용했는데, 나중에 키케로가 'materia'로 번역했다. 이 라틴어 단어가 오늘날까지 이어져, 우리는 생명도 영혼도 가지고 있지 않은 어떤 것을 칭할 때 물질(Materie)이라고 말한다. 그러나 최근 양자역학은 이 단어를 그대로 써도 되는지에 회의를 표하고 있다.

6 아리스토텔레스를 비웃고자 하는 사람이 있다면, 두 배로 무거운 물체는 두 배로 빨리 지상으로 낙하한다는 그의 빗나간 결론을 지적하는 것만으로 충분할 것이다. 우리는 학교 물리학 수업에서 중력이 무게와 상관없이 모든 물체에 동일하게 적용된다는 원칙을 배웠다. 그러나 실제로 깃털은 동전보다 바닥에 더 천천히 떨어진다. 눈으로 목격할 수 있는 사실이다. 이것은 공기의 마찰 때문이다. 아리스토텔레스는 그런 외적인 영향을 전혀 고려하지 않았다. 그는 무엇보다 운동의 목적에 관심을 가졌고, 운동의 목

적은 내적으로 규정되어 있다고 생각했다. 그의 입장이 편협하다고 비난하는 사람도 있을 것이다. 그러나 그렇게 비난하려면 우선 그 입장을 정확하게 이해해야 하는데 사실 그렇게 하는 사람은 드물다.

7 연금술(Alchemie)은 한때 'Alchimie' 또는 'Alchymie' 라고도 불렸다. 세 단어 모두 똑같은 것을 칭하며 같은 기원을 갖는다. 우리가 중간에 'e' 가 들어 있는 단어를 선택한 이유는, 그것이 더 발음하기 좋을뿐더러 과학사가들이 일치된 의견으로 그렇게 써왔기 때문이다.

8 물이 가득 찬 욕조에 어떤 물체를 담그면, 욕조 안 물이 밖으로 넘친다. 넘친 물의 양을 재면 들어간 대상의 크기를 알 수 있다. 1킬로그램의 납은 더 작은 용적이 필요하고 더 적은 물을 넘치게 한다. 이에 비해 1킬로그램의 알루미늄은 더 큰 용적이 필요하며 더 많은 물을 방출한다. 아르키메데스는 왕관이 금으로만 만들어졌는지 아니면 값어치가 떨어지는 금속과 섞였는지를 ― 왕관을 손상시키지 않으면서도 ― 알아낼 수 있었다. 그는 주어진 왕관이 밀어낸 물의 양과, 왕관과 동일한 무게의 순금이 넘치게 만든 물의 양을 비교하는 실험을 했다. 순금이 잠수했을 때보다 왕관이 잠수했을 때 더 많은 물이 넘쳐흐른다면, 왕관은 분명 순금으로만 만들어진 것이 아닐 것이다. 이것이 아르키메데스의 답이었다.

9 물론 점성술의 도입은 오늘날의 의미에서 의학적인 진보가 아니었다. 하지만 당시 얼마나 많은 사람들이 하늘의 별을 신뢰했는지를 고려해 본다면, 아비센나의 아이디어가 환자들의 요구에 부응한 것만은 틀림없다. 의학에서 무엇보다 중요한 것은 환자인 법이다.

10 모험적인 시도였다. 전하는 바에 따르면 모하메드는 문맹이었다고 한다. 따라서 그의 말을 받아 적은 사람들 중 일부는 자신의 생각을 기록에 포함시켰을지도 모른다.

11 자연약재 이론은 원래 식물성 자연치료물질에 관한 이론을 뜻하는 말이었고, 나중에는 공장 생산품과 분리해서 약국의 의약품 조제를 칭하는 개념으로 쓰이기도 했다. 현재 자연약재 이론은 약학의 한 지류인데, 자연약제사는 효능물질을 다른 재료를 통해 변용시켜 최적의 효험을 발휘하는 정제를 생산하는 일을 한다.

12 바이러스는 원래 '유독한 액체' 라는 뜻이었다! 바이러스의 개별적인 구조는 근대에 와서야 만들어졌다. 분자생물학이 창시되기 전까지 바이러스는 액체상태라 여겨졌고, 어떤 필터에도 걸러지지 않는 것이었다. 물론 원자 차원에서는 연속체와 개별체를 구분하는 일이 어렵지만 분리는 확실히 존재한다.

13 일반적으로 혁명(Revolution)은 사상의 급진적인 혁신 혹은 완전한 방향 선회를 의미한다. '제자리로', '뒤로' 등을 뜻하는 접두사 're' 가 붙었지만, 퇴보가 아니라 진보를 의미한다. 원칙적으로 혁명이 일어나면 일단 출발점으로 돌아가는데, 거기서 계속 나아가는지 아닌지가 중요한 문제이다.

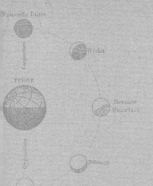

2장

최초의 혁명

알베르투스 마그누스
니콜라우스 코페르니쿠스

모든 시작은 유유히 진행된다. 중세인은 앎보다는 확실성에 큰 관심을 가졌고, 신앙 속에서 이 확실성을 찾았다. 그러나 인간의 내면에는 신앙으로 완전히 만족하지 못하는 어떤 것이 들어 있다. 시간이 지날수록, 자연을 관찰하고 자연의 질서를 사유하는 데서 쾌락을 느끼게 마련이다. 도미니크회 소속 수도사 한 명이 있었다. 그는 철학에서 즐거움을 찾았고, 어쩌면 자신의 신앙을 흔들지도 모를 무엇인가를 만나리라는 우려를 일생 동안 안고 있었지만, 그럼에도 불구하고 철학의 즐거움에서 떠날 수 없었다. 실제로 몇몇 관찰의 결과는 교회가 공식적으로 진리라고 선포한 경직된 세계상과 일치하지 않았다. 코페르니쿠스의 혁명은 피할 수 없는 것이었다. 비록 그의 주장이 입증되어 모든 학문적 의혹이 사라질 때까지 수백 년의 세월이 더 흘러야 했음에도 불구하고 말이다.

알베르투스 마그누스

신앙과 앎의 조화

Albertus Magnus

알베르투스는 '위대한 자(Magnus)'라는 별명을 후세에 남긴 유일한 학자이다. 그것도 까마득한 옛날, 14세기의 일이다.[1] 이 명예호칭은 오래전부터 고유명사가 되었다. 그렇다면 이런 탁월한 지위를 무엇으로 설명할 수 있을까? 일견 이 도미니크회 수도사이자 주교인 알베르투스 마그누스(1193~1280년)는 동시대의 사상가 중에서 구체적인 자취를 비교적 덜 남긴 것처럼 보인다. 신학 분야를 들여다보면, 알베르투스의 가장 뛰어난 제자인 토마스 아퀴나스(1225~1274년)가 오히려 대중적인 인기도에서 그를 추월하는 듯하다. 또 경직된 교조화는 알베르투스의 자유롭고 광활한 이념들을 주변부로 밀어내 버렸다. 그러나 사람들이 위대한 알베르투스를 숭배하는 까닭은 그가 이전이나 이후에나 우리에게 해결되지 않은 과제로 남은 중대한 것을 매우 일찍부터 추구했기 때문이다.[2] 그것은 신에 대한 깊은 신앙이 자연에 대한 심오한 인식과 화해할 수 있는지, 혹은 조화를 이룰 수 있는지의 문제였다. 알베르투스는 인간의 두 욕구, 즉 신앙과 앎이 어떻게 나란히 존재하며 서로에게 속하는지를, 증명보다는 실천으로 보여주고자 했다.

우리는 신이 자신의 자유의지에 따라 직접 개입해서 자신의 전능을 보여줄 기적의 도구로 피조물들을 사용한 것처럼 자연과학 연구를 해서는 안 된다. 자연의 영역에서는 자연 사물에 내재한 인과성에 의해 무엇이 자연적인 방식으로 발생할 수 있는지를 탐구해야 한다.

계속해서 이런 대목을 읽을 수 있다.

만약 누군가가 신이 자신의 의지로 자연의 발전을 정지상태로 만들 수 있다고, 즉 아직 어떤 생성도 없었고 이후에야 비로소 생성이 전개될 어떤 시점이 존재하는 것처럼 만들 수 있다고 맞선다면, 나는 자연에 관한 학문을 영위할 때에는 신의 개입에 의한 기적을 고민하지 않는다고 반론을 제기할 것이다.

기이하게도 서양 사유의 역사에 자리를 잡기에는 극단적으로 어려웠던, 아직까지도 어려운 사상이다. 특히 슈바벤 출신 알베르투스에 이어 나폴리 출신 토마스 아퀴나스가 신앙과 앎 사이에 명확하고도 날카로운 경계선을 긋고 계시의 무모순성을 이성이 합법화하도록 한 후에는 그렇다. 알베르투스가 신학적 노력과 철학적 노력 사이의 조화를 위해 살고 일했던 반면, 그 이후 사람들은 앎을 향한 모든 방법 중 신앙의 통찰에 최고의 지위를 부여했다. 오늘날 우리도 여전히 이 문제에 봉착해 있다. 예를 들어 생물학자들은 진화의 자연법칙을 추적할 때 신을 없애려 한다는 비난에 맞서 싸운다. 신은 자신의 작품에 경탄하는 일도, 그것을 탐구하는 일도 금지하지 않았다. 다만 학자들은 현상의 기적을 설명의 기적으로 대체할 뿐이다.

배경

알베르투스의 인생 대부분이 포함되어 있는 13세기 초, 유럽에서는 나침반이 널리 퍼지기 시작했고 처음으로 국제적인 교류가 시작되었다. 마르코 폴로는 최초의 세계 여행을 계획한다. 학계를 살펴보면 로버트 그로스테스트(1175~1253년)가 옥스퍼드에 대학을 설립했고, 라이문두스 룰루스(1235~1315년)는 스페인에서 체계적 조합을 통한 지식 획득 방법인 소위 아르스 마그나(Ars magna)를 선언했으며, 독일에서는 디트리히 폰 프라이부르크(1250~1310년)가 처음으로 무지개의 색들을 제대로 묘사하고 이 하늘의 징표를 이론적으로 설명하고자 시도했다.

그밖에 알베르투스가 살던 시기에는 교황과 황제 사이에 매우 격렬한 정치적 분쟁이 있었다. 황제 오토 4세에게 파문령을 내린 인노첸시오 3세 치하, 교황의 권력이 정점에 이르렀던 시기이다. 같은 시대 최고로 아름다운 문학작품(볼프람 폰 에센바흐의 《파르치팔》)과 최고로 추악한 혼란(비참한 재앙을 낳은 1212년의 아동십자군 원정)이 있었다. 1215년 영국에서는 남작들의 주도하에 '마그나 카르타(대헌장)'가 승인된다. 독일 제국은 그 사이에 이탈리아 남부까지 확장되고, 발터 폰 포겔바이데에게 봉토를 하사한 슈타우펜 왕조 프리드리히 2세는 3개의 언어를 쓰는 팔레르모를 수도로 삼았다.

교육제도도 변화했다. 아리스토텔레스 저서의 라틴어 번역물이 사방에서 제국 안으로 들어왔고, 곧 그 저서들을 해석하고 주석을 단 사람이 주목을 받았다. 알베르투스가 바로 그 역할을 했다. 당시 유명한 아리스토텔레스 저서들에 등급을 매긴, 획기적인 그의 해석은 동시에 기독교적 서양에 처음으로 고대 후기, 아랍, 유태 학문으로의 길을 열어주었다. 과거 아리스토텔레스와의 대결을 통해 발전한 학문들이었다.[3]

초상

알베르투스는 1193년 도나우 강변의 슈바벤 지역 라우잉겐에서 태어났다.[4] 그의 아버지는 황제(하인리히 4세로 추정된다) 아래에서 일하는 부유한 공무원이었다. 가족들의 일생에 대해서는 알려진 바가 별로 없지만, 알베르투스의 형제 한 명이 나중에 뷔르츠부르크의 수도원장이 되었다는 설이 있다. 알베르투스 자신도 처음에는 수도원학교에 다녔을 것으로 추측되지만, 1222년부터 7년 동안 이탈리아 북부 지역에서 학업을 쌓았다는 것이 기록에 남아 있는 최초의 내용이다.

같은 해(1229년) 알베르투스는 도미니크회의 탁발수도회에 가입했다. 분명히 어려운 결정이었을 것이다. 재산을 상속받아 개인적인 이익을 얻는 것보다 청빈한 삶을 추구하는 일이 어려워서가 아니었다. 알베르투스 자신이 이 결정을 일생 동안 엄중히 지킬 수 있을지 확신할 수 없었기 때문이다. 그는 아버지로부터 물려받은 돈을 일부는 수도원 건립에, 또 일부는 도니미크회 수녀들에게 썼다. 물론 그는 자신이 소유한 모든 것을 교회에 바치지는 않았다. 일부는 생활을 꾸려나가는 데도 썼다. 더 정확히 말하면 교단이 '이단'이라 평가하고 형제들의 손에 들리는 것을 강력히 금지한 새로운 철학 서적들을 입수하기 위해 썼다.

이단이라는 공격에 내몰리자 알베르투스는 상소문을 제출했다. "철학 연구의 적들은 형제들이 교단 내에서 편안히 함께 진리를 추구하도록 내버려두지 않는다." 여기서 결정적인 핵심어는 '진리'이다. 교단은 "찬양하라, 축복하라, 선포하라"는 세 가지 사항을 요구했다. 알베르투스가 행하고자 한 것이 바로 그것이었다. 신을 찬양하고 신의 이름으로 축복하며 신의 진리를 선포하는 것, 에컨대 아리스토텔레스와 아비센나의 철학적 저서들의 도움으로 말이다.

알베르투스의 사고는 놀랍도록 현대적이었다. 예를 들어 신앙과 윤리 문제에서 아우구스티누스가 한낱 철학자 이상으로 존경을 받는다고 말할 때, 그러나 의학적 문제에 관한 한 갈레노스와 아비센나가 더 큰 신뢰를 받는다고 지적할 때, 또 아리스토텔레스가 자연과 자연의 창조를 어떤 성직자보다 더 잘 인식하고 있다고 주장할 때 그러하다. 알베르투스는 엄청나게 많은 시간을 연구에 쏟아부을 수 있었고 또 그렇게 했기 때문에 그 모든 저서들을 알고 있었다.

탁발수도회에 가입한 후 알베르투스는 결코 연구를 중단하지 않았다. 그의 생활은 고요한 학자의 생활 그 자체였다. 36세 때 알베르투스는 우선 쾰른으로 가서 정규 교단 연구과정을 마쳤다. 다음으로 힐데스하임, 프라이부르크, 스트라스부르에서 연구를 계속했고, 1243년부터 1248년까지는 다시 한 번 파리에서 — 일곱 가지 예술과 함께 — 의학과 자연과학 영역에서 학식을 쌓고 아리스토텔레스의 저서들을 연구했으며 결국은 결실을 이루어냈다. 마침내 알베르투스가 신학 석사학위를 받은 것은 이미 50세를 훌쩍 넘겼을 때였다. 그 시대 사람들은 재능을 숙성시키는 데 지금보다 더 많은 시간을 소비했다. 알베르투스에게 이는 충분한 대가를 가져다주었다.

1249년 알베르투스는 독일로 돌아와 쾰른 대학의 강독교수로 초빙되었다. 교단형제들이 '만물박사'라고 칭한 이 대학자는 이 도시에서 실로 보편적인 영향력을 널리 펼쳤다. 또 쾰른에서 교단의 총론을 지휘하는 동안에도 독자적인 연구를 게을리 하지 않았다. 1251년 알베르투스는 ─ 이제 60세에 가까운 나이였다 ─ 아리스토텔레스 저서의 주해를 시작했다. 그는 외적으로도 여전히 부단히 노력하는 인간이었다.[5] 특히 조정자로서 보여준 능력은 탁월했다. 그는 주교구 내에서 쾰른 시민들과 대주교 사이의 많은 분쟁을 중재했다.[6] 이런 맥락에서 1260년에는 2년 임기로 레겐스부르크 주교직에 오르기도 했다.

이렇게 능동적이고 광범위한 삶은 당연히 무성한 소문을 야기했다. 위대한 알베르투스 주위를 수많은 유언비어가 덩굴처럼 휘감았다. 예를 들어 그가 비밀 실험실을 짓고 그 안에서 기계적인 명령을 내리면 "안녕하세요(Salve)"라고 말하는 여자인형을 몰래 제작하고 있다는 소문이 있었다.[7] 또 어느 날 밤 그가 환상 속에서 성처녀 마리아를 만났는데, 마리아로부터 쾰른 대성당의 설계도를 전해 들었고, 그래서 1248년 대성당의 초석이 놓였다는 이야기도 있었다.

알베르투스는 여성들과의 관계에서 분명히 어려움을 겪었던 것으로 보인다. 사실 그의 사상에서 이상하게 약한 지점이 여성 문제에서 드러난다. 그의 강연 원고들 중 어딘가에 이런 문장이 있다. "따라서 우리는 모든 여성을 독 있는 뱀이나 뿔 달린 악마처럼 생각하고 그 앞에서 스스로를 지켜야 한다. 만약 내가 여성에 대해 알고 있는 것을 말한다면 전세계가 놀랄 것이다." 알베르투스는 아마도 여성에 대해 아는 것이 별로 없었을 것이다. 우리가 보고 있는 것은 누군가가 텍스트들에서 짜깁기한 것이거나 학생들의 강연필기일 가능성이 높다. 그러나 어쨌든 당시 수많은 소위 학자들의 여성관은 유감스럽게도 그러했고, 알베르투스 역시 실제로 아리스토텔레스에서 유래한 의견을 계속 대변했다. 남성이 세계의 모든 특권을 향유할 수 있으며 "여성은 생리학적으로 박약"한 것이 당연하다는 의견 말이다. 하지만 그는 인간의 심신통일을 옹호하고 (성) 차이를 유기체와 영혼의 공동작용으로 인한 일종의 변이로 해석함으로써, 남성들의 그런 철학적 박약을 완화하고자 했다.

아리스토텔레스처럼 알베르투스는 자연의 의도를 탐구했고, 오늘날 우리에게 아주 친숙한 사상을 가지고 있었다. 즉 자연의 목적은 현대인이 말하는 종(種)의 보존이라는 것이다. — 알베르투스는 종을 매우 포괄적으로 "우주와 우주의 부분들"이라 규정했다. — 그리고 자연의 작용방식은 예컨대 제비가 항상 같은 둥지를 만들어내고 거미가 항상 똑같은 거미줄을 만드는 것과 동일하다고 말했다. 그에 따르면 인간에게만 변이의 자유가 존재한다. 하지만 이 유사성 개념이 올바른 만큼, 알베르투스가 끌어낸 다음과 같은 결론은 이상해 보인다.

> 개체 속에서 자연은 자신과 유사한 어떤 것을 만들어내고자 한다. 그리고 감각적 존재를 생산함에 있어 여성의 능력이 아니라 남성의 능력이 효과를 발휘하기 때문에, 자연은 특히 남성적인 것을 만들어내려는 목표를 갖는다.

이런 성차별적 편견을 그대로 인용하는 이유는, 알베르투스가 동물과 인간을 지적하면서 즐겨 사용한 '감각적 존재'라는 개념을 환기시키기 위해서이다. 지금 사람들이라면 물론 식물도 빛이나 중력에 반응하기 때문에 시각이나 중력감각을 가지고 있다고 반론을 제기할 것이다. 알베르투스가 말한 '감각'은 도대체 무엇을 뜻하는 것이었을까? 어떤 일반적인 기관이 아니라 영혼만이 파악할 수 있는 감각을 말하는 것 아니었을까?

인간이 '가장 완전한 감각'을 가지고 있고 따라서 알베르투스의 생물 이론에서 인간이 최고의 자리를 차지한다는 주장에는 나름대로 근거가 있다. 논문 《영혼에 관하여》에서 알베르투스는 아리스토텔레스의 책에서 발견한 생리학적 단위들을 특별히 언급했다. 그리고 아마도 학생들에게 제시하기 위해서인 듯, 질문의 형태로 이것들을 논의했다. 한편 아리스토텔레스와는 무관하게 거론한 질문도 많이 있었는데(어쩌면 학생들의 질문이었을지도 모르겠다), 이것들 중 몇몇은 현재 자연과학 수준에서 볼 때도 매우 현대적으로 들린다. 철학적인 면에 흥미를 가진 동시대인들은 그것이 도미니크회 수도사의 호기심에 불과하다고 경시했을 것이다. 예를 들어 "시각은 왜 다른 색보다 녹색에 더 큰 즐거움을 느끼는가?",[8] "왜 죽은 사람은 물 위로 떠오르고, 살아 있는 사람은 물 아래로 가라앉을까?", "많이 먹는데 마른 사람이 있고, 적게 먹는데 뚱뚱한 사람이 있는 이유는 무엇인가?", "광견병에 걸린 개에게 물리면 왜 정신이상을 일으키는가?", "여성의 젖꼭지는 크고 남성의 젖꼭지는 작은 이유는 무엇인가?" 등등이 있다.

오늘날 이 질문에 대답할 수 있는 사람은 다방면으로 지식을 갖춘 자연과학자라고 자부해도 될 것이다. 적어도 알베르투스는 이런 질문들을 제기함으로써 다양한 영역에 손을 뻗었다. 녹색의 작용은 빛 수용 구조(수용체 - 분자)를 정확히 알고 있어야 이해할 수 있고, 인간이 물 속에서 가라앉고 떠오르는 현상은 ― 신체 상태의 일반화와 함께 ―

특수 중량 개념을 요구한다. 비만 문제는 대사와 큰 관련이 있고, 최근에는 유전자와도 밀접히 연관된다는 이론이 지배적이다. 광견병은 바이러스를 원인으로 보지만, 바이러스가 생명체에 침투한다고 해서 신경 시스템에 영향을 준다고는 할 수 없다. 그리고 마지막 질문은 ─ 오늘날의 시각으로 보면 ─ 진화가 규정하는 맥락 속에서만 포괄적으로 답할 수 있다.

제대로 된 문제 ─ 중요한 것이면서도 근본적으로 결코 완결된 답을 내릴 수 없는 문제 ─ 를 제기하는 누군가를 '위대하다'고 칭할 수 있다면, 알베르투스는 저 '호기심 어린' 질문들만으로도 누구보다 위대한 자연과학자이다. 표면적인 것 뒤편에서 작동하는 비밀을 알고자 하는 자연과학자 말이다. 알베르투스는 얼핏 어리석거나 진부해 보이는 그런 문제들도 탐구할 만한 가치가 충분하며 그 뒤에 있을 심오한 비밀을 기대할 만하다고 생각했고, 이런 통찰이 자신의 신앙을 위협할 수 있다는 데 겁내지 않았다. 자연 연구 또는 자연과학서 연구가 기독교 신앙과 합일할 수 없는 결과로 이어질 것이라는 교회의 우려에 동의하지 않았다. 이 쾰른 도미니크회 수도사는 자연과학적 사유와 세부적인 것에 대한 애정을 완전히 자명하게 다스렸고, 다가올 세기에 점점 더 발전하게 될 길을 닦았다.

이 책은 물론 자연과학자 알베르투스에게 더 큰 관심을 두고 있지만, 그럼에도 꼭 언급해야만 할 점이 있다. 그가 다른 한편 철학자이자 신학자였다는 사실이다. 그는 후세에 신을 증명하기 위해 노력했고 도덕에 매진했으며(《선에 관하여》) 세계의 영원성과 영혼의 불멸을 논의했고 무엇보다 아리스토텔레스의 철학을 정리하고 독파하여 동시대인들로 하여금 아리스토텔레스에게 쉽게 접근하도록 애썼다. 알베르투스는 이 모든 것을 ─ 또 그 이상을 ─ 총 2만 페이지가 넘는 70 여 권의 저서로 남겼다. 여기서는 그의 텍스트 중 극히 일부만을 다루고, 자연과학의 예를 살피는 자리니만큼 그의 신학보다는 연금술을 지적하고자 한다.

그러나 이에 앞서 우선 아리스토텔레스의 방식 또는 알베르투스가 이해하고 경우에 따라서는 변형해서 해석 내지 발전시킨 방식을 주목해 보자. 여기서 두 가지 예를 보게 된다. 첫번째는 '운동 분석'이고 두번째는 '최초의 인간은 존재하지 않는다는 가설'이다. 전자는 어쩌면 지루하게 느껴질지도 모르겠지만 후자는 상당히 많은 시사점을 던져준다.

운동에 관해서라면, 알다시피 아리스토텔레스는 자연적인 운동과 우연한(비자연적이고 강제된) 운동을 구분했다. 아래로 떨어지는 돌과 공중으로 던진 돌을 생각해 보자. 아리스토텔레스가 차이를 단정했을 뿐 더 이상 상술하거나 설명하지 않은 반면, 알베르투스 마그누스는 운동을 유발하는 힘들을 구별할 수 있다(또 구별해야 한다)고 강조한다. 자연적인 운동들 ─ 자연적인 장소로 향하는 ─ 은 운동자로서 내재해 있는 본성(즉 자연)에서 발생하는 반면, 우연하고 우발적인 운동들은 다른(외적인) 힘에 의해 야기된다.

물론 역점을 둔 부분은 다를 수 있겠지만, 이렇게 알베르투스는 아리스토텔레스와 긴밀히 연결되어 있다. 마찬가지로 그는 아비센나 혹은 이븐시나의 (의학적이지 않은) 저작들도 여러 번 다루었다. 또 최초의 인간이 존재할 수 있는지, 즉 생식행위를 통해서가 아니라 자연적으로 생겨난 사람이 있는지를 질문했다. 여기서 그가 취한 입장을 500년 후 임마누엘 칸트는 《순수이성비판》에서 명백한 어조로 ─ 학계 전체에 통용되도록 ― 새로이 강조한다. 그만큼 알베르투스의 입장은 놀랍도록 선구적이었다. 알베르투스의 말을 인용해 보자.

> 최초의 인간이 존재하지 않는다는 말은 철학적인 명제가 아니다. 철학자는 자신이 말한 것을 증명해야 한다. 그러나 언젠가 최초의 인간이 있었다는 사실을 증명하기 어려운 것과 마찬가지로 최초의 인간이 없었다는 사실 역시 증명하기 어렵다. 하지만 이 두 문제를 명백하게 알 수 없음에도 불구하고, 실제로 최초의 인간이 존재했다는 것이 존재하지 않았다는 것보다는 더 큰 개연성을 가지고 있다.

그러나 이 최초의 인간을 낳은 사람이 없다면 그는 어떻게 태어났을까? 알베르투스는 그 인간을 '최초 원인(原因)의 모사(模寫)'라 칭하고, 이 최초의 원인에 의해 인간이 형성되었다(세상에 나왔다)고 말한다. 이 가설의 개연성은 아리스토텔레스에 지지 기반을 두고 있다. 아리스토텔레스는 다음과 같은 매력적인 장면을 묘사하며 해석을 내린다.

> 어떤 사람이 문득 황무지에서 궁전을 발견하고 그 궁전에 제비들만이 둥지를 틀고 있는 것을 목격한다면, 그는 제비들이 궁전을 지은 것은 아니라고 확신할 것이다. 건물을 지은 사람의 이름은 알지 못하지만 본디 정신을 지닌 누군가가 궁전을 솜씨 좋게 건설했음이 분명하다. 우주 역시 예술과 정신의 작품이요, 피조물인 생명체 안에 존속한다. 생식의 방법으로 생성된 것들은 신의 이념에 의해 최초로 각각 실현되어 이렇듯 존재에 이르렀다고 보는 것이 타당하다.

《하늘에 관하여》에 나오는 이 대목에 알베르투스는 동의를 표하면서 다음의 결론에 이른다. "따라서 최초의 인간이 존재하지 않았다는 것보다는 최초의 인간이 창조에 의해 만들어졌다는 것이 오히려 합리적인 사유에 부합한다."

반면 신실한 합리주의자인 알베르투스는 연금술사들의 일부 주장에 이의를 제기하고 연금술 실험에 강한 회의를 표명했다. 또 자연과학자로서 알베르투스는, 자신이 금속의 보석화 이론이라고 파악한 이 분야에서 지극히 독자적인 성과를 냈다. 그러면서 그는 학생 시절 — 즉 "내가 과거 한때 외국에 있을 때"와 "나만의 직관을 통해 금속의 본성을 알기 위해 금속이 발견된 장소로 가는 대로를" 만들었을 때 — 직접 자신의 눈으로 한 관찰로 돌아간다.

어떻게 단단한 돌에서 순금이 발굴되었는지 직접 보았다. 돌덩어리와 섞여 있는 금을 본 적도 있다. 은도 직접 보았다. 한번은 돌덩어리와 분리되지 않는 은을 본 적이 있다. 또다른 돌 안에는 순은이 들어 있었는데, 돌속에 있는 광맥처럼 깨끗하게 분리되어 있었다.

과학사에 분수령이 될 사건이다. 알베르투스가 연금술을 자연과학과 구별한 것이다! 자연과학은 예를 들어 돌에서 금속을 분리하고 순수하게 얻어내는 어려운 기술 혹은 숙련을 포함한다. 반대로 연금술은 금속을 변화시키는 기술인데, 알베르투스는 이 기술을 회의적으로 보았다. 양자의 사이 어딘가에, 금속을 어디서 발견할 수 있는가 하는 문제가 자리하고 있다. 금속 발견의 방식은 마술적이면서도 아주 일상적이었다.

알베르투스는 "금속이 네 가지 원소(불, 공기, 물, 흙)로 구성되어 있다"는 연금술사들의 견해에 동의한다. "그것은 분명히 부인할 수 없는 사실이다." 그러나 그는 "사물을 만들어내는 본질적인 물질이 무엇인가는, 사물 안에 들어 있는 모든 성분 각각에 의해 규정되는 것이 아니라 우월한 구성성분에 의해 규정된다"는 견해를 밝힌다. 알베르투스는 "금에서 나타나는 본질적 특성이 모든 금속의 본질적 특성"이라는 연금술사들의 견해에 반대했다. 연금술사들은 이런 주장을 입증하기 위해 경험적 사실도 객관적 증거도 제시할 수 없으며 "오히려 권위의 근거에만 의지하고 저자의 의도를 비유적인 익명 뒤에 숨긴다"는 것이다.

알베르투스는 나아가 '지속적으로 존속하는' 자연 사물이 존재한다고 강조하고 은과 주석을 그 예로 들었다. 또 그것들은 고유한 본질적 형태에 의해 규정되며 격리된다는 결론을 끌어냈다. 그를 자극시킨 것은 일자(一者)만이 아니었다. 그를 매혹시킨 것은 모든 사물이 보여주는 독특함과 다양함이기도 했다. 금속들은 특히 색, 냄새, 울림으로 구별되며, 따라서 연금술사들이 주장하는 것과는 반대로 더 많은 본질적 특성들이 존재해야 하는 것이다.

이렇게 해서 알베르투스는 현대 자연과학자들의 행동방식에 근접했다. 예컨대 동물계의 반응과 경과에 견주어 인간의 행동방식과 교류형식을 관찰하고 정립할 때 그러했다. 그는 완전히 독립적으로 살수 없었고 오로지 관찰자이자 실험가만으로도 살지 못했다. 또 보석의 마술적 힘들, 별들이 지상의 삶에 어떤 영향을 미치는지, 여성의 지위 등 수많은 시대의 문제들에 사로잡혀 있었다. 그러나 그는, 비록 허우적거리기는 했지만, 자신이 읽고 배워야 하는 권위들로부터 끊임없이 벗어나려고 노력함으로써 근대 자연과학이 나아갈 방향을 제시했다. 오늘날 우리가 하는 일들의 많은 부분이 그에게 그렇게 낯설지 않을 것이다. 단지 현대 과학자들의 전문화된 활동을 완전히 이해하지는 못하겠지만 말이다. 다방면으로 시선을 돌리기 어려운 오늘날 과학계에서라면 알베르투스는 경력을 쌓기 어려울 것이다. 알베르투스가 현대에 다시 태어난다면 너무 많은 개개 질문들로 인해 스스로의 능력을 낭비할 것이다. 보편인이 되고자 했고 아마도 실제로 보편성을 획득한 알베르투스와 같은 사람을 우리는 더 이상 찾아볼 수 없다.

마찬가지로 현대 교회가 필요로 하는 인물도 알베르투스 같은 사람일지 모르겠다. 교회는 그에게 점점 더 많은 경의를 표해왔다. 알베르투스는 1622년 복자가 되었고 1931년 성자 반열에 올랐다. 그는 신앙이 있었기 때문에 앎을 추구한, 위대한 인간이었다.

니콜라우스 코페르니쿠스

중심에서 추방된 최초의 사례

Nicolaus Copernicus

오늘날 사람들은 니콜라우스 코페르니쿠스 하면 무엇보다 은방울 꽃을 들고 있는, 그러니까 천문학과 별로 상관이 없는 초상화를 떠올리게 된다. 이 그림에서도 느낄 수 있듯, 코페르니쿠스는 후세와는 다른 측면에서 스스로를 평가했다. 우리는 그를 저 유명한 코페르니쿠스적 혁명[9]의 발상자로 보아왔다. 인간을 세계의 고요한 중심으로부터 끌어내어 끊임없이 움직이는 주변부로 옮겨놓은 위대한 전환의 주인공이라 평가하는 것이다.

반면 코페르니쿠스는 자신이 훌륭한 의사이며 환자들에게 사랑받았다는 사실을 인정받고 싶어했다. 그는 태양이 우주의 중심이라고 주장하며 과학의 전환을 불러온 1510년대에 주교좌성당 참사회원이라는 직책을 맡고 있었는데, 거기서 행정업무뿐 아니라 의료활동도 도맡아했다. 당시 그는 우주에서 인간이 중심적이면서도 우선적인 지위를 가진다는 설에서 분명히 거리를 두고 태양을 중심에 두었다. 그러나 이 모든 것을 무조건 공공에 낱낱이 알려야 한다고 생각하지는 않았다. 코페르니쿠스에게 그런 결심을 하도록 계기를 만들어준 사람은 대학도시 비텐베르크에서 여행 온 수학과 교수 게오르크 요아힘 레티쿠스였다.

시간을 맞춘 듯 바로 임종의 침상에서 — 1543년 5월 — 비로소 코페르니쿠스는 자신의 주저 첫번째 권을 손에 쥐었다. 《천체의 회전에 관하여》였다. 이 제목을 정확히 지적하는 일이 특히 필요한 까닭은, 코페르니쿠스에게 중요한 것은 창공의 천체들(우리에게는 흐릿하게 보이는)이지, 관찰할 수 있고 측정할 수 있는 궤도 위를 움직이는 물체 내지 대상(훨씬 더 구체적인)은 아니기 때문이다. 코페르니쿠스는 과학의 대전환을 야기했지만 결코 물리학을 염두에 두지 않았다. 그에게는 지구 외부의 천체들이 중요했고, 자신의 방식으로, 자신의 즐거움을 위해 그 천체들을 새롭게 배치했다.

그 이후로 우리는 — 적어도 머릿속으로는 — 다른 세상에서 살게 되었다. 우리 인간들은 드디어 특수지위를 상실했다. 하지만 이런 통찰이 유포되고 관철되어 장기간 효과를 미칠 수 있게 되기까지는 많은 시간이 흘러야 했다. 코페르니쿠스의 변혁에 대한 동시대인들의 직접적인 반응은 솔직히 조심스러웠다. 일례로 철학자 필립 멜랑크톤은 "지적으로 보이기 위해" 지구가 움직인다고 주장하는 사람들은 그저 비웃음의 대상일 뿐이라고 말했다. 1549년에는 "그런 농담들은 새로운 것이 아니다"라고 썼다. 비록 나중에는 이 문장이 불필요했다며 삭제했지만 말이다.

그럼에도 불구하고 코페르니쿠스의 죽음(1543년)과 함께 과학의 새로운 시대가 열렸다. 우리의 머리 바로 위에 자리한 천체들의 세계에만 변혁이 이루어진 것이 아니다. 우리 머리 아래, 그리고 우리 내면의 세계에 대한 시선에도 변화가 일어난다. 네덜란드의 의사이자 해부학자 안드레아스 베살리우스는 최초로 신뢰할 만한 도해로 인체의 구조를 담아 책으로 냈다. 그의 저서 《인체의 구조에 관하여》는 근대 해부학의 길을 열었다.

배경

알베르투스 마그누스의 사망(1280년)과 1473년 코페르니쿠스의 탄생 사이에는 약 200년의 세월이 들어 있다. 무엇보다 그 두 인물을 분리하는 것은 14세기인데, 이 시대에는 얼핏 서로 상관이 없어 보이지만 나란히 발생한 세 사건이 특히 두드러진 의미를 갖는다. 첫번째 사건은 생명을 위협하는 화기의 발명이고, 두번째는 곧 모든 교회탑을 장식할 뿐만 아니라 생활 속에 침투해 생활을 규정짓게 될 시계의 발명이다. 세번째는 1347년 이후 창궐한 대(大)페스트(Pestilentia magna)로, 동방으로부터 전파된 이 질병은 유럽 전역을 휩쓸고 유례없는 방식으로 "죽음을 기억하라(memento mori)"를 유행시켰다. 즉 세상 모든 것이 얼마나 덧없는지를, 모든 인간이 얼마나 필멸의 존재인지를 최종적으로 낙인찍고 영원히 기억하게 만든 것이다.

페스트는 중세의 종말을 선언했고, 대재앙의 전염병이 치료된 후 유럽에는 새롭고 위대한 시대가 열렸다. 코페르니쿠스 생전, 우리가 르네상스라고 부르는 시대가 개화했다. 이탈리아에서는 레오나르도 다빈치, 라파엘, 미켈란젤로가, 네덜란드에서는 히에로니무스 보슈가, 독일에서는 알브레히트 뒤러가 그림을 그렸다. 이제 사람들은 개선과 진보 같은 무엇인가가 존재한다는 것을 깨달았다. 서적인쇄술이 발명되었고(1455년), 아리스토텔레스, 프톨레마이오스, 갈레노스 등의 저작이 최초로 출판되었다. 이탈리아의 수많은 정원에서 채소(아티초크, 당근, 콜리플라워 등) 재배가 시작되고, 베네치아에서는 거울이 발명되었으며(1503년), 독일에서는 페터 헨라인이 세계 최초의 회중시계를 제작했다.

콜럼버스가 아메리카를 발견한 지 불과 몇십 년 뒤에 아프리카 노예들이 처음으로 신대륙에 상륙했고, 같은 시기 신대륙의 남쪽 절반은 스페인 정복자들이 남긴 황폐화의 자취를 똑똑히 체험해야 했다. 멕시코에서는 아스테카 왕국이, 뒤이어 페루에서는 잉카 왕국이 멸망했다.[10] 독일에서는 마르틴 루터의 비텐베르크 선언이 있었다. 이로 인해 루터가 교회로부터 파문당할 무렵, 처음으로 화약이 경제적인 용도로 사용되었다. 광산에서 갱도를 확장하기 위해 — 오늘날 우리가 환경파괴라고 부르는 위험은 고려하지 않은 채 — 화약을 사용한 것이다. 과학이 화약을 수용하기까지는 긴 시간이 소요되지 않았다. 이탈리아에서는 《화약 제조에 관하여》라는 책이 출판되었는데, 이 책의 저자인 비린구치오(Biringuccio)는 화약의 놀라운 효과보다는 금속과 금속의 담금질에 더 관심이 많았다.

초상

그러므로 코페르니쿠스가 살던 시대는 격변기였고, 그의 출발은 매우 여유로웠다. 그의 아버지 — 폴란드에서의 이름은 니클라스 코페르니크였다 — 는 크라쿠프에서 바이히젤 강 하류 토른으로 이주했고, 더 많은 부를 쌓았다. 토른은 화려한 상업도시로 유명했고,[11] 여기서 아버지와 같은 니콜라우스라는 이름의 아들이 태어났다. 니콜라우스 주니어의 삶은 1491년 이후에야 기록으로 남아 있다. 이 해에 18세 청년 코페르니쿠스는 크라쿠프 대학에 적을 올렸는데, 이즈음 대학 문서를 찾아보면 "Nicolaus Nicolai de Thuronia solvit totum."라는 문장을 읽을 수 있다. 코페르니쿠스가 대학 등록에 필요한 금액을 완전히 지불했다는 뜻이다. 다음 몇 해 동안 그는 특히 아리스토텔레스와 프톨레마이오스 강의를 들었는데, 프톨레마이오스에 관해서라면 《알마게스트》[12]는 잘 몰랐지만 《테트라비블로스》를 읽고 천궁도를 비롯한 점성술 이론을 배웠다고 한다.

아마도 젊은 코페르니쿠스는 젊은 시절을 멋지게 체험하고 물질적인 걱정이나 고민 없이 대학공부를 따라갈 수 있었을 것이다. 상황은 갈수록 더 좋아졌다. 1495년 8월 일생 동안 겪을지 모를 재정적 문제들이 한순간에 해소되었다. 프라우엔부르크 주교인 외삼촌 루카스 바첸로데가 그에게 공석이던 소위 대성당 평의원직을, 따라서 평생 몸담을 지위를 제공한 것이다. 이제 주화제도 등을 고민하는 일거리는 있었지만(1519년 이 문제에 관한 사상서를 집필하기도 했다) 근본적으로 코페르니쿠스는 연구에 매진할 여가를 더 많이 가질 수 있었다. 그는 이 여가를 활용해서 다음해에는 이탈리아 볼로냐에 가서 천문학과 법학 관련 연구를 심화했다. 1496년 볼로냐 체류 시절 베네치아에서는 프톨레마이오스의 《알마게스트》가 최초로 선을 보였다. 당시 이 책의 제목은 '알마게스트 개요'였고 발행인은 요하네스 레기오몬타누스와 게오르크 포이어바흐였다. 이 텍스트에서 코페르니쿠스는 무엇보다 천문학에 관한 프톨레마이오스의 지식을 습득했다. 그가 읽고 공부한 판본이 아직까지도 남아 있다.

코페르니쿠스는 15세기 말까지 볼로냐에 머물렀고 — 1500년 3월 4일 볼로냐에서 달과 토성의 합[13]을 관찰했다는 기록이 있다 — 그후 우선 일 년 동안 미켈란젤로와 브라만테가 활동하고 있는 로마에서 지냈다. 로마에서 코페르니쿠스는 1500년 11월 6일 월식을 목격한다. 다음으로는 파도바에서 의학을 더 공부했고(물론 공부를 마치지는 않았다), 마지막으로 페라라로 가서 1503년 교회법 박사학위를 받았다.[14] 코페르니쿠스는 이제 30세가 되었고, 교회가 그에게 허락해 준 오랜 학업여행은 끝이 났다.

프라우엔부르크 대성당 참사회는 업무에 복귀할 것을 강력히 요청했고, 외삼촌인 루카스 주교는 그를 비서이자 주치의로 임명했다. 코페르니쿠스는 명령에 따르고 교회활동에 충실히 임하는 과정에서 국가사업을 고민하고 많은 통찰을 얻었다. 뿐만 아니라 의료 업무를 잘 처리하면서 에름란트 지역을 넘어서 큰 유명세를 얻었고, 앞서 말한 초상화에서 의사 계층의 상징인 은방울꽃을 자랑하게 되었다.

코페르니쿠스가 독일로 돌아온 해(1503년), 천문학계는 주요 행성들의 합을 예측하고 있었다. 그러나 대사건을 앞둔 흥분이 컸던 만큼 예상이 빗나갔을 때의 실망도 컸다. 오차는 무려 10일 이상이나 되었다. 무엇보다 프톨레마이오스의 《알마게스트》를 기초로 한 천체 시스템에 무엇인가 미심쩍은 것이 있다는 결론을 이제는 피할 수 없었다. 마르틴 루터조차 《탁상 대담》에서 당대 천문학의 '무질서'를 지적했다. 물론 이것은 관측 도구가 불완전했기 때문이었다. 알다시피 아직까지 어떤 종류의 망원경도 없었고, 원호 20도 각도 범위 이하로는 천체를 정확하게 관측할 수 없었다.

코페르니쿠스도 자신의 연구에 신뢰성이 부족한지 깊이 생각했고,

무엇보다 프톨레마이오스가 도입한 '조정원' 같은 수많은 특수 구조에 불만을 느꼈다. 천체들은 더 명백하고 이해하기 쉬운 구조를 가져야만 한다는 생각이었다. 하지만 진지하게 이 문제를 고민하기 전에 아직 할 일이 있었다. 교회는 그를 프로이센의 하일스베르크 제후주교궁으로 보냈고, 1510년 마침내 최종적으로 프라우엔부르크에 돌아와 주교성당 참사위원이 될 때까지 하일스베르크에 머물러야 했다. 이곳 프로이센에서 코페르니쿠스는 세상과 교류 없이 직업상 필요한 법률 및 의학 관련 일을 했다.

1512년 무렵이 되자 그는 행성운동을 더 정확하게 관측하면서 프톨레마이오스의 도식에 점차 더 큰 불만을 느끼게 되었다. 1514년까지 몇 년 동안 그는 개인적인 목적으로 그 주제에 관한 주해들을 써 모으기 시작했고, 거기에 '주석서'라는 제목을 붙였다.[15] 그러면서 점점 더 큰 확신에 이른 코페르니쿠스는 다음과 같은, 간단하면서도 적절한 표현을 남기게 된다.

"모든 천체는 중심에 위치한 태양 주변을 돈다. 따라서 태양은 우주의 중심이다."

이런 생각을 처음으로 표명한 사람이 코페르니쿠스는 아니었지만, 코페르니쿠스의 선언은 역사적으로 결정적인 시점에 이루어졌고 게다가 임의적인 행동이 아니라 확신에 찬 결단이었다. 그는 아주 안정되고 여유로운 상황에서 발상의 전환을 이루었고, 그런 전환을 우리는 코페르니쿠스적 혁명이라는 거창한 단어로 찬양한다. 또 코페르니쿠스의 체계가 혁신적으로 단순화한 우주 모델을 통해 행성궤도를 설명한다고 강조한다. 그러나 이는 엄밀히 말해 잘못된 주장이다. 행성들의 운행과 궤도를 탐색하는 데 필요한 모든 계산을 힘들게 한 사람이라면, 코페르니쿠스의 태양 중심 모델이 프톨레마이오스의 지구 중심 모델보다 훨씬 더 간단한 것이 결코 아니고, 실제로 천체들의 수도 더 적지는 않다는 사실을 알게 될 것이다. 또 사실 코페르니쿠스가 프톨레마이오스보다 훨씬 더 정확하다고 평가할 수는 없고, 그가 정말 옳았다고 주장할 수도 없다. 결국 ― 현대 과학이 확실히 알려주듯 ― 태양은 결코 우주의 중심이 아니며, 프톨레마이오스에 이어 코페르니쿠스가 구상한 원궤도 역시 하늘 어디에서도 찾아볼 수 없다.

근본적으로 코페르니쿠스는 새로운 천문학을 창조하려 한 것이 아니다. 프톨레마이오스의 규범을 지향했는데, 단지 프톨레마이오스가 하늘에 설치한 수많은 '조정원'들이 거슬렸을 뿐이다. 《주석서》에 썼듯이 "그런 종류의 입장은 완벽하게 이성에 부합하기 어렵기" 때문이다. 이어서 그는 이렇게 말한다.

> 이를 깨달은 후 나는 눈에 보이는 모든 불균형의 원인인 저 원들을 더 합리적인 형태로 찾을 수 있지 않을까 깊이 생각하게 되었다. 완전한 운동이 그 자체로 요구하듯 모든 것은 동일한 형태로 움직여야 하기에 말이다. 내가 매달린 숙제는 사실 해결할 수 없을 정도로 어려워 보였지만, 결국 사람들이 지금까지 생각해 온 것보다 훨씬 더 적합하고 더 적은 수단으로 풀 수 있다는 사실이 입증되었다. 단지 몇몇 원칙들, 공리라고 불리는 원칙들만 허락해 주면 된다. 다음에 차례로 그것들을 나열하겠다.

그리고 일곱 개의 명제를 언급한다.[16] 코페르니쿠스가 처음으로 구상한 체계는 다음과 같은 원칙들로 소개된다.

첫번째 명제 : 모든 천구 또는 천체들에 단 하나의 중심만 존재하지는 않

는다.

두 번째 명제 : 지구의 중심은 우주의 중심이 아니라 단지 중력의 중심이자 달궤도의 중심일 뿐이다.

세 번째 명제 : 모든 원궤도는 태양을 중심으로 태양 주변을 돌고 있다. 따라서 우주의 중심은 태양 근처에 있다.

네 번째 명제 : 지구에서 태양까지의 거리에 비해 지구 반지름은 짧지만, 그보다는 지구에서 항성천구까지의 거리에 비해 지구에서 태양까지의 거리가 훨씬 짧다. 따라서 지구에서 태양까지의 거리는 항성천구까지의 거리에 비해 알아차리기 어려울 정도로 짧다.

다섯 번째 명제 : 항성천구에서 운동하는 것처럼 보이는 모든 것은 그 자체로 그렇게 움직이는 것이 아니라 지구에서 볼 때 그렇게 보이는 것이다. 매일 지구가 불변의 양극을 축으로 자전운동하고 있기 때문이며, 이때 항성천구는 지구에서 가장 멀리에 고정되어 있는 천구이다.

여섯 번째 명제 : 우리가 보기에 태양 옆에서 움직이는 것처럼 보이는 모든 것은 그 자체로 그렇게 움직이는 것이 아니라 다른 모든 행성들처럼 지구가 태양 주변을 돌 때의 원궤도 때문에 그렇게 보이는 것이다. 그렇게 지구는 여러 겹의 운동을 하고 있다.

일곱 번째 명제 : 행성들이 역행하는 것처럼 보이는 것은 그 자체로 그런 것이 아니라 지구의 운동 때문에 그렇게 보이는 것이다. 지구의 운동만으로도 천구에 발생하는 수많은 종류의 현상들을 충분히 설명할 수 있다.

이 일곱 가지 명제를 처음으로 읽은 사람은 아마도 우선 혼란을 느낄 것이다. 코페르니쿠스가 태양중심설을 주장했다는 사실만을 알고 있는 사람은 너무 많은 세부사항에 맞닥뜨려 당황하게 될 것이다. 이 세부사항들은 천천히 되새기고 소화시켜야 한다. 현대 비평가들이 《주석서》를 성급하게 만들어진 책이라고 주장할지는 모르지만, 만약 그렇다고 하더라도 코페르니쿠스의 명제들과 그가 눈으로 파악한 세계 구상은 묵묵히 읽고 숙고할 만할 가치가 충분하다. 다만 태양 중심 체계의 이 최초 형태는 수학적(질적)으로 부족하며 몇몇 세부사항이 너무 피상적으로 그려진 것이 사실이다. 엄밀함에 목숨 거는 사람이라면 코페르니쿠스가 천구에서 일어나는 또다른 운동들과 달의 교점(달궤도가 황도면과 만나는 지점)의 회전을 주목하지 않았다고 지적할 것이다. 덧붙여 당시 사람들은 오늘날의 38개가 아닌 34개의 원운동으로 모든 행성운동을 묘사하고 그 위치를 예견할 수 있다고 믿었다. 하지만 그럼에도 불구하고 코페르니쿠스의 언어는 단순하게 접근 가능하며, 그의 7대 명제는 식자층이 이해할 수 있는 본질적인 것이 모두 들어 있다. 이 명제들은 우리에게 중요한 모든 자료를 포함하고 있다.[17]

네 번째와 다섯 번째 명제에서 서술된, 태양 중심 구상의 두 가지 측면에 들어가기 전에, 나는 코페르니쿠스가 비록 이성과 단순성을 근거로 태양을 중심에 놓았다고 표명하기는 했지만 염두에는 완전히 다른 생각이 들어 있었을 것이라고 확신한다. 그 생각은 분명 시적, 혹은 미학적이었을 것이다. 그 증거로 주저 《천체의 회전에 관하여》의 한 부분을 인용해 보자. 우리의 빛나는 중심성신(中心星辰)에 관해 말하면서 그는 상당히 깊은 몽상에 빠진다.

그러나 모든 것의 중심에는 태양이 자리하고 있다. 이 찬란한 신전 안의 빛인 태양을, 전체를 동시에 비춰줄 수 있는 곳이 아닌 다른 곳에 두려 하는 사람이 있겠는가? 어떤 이들은 태양에게 세상의 빛이라는 아주 어울리는 칭호를 붙이고, 다른 이들은 태양을 세계정신이라고, 또다른 이들은 세계의 조종자라고 부른다. 트리스메기스토스(Trismegistos)**18**는 태양을 눈에 보이는 신이라고 칭했으며, 소포클레스의 엘렉트라는 모든 것을 보는 자라고 불렀다. 마치 왕좌에 앉아 있는 듯 태양은 사실상 자기 주변을 도는 별 가족을 조종한다. 그렇다고 해서 지구가 달의 봉사를 태양에게 빼앗기지는 않는다. 아리스토텔레스가 생물론에서 말했듯이 달은 지구와 가장 가까운 친척이다. 그러면서 지구는 태양을 받아들여 매년 축복의 열매를 맺는다. 이런 배치에서 우리는 어디서도 볼 수 없는 놀라운 세계의 대칭을 인식하게 되고, 동심원들 사이의 면적과 운동 사이에 존재하는 확고하고 조화로운 연관관계를 볼 수 있다.

어쩌면 코페르니쿠스는 새로운 체계의 약점을 정확히 알고 있었기 때문에 그렇게 몽상적으로 태양을 소망했을지도 모른다. 일 년이 흐르는 동안 지구가 태양 주변을 돈다면, 상이한 위치에 있는 사람들은 상이한 각도에서 항성들을 관찰하게 된다. 다른 말로 하자면, 만약 내가 봄에 어느 별을 바라보고 이 일을 가을에 반복한다면, 나는 바라보는 방향에 약간의 차이가 있음을 알게 것이다. 이 차이를 천문학자들은 시차(視差)라고 부른다. 16세기 사람 코페르니쿠스는 왜 그 차이를 규정하지 않았을까? 그는 우주의 크기가 문제라고 답한다(앞의 네 번째 명제 참조). 항성천구와의 엄청난 거리 때문에 시차를 알아차리기가 힘들다는 것이다. 맞는 말이다. 19세기 중반 독일 천문학자 프리드리히 빌헬름 베셀이 그 문제에 해답을 내기 전까지는 그렇다.

쾨니히스베르크 출신 베셀은 요제프 폰 프라운호퍼가 만든 태양의(太陽儀)라는 기구의 도움으로 오늘날 '61 시그니(Cygni)'라고 불리는 백조자리 쌍성(雙星)을 관측한다. 그는 1837년 8월 첫 관측과 1838년 10월 두 번째 관측의 결과를 수없이 어렵게 계산한 끝에, 거기서 얻은

데이터를 통해 항성의 시차를 결국 확인했다.[19]

근본적으로 베셀의(그리고 프라운호퍼의) 작업이 있은 후에야 비로소 코페르니쿠스의 우주가 프톨레마이오스의 우주보다 더 아름다울 뿐만 아니라 더 개선된 것이기도 하다는 사실이 입증되었다. 이런 경험적인 확증 없이 코페르니쿠스 체계를 변호해야 했던 후세 과학자들의 분투가 사실 더 흥미롭다. 그러나 이상하게 들릴지는 모르지만, 코페르니쿠스 체계가 결국 입증되자 누구도 더 이상 관심을 갖지 않았다. 적어도 과학계 외부에서는 아무도 흥미를 갖지 않았다. 태양 중심의 세계상은 이미 수용된 지가 오래고 — 어떤 이유에서든 — 코페르니쿠스적 혁명은 이미 철학 속에서 신봉자를 찾았기 때문이다.

그 신봉자는 바로 임마누엘 칸트였다. 칸트는 혁명이라는 표현을 직접 쓰지는 않았지만 《순수이성비판》에서 형이상학의 전환을 도입하고 완성하면서 코페르니쿠스를 인용했다. 이 저서에서 칸트는 자연의 법칙들이 그 전환 가운데서 발견되는 것이 아니라 그 전환으로부터 야기된다는 점을 분명히 했다. 나아가 우리가 자연에게 지시하고 강요하는 법칙들은 우리의 (정신적인) 창안물이며 자연의 (물질적인) 규정이 아니라고 했다. 그러면서 칸트는 발상전환의 역사적 모범으로 코페르니쿠스를 떠올린다.

> 그러므로 이것은 코페르니쿠스의 최초 사상과도 유사한 맥락이다. 그는 별 군단 전체가 관찰자 주변을 돈다고 가정하면서 천체의 운동을 설명하는 대신, 관찰자 자신이 돌고 별들은 정지해 있는 것이 더 나은 결과를 낳지 않을까 생각했다. 형이상학에서도 대상을 관조함에 있어 유사한 방식이 적용될 수 있다.

위대한 사상가의 말치고는 쉽다고 좋아하는 사람이라면, 뭔가 맞지 않는 점이 있다고 눈치챌 것이다. 칸트가 정말로 코페르니쿠스적 전환을 의도했던 것일까? 정반대로 인간을 중심에 놓은 것 아닌가? 그렇다면 오히려 형이상학의 프톨레마이오스적 반(反)혁명을 말해야 하지 않을까?

그렇게 질문하는 사람은 무엇인가를 간과하고 있다. 즉 칸트가 말하고자 한 것은 코페르니쿠스의 '최초 사상'이지 지구를 중심에서 몰아내려는 시도는 아니라는 점이다. 오히려 칸트는 위에서 인용한 코페르니쿠스의《주석서》에서 다섯 번째 명제를 염두에 두었다. 지구는 자신의 축 주위를 돌고 있다는 원칙 말이다.[20] 코페르니쿠스의 '최초' 사상이란 태양과 항성들의 표면적인 운동과 하루의 모든 리듬을 설명한 것이었다. 두 번째 사상 ― 원래의 태양 중심 이념 ― 에 와서야 비로소 행성운동의 몇몇 특이성과 계절의 변화가 포함된다.

그러므로 칸트는 철학의 코페르니쿠스적 혁명을 완성하지도 주장하지도 않았다. 오히려 인간을 인식과 사유의 중심에 두었고, 이런 인간 중심적 형태는 현대에 와서야 지양되었다. 200여 년 후 칸트의 뒤를 이어 쾨니히스베르크에서 교사로 일하기도 한 생물학자 콘라트 로렌츠에 의해서였다.

이 두 신사가 각각 자신의 생각에 골몰하고 있을 때, 하늘과 땅의 대립이라는 또다른 형태의 세계관은 이미 극복된 상태였다. 아리스토텔레스 시대 이래로 이분법 논리에 의해 완전한 것(위)은 불완전한 것(아래)과 구분되었고, 신성한 것(하늘)은 죄 있는 것(땅)과, 신적인 것은 인간적인 것과 구분되었다. 지구를 중심에 둠으로써 옛 사람들은 우주에서 최고로 존중받아야 할 입장을 마련했을 뿐만 아니라 가장 신성하고 신적인 것으로부터 멀리 떨어진 자리를 얻기도 했다. 코페르니쿠스가 지구를 바깥쪽 주변부로 밀어내자, 우리는 천체들과 더 가깝게 접촉할 수 있었고, 그럼으로써 이분법적 체계 내지 사상을 견뎌낼 수 없었다. 신이 도처에 현존하며 또한 지구가 꼭 우주에서 가장 낮은 장소일 수는 없다는 사유가 널리 인정받았을 때에야,[21] 즉 태양이 완전히 정확하게 중심에 서 있지 않다는 사실이 널리 입증되었을 때에야 ― 이 또한 사람들의 정서에 부합하지는 않았으리라 ― 코페르니쿠스의 이름을 붙여 만든 관용구, 즉 코페르니쿠스적 전환이 관철되기 시작했다.

코페르니쿠스의 최대 업적은 당대에 제기된 다양한 정신사적 제안들을 포용해서 유효한 천문학 체계를 세웠다는 점에 있다. 하늘과 땅의 이분법이 상대화하여 해체되자, 그는 마침내 주저를 집필하고 평화롭게 죽을 수 있었다. 이때 그는 신중을 기하기 위해 6권의 책만을 완성했다. 일곱 번째 권은 분명히 머릿속으로 구상해 놓았을 것이다. 그러나 그 구상은 코페르니쿠스의 육신과 함께 무덤 속으로 들어갔다.

1 어쩌면 13세기와 14세기 사람들은 'magnus'라는 말을 유행처럼 썼던 것 같다. 적어도 룰루스의 연금술서 《아르스 마그나(Ars magna)》와 영국의 대헌장 '마그나 카르타(Magna Charta)'가 이 시대에 나왔고, 1347년 즈음 사람들은 대(大)페스트라는 의미의 '페스틸렌티아 마그나(Pestilentia magna)'라는 말을 썼다. 구체적으로 알베르투스에 대해 말하자면, 그는 아마도 '위대한 철학자(magnus philosophus)'라고 불렸는데 'philosophus'라는 부가어가 나중에 지워진 것 같다. '위대한 철학자'라는 표현은 마태복음(5장 19절)의 '위대한 교사'와 유사한 용법으로 사용되었다. 마태복음은 법률의 충실한 교사가 하늘의 왕국에서 위대한 교사로 품격을 얻는다고 말한다. 알베르투스는 실제로 훌륭한 교사였다.

2 점점 더 정확해진 우주에 관한 지식들을 어떻게 신의 실존과 함께 하나의 정신적 틀 안에 둘 수 있는지는, 20세기 닐스 보어와 알베르트 아인슈타인이 끌어낸 거대한 철학적 토론의 중심에도 있었다. 나중에 보겠지만 아인슈타인은 항상 대답을 회피했고 종종 "하늘의 노회한 주인"이라는 농담으로 넘어갔다. 알베르투스 마그누스에게서 시작된 이 주제는 800년 전부터 지금까지 계속된다. 많은 진보가 있었다고 장담하기는 어렵다.

3 이 보편적인 노력은 그의 기본 자세가 매우 관용적이었다는 점을 시사해 주는 듯하지만, 사실 알베르투스는 파리에서의 연구가 끝나기 바로 전에 어떤 교령에 서명한 적이 있었다. 이 교령을 통해 우리가 탈무드라고 부르는, 성서 이후 유태인들의 텍스트와 법률 모음집이 유죄판결을 받는다. 알베르투스는 유태인 철학자 모세 마이모니데스를 연구하기는 했지만, 탈무드 분서사건이 처음으로 발생했을 때 항의하지 않았다. 그가 마이모니데스에게서 흥미를 느낀 부분은, 시간이 흘러가면서 창조가 어떻게 발전해 가느냐는 문제 때문이었다. 창조가 어느 한순간 이루어진 것이 아니라면, 모든 사물은 만들어졌을 뿐 아니라 계속 발전해 나가기도 해야 한다는 것이다.

4 탄생연도에는 논란의 여지가 있다. 분명한 것은 알베르투스가 1200년 이전에 세상에 태어났다는 사실뿐이다. 연대기 작가들에 의하면 1280년 사망 당시, 그는 80세 이상이었기 때문이다. 탄생연도에 이어 나중에 텍스트로 남아 있는 연령도 불확실하지만, 우리가 다루는 범위에서는 중요한 문제가 아니다.

5 알베르투스는 남에서 북까지, 동에서 서까지 종횡무진으로 다녔다. 그는 항상 걸어다녔고, 노인이 될 때까지 마차를 타지 않았다. 그리고 자신에게 요구한 것을 다른 사람들에게도 요구했다. 지방 주교좌성당 참사회까지 말을 타고 다닌 수도원장들의 직책을 해지하고 빵과 물을 주지 말라고 명령했다는 이야기가 있다.

6 알베르투스가 중재한 분쟁 사건들은 지금도 흔히 볼 수 있는 것들이었다. 예컨대 이웃한 부동산의 일조권을 침해하지 않으려면 건물을 어느 정도의 크기로 지어야 하는가 등의 문제였다.

7 이런 일화의 또다른 형태는 알베르투스의 '인조인간(Roboter)'을 토마스 아퀴나스가 발견했다는 설이다. 그는 경악해서 교단형제의 예술작품을 막대기로 산산조각 냈다고 한다.

8 색에 관해서, 알베르투스는 획기적인 아이디어를 가지고 있었다. 흰색 안에 모든 색이 모여 있다는 것이다. 흰색 새알을 관찰하면서 그 알들에서 다양한 색을 지닌 새들이 부화하는 것을 보고 착안한 생각이었다.

9 코페르니쿠스(Copernicus)는 C로, 코페르니쿠스적 전환(Kopernikanische Wende) 혹은 코페르니쿠스적 혁명(Kopernikanische Revolution)은 K로 쓰는 것이 일반적이다. 일견 혼란을 야기하는 것처럼 보일 수도 있지만, 여기에는 두 가지 장점이 있다. 첫째로 라틴어 이름 'Copernicus'를 정확하게 쓴다는 점이고(Caesar처럼), 둘째로 코페르니쿠스적 혁명은 코페르니쿠스가 창안한 개념이 아니라 후세 역사가들이 만들어낸 명칭이라는 점이다.

10 페루인들은 유럽에 거의 저항하지 못했다. 이는 원주민들 사이에 널리 유행한 전염병과도 큰 상관이 있다. 덧붙여 페루에서 처음으로 발견된 감자가 이즈음 구대륙에 전파되었다.

11 코페르니쿠스 가족은 항구도시에 살았고, 따라서 그는 범선들이 바다에서 얻은 정보를 주워들을 수 있었을 것이다. 어쩌면 콜럼버스의 신대륙 발견에 대해서도 알고 있었을지 모른다. 하지만 이와 관련해서 기록에 남아 있는 것은 없다.

12 《알마게스트》에 대해서는 1장 중반부에서 설명했다.

13 천체들이 합을 이루면 그것들이 정확하게 같은 경도에 위치하는 것을 목격할 수 있다. 즉 지상의 관찰자가 보기에 하늘에 특별히 밝은 지점이 나타난다.

14 코페르니쿠스는 재정적으로 아무런 문제는 없었지만 그렇다고 재산을 낭비하지는 않았다. 그가 선택한 학위 획득 방법은 가능한 한 돈이 가장 덜 들어가는 것이었다.

15 이 《주석서》의 현대판은 '우주 체계의 최초 구상'이라는 좀 어려운 제목을 달고 있다. 코페르니쿠스가 이 노트를 쓰기 시작했을 때에는 전혀 원하지 않았을 이름이다.

16 코페르니쿠스는 일곱 개의 요일과 일곱 개의 행성에 부합하듯 일곱 개의 명제를 썼다.

17 물론 그의 주저를 읽고 증명과 계산을 세세히 공부하는 것도 여전히 가치 있는 일이기는 하다. 하지만 여기서 지구와 행성의 모든 운동을 개별적으로 열거하고 지적한다면 설명이 지나치게 길어질 것이다.

한 가지만 언급하겠다. 《천체의 회전에 관하여》는 6권으로 구성되어 있는데, 여섯 번째 책은 갑작스럽게 끝을 맺는다. 코페르니쿠스가 사망하지 않았더라면 원래 의도했던 제7권이 완결편으로서 집필되었을지도 모른다.

18 전설로 내려오는 연금술의 창시자 헤르메스 트리스메기스토스를 말한다. 그에 대해서는 아이작 뉴턴 장에서 더 언급하겠다.

19 실제로 시차는 0도 31분으로 지극히 작다. 따라서 시차를 규정하기 위해서는 아주 정교한 기술과 최고의 정확성 및 수많은 계산 작업이 필요하다.

20 코페르니쿠스의 주저에서 지구의 운동은 세 가지로 명확하게 구분된다. 즉 자전, 태양 주위를 일 년에 걸쳐 도는 공전, 그리고 지구의 자전축이 황도면의 축에 대해 2만 5,700년을 주기로 움직이는 세차운동이다.

21 특히 중심과 주변부의 상대화는 브릭센의 주교로 유명한 니콜라우스 쿠사누스(1401~1464년)의 업적이다.

3장

근대 유럽의 4중주

프랜시스 베이컨

갈릴레오 갈릴레이

요하네스 케플러

르네 데카르트

약 400년 전 근대 과학이 출발했다. 무엇보다 유럽의 움직임이 중요했다. 이번 장의 주인공들 역시 각각 영국, 독일, 이탈리아와 프랑스 출신이다. 덧붙여 주목할 것은, 오늘날까지 자연과 인간의 관계를 결정짓는 구상을 기획하고 법칙을 발견한 나라가 저 네 나라만은 아니라는 점이다. 특히 네덜란드가 지대한 역할을 했는데, 네덜란드에서 이탈리아로 건너온 망원경 덕분에 하늘을 더 정확하게 관측할 수 있었기 때문이다. 망원경을 통한 관측은 별뿐만 아니라 지구에, 그리고 우리 인간이 싸워 해결해야 할 문제들에 적용되었다. 17세기 초 이후로 과학은 유용한 것으로 증명되었다. 과학은 이제 우리에게 힘을 빌려주어야 했고 또 빌려줄 수 있었다.

프랜시스 베이컨

복지에 기여하는 과학

Francis Bacon

베이컨은 우리에게 항상 혼란스러운 존재이다. 모두가 프랜시스 베이컨의 말이라 생각하고 인용하며 실천하는 문장, "아는 것이 힘이다." 그러나 르네상스와 근대 사이에 둥지를 튼 그의 저서들 중 어디에서도 이 문장은 찾을 수 없다. 물론 누구도 베이컨처럼 그렇게 직접적으로 과학이 사회적 진보에 기여해야 한다고 보지 않았다. 그런 의미에서 그는 '산업화의 철학자'라고도 불렸다. 또 누구도 그처럼 명확하게 자신이 취해야 할 행동이 무엇인지 말하지 않았다. 지금까지 우리는 의식적이건 무의식적이건, 다름 아닌 베이컨적 프로그램을 완수함으로써 현대 과학을 조직해 왔다.

그럼에도 불구하고 과학은 베이컨에게 대놓고 신앙고백[1]을 하지는 않았다. 오히려 그 반대였다! 과학은 악마가 성수를 피하듯이 그에게서 등을 돌렸다. 19세기 사람들은 베이컨이 절대 과학자가 아니라고 단언했다. 영국 귀족인 그는 어떤 법칙도 찾아내지 못했고 '단지' 철학자로서 활동했을 뿐이며 기껏해야 방법론적인 문제에 매진했을 뿐이라고 말이다. 20세기에 와서는 과학의 길을 오도했을 뿐만 아니라 철학자로서도 부족한 사람이었다고까지 지적당했다.

비난이 제기된 당시 상황으로 한번 돌아가 살펴보자. 우선 몇몇 유명한 인사들은 베이컨의 귀납논리를 극복하거나 조롱할 시점이 되었다고 생각했다. 원칙적으로 귀납논리는 관찰된 개별 사례들(예 : 나는 검은 토끼들을 본다)로부터 일반적인 소견(예 : 모든 토끼는 검다)을 도출해 내는 것이 어떻게, 그리고 언제 가능한지를 탐구한다. 베이컨은 본질적으로 과학에는 실험이 속하지만 실험의 도움으로는 단지 개별적이고 고립된 측정만이 가능하다는 사실을 일찍이 인식했다. 그렇다면 이런 특수한 자료들을 넘어서서 일반적인 법칙을 만드는 통찰은 어떻게 이루어지는가? 획득된 지식으로부터 각각 파생(추론)해 내기 이전에 선행하는 과학의 (귀납적) 논리는 어떻게 전개되는가?

베이컨의 질문이 바로 그것이었다. 이 문제는 베이컨 이후에도 수많은 사람들이 관심을 가졌다. 예를 들어 칼 포퍼는 1910년대에, 그러니까 베이컨보다 300년이나 후에 소위 새로운 '과학의 논리'를 제시하면서 귀납법을 무시해도 된다고 주장했다. 그러나 여기서 자신이 종이에 옮긴 내용은 '위대한 베이컨'에서 조금도 벗어나지 못한 것이라는 사실은 깨닫지 못했다. 반어적으로 들리는 이 '위대한 베이컨'이라는 문구로 시작하는 시가 있다. 베르톨트 브레히트의 시 〈귀납적 사랑에 관해〉는 명시적으로 'F. 베이컨에게 헌사'함을 밝힌다. 브레히트는 (과학적 의미의) 실험을 사랑에도 도입하자는 제안으로 독자를 놀라게 한다. 브레히트가 말했듯이, 아마도 연인은 "기꺼이 한 이불 아래" 누울 생각을 해낼 것이다. 브레히트는 유명한 비논리적 언어유희로 끝을 맺는다.

그녀가 그에게 함께 잠자리에 들 것을 허락한다면,
결혼하지 않을 것도 그에게 허락된다.

'잠자리에 드는 것(begatten)'과 '결혼하지 않는 것(nicht zu gatten)'을 이용한 악의 없는 말장난이다. 브레히트는 방법론의 엄격함이 사안 자체의 즐거움을 방해해서는 안된다는 것을 말하고자 했다. 반면 현대 과학의 비평가들은 한 걸음 더 나아가 베이컨이 과학 연구에서 모든 의미를 몰아냈다고 신랄하게 비판한다. 그러면서 1623년 베이컨이 쓴 다음과 같은 문장을 인용한다.

자연적인 과정들을 목적지향성의 관점에서 관찰하는 일은 삭막하며, 마치 신에게 바쳐진 동정녀처럼 아무것도 생산할 수 없다.

그리고 비평가들은 이 문장을 쓴 사람이 현대 과학의 비참한 행로에 책임을 져야 한다고 말한다. 오로지 권력에만 골몰하고 다른 모든 주제들 ― 예컨대 윤리나 미학 ― 은 배제하는 현대 과학의 모습에 말이다. 베이컨을 그렇게 보는 집단이 있다면, 그들은 베이컨에게보다 자기 자신들에게 똑같은 비난을 해야 할 것이다. 이제 베이컨의 명예를 회복해야 할 때가 되었다. 그가 실제로 쓴 내용을 그저 단순하게 되풀이해 읽는 사람만이 그의 명예를 회복시킬 수 있다. 분명한 사실은, 그가 말한 내용을 정확하게 행할 때 그 행동은 대부분 옳으며 그의 추천을 무시할 때 특히 좌절을 겪는다는 점이다. 베이컨은 우리를 꿰뚫어 보았다. 아마도 그 때문에 지금껏 우리가 그에게서 혼동을 느꼈는지도 모른다.

배경

프랜시스 베이컨이 런던에서 출생한 해인 1561년은 노예상이 등장하고 종교전쟁들이 발발하기 시작한 때였다. 종교전쟁은 훗날 30년전쟁(1618~1648년)에서 절정을 이룬다. 베이컨이 성장하는 동안 영국에서는 최초의 증권거래소가 개장했다. 영국은 세계 열강의 문턱에 진입하려는 참이었다. 버지니아는 미국 최초의 식민지가 되었고, 스페인 무적함대가 점령되었으며(1588년), 악명 높은 동인도회사가 설립되었다(1600년). 프랜시스 드레이크가 요트로 세계를 일주했고, 메르카토르는 항해를 위한 100장 이상의 지도를 만들었으며, 길버트는 지구가 거대한 자석이라고 선언했다.

셰익스피어는 소네트를 끝마치고 《햄릿》(1603년)을 썼다. 일본은 쇄국정책에 들어가면서(1868년까지) 수도를 교토에서 도쿄로 옮겼다. 유럽에서는 1609년 최초의 주간신문이 발행되었으며, 1년 전인 1608년 《화학 입문》이라는 제목의, 더 이상 연금술이 아니라 화학을 다룬 교과서가 나왔다. 그 사이 요하네스 케플러는 천체들의 회전궤도를 타원으로 바꿔놓았고, 갈릴레오 갈릴레이는 태양의 흑점을 발견했다. 튀빙겐에서는 쉬카르트가 작은 계산자를 이용한 최초의 계산기를 발명했다. 1626년 베이컨이 런던 하이게이트에서 사망했을 때, 그의 고향에서 최초의 특허법이 제정되었고 결투가 금지되었다.

초상

프랜시스 베이컨은 엘리자베스 여왕 시대 상류층 귀족가문에서 태어났다. '옥새상서'인 니콜라스 베이컨 경[2]과 그의 아내 레이디 앤의 아들로 세상에 태어난 그는 우선 트리니티 칼리지에서, 나중에는 여러 다른 대학에서 법률을 공부했다. 이 모두는 정치적 경력을 고대한 것이었다. 1582년 법률가(barrister)가 되었을 때 그는 이미 의회에 자리를 차지하고 있었다. 베이컨은 입장을 바꾸는 데 능숙했고 대개는 올바른 편에 서 있었기 때문에 항상 다음 승진이 보장되었다. 그는 1603년 기사작위를 얻었고, 1613년 검찰총장으로 임명되었으며, 3년 후에는 자신의 아버지와 같은 '옥새상서'에 이르렀다. 1618년에는 대법관이 되는 데 성공했고 이어 베룰람 남작 작위를 받았다.

베이컨은 시간이 날 때마다 많은 글을 썼고 ─ 앞으로 소개할 그의 주저 《신기관》[3]은 1620년에 나왔다 ─ 또 결혼식을 거행하는 데에도 시간을 소비했다. 결혼식에 관해서 말하자면 분명히 품위가 떨어지는 행사였던 것 같다. 1607년 그는 14세의 소녀와 결혼했는데, 적어도 겉보기에는, 아내의 고귀한 가족구성원들 때문에 한 결혼이었다. 이 결혼에 관해 알려진 유일한 것은 결혼식 만찬 묘사이다. 한 목격자는 베이컨을 이렇게 묘사했다. "그는 머리끝에서 발끝까지 보라색 옷으로 차려입었고 자신과 아내를 어마어마한 양의 금은 장신구로 치장했다. 아내의 가족들에게 깊은 인상을 주고자 한 행동이었다."

베이컨은 항상 돈이 필요했다. 따라서 그가 매수 가능한 사람이었으리라는 의혹은 이미 동시대인들도 품고 있었다. 실제로 1621년에는 뇌물을 받았다는 혐의로 기소되었다. 그는 왕좌와 의회 사이의 영원한 갈등의 수렁 속에 빠져 있었다. 결국은 유죄판결을 받아 "국가나 공공복지 영역에서 어떤 직책과 지위를 맡거나 업무를 수행하는 것을 영구히 금지하며 왕의 마음이 변할 때까지 탑에 갇혀 있어야 한다"는 처벌을 받았다. 왕은 다행히도 곧바로 그를 동정해 며칠 뒤 석방했다.

베이컨은 다시 자유를 얻었지만 인생의 마지막 몇 년 동안 직업도 없이 재정적 궁핍에 시달리며 고독하게 살았다. 하지만 이것은 기이하게도 문학적으로 더 생산적인 결과를 낳았다. 그는 무엇보다 유토피아 《신(新)아틀란티스》를 저술했는데, 거기서 그가 집중한 테마는 오늘날까지도 중대한 문제로 남았다. 과학적, 기술적 진보가 정치적 정의와 사회적 복지에 어떻게 이용될 수 있는가에 관한 문제였다.

베이컨이 1626년 사망했을 때 《신아틀란티스》는 유감스럽게도 단편으로만 공개되었다. 그를 죽게 만든 것은 묘하게도 끊임없는 학문적 호기심이라 할 수 있다. 1626년 초 런던에서 하이게이트로 돌아가던 중 눈이 내렸는데, 이때 베이컨은 "시체의 보존과 부패방지에 대해 작은 실험을 할 것"을 결심했다. 그는 눈이 내리면 시체를 보존할 수 있다고 추측하고 죽은 닭들의 몸 안에 차가운 흰 눈을 채워넣었다. 그리고 그것들이 어떻게 변질하는지, 부패가 지연되는지를 관찰했다. 그런데 실험에 쓸 동물을 모으는 과정에서 감기에 걸리고 말았다. 감기는 폐렴으로 악화되었고 결국 목숨까지 잃게 되었다. 베이컨의 운명에서 아이러니한 것은, 자연에 굴복하지 않는 것이 가장 큰 바람이던 그가 바로 그 방법을 찾으려는 시도 때문에 죽었다는 사실이다.

주목할 만한 베이컨의 두 저서는 둘 다 제목에 '신(新)'이라는 수식어를 달고 있다. 《신기관》과 《신아틀란티스》이다. 《신아틀란티스》는 플라톤이 언급한 아틀란티스제국을 염두에 두고 계획한 것이다. 그리스 철학자가 수천 년 전 바다 속으로 가라앉았다는 이 전설의 섬을 통해 이상의 상실을 한탄했다면, 베이컨은 새로운 아틀란티스에서 더 나은 미래를 꿈꾼다. 또 《신기관》은 제목에서부터 아리스토텔레스의 논리학서 《기관》과 대조를 이루며 특히 아리스토텔레스의 연역적 방식에 이의를 제기한다. 언급했듯이 베이컨은 귀납논리의 근거를 세우고자 했고, 실험이나 일상(자연)에서 얻은 수많은 관찰들로부터 어떻게 일반적인 실상 또는 포괄적인 법칙을 추론할 수 있는지를 알고자 했다. 원래 사람들이 추구하는 것이 바로 그런 법칙이다. 사실 오늘날 우리 대부분은 이미 기록된 사건으로부터 가정 또는 가설을 뽑아내는 체계적인 방법이란 존재하지 않으며 모든 법칙은 다소간 판타지의 자유로운 창조물이라고 생각한다. 그러나 베이컨의 기대는 달랐다. 그는 통찰에 이르는(그럼으로써 진보에 이르는) 왕도 또는 최소한 신뢰할 만한 방법을 추구했다.

예를 들어 그는 귀납논리를 통해 열을 운동으로 이해할 수 있다는 통찰을 얻었다. 오늘날에는 기본으로 통용되는 그 법칙에 도달하기 위해 그는 사실들을 수집하기 시작했다. 이 사실들은 다시금 '긍정적', '부정적', '비교 가능'이라는 세 종류의 표 형태로 분류되었다. 다른 말로 하자면, 베이컨은 설명할 만한 가치가 있는 재료들을 배열하고 정리한 것이다. 열의 경우를 보자면, 첫번째 표에는 열이 발생한 20건 이상의 사례가 들어 있는데, 태양광선에서부터 입을 불타게 만드는 조미료까지 다양하다.[4] 두 번째 표에는 열을 기대했지만 특성 자체는 나타나지 않은 사례들을 모아놓았다. 예를 들어 장기간 열이 유지되지 않는 액체와 달빛 등이 있다. 세 번째 표는 열이라는 주제에 속한 여러 사물들을 서로 비교한다. 예컨대 차가운 물고기를 따뜻한 새와 비교하거나 썩은 물질을 말똥과 비교한다.

물론 이런 열거와 분류는 현재의 눈으로 보면 혼란스럽고 비체계적이지만, 그래도 교훈은 그대로 살아 있다. 표를 만듦으로써 과학자의 본질적인 과제가 시작되기 때문이다. 즉 '주어진 자연과 함께 항상 거기 있거나 없는, 늘어나거나 줄어드는' 질(質)을 찾는 귀납법이 시작된다. 이 지점에서 베이컨의 가장 중요한 통찰은 긍정적인 사례가 아닌 부정적인 사례에 방향을 설정한다는 것이다. 베이컨은 포퍼보다 훨씬 전에[5] "부정적 예들을 거쳐 진행하고, 최후의 지점에 와서야 문제가 될 만한 것들을 모두 제외한 후 긍정적인 예로 이행하라"는 요청을 설파한다. 어떤 가설이 비록 이전에 수천 번 입증되었다 하더라도, 단 하나의 반증만 있으면 그 가정을 무력화하기에 충분하다. 검은 백조가 나타난다면 백조가 희다는 가설은 효력을 잃는다.

열에 관해서라면, 베이컨은 귀납법을 위해 네 번째 표를 만들었다. 거기에는 열의 성질이 배제된 사례들이 올라 있다. 예를 들어 그는 종류에 상관없이 모든 물질이 따뜻해질 수 있음을 관찰하고, 나아가 열은 물체의 마찰을 통해 발생할 수 있기 때문에 자연 속에 그 자체로 존재하는 것이 아니라는 사실을 확인한다. 이 작업은 마침내 위대한 과학적 발전을 유발할 것이고, 따라서 연구자는 가설을 세울 용기를 가져야 한다. 이에 대해 베이컨은 거의 사과를 구하다시피 했지만 — "이런 종류의 시도란 사고능력, 해석의 시작, 또는 최초의 독해를 허락하는 일이라 칭하고 싶다" — 그렇게 겸손할 필요가 전혀 없었다. 현대 과학에도 아직 그의 생각이 남아 있기 때문이다. 베이컨은 열을 운동의 특이형태로 간주했는데, 거기서 확실한 것은 "모든 운동이 열은 아니지만 모든 열은 운동"이라는 점이다.

물론 첫번째 독해에서 그릇된 가설로 갈 가능성도 없지는 않지만, 그런 오류는 항상 관찰로 돌아가 실험으로 눈을 돌리면 곧바로 발견할 수 있다. 베이컨 역시 추천하는 방식이었다. 그는 또한 여러 가설들을 나란히 세워두고 그것들 중에서 결정을 내릴 수 있다고 생각했다. 그러기 위해서는 말 그대로 결정적인 하나의 예에 몰두해야 하는데, 이 단계를 베이컨은 '결정적 심급'이라고 불렀다. 여기서 발전한 '결정적 실험'[6] 개념은 오늘날까지도 모든 자연과학 수업에 소개되고 시범을 보이고 있다. 이런 종류의 실험들 중에서 노벨상까지 받은 유명한 것으로 제2차 세계대전 시절 막스 델브뤼크와 살바도르 루리아의 실험이 있다. 나중에 델브뤼크를 다룬 장에서 설명하겠지만, 박테리아 중에 유전적 변이가 우연히 등장하는지 아니면 외적인 상황으로부터 영향을 받고 발생하는지를 알아본 실험이었다.

지금까지 열거한 베이컨의 활동과 정치적 확신으로, 무엇 때문에 우리가 그에게 혼란을 느꼈는지 조금은 알 수 있을 것이다. 그는 결코 단순하게 평가할 수 있는 사람이 아니었다. 그 자체만으로도 여러 가지를 대표한 사람이었다. 그것도 르네상스와 근대라는 시대 사이를, 철학과 자연과학이라는 분야 사이를 매개하는 측면에서만 그랬던 것이 아니다. 오늘날의 말로 하자면 과학의 요구와 공공의 관심사 사이에 선 정치가로서도 대표적인 사람이었다. 그리고 ― 당시 통상적인 틀을 뛰어넘지 못한 그의 개인적인 뇌물수수 사건에도 불구하고 ― 그에게 뛰어난 통찰과 식견을 가능케 한 것이 바로 그런 교량 역할이었다. 그렇기에 그는 과학이 인간의 물질적 복지에 기여하도록 진보를 위해 노력해야 한다고 생각했다.

진보의 이념은 철학에서 시작되었다. 거기서 베이컨은 '무엇이 인식인가?'를 중요하게 생각하지 않았다. 그의 테마는 '인간은 어떻게 인식을 개선하고 증대할 수 있는가?'였다. 그렇다면 인간은 어떻게 그런 일을 체계적으로, 그것도 사회(인류)에 이익을 주도록 행할 수 있을까?

베이컨은 일상뿐만 아니라 우리의 역사 역시 과학적 특성을 가지고 있다는 사실을 분명히 깨달은 최초의 철학자이다. 현대의 어떤 역사학자나 정신과학자도 하지 않은 말이다. 베이컨은 서적인쇄, 컴퍼스와 대포를 예로 들어 "이 셋이 우리 시대, 우리 세계에 어떤 변천을 가져다주었는지"에 경의를 표했다. 우선 베이컨은 발전의 긍정적인 측면만을 보았다. 따라서 사람들이 위 세 가지 발명품을 "그저 발에 채인 듯 마주쳐" "우연히 세상에 내놓았다"는 점을 유감스러워했다. 그는 더 많은 것들이 창조되기를 원했고 스스로 과학이라는 위대한 건설현장의 감독이 되기를 꿈꾸었다.[7] 인간의 복지를 보증하는 공식적 연구단체가 존재해야 한다고 주장했고, 과학이 누군가에게 피해를 끼치지 않으면서 모두에게 유용한 것이 될 수 있기를 바랐다. 물론 그 토대에는 낙관적 기대와 믿음이 있었다. 기술능력이 개선될 가능성이 점점 더 커진 근대로부터 1960년대까지 세계의 사상을 완전히 지배한 진보낙관주의 말이다.[8]

이런 맥락에서 진보는 세상에 대한 인간 권력의 증가로, 자연에 대한 인간 지배의 확대로 이해될 수 있다. 물론 베이컨의 《신기관》은 과학적 진보가 '삶의 혜택과 이익'을 달성할 때에만 경의를 표할 가치가 있다고 엄격하게 제한한다. 즉 인간의 권력에 한계가 있는 까닭은, "인간은 자연에 복종할 때에만 자연을 지배할 수 있기" 때문이다. 자연이(또 자연의 법칙들이) 우리를 이끌 때에만 우리는 자연을 다룰 수 있게 된다. 다음 인용문은 《신기관》의 도입부에 등장하는 잠언에서 발췌한 것이다. 원문 그대로를 가감 없이 인용할 만한 가치가 충분하다고 생각한다.

1) 자연의 하인이자 해석가인 인간은 행위 혹은 정신을 통해 자연의 질서를 관찰하여 그만큼 자연을 이해한다. 그 이상은 아무것도 알거나 행할 수 없다.

2) 단순히 손만 가지고는, 혹은 이성 그 자체만으로는 많은 일을 해낼 수 없다. 무엇인가를 해내는 것은 도구와 수단들이다. 이성은 손 못지않게 그것들을 필요로 한다. 손의 도구들이 운동을 조종하거나 지휘하는 것처럼, 정신의 도구들은 이성을 뒷받침하고 보호한다.

3) 인간의 앎과 힘은 하나로 결합한다. 원인을 알지 못하면 효과를 발휘할 수 없기 때문이다. 인간은 자연에 복종할 때에만 자연을 지배할 수 있다. 그리고 명상을 통해 원인이 떠오른다면 조작을 통해서는 규칙이 발생한다.

4) 인간의 작품은 자연물을 하나로 모으거나 떼어놓는 것 외에는 아무것도 할 수 없다. 나머지는 모두 자연의 작용이다.

"아는 것이 힘이다"라는 유명한 격언을 베이컨의 텍스트에서 찾아보려 한다면, 이곳 세 번째 잠언이 가장 유사한 출처일 것이다. 우리가 알고 있는 격언을 문자 그대로가 아니라 훨씬 더 신중하게 표현했고, 둘 간의 조합만을 말하고 있다는 점을 알 수 있다. 물론 자연에 관해 무엇인가를 아는 사람은 성과를 얻기 위해 그런 앎을 이용할 수 있다. 예를 들어 지식을 이용해서 에너지를 얻거나 달로 갈 수 있다. 또 나중에 베이컨이 말했듯이 우리의 조작은 '가장 진정한 앎'을 포함하고 있을 때 거대한 효과를 낼 수 있다. 그러나 우선 중요한 것은, 조작이 제대로 작동해서 효과를 점점 더 넓히고 결국 자연을 착취하는 일이 아니다. 베이컨에게 가장 먼저 중요한 것은 오히려 아직 알려지지 않은 것, 즉 우리의 첫번째 무기력을 드러내는 '원인의 무지'이다.

베이컨이 추구한 것은 앎으로부터 더 많은 것을 얻어내기 위한 새로운 연구 도구, 예컨대 귀납논리 같은 것이었다. 그리고 앎을 복지를 위해 투입하고자 했지만, 그것이 어떻게 복지에 이용될지는 몰랐다. 그는 과학의 도입에 관해 낙관주의자였다. 그러나 합리적 계획에 따라 인간의 삶을 개선시킬 수 있다고는 꿈꾸지 않았다. 그런 꿈을 품은 사람은 프랑스혁명 이후 베이컨의 후계자인 계몽주의자들이었다. 그리고 그 꿈을 실현하기 위한 수많은 계획들이 두 번째 (더 나쁜) 무기력 — 환경오염, 문명의 병폐 등 — 을 생산했다고 해서 그것을 베이컨 탓으로 돌린다면 적절치 못하다. 과학 연구가 인간의 인식에 기여하면서 권력을 행사한다고 주장한 것은 수백 년 전 베이컨이 아니라 20세기의 카를 프리드리히 폰 바이츠재커였다. 실제로 권력을 쥔 사람들은 항상 바이츠재커의 말에 동의하며 고개를 끄덕였다. 과학이 자신에게 제공하는 듯한 모든 권력을 기꺼이 소망하기 때문이었다.

실제로 베이컨 이후, 과학은 스스로와 주변의 모든 것을 그저 '개선'할 수 있을 뿐이라는 사상이 널리 퍼졌다. 베이컨 자신은 훨씬 더 겸손했다. 그가 동시대인들에게 무엇보다 당부한 것은, 고대를 숭배한다고 해서 마술에 빠져서는 안되며 따라서 인간에게 필요한 진보를 이루는 데 방해가 없어야 한다는 점이었다. 그는 오늘의 인식이 내일의 오류가 될 수 있다는 통찰을 절대 망각하지 않았다. 진보와 관련한 그의 모든 강령이 뿌리를 내린 곳이 바로 그 자리였고, 그것은 비단 자연과학에만 국한되지 않았다. 《신기관》(잠언 127)을 보면, 스스로를 새롭게 조직하고 복지라는 위대한 목표를 향해 일하라는 요청은 논리학, 윤리학, 그리고 정치학에도 해당한다.

'앎과 힘'이라는 테마는 《신아틀란티스》라는 제목의 유토피아적 단편에서도 새롭게 재등장한다. 난파당한 선원들은 다소 우연한 행운 덕분에 신아틀란티스라는 섬에 상륙한다. 그들은 여행 중에 새로운 설비(신기관)를 마련하기도 했다. 그리고 신아틀란티스에 거주하며 국가를 세운 새로운 사회를 알게 된다. 그곳에서 시행되는 제도들 중 하나가 솔로몬하우스[9]라는 이름의 연구소이다. 이 연구소는 20개 이상의 실험실을 운영하는데, 그 가운데 특히 기상과 인공강우를 연구하는(17세기에!) 거대한 공간이 있다. 또 작은 동물 실험실에서는 누에와 꿀벌 같이 유용한 동물들을 사육하고, 어떤 공장에서는 로봇을 비롯한 자동 기계를 생산한다. 특히 탁월한 설비로는 '사기실험실(house of deceit)'이라는 곳이 있다. 기적의 의사나 마술사라는 칭호를 달고 정부에 기어들어가 국민을 우롱하는 과학자들 혹은 자칭 전문가들의 실체를 폭로하는 곳이다. 실험실에서 국민을 속인 그들의 트릭이 밝혀진다.

솔로몬하우스에서의 일은 자체적으로 훌륭한 조직을 갖추고 있다. 베이컨은 과학 연구의 이론과 실제를 구분하는데, 이는 현대에 와서야 실제로 가능해진 일이다. 과제를 분류하고 제시할 때에도 앞서 말한 앎과 힘의 문제가 등장한다. 베이컨은 솔로몬하우스 소장의 입을 빌려 이렇게 말한다. "우리 하우스의 자문단은 어떤 발명과 실험을 개발하고 공개해야 하는지, 또 어떤 것은 금지해야 하는지를 결정합니다. 또 우리 모두는 비밀 유지를 맹세합니다. 비밀을 지키는 것은 중요한 사항을 숨기기 위해서지요. 물론 그 중 일부는 국가에 알리고 일부는 알리지 않습니다."

이 부분의 주제는 과학자들이 자기 행동의 결과에 책임을 져야 한다는 것이다. 베이컨은 국가로부터 조종받기를 원하지 않는(또 조종받아서도 안되는) 연구, 그러나 동시에 공공의 통제 없이는 존재할 수 없는 연구의 문제를 알고 있다. 어떻게 하면 과학을 사회적으로 구속하면서도 동시에 자유를 보존할 수 있을까?

《신아틀란티스》에서 드러나는 베이컨의 생각들 중 하나는 과학자 내지 발명가에 대한 존경심이다. 이 섬의 한 갤러리에는 과학자들의 조각상이 서 있는데, 이는 두 가지 목적을 위한 것이었다. 우선 과학 자들에게는 개인적인 명예를 추구하라는 자극이 될 것이다(이런 식의 동기는 오늘날 과학자들이 가질 수 없다. 지금은 배우나 축구선수가 과학자보다 더 큰 명성을 얻는다). 다른 한편 주민들은 연구에 참여한 사람들을 더 많이 신뢰하게 된다. 베이컨의 유토피아는 공공으로부터 독립적이며 강요 받지 않은 채 공존하는 과학자 상을 묘사하고 있다. 연구자들은 새로 운 발견과 발명을 해내며, 또 그것들을 설명하고 직무를 수행할 의무 가 있다. 그들은 악천후, 폭풍, 지진 등을 예측할 뿐 아니라 질병, 전염 병 및 기아를 경고하기도 한다.

솔로몬하우스 방문과 함께 유토피아 구경도 끝난다. 선원들은 거기 서 배운 모든 것을 "다른 국가의 안녕을 위해 공표해도 된다"는 허락 을 받고 섬을 떠난다. 베이컨의 구상은 사실 비밀 유지나 복종과는 거 리가 멀다. 중요한 것은 과학과 기술을 가능하게 하는 진보와 풍요한 자원이기 때문이다. 과학기술은 인간 자체를 변화시키지 않으면서도 편리하고 안전한 생활을 가져다준다. 베이컨은 우리가 원하는 것이 어떻게 가능한지를 우리에게 보여준다. 혹시 그 때문에 그가 우리를 혼란스럽게 만든 것은 아닐까?

갈릴레오 갈릴레이

그래도 교회는 움직인다

Galileo Galilei

유감스럽게도(!) 갈릴레오 갈릴레이는 자신을 유명하고 사랑받는 존재로 만든 저 전설 속의 일들을 하나도 행하거나 경험한 적이 없다. 무거운 물체가 가벼운 물체보다 더 빨리 낙하한다는 아리스토텔레스의 권위적인 이론을 부정하기 위해 고향도시 피사의 사탑에서 뭔가를 떨어뜨리지도 않았고, 종교재판소에서 코페르니쿠스 이론과 관련된 '자신의 오류'를 인정한 후에 "그래도 지구는 움직인다"는 그 유명한 문장을 외치지도 않았다. 또 수없는 고문을 받은 끝에 1633년 로마에서 무릎을 꿇고 태양 중심적 천체 배열과 태양의 중심적 지위를 증명 (단순한 설득을 넘어선 '증명'이다)할 수 없다고 시인한 일도 없었다.

그리고 많은 사람들이 당시 교회와 교회 대표자들을 저주하곤 하는데, 사실 교회가 비난받는 데 갈릴레이가 아무런 책임이 없다고는 할 수 없다. 명쾌하게 증명할 수 없을뿐더러 성서와도 배치되는 주장이 있다면 그것은 거짓으로 간주해야 한다고 그가 목청껏 선언한 이유는 막을 수 없는 투쟁욕 때문이었다. 그럼으로써 그는 자연과학자로서의 기반을 스스로 잘라낸 셈이 되었다. 그러나 갈릴레이의 약점을 잘 알고 있던 교황 우르바누스 8세는 성미 급한 그에게 증거란 당연히 수학적으로 제시되어야 한다는 소박한 사실을 툭 던졌을 뿐이다. 지구 내지 태양의 운동에 관한 수학적 증거가 필요하다는 얘기였다. 이 자리에서 교회의 대표자는 그저 정당한 일을 했을 뿐이고, 결국 투쟁심 많은 학자의 유죄판결로 끝날 수밖에 없었다. 갈릴레이 사건은 긴 세월을 겪은 후 우리 시대에 와서야 최종적으로 종결되었다. 뒤에서 지적하겠지만, 로마 종교재판소의 판결 이후로 거의 400년 이상의 세월이 흘러야 했다.

갈릴레이는 대중적이고도 저명한 과학자이다. 그의 이름을 듣거나 말해보지 않은 사람은 없다. 찰스 다윈과 알베르트 아인슈타인을 빼놓고는 어떤 과학자도 갈릴레이처럼 세계적인 유명세를 떨치지 못했다. 또 갈릴레이의 전기는 다른 어떤 과학자의 것보다도 많다. 만약 지금 새롭게 같은 일을 해보고자 하는 사람이 있다면, 갈릴레이 전기의 역사를 다룬 전기를 계획하는 편이 나을지도 모르겠다. 다시 말해 실제 역사 속의 갈릴레이와 함께 다른 수많은 전기가 묘사한 갈릴레이의 삶도 기록해야 할 것이다. 대체 왜 그런 것일까? 갈릴레이의 유명세와 대중적인 열광은 어디에서 비롯된 것일까?

첫째로 로마 종교재판소에 대한 갈릴레이의 투쟁은 교회의 정신적 권력이 전세계적으로 상실될 징조였다. 이 사건 이후로 성직자들은 영원한 패배자처럼 보였고, 많은 동시대인들은 교회가 퇴장할 시대가 왔다고 생각했다. 둘째로 갈릴레이는 커다란 용기를 보여주었고, 계몽주의 시대가 오기 훨씬 전에 계몽의 모험을 감수했다. 그는 결국 자기를 잃게 될지라도 신앙에서 출발한 확실성을 완전히 배제할 각오가 되어 있었다. 자신이 입증한 설득력 있는 증거와 논리적이고 신빙성 있는 성과가 신앙을 대체할 수 있다는 희망에서였다. 셋째로 갈릴레이는 이탈리아어로 책을 썼고[10] 따라서 머릿속의 생각을 라틴어로 말하지 않는 대중에게 더 쉽게 접근할 수 있었다. 나아가 갈릴레이의 인기는 무엇보다 그가 종교재판소에 의해 교회에서 추방되어 과학의 순교자로 숭배의 대상이 되었다는 점에 있다. 물론 태양 내지 지구의 지위에 관한 그의 논거들이 대체 어느 정도로 설득력이 있었는지는 별개의 문제이다.

갈릴레이의 현재 인지도는 베르톨트 브레히트가 《갈릴레이의 생애》를 무대에 올렸다는 사실과도 무관하지 않다.[11] 극의 주인공은 이제 유명해진(아니 더 유명해져야 할) 이런 말을 내뱉는다. "대중을 거부하면서 어떻게 학자로 남아 있을 수 있나?" 이 질문으로 브레히트의 갈릴레이는 학문과 공공성 사이에 자리한 근본 문제를 표출한다. 연구의 결과물이 한편으로 전문가가 보기에는 '일목요연하지 않고' 다른 한편으로 '박약한 영혼에게는 반항하기 어려운' 것일 때에 말이다. 그러나 모든 연구와 질문의 목표는 단 하나이다. 극 중 갈릴레이는 "과학의 유일한 목표는 인간 실존의 곤궁을 경감시키는 데 있다"고 말한다. 물론 알다시피 이 문장은 앞서 살펴본 프랜시스 베이컨에 출처를 두고 있기는 하다. 그러나 갈릴레이도 그럴 기회만 있었더라면 이 문장을 거리낌 없이, 분명 기꺼이 도용했을 것이다.

작가 브레히트처럼 그는 "정신적 자산에 관한 문제에서 안이한 태도"를 보여주었고, 아마도 그가 대중성을 확보한 또다른 이유가 거기 있을지도 모른다. 그러나 그런 안이함이야말로 위인들이 무수히 가지고 있는 사소한 약점들 아니겠는가? 또 그들이 우리에게 더 큰 공감을 얻는 이유이기도 하고.

갈릴레이는 대중뿐만 아니라 전문가들에게도 사랑받았다. 전문가들은 브레히트 극의 대사를 자주 인용하고, 특히 많은 행사에서 연설을 들을 때면 그의 저주를 즐겨 써먹는다. "연구하지 않고 연설하는 사람들, 그들에게는 (……) 자비란 없다." 정치가와 저널리스트들을 겨냥해서 하는 말이다.

배경

1564년 갈릴레오 갈릴레이가 피사에서 출생했을 때 처음으로 연필이 세상에 나왔다. 18세의 청년 갈릴레이가 무거운 샹들리에를 관찰하다가 진자운동의 중요한 요인을 깨달았을 때,[12] 그레고리우스 역법 개혁이 있었고 월터 렐리 경은 영국에 파이프 담뱃잎을 들여왔다. 의학적 효과 때문에 높은 평가를 받은 담뱃잎은 당시 '성스러운 식물'로 인기를 끌었다(폐암발생률과의 상관관계를 깨닫기까지는 아직 많은 세월이 필요했다).

1600년 발생학에 관한 최초의 논문 ─ 지롤라모 파르비치의 《태아형성에 관해》 ─ 이 선보였고, 1603년에는 고전적인 4대 원소 이론을 비판하고 극복하기 위해 '기체'라는 개념이 도입되었으며, 1607년에는 몬테베르디가 오페라 〈오르페오〉를 작곡했다. 1628년 윌리엄 하비는 혈액순환을 기술했고, 1635년에는 최초로 음속이 측정되었으며, 1642년에는 렘브란트가 〈야경〉을 그렸다. 같은 해 갈릴레이가 피렌체에서 사망했을 때, 영국에서 아이작 뉴턴이 탄생했다.

초상

갈릴레이는 근대를 준비한 유럽의 4중주 중 이탈리아의 에이스이다. 그의 아버지는 '음악 성찰' 개념을 구상한 음악이론가였고 아들에게 개인교습을 하기도 했다. 젊은 갈릴레오는 18세 생일을 맞은 이후로 피사 대학에서 유클리드 수학과 아리스토텔레스 물리학에 매진한다. 그러나 곧 그는 특별히 마음에 둔 학문에 몰두하기 위해 학업을 중단한다. 다시 말해 유영체(遊泳體)와 그 운동에 관한 아르키메데스의 저서를 읽기 위해서였다.

갈릴레이는 자신의 위대한 이상형 아리스토텔레스와 마찬가지로 이론에만 만족하지 않았다. 항상 기술적인 실험을 동반해서 연구했고 언제나 실천적으로 적용하고자 했다. 예를 들어 갈릴레이 온도계라는 기구는 오늘날까지도 일부 가정의 거실에서 사용되고 있다.[13] 그는 일생 동안 기계적인 구조물을 만드는 데 열심이었고 또 성공을 거두었으며 수많은 공작품을 설계했다. 초기에 거둔 성과 중 하나가 유체정역학 저울의 완성이었다. 그는 이에 관해 《저울에 관하여》라는 짤막한 논문을 쓰기도 했다. 비록 후세에는 어떤 물리학적 특수성도 남겨주지 않을지라도 아무 소용없는 텍스트는 아니었다. 이 논문의 도움으로 갈릴레이는 후원자를 찾을 수 있었다. 후원자 구이도발도 델 몬테 후작은 1589년 그에게 피사 대학 수학과 교수직을 마련해 주었다.

초기의 명성에도 불구하고 갈릴레이가 직장에 불만을 가질 이유는 충분했다. 대학에서 그가 받은 연봉은 고작 60스쿠디에 불과했던 반면 당시 전문 의료인들은 같은 기간에 2,000스쿠디(!)를 벌었기 때문이다. 그는 봉급의 부족함을 메우기 위해 개인교습을 해야 했고, 심지어는 10스쿠디짜리 천궁도를 제작하기까지 했다.

피사에서 비로소 갈릴레이는 운동 개념을 이해하고 아리스토텔레스 이론을 통해 문제를 해결하려고 노력했다. 아리스토텔레스와는 달리 그는 어느 대상이 '왜' 이러저러한 형태로 움직이는지를 묻지 않았다. 갈릴레이가 우선 알고자 한 것은 장소가 '어떻게' 변화하는지의 문제였다. 그때 그는 — 실제로 피사 사탑의 도움 없이도 — 물체가 그 무게에 비례하는 속도로 낙하하지는 않는다는 사실을 발견했다.[14] 아리스토텔레스의 주장과는 배치되고, 상식적으로 납득할 수 있는 것과는 다른 결론이었다. 우리의 소박한 상상과는 달리 모든 물체는 똑같은 속도로 떨어진다.[15] 적어도 진공에서는 그렇다. 갈릴레이가 애초에 제기한 질문은 자유낙하하는 물체의 속도가 낙하 과정에서 어떻게 증가하는가였다. 시간에 비례해 낙하 속도가 증가한다는 가설을 피사의 갈릴레이는 아직 관찰을 통해 결정적으로 입증할 수 없었다. 그는 지나온 구간과의 관계를 추측하기는 했지만 입증할 수는 없었다. 짧은 구간에 대해서는 얼마나 많은 시간이 흘렀는지를 올바로 측정할 수 있는 도구가 아직 없다는 것이 가장 큰 문제점이었다.

그가 피사에서 물체의 운동에 관해 고민하고 《운동에 관하여》를 쓰던 무렵, 그를 움직인 것은 철학적인 동기만이 아니었다. 아주 구체적인 계기가 있었다. 즉 언제나처럼 갈릴레이는 실생활을 목표로 했고, 특히 포탄의 비행궤도를 올바로 계산하고자 했다. 그는 운동의 독립성이라는 원칙을 도입하고 포탄의 커브를 두 운동, 즉 폭발력에 의한 전진운동과 자유낙하의 후진운동 — 낙하운동의 원동력은 아직 알 수 없었다. 중력은 뉴턴에 와서야 발견되었기 때문이다 — 의 총합으로 설명하면서 문제를 해결했다. 갈릴레이는 계산에 의거해 일종의 평행운동을 알아냈고, 그럼으로써 병사들에게 유용한 충고를 줄 수 있었다. 포탄이 가능한 한 멀리 나가기를 바란다면 위로 45도 각도로 발사해야 한다는 것이다.

여기서 갈릴레이가 유명세를 얻은 또다른 원인이 드러난다. 그는 자연법칙이 수학적인 형태를 지녀야 한다고 굳게 확신했고, 자연 연구에 수학을 이용하기 위한 모든 수단을 강구했다. 수학과 교수로서의 직업과도 무관하지 않은 일이었다. 1623년 저서 《황금계량자》에 나온 갈릴레이의 다음 유명한 문장은 그의 확신을 축약해서 보여준다. 이 확신은 현대 과학이 아직까지도 의존하는 일종의 신앙고백과도 같다. "자연의 책은 거기 쓰인 언어와 문자를 공부한 후에야 이해할 수 있다. 그것(자연의 책)은 수학 언어로 쓰여 있고, 그 문자들은 삼각형, 원 등을 비롯한 기하학 도형들이다. 이 보조수단 없이 인간은 그것(자연의 책)에서 단 한 단어도 이해할 수 없다."

공공의 이해라는 관점과 대중성 측면에서 위 문장을 따져보자. 갈릴레이가 대중의 이해를 위해 의식적으로 이탈리아어를 사용했다는 점을 생각한다면, 이 대목에서 의혹을 느끼고 질문하지 않을 수 없다. 이탈리아어가 아니라 수학 언어가 중요하다는 말은 무슨 뜻인가? 갈릴레이는 현대인조차 시달리고 있는 한 가지 모순을 깨닫지 못했다. 자연의 책에 쓰인 언어에 관해서는 옳은 견해이기는 하다. 그러나 수학적으로 문맹이 아닌 사람들만이 자연을 이해할 수 있다는 그의 — 아마도 교황에 맞서 제기한 — 추론이 맞다면, 이는 공식과 기하학 도형을 다룰 수 없는 모든 사람 — 즉 대부분의 사람들 — 은 자연이 어떻게 기능하는지 이해하지 못한다는 이야기다. 다시 말해 수학 언어를 사용하지 않는 한, 과학의 성과를 독일어로 설명하든 이탈리아어나 프랑스어로 설명하든 상관없이, 실상이 무엇인지는 아무도 이해하지 못한다는 뜻이다. 물론 갈릴레이가 옳다는 조건에서, 혹은 우리가 그의 말을 믿고 다른 어떤 앎의 원천도 허용하지 않는다는 조건에서 이다.[16]

갈릴레이는 이런 모순을 오랫동안 고집하지 않았다. 추측건대 오늘날 일반인들에게 과학을 소개하고자 하는 사람이라면 갈릴레이의 명제를 그다지 엄격하게 주장하지는 않을 것이다. 그들은 스스로를 위안하듯, 수학 언어에 관한 갈릴레이의 명제가 전체 자연에 해당하는 것이 아니라 기껏해야 일부 물리학 분야에만 들어맞는다고 말할 수 있다. 인간은 수학 없이도 살아 있는 자연을 매우 잘 이해할 수 있고, 심지어 생물학자조차 자신이 연구하는 유기체에 대해 어떤 감정을 느낄 필요가 충분하다. 그러나 갈릴레이의 규정이 후세 과학 사상에 큰 영향을 미쳤고, 수학과 함께 물리학을 모든 과학의 모범이자 모두가 눈독 들이는 학문으로 만들었다는 점은 분명하다.

다시 위의 인용문으로 돌아가 중년의 갈릴레이가 자연의 책에 쓰인 문자라고 생각한 삼각형과 원을 보자. 피사의 젊은 수학자 시절 그가 '수학 언어'로 염두에 둔 형태는 조금 달랐다. 예를 들어 물체가 낙하하는 실험에서 관찰한 시간과 구간을 표에 기입할 때 쓰는 숫자들이 거기 해당했다. 갈릴레이는 1592년 이후 피사를 떠나 파도바로 옮긴 이후로(이곳에서 봉급은 최소한 약간은 개선되었다) 그런 실험을 더 늘리기로 마음먹었다. 따라서 파도바에서는 그의 실천적인 성향이 충실하게 발휘되었다. 물을 들어올리는 장치를 만들었고, 컴퍼스의 기능을 개선했으며, 계산자 비슷한 것을 발명해서 때로는 샘플 몇 개를 판매하기도 했다.

21세기가 다가오는 현재에도 갈릴레이 같은 사람이 있을 것이다.

심한 통풍에 시달렸고 그 고통스러운 병에서 죽는 날까지 벗어나지 못한 사람, 결혼하지는 않았지만 인생의 반려자인 마리나 감바와 함께 살며 그녀에게서 딸 둘과 아들 하나를 낳은 사람, 지상에 더 큰 관심을 가지고 하늘의 질서 문제는 어디서도 발설하지 않은 사람, 그런 사람이 어딘가에 또 있을지도 모른다. 그러나 여기서 그치지 않았다. 점차 갈릴레이는 자신이 코페르니쿠스 이후 태양 중심적 체계의 신봉자라고 자각했고, 사적인 속박에서 풀려난 1610년 이후에 비로소 입을 떼게 된다. 당시 갈릴레이는 마리나 감바와 헤어졌고 나중에는 자신의 딸들을 수녀원에 보내기로 결정했다.

코페르니쿠스 체계의 잠정적 옹호자에서 태양 중심적 우주 질서의 열렬한 투사로의 변모는 얀 리퍼스하이(Jan Lippershey)라는 이름의 네덜란드인 안경 제조자가 1608년 생산해서 곧 망원경이라고 이름붙인 기구 덕분이었다. 갈릴레이는 망원경 발명을 신문에서 읽고 똑같은 기구를 만들어 파도바 대학 평의회에서 선보였다. 갈릴레이가 망원경의 발명가라고 자칭했는지는 입증할 수 없지만, 고위직 인사들로 하여금 자신이 이 혁명적인 과학 도구를 고안해 냈다고 믿게 만들었음은 분명하다. 앞으로 살펴보겠지만, 그러기 위해 그는 수사학적 기교를 매우 훌륭히 습득하고 있었다. 어쨌든 파도바 대학 평의회 교수들은 그의 기대대로 망원경에 열광했고 봉급을 1,000스쿠디까지 인상해 주었다.

갈릴레이의 '발명품'은 곧 모든 시장에 진출했지만 실망 또한 대단했다. 이에 관해서는 자세히 언급하지 않겠다. 중요한 것은 갈릴레이가 망원경을 그저 모방해서 만든 것이 아니라 노력을 기울여 개선했다는 사실이다. 그로 인해 1,000스쿠디를 받아 몇 가지 명예로운 발견을 할 수 있었다. 그는 목성의 위성을 관찰했고 달의 울퉁불퉁한 표면을 알아냈으며 태양에 흑점이 존재함을 확인했고 결국에는 토성의 불규칙한 구조도 확인했다.

마지막에 지적한 관측에 관해서 덧붙여보자. 오늘날 모두가 알다시피 토성은 고리를 가지고 있다.[17] 하지만 갈릴레이는 아직 토성의 고리를 발견하지 못했다. 그러기에는 그가 가진 도구의 문제 해결 능력이 충분하지 않았다. 그러나 그 행성이 특수한 외양을 하고 있는 데에는 무엇인가 있다는 사실은 확신했고, 두 개의 위성이 중요한 역할을 할 것이라 추측했다. '위성'이라는 용어는 당시 신조어로, 다음 장에서 다룰 독일의 천문학자 요하네스 케플러가 처음으로 쓴 단어이다. 갈릴레이는 케플러에게 자신의 발견을 서면으로 전달했지만, 과학자들에게 규칙이 그렇듯, 단순하고 명료한 방식으로는 아니었다. 1610년 그는 특별한 갈릴레이 식으로 케플러에게 다음과 같은 애너그램을 보냈다.

"SMAISMRMILMEPOETALEUMIBUNENUGTTAIRAS."

놀랍게도 케플러는 암호를 해독하는 데 성공했다. 원래 문장은 라틴어로 "ALTISSIMUM PLANETAM TERGEMINUM OBSERVAI"였다. "나는 세 부분으로 구성된, 가장 멀리 떨어진 행성을 관측했다"는 뜻이다. 당시 지식으로는 토성이 가장 멀리 떨어진 행성이었다. 갈릴레이는 이 관측으로 특허권을 신청하고자 했기 때문에, 경쟁자들에게 비밀을 누설하지 않기 위해 암호를 쓴 것이다.

갈릴레이는 자신의 모든 관측 결과를 곧 《별세계의 보고》에 모았고, 이의 성공으로 '토스카나 대공 제1수학자이자 철학자'라는 별칭을 얻었다. 그는 피렌체로 갔고, 코페르니쿠스 체계를 옹호하는 일이 점차 홍미진진하다고 느꼈다. 케플러도 마찬가지로 이 체계가 더 낫다고 생각했다.[18] 이제 갈릴레이는 토론하면서 점점 더 많은 즐거움을 얻은 듯하다. 어쩌면 그를 논쟁문화의 창안자로 칭하는 사람도 있을지 모르겠다. 그는 객관적인 논거, 심리적 트릭, 그리고 수사학적 능력을 무기로 세 가지 권위에 맞서 싸웠다. 그의 길을 가로막은 세 가지 권위는 아리스토텔레스, 건전한 상식, 그리고 교회의 독단이었다. 다른 말로 하자면, 갈릴레이는 세계 전체와 싸웠고, 특히 권위적으로 행동하며 사상을 억제하는 모든 것과 싸웠다.

예컨대 1632년 쓴《두 개의 주요 우주체계에 관한 대화》에서 시차가 무엇을 뜻하며 이를 통해 우주의 구조가 어떻게 실험적으로 입증될 수 있는지는 아리스토텔레스학파 철학자보다 토스카나 지방 농부가 더 쉽게 이해할 수 있다고 말하면서 그는 남모를 즐거움을 느꼈다. 또 상식에 매달리는 사람들을 비판하고 "다른 사람들이 진리와 오류를 경험함으로써 발견한 것들을 그들은 좋은 눈을 가지고 있음에도 불구하고 보지 못한다"고 말할 때에도 희열을 감추지 못했다. 그는 아리스토텔레스와 상식이라는 두 가지 거대한 장벽을 뛰어넘었기에, 자신의 길을 가로막은 세 번째 권력에 도전할 수 있었다. 교회 앞에서 교회의 부정을 증명하려고 계획한 것이다. 코페르니쿠스가 지구를 움직이게 했다면 그는 교회를 움직이고자 했다. 아마 이 시점에서 그가 태양 중심 체계를 선택한 것에는 ― 적어도 머릿속에서는 ― 그 체계가 상식에 모순이라는 사실이 그의 논쟁욕을 자극했기 때문일지도 모른다. 결국 사람들은 매일 태양이 움직이는 것을 보고 있지 않은가. 오늘날까지도 우리는 태양이 뜨고 진다고 말한다. 그가 어떻게 단기간에(생전에) 몰락해야 했으며 그러나 장기적으로(사후에) 승리를 거두었는지를 이야기하기 전에, 갈릴레이의 논쟁욕과 과학 토론에서 사용한 화려한 언어에 관한 두 가지 사례를 소개하겠다.

소박한 사고력을 가진 사람이 물리학을 공부할 때 이해하기 어려운 것이 하나 있다. 어떤 종류의 가속도 존재하지 않는 단조로운 운동에서는 물리학 법칙들이나 현상들이 변하지 않는다는 단언이 그것이다. 정지상태와 단조로운 운동은 물리학적으로 등가이다. 아리스토텔레스 물리학으로는 완전히 이해할 수 없는 이런 통찰은 갈릴레이에게서 처음으로 아주 분명하게 나타났고, 그 때문에 현재 물리학을 공부하는 학생들은 '갈릴레이 불변성'이라 알고 있다. 사실상 이 원리는 기초적인 것이다. 갈릴레이는 1632년의 《대화》에서 교훈적이고 수사학적인 재능을 다해서 이 반(反)직관적이고 난해한 이론을 독자의 눈앞에 입체적으로 보여준다.

배를 타고 가능한 한 큼지막한 선실에 친구들과 함께 들어가 보십시오. 모기, 나비, 그리고 비슷한 종류의 동물들을 준비해 놓고, 어항 하나를 가져와 그 안에 작은 물고기 몇 마리를 넣습니다. 그런 다음 위쪽 멀찌감치에 작은 양동이를 걸어놓고 거기서 물을 한 방울씩 아래 어항으로 떨어뜨립니다. 배가 가만히 멈춰 있을 때, 신중하게 관찰해 보십시오. 곤충들은 사방으로 날아다니고 물고기도 어항 속에서 자유롭게 헤엄칠 것입니다. 양동이에서 떨어지는 물방울은 수직으로 어항 안에 들어갈 것입니다. 그런 다음 배를 임의의 속도로 움직이게 합니다. 여러분은 — 배가 이리저리 흔들리지 않고 단조롭게 움직이는 한 — 모든 현상에 전혀 변화가 없음을 알게 될 것입니다. 배가 지금 운행하는지 정지해 있는지도 모를 것입니다. 만약 선실 바닥에서 멀리뛰기를 한다면, 배가 정지해 있을 때나 움직일 때나 똑같은 거리를 뛸 것입니다. 배가 아무리 빨리 움직인다 해도, 배 머리나 꼬리 어떤 방향으로 뛰어도 똑같은 거리를 도약할 것입니다. 당신 친구에게 물건을 던진다면, 친구가 배 머리 쪽에 있고 당신이 꼬리 쪽에 있든 혹은 그 반대이든 똑같은 힘이 필요할 것입니다.

《대화》의 한 대목을 이렇게 인용한 까닭은, 갈릴레이가 생생하게 묘사한 여러 운동을 소개하려는 의도 때문만은 아니다. 알베르트 아인슈타인이 훗날 우주에서 더듬어보았던 것을 갈릴레이는 이 선실 실험으로 머릿속에 그려보았기 때문이기도 하다. 두 사고의 실험은 나중에 다시 비교해 볼 것이다. 그러므로 여기서 갈릴레이가 구상한 것은 물리적 상황의 생생한 묘사일 뿐 아니라 그 상황의 원인 파악이기도 하다. 갈릴레이와 더불어 비로소 현대적 방식의 물리학이 시작되었다.

갈릴레이의 논쟁욕은 매번 불필요한 증명에 매달리고 모순에 부딪히게 만들었고 종종 천재의 발목을 잡았다. 예를 들어 혜성에 대한 뉴스에 갈릴레이가 어떻게 반응했는지를 보자. 1618년 평소에는 드물게 보이던 이 비행체 세 개가 한꺼번에 하늘에서 목격되었다.[19] 그리고 누구보다 혜성을 이해하려고 열심히 노력했지만 아리스토텔레스 물리학과는 상관없이, 혹은 거기 반대하여 혜성을 이해하고자 한 사람들이 있었다. 특히 로마대학의 오라치오 그라시를 비롯한 예수회 회원들이었다. 아리스토텔레스와는 달리 그들에게 혜성은 현세 차원에서 진행되는 사건이 아니었다. 중요한 것은 달궤도 저편에서 움직이는 어떤 천체의 운동이었다. 유럽의 여러 지역에서 계산하고 연구해 본 결과도 같았다. 혜성은 추측건대 수성이나 태양, 그리고 지구에서도 멀리 떨어져 있었다. 이것과 함께 혜성의 본성에 관한 또다른 통찰들은 1619년 그라시에 의해 발표되었다.

기본적으로 예수회와 갈릴레이는 같은 견해였다. 그러나 갈릴레이가 참을 수 없는 일이 있다면, 바로 그렇게 누군가와 똑같은 의견을 가진다는 것이었다. 그래서 그는 ─ 친구의 이름으로 ─ 그라시의 연구에 대한 반응을 공표했다. 비과학적인 모든 목록을 끌어왔고 논쟁술, 위장묘사, 책임전가와 연막 및 은폐를 동원한 글이었다. 어처구니없는 행동이었지만, 그래도 갈릴레이가 예수회를 때려부숨으로써 어떤 다른 것을 얻을 수 있다고 가정한다면 조금은 이해할 수 있을 것이다. 이 '다른 것'은 쉽게 밝혀진다. 코페르니쿠스에게서 나온 것은 아니지만 그라시가 좋아했던 어떤 천문학 체계였다. 이미 17세기 초에는 모든 전문가들이 프톨레마이오스의 천체 이론이 그릇되었음을 확신했다. 그리고 위대한 천문학자 티코 브라헤는 프톨레마이오스와 코페르니쿠스를 매개할 수 있는 일종의 변형된 체계를 제안했다. 브라헤의 조정안에 따르면 지구는 정지해 있고 태양이 그 주위를 돌고 있다. 하지만 다른 행성들은 프톨레마이오스 체계와 달리 지구가 아닌 태양 주위를 돈다.

브라헤의 구조나 코페르니쿠스의 배치 모두 관측된 현상들을 잘 포착하고는 있었다. 그러나 그런 게으른 타협이 갈릴레이의 마음에 들리가 없었다. 그는 곧 브라헤의 구조를 무시할 방법을 찾았다. 그래서 예수회의 혜성 관련 작업을 택한 것인데, 이때 그는 큰 실수를 범하고 만다. 그라시에 대한 그의 반응[20]은 (예를 들어 케플러에게) 전혀 이해를 받지 못했고, (예를 들어 그라시에게) 적의를 불러일으켰기 때문이다. 그리고 이것은 결국 종교재판이라는 신랄한 복수를 불러왔다.

갈릴레이와 교회의 갈등 ─ 태양중심설과 종교의 대립 ─ 은 1614

년에 시작되었다. 갈릴레이가 크리스티나 대공비에게 보낸 편지에서 종교와 과학의 관계를 밝힌 이후의 일이다. 편지에서 그는 성경의 몇몇 부분이 코페르니쿠스의 생각과 일치하는지 아닌지는 중요하지 않다고 말했다. 문제는 지구 중심적 관점을 포기한다면 중세와 스콜라 사상 전체가 수정되어야 한다는 것이었다. 갈릴레이는 지구의 지위를 규정한 아리스토텔레스 물리학의 우주 이념을 해체하자고 제안했다. 그 대신 태양이 최고의 지위를 가진 플라톤적 우주론으로 회귀해야 한다는 것이다. 태양은 그 열로 우주를 '양육'하고 에너지와 힘을 공급해서 우주의 '순환'을 질서 있게 유지시켜 주기 때문이다.

그러나 교회는 이를 받아들일 수 없었다. 아리스토텔레스 철학은 기독교 세계관의 한낱 우연한 보완이 아니라 수백 년에 걸쳐 스콜라 철학 이론에 의해 기독교의 본질적인 내용에 속하게 되었기 때문이다. 1615년에도 어느 카르멜회 신부가 태양 중심 우주론은 기독교에 모순적이지 않다고 입증한 적이 있었다. 이에 대해 1616년 교황청은, 태양이 우주의 중심이고 지구가 움직인다는 주장을 이단으로 간주할 수는 없지만 "그 신앙에는 오류가 있다"는 내용의 교령을 선포했다. 다른 말로 하자면 코페르니쿠스의 이론은 유죄판결을 받았지만, 사람들이 그 이론에 대해 계속 논의할 수는 있었다. 적어도 공식적인 견해에 따르면 그랬다.

갈릴레이는 이 피신처를 이용했다. 다음 몇 년 간 저 유명한《두 개의 주요 우주체계에 관한 대화》를 집필했고, 거기서 포괄적이고 대중적인 태양 중심 우주관을 처음으로 피력했다. 《대화》원고는 1630년 완성되었고 1632년 마침내 인쇄되었지만, 갈릴레이는 소송을 당해 종교재판소 법정에 서야 했다. 재판소는 1633년 6월 22일 그에게 유죄를 선고하면서 코페르니쿠스 이론을 부정할 것을 맹세하고 오류를 인정하라고 판결했다.

형식적으로 그 판결의 기초는 1616년에 나온 한 문서였다. 아마도 불특정한 누군가에 의해 쓰인 이 문서는 코페르니쿠스의 이론을 "어떤 형식으로든" 대변하는 것을 금지한다고 밝혀 모두를 놀라게 했다. 아마도 위조문서였음이 분명하다. 그러나 실제적으로 갈릴레이가 무릎을 꿇을 수밖에 없었던 이유는, 그의 개인적인 적이 엄청난 권력을 가진 사람이었기 때문이다. 바로 교황 우르바누스 8세였다. 교황은 1616년 바르베리니 추기경이던 시절에는 아직 갈릴레이의 편이었지만, 《대화》에서 갈릴레이가 심플리치우스라는 이름으로 자신을 등장시키자 적으로 돌아섰다. 심플리치우스의 실제 모델이 바로 교황이었다. 교황 우르바누스 8세는 허영심에서 적수인 갈릴레이에게 조금도 뒤지지 않았다. 모든 면에서 자신이 그 어떤 추기경보다 지적으로 우월하다는 교황의 자부심은, 자신만이 하늘 아래 새로운 것을 발견했다는 갈릴레이의 입장과 당연히 충돌할 수밖에 없었다.

더욱이 우르바누스 8세와 갈릴레이가 대립한 즈음은 교회가 정치적 패권을 둘러싼 투쟁을 주도하고 어떤 굴복도 참지 못하던 시대였다. 교황은 《대화》의 출현을 악의적으로 계획된, 전면적인 반기로 간주했을 것이다. 갈릴레이가 교회의 정치적 권력을 무너뜨리고 부가적으로 정신적 영역에서의 권력마저 손상시키는 것 같았기에, 우르바누스 8세는 그냥 두고 볼 수 없었다. 다시 말해 갈릴레이에 대한 판결은 소송이 아직 진행 중일 때 이미 내려졌다. 이 판결은 350년이 지난 후에야 교회법상 효력을 상실하게 된다. 1992년(!) 가을, 교황 요한 바오로 2세는 갈릴레이에 대한 유죄판결을 해지하고, 그것이 "피사의 과학자와 종교재판소 판관들 사이의 비극적인 상호 몰이해"의 산물이었다고 해명한다.

교회의 입장 변화는 아주 서서히 이루어졌다. 1822년에 와서야 지구가 움직이고 태양은 정지해 있다는 내용을 말해도 처벌받지 않게 되었고, 그보다 12년이 더 지난 후에야 《대화》가 금서 목록에서 사라졌다. 1893년 교황 레오 13세는 종교와 과학의 관계를 재정립하면서 1615년 갈릴레이가 크리스티나 대공비에게 보낸 편지의 내용을 결국 인정했다.

논쟁욕이 강한 갈릴레이였기에 그런 식의 권위에 반응하는 것도 당연했다. 또 자신의 억제할 수 없는 반항심을 달래기 위해 평화를 저해할 수밖에 없었을 것이다. 갈릴레이는 교회 대표자들에게 경고했어야 했다. 누군가 지금까지 옳은 행동만 해왔다고 증명하려면 그전에 길고 지루한 과정을 거쳐야 한다고 말이다. 예컨대 창세기의 첫번째 날 태양도 없이 빛을 창조했다는 것이 무슨 말인지, 계속해서 사고하고 납득시켜야 한다고 말이다. "나는 때로 이렇게 생각한다. 나는 한줄기 빛도 들어오지 않는 지하 열 길 깊이의 감옥에 스스로를 가두었다고. 거기서 내가 무엇인가를 체험했다면, 그건 빛이 무엇이냐는 것이다. 가장 지독한 일은, 자신이 아는 것을 계속 말해야 한다는 것이다. 사랑하는 사람처럼, 술 취한 사람처럼, 배신자처럼. 이것은 단연코 악덕이고 불행에 이르는 길이다. 얼마나 오랫동안 나는 화로(火爐)에 대고 외칠 수 있을까? 그것이 문제다."[21] 우리는 이 질문에 아직까지도 답하지 못하고 있다.

요하네스 케플러

삼원설의 최초 대변자

Johannes Kepler

요하네스 케플러는 30년전쟁 시대 지배권력과 종교적 신념이 자주 교체된 지역에서 대부분의 삶을 보낸, 신실한 프로테스탄트였다. 이런 정보를 통해 우리는 정상적인 일상을 영위하는 것이 그와 그의 가족에게 얼마나 큰 압박이었으며 얼마나 참을 수 없는 어려움이었을지 쉽게 상상할 수 있다. 더욱이 케플러는 심한 근시였고 허약체질이어서 자주 아팠다. 또 두 번의 결혼에서 얻은 총 17명의 아이들을 양육해야 했음에도 불구하고 거의 돈을 벌지 못했다. 게다가 자신의 어머니를 마녀사냥의 희생양이 되지 않게 보호해야 했다. 그렇다면 이렇게 묻지 않을 수 없다. 도대체 이 모든 괴로움을 겪은 그는 어디서 힘을 얻어 오늘날까지도 우리 도서관에 남아 서양의 위대한 보물로 손꼽히는, 장대한 통찰을 모두 담은 대작을 완성했을까?

일생 동안 이렇게 많은 고통을 겪었다는 점을 고려해 보면, 그가 오랫동안 지불받지 못한 임금(연봉 1,000굴덴 정도에 총합 1만 굴덴)을 황제에게 받아내려고 애쓰다가 죽었다는 사실도 그리 놀랍지 않다. 케플러는 너무 궁핍했기 때문에 그렇게 행동할 수밖에 없었다. 하지만 1630년 실레지아로부터 레겐스부르크까지의 여행은 그의 기력을 너무 소진시켰고, 결국 그는 그해 말 정당한 요구를 제기하기도 전에 세상을 떠났다. 살아생전 케플러의 불행은 사후에도 계속되었다. 끝없는 전쟁의 혼란 속에서 그의 무덤이 파괴되었고, 그렇게 해서 위대한 과학자의 모든 물질적 자취는 영원히 사라지고 말았다.[22]

전반적으로는 불행한 삶이었지만, 단 한 번 진짜 행운이 찾아왔다. 1600년 직후 프라하에서였다. 당시 제국의 중심인 보헤미아 시에서 케플러는 유명한 (그리고 부유한) 티코 브라헤의 조수로 들어가 이전보다 더 집중적으로 천문학에 매진할 수 있었다. 그러고 나서 브라헤가 갑작스럽게 사망하자, 그는 기꺼이(물론 훨씬 임금이 적은) 후임자가 되었을 뿐만 아니라 갑자기 브라헤가 기획한, 화성궤도의 정밀한 측정을 관장해야 했다.[23] 다시 말해 후임자는 무엇보다 브라헤의 과학적 유산을 계승하기 위해 수천 굴덴이 필요했다. 그러나 황제는 똑같은 사안에 두 번이나 돈을 내고 싶지 않았다. 케플러 자신도 수긍한 당연한 처사였다. 이제 그는 잘 알려진 다른 방법으로 자료를 확보했고 엄청난 발견을 해냈다. 화성이 하늘에서 그리는 궤도가, 고대 이후 케플러 이전까지 모두가 생각해 온 것처럼 원형은 아니라는 것이다. 화성은 타원을 그리며 태양 주위를 돌고 있다는 결과가 나왔는데, 그렇게 본다면 태양이 절대 중심이 될 수 없었다. 따라서 타원의 특성을 규정할 수 있는 초점을 하나 찾아야 했다.[24]

비록 케플러의 무덤은 잃어버렸지만, 우리에게는 그의 연구와 아이디어들이 남아 있다. 만약 케플러의 텍스트들과 그 사상적 배경을 더 정확히 들여다본다면,[25] 그리고 앞서 언급한 타원형 행성궤도처럼 뚜

렷한 목표에 의한 결과들에만 주목하지 않는다면, 그의 연구와 아이디어들은 엄청난 놀라움을 선사할 것이다. 케플러는 분명 다른 누구보다도 과학의 결정적인 혁신을 구현했으며, 이 혁신의 지점에서 과학은 — 우리가 보기에, 그리고 우리의 의미에서 — 현대성을 획득했다. 케플러는 여전히 연금술적인 영향을 받고 있던 과거의 신화적 사상이 합리적인 담론에 굴복한 바로 그 지점에 정확히 서 있다. 이 합리적 담론은 종교와의 어떤 관련도 없이 진행되며, 기적에 의존하지 않고 세계를 해명하고자 했다.

갈릴레이가 과격하게 교회와 충돌하고 종교적 세계관 대신에 과학적 세계상을 세우고자 했던 반면, 케플러에게서 양 관점은 모두 와해되지 않았다. 뿐만 아니라 심지어 어떤 저서에서는 나란히 소개되기도 했고, 따라서 독자는 저자가 그 둘을 밀접하게 결합시킨다는 인상을 받기까지 했다. 1604년 나온 저서 《비텔로 보록, 천문학의 광학적 측면 해설》을 말하는 것이다. 상대적으로 덜 유명하고 덜 인용되는 이 텍스트에서 케플러는 광학과 같은 자연과학만을 중요하게 다루지 않았다(물론 광학의 등장은 매우 성공적이었다. 그는 예를 들어 굴절의 법칙을 거의 발견하기까지 했다). 종교적인 고찰과 수학적인 삼원설, 즉 삼위일체 신성(神性) 상징 연구도 찾아볼 수 있다.

《비텔로 보록》에 나오는 발견들은 셀 수 없이 많다. 예컨대 케플러는 눈의 실제 감각기관이 망막이라는 사실을 깨달았다. 그는 눈 뒤쪽의 망막에 세계의 상이 맺힌다는 사실을 최초로 확인했고, 시각은 물리학의 도움만으로 이해될 수 없으며 그 이상의 많은 것이 필요하다는 올바른 결론을 끌어냈다. 그러나 이 책에서 케플러는 근대 자연과학자로서의 면모만을 보여준 것이 아니다. 그는 엄청나게 많은 자료들을 수집했고, 오늘날에는 익숙해진 양적, 수학적 자연 묘사도 아주 정확히 해냈다. 그와 더불어 케플러는 언제나 질(質)을, 우주의 조화와 미를 추구했다. 천체의 음악이라는 고대 피타고라스적 이념에 열광했고, 자신이 이 전통의 정신적인 후손이라고 믿었다. 그는 수많은 측정 결과들을 모으고 환산했는데, 숫자는 그에게 언제나 일종의 질이었다. 다음에 보겠지만 무엇보다 중요한 의미를 가진 수는 3이었다. 3은 신학적인 삼위일체와 공간의 세 차원으로 나타나고(세 개의 행성법칙에서도 나타난다), 케플러는 그런 일치를 아름답다고 느꼈다. 그의 인식을 보여주는 핵심 문장은 이렇다.

"기하학은 세계의 모든 아름다움의 원형이다."

배경

케플러가 태어난 지 1년 후인 1572년 티코 브라헤는 카시오페이아자리에서 현재 우리가 초신성이라고 부르는 별을 발견하고 '신성(nova stella)'이라는 이름을 붙였다. 1575년 라이덴에 대학이 창설되었고, 스페인의 국왕 필리포 2세는 마드리드에 '과학·수학 아카데미'를 세웠다. 1584년 조르다노 브루노의 《무한, 우주, 세계에 관하여》가 나왔는데, 이 책은 우주가 무한하게 넓으며 별들은 행성체계를 형성한다는 주장을 대변했다. 또다른 책 《성회수요일 만찬》에서 브루노는 코페르니쿠스 체계를 과학적인 근거가 아닌 신화적인 근거에서 옹호했다(1600년 브루노는 이단으로 몰려 화형장에서 처형당했다). 1586에는 고대 로마인들이 이집트에서 가져왔던 300톤 무게의 오벨리스크가 1586년 성 페테르 광장으로 옮겨져 전시되었다. 1589년에는 바젤에서 최초의 세 권짜리 파라셀수스의 저서가 출간되었다. 16세기 말 윌리엄 길버트는《자석에 관하여》에서 지구는 거대하고 둥근 자석이라는 가정을 내놓았다. 1618년에는 30년전쟁이 발발했다. 그럼에도 불구하고 1622년 독일 로슈톡에 최초의 독일 과학아카데미가 창설되었다. 1629년 브랑카는 최초의 증기터빈을 묘사했고, 1년 후에는 전(全)프랑스에서 공식적인 우편업무가 개시되었다. 케플러의 동시대인들로는 얀 브뤼겔, 페터 파울 루벤스, 렘브란트 반 린 등이 있다.

초상

케플러는 1571년 독일 뷔텐베르크 주 바일에서 칠삭둥이로 세상에 태어났다. 그는 태어나면서부터 줄곧 심한 눈병에 시달려, 무엇인가를 보거나 읽을 때 어려움을 겼었다. 따라서 학교 수업을 따라가는 데 시간이 많이 걸렸고, 통상적으로 3년 걸리는 라틴어학교를 5년 만에 졸업했다. 그럼에도 불구하고 그는 1588년 마울브룬 수도원 부속학교에서 바칼로레아 시험을 통과해 튀빙겐의 신학대학에 진학할 수 있었다. 여기서 그를 가르친 선생은 미하엘 매스틀린이었는데, 케플러의 수학적 재능을 금방 알아차린 스승은 명석한 제자에게 코페르니쿠스의 새로운 행성 이론을 전수했다. 물론 개인적인 가르침이었다. 매스틀린은 자신이 선호한 우주 체계를 공식적으로는 표명하지 않았다. 어쨌든 매스틀린의 지도에 따라 케플러는 열정적인 태양중심설 신봉자가 되었고 나중에 이 주제에 관한 최초의 교과서를 집필했다.《코페르니쿠스 천문학 개론》이라는 제목을 붙이고 30년전쟁이 시작된 해에 출간되었다.

케플러에 대해서는 태양중심설 '확신' 대신에 태양중심설 '고백'이라고 표현하는 편이 더 정확할지도 모르겠다. 실천적인 프로테스탄트[26]인 그에게는 이 영역에서도 종교적인 측면이 중요했기 때문이다. 또 본질적으로 그가 추구한 학문은 신을 섬기는 또다른 형태였을 뿐이다. 1597년 그라츠에서 매스틀린에게 쓴 편지에서도 알 수 있듯이 케플러는 원래 신학자가 되고 싶었다(1594년 그는 그라츠에서 수학교사로서 첫 직장을 얻었다). 케플러는 이렇게 고백했다. "오랫동안 저는 불안 속에 살았습니다. 하지만 이제 제 노력을 통해서나 천문학을 통해서 주님이 어떻게 칭송받는지를 보십시오." 그래서 그는 하늘에서 자신이 발견한 것들을 매스틀린이 주목하도록 만들었다. 케플러는 '신의 육체적인 모상(模像)'을 우주에서 찾았다고 생각했고, 1597년 ― 그러니까 타원궤도 발견 전에 ― 나온 처녀작 《우주의 신비》에서 이를 매스틀린에게, 그리고 우리에게 알린다. 그는 다소 형식적이기는 하지만 정확하게 이렇게 말한다.

"삼위일체 신의 모상은 구(球)에 있다. 즉 성부의 모상은 중심에, 성자는 표면에, 그리고 성령은 중심과 중간 공간(또는 주변부)의 한결같은 관계에 있다."

중심으로부터 표면으로 진행되는 구의 확장은 그에게 창조의 상징이 되었고, 표면 자체는 곡면이기 때문에 신의 영원한 존재(세계의 영원한 순환)를 상징한다. 타원궤도를 발견한 후에도 그는 이런 입장을 고수했다. 언제나 '완전한 삼위일체의 불완전한 모사(模寫)들'이란 견해가 중요했기 때문이다. 삼위일체는 종교적인 동시에 과학적인 기능을 가진 케플러의 상징이 되었다.

태양과 행성들의 배치가 삼위일체의 모사라는,[27] 케플러의 변함없이 고집스런 견해는 저서 《제3의 중재자》에서 특히 명확하게 드러난다. 이 텍스트에서 케플러는 신성한 3(삼위일체)을 기하학적 3(3차원)과 연관시키고 태양과 그 행성들을 추상적인 천체 상징의 다소 불완전한 모사로 간주했다. 그럼으로써 그는 또한 이교도적인 태양숭배의 위험에 빠지지 않고 기독교 신앙에 충실할 수 있었다.

케플러로 하여금 자연법칙들을 찾도록 유도한 것이 상징적 형상들이라는 사실을 알 때에만 우리는 케플러와 그의 업적을 이해할 수 있다. 태양을 관찰할 때 일차적으로 작용한 것은 원형적인 표상들이었다. 물리학자 볼프강 파울리의 말에 따르면 케플러는 삼위일체라는 "원형적 형상을 배경으로 태양과 행성들을 보았기 때문에, 종교적인 열정을 다해 태양중심설을 믿었다. (……) 케플러가 젊은 시절부터 충실히 지킨 이런 믿음은 행성운동 균형의 참된 법칙들을 창조의 아름다움에 관한 참된 표현으로 간주하고 추구하도록 그를 유인했다. 이 시도는 처음에는 그릇된 방향으로 나갔지만 이후에 실제의 측정 결과에 의해 수정되었다."

위에서 말한 저서에는 '서명의 본성에 관한 철학적 담론'이라는 제목의 논문이 있다. 사물의 서명 내지 기호를 다룬 이 텍스트는 연금술 구상을 거론한다. 그에 따르면 세계의 사물들은, 눈에 보이지 않고 내부에 숨어 있는 의미를 외적인 형태(기하학)로 표현한다. 특히 파라셀수스가 대변했던 이 서명 이론을 여기서 더 자세히 다루지는 않겠다. 다만 케플러의 텍스트 안에는, 우리 눈에 기호로만 나타나지만 그 안에 숨은 의미를 담고 있는 것들이 훨씬 더 많이 존재할 것이라는 가정이 있다.

케플러가 첫 저서 《우주의 신비》를 발표한 시절로 다시 돌아가 보

자. 튀빙겐에서 학업을 마친 후 케플러는 그라츠에서 첫 직장을 얻었다. 그는 '자연경관수학자'[28]라는 기이한 이름의 직업으로 천궁도를 제작했다. 그러다 한 번 대성과를 거두었다. 1595년 천궁도를 분석해 겨울 엄동설한과 정치적 불안(북부 오스트리아 지역 농부들이 터키의 공격을 피해 도망했다)을 예견했기 때문이다. 이 사건으로 케플러는 주민들에게 명망을 얻었다. 하지만 이런 명성도 소용이 없었다. 곧 반혁명의 물결 속에서 모든 프로테스탄트 성직자와 교사는 오스트리아 슈타이어마르크 지역을 떠나야 했다.[29] 케플러는 헝가리로 피신했고 튀빙겐 시절의 스승인 매스틀린에게 도움을 구했다. 그러고 나서 그라츠로 돌아오는 모험을 감행했지만, 1600년 8월 전재산을 잃고 추방당하는 결과만을 낳았다.

이런 상황에서 다시 한 번 행운이 찾아왔다. 프라하에 있던 티코 브라헤가 케플러를 받아들이겠다는 의사를 밝힌 것이다. 이에 따라 케플러는 당대 가장 유명한 천문학자의 조수가 되었다. 그들이 함께 연구하는 모습을 상상하기란 결코 쉬운 일이 아니다. 어쨌든 브라헤는 코페르니쿠스 체계의 적이었고, 케플러는 종교적인 열광을 표하며 그 체계를 믿었으니 말이다. 물론 케플러는 그런 믿음을 오랫동안 숨길 필요는 없었다. 브라헤는 1601년 사망했고, 황제 루돌프 2세는 그의 조수를 황제의 수학자로 승진시키고 하늘을 새롭게 측량해서 '루돌프 표(表)'라는 이름의 배치도를 만들라는 임무를 내렸다. 하지만 봉급은 규칙적으로 지불되지 않았다. 다시 케플러는 튀빙겐의 교수직을 얻고자 노력했지만, 그의 입장이 너무 자유주의적이라고 비난하는 프로테스탄트 신학자들의 반대에 부딪혀 좌절하고 말았다.[30] 궁핍한 재정상황을 개선하기 위해 그는 ─ 황제의 허락을 받아 ─ 1612년 이후 황제가 내린 임무 외에 린츠의 조경학교에 자리를 얻었다. 그는 린츠에서 주저《우주의 조화》를 집필했고 1619년 이를 출간했다.

케플러의 삶은 여전히 괴로웠다. 1617년과 1620년 사이 그는 마녀사냥에서 어머니를 구해내기 위해 총 1년 이상을 소비했다. 케플러의 어머니는 결국 석방되었지만 몇 개월 후에 세상을 떠났다. 이즈음 프로테스탄트 세력이 눈에 띄게 약해진 린츠에서 케플러의 상황은 최악에 이르렀다. 1626년 그의 장서가 압류되었고《루돌프 표》의 완성된 원고 일부가 없어졌다. 케플러는 이 도시 역시 떠나야만 했다. 불안정한 떠돌이생활 끝에 그는 1628년 7월 그를 실레지아의 자간으로 향했다. 거기서 케플러는 프리틀란트와 자간의 공작인 알브레히트 폰 발렌슈타인의 궁정에서 천문학자로서 봉직했다. 그러나 백성들에게 숭배받는 전쟁군주 발렌슈타인 공작은 신하에게 봉급을 주지 않았고, 케플러는 1630년 10월 당시 재위 중인 황제 페르디난트 2세에게 밀린 임금을 요청하기 위해 제국의회가 열릴 레겐스부르크로 떠났다. 계획한 일은 성사되지 못했다. 케플러는 도착한 후 탈진해서 쓰러졌고, 1630년 11월 15일 사기당한 가난뱅이의 모습으로 죽고 말았다.

린츠에 정착한 직후 홀아비 케플러는 두 번째 아내와 결혼했었는데, 결혼식은 '월식의 날'에 올렸다. "그날을 축제처럼 보내고 싶었기 때문에" 특별히 "천문학 정신이 숨어 있는 날"에 결혼한 것이다. 이 말은 케플러가 무엇보다 지구의 위성에 지대한 관심을 가지고 있었음을 암시한다. 당시만 해도 달의 궤도는 관찰하기는 쉽지만 설명하기가 매우 어려웠다. 달의 움직임에는 불규칙한 점이 너무 많았고, 케플러는 이를 이해할 수 없었다(오늘날에는 지구의 밀도 분포 차이와 극지방에서의 지구 직경 단축이 원인이라고 여겨진다). 당시 케플러가 어렴풋하게만 짐작했던 중력이 모든 것 뒤에 작용하고 있었다. 앞에서 원인으로 열거한 내용은 인공위성이 생겨난 이후에야 비로소 우리에게 알려졌다. 인공위성이 우주공간으로부터 정확히 관측해 준 것이다. 이 사실을 언급하는 또다른 이유는 케플러가 하늘의 자연물체들 — 회전운동을 하는 행성들 — 을 가리키는 말로 '위성'이라는 단어를 사용했기 때문이기도 하다.

지구의 위성인 달을 주제로 매우 열심히 몰두했기에, 훗날 케플러는 최초의 SF작가라는 칭호를 얻기도 했다. 인간이 달에 착륙하기 거의 400년 전에 쓰인 그의 《꿈(Somnium)》은 우리 위성으로 가는 최초의 판타지 여행을 묘사한다. 작가가 상상한 여행의 목적은 그곳에서 지구가 어떤 모습인지를 아는 것이었다. 예를 들어 케플러는 아프리카가 거인의 머리이고, 그 머리에 "긴 옷을 입은 소녀가 키스를 하기 위해 몸을 숙인다"고 생각했다. 그의 (그리고 그 시대의) 지리학 지식에 지나치게 고민하지 말자. 소녀가 무엇이고 옷은 무엇을 가리키는지는 논외로 하자. 여기서 꼭 언급해야 할 것은, 케플러가 달의 반쪽 중 태양을 향한 쪽이 아프리카보다 15배 더 뜨겁다고 계산했다는 점이다. 그렇다고 달에 생명체가 살고 있다고 생각하지는 않았지만, 다른 별들이라면 그런 일이 가능하다고 상상했다. "별들에는 습기가 있고 따라서 습한 상태를 이용하는 생명체가 존재한다."

케플러의 특출한 저서들은 모두가 세부적인 면에서 위대한 천재성을 드러내고는 있지만, 그 중에서 1615년 나온 두 연구를 언급하고 싶다. 그 중 하나는 《그리스도 출생연도에 관한 보고서》인데, 여기서 케플러는 그리스도가 탄생할 당시 바빌론 점성술사들이 목격한 목성과 토성의 '대합동(大合同)'과 저 베들레헴 별의 상관관계를 살펴본다. 바빌론 점성술사들은 목성과 토성이 하나가 된 것처럼 보이다가 그 다음에 역행하더니 마침내 다른 별들의 반대편에 떠 있는 기이한 현상을 보았다. 케플러는 긴 꼬리가 보인다고 하여 이 현상을 현자의 별인 혜성으로 해석하는 오류에 빠지지 않았다. 그는 이런 식의 대합동이 얼마 만에 한 번씩 일어날 수 있는지를 계산했다. 그 결과 그리스도의 탄생연도를 기존에 비해 상당히 앞으로 돌릴 수 있었다. 즉 케플러는 "독일에서의 상세한 보고에 의해, 우리의 구세주 예수 그리스도가 현재 우리가 매일 사용하는 연도의 기원보다 1년 전이 아니라 꼭 5년 전에 태어났다"[31]고 규정했다.

다른 한편 그는 지상의 문제에도 골몰했다. 두 번의 결혼식을 위해 빈에서 돈을 낭비해야 했던 괴로운 경험을 한 이후로《와인통 내용물의 새로운 계산법》을 썼다. 와인통에 측량용 루테(길이의 단위 2.92~4.67미터 - 옮긴이) 자를 담그기만 하면 양을 잴 수 있다는 것이다. 이 책에서도 수학자 케플러의 경이로운 재능이 유감없이 발휘되었다. 그러나 어쩌면 더 중요한 것은 텍스트의 마지막에 나오는 용어해제일지도 모르겠다. 거기서 케플러는 기하학 전문용어들을 친절하게 설명했다.

케플러의 첫번째 위대한 연구는 1609년에 나왔다. 흔히《신(新)천문학(Astronomia nova)》이라는 제목으로 소개되는 것이다. 원래 케플러는 이 제목 뒤에 '원인에 기초한'이라는 의미의 단어를 덧붙였다.[32] 다시 말해 그는 새로운 천문학을 하늘의 물리학으로 이해했고, 행성들의 운동을 힘을 통해 설명하겠다는 목표를 가지고 있었다.[33] 이 목표를 위해서는 당연히 우선 그 운동이 어떤 모습인지 정확히 알 필요가 있었다. 그리고 나서 그 성과로 두 개의 첫 행성법칙이 나왔는데, 이 법칙들은 각각 '타원궤도'와 '면적법칙'이라는 핵심어로 요약할 수 있다. 타원궤도는 이미 앞에서 설명했고, 면적법칙을 잠깐 이야기하자면, 태양으로부터 한 행성까지 선분으로 이으면 그 선분은 행성이 자기 궤도를 따라가는 동안 일정한 시간에 일정한 면적을 그린다는 내용의 법칙이다.

케플러의 사유에서 숫자 3이 본질적인 역할을 하기에 태양의 위성들에 대한 법칙 역시 세 개일 것이라고 추측할 사람들이 있을 것이다. 사실 케플러는 수비학(數秘學)에 그렇게 계속 열중하지는 않았지만, 우연하게도 정말 행성운동의 세 번째 법칙이 있었다. 이 법칙은 아주 유명해졌는데, 나중에 뉴턴이 거기에서 만유인력의 법칙을 파생해 내었고 그럼으로써 하늘과 땅에 동일한 물리학이 통용된다고 입증했기 때문이었다. 케플러의 세 번째 법칙은 행성의 공전주기를 제곱하면 타원궤도 긴반지름의 세제곱과 같다는 다소 복잡한 관측 결과였다. 그러나 이 법칙은 아직 케플러 자신에게 특별한 역할을 하지 못했다. 왜냐하면 이 법칙을 자신의 주저 속에, 정확히 말해《우주의 조화》제5권에 잠시 숨겨놓았기 때문이다.

앞에서 넌지시 암시한 것처럼,《우주의 조화》에는 과학적 분석과 함께 수많은 신비적 사상이 담겨 있다. 예를 들어 행성은 특히 영혼을 구비하고 있는 생명체로 그려졌다. 케플러는 심지어 '지령(地靈, anima terrae)'이라는 명시적인 표현을 쓰기도 했다. 이것은 물론 점성술을 행하는 사람으로서 당연한 자세였을지 모른다. 그러나 물적 세계에 영혼을 불어넣는 케플러의 방식은, 파라셀수스와 다른 연금술사들에게서 그렇듯 그렇게 핵심적이고 결정적인 조건은 아니었다. 물질 속에 잠자는 세계령(anima mundi)이라는 연금술사들의 거창한 구상은 케플러에게서 의미를 상실했다. 그런 구상은 개인의 영혼 뒤로 물러나고

구시대 사상의 잔유물이 되었다. 또 여기에서 케플러는 대상의 완전한 탈영혼화로 가는 중간 단계를 서술하는데, 이 중간 단계는 훗날 뉴턴의《수학적 원리》에서 완성된다.

이 같은 변혁의 시점에, 구시대 사상의 지지자와 새로운 이념의 대변자 사이에 논쟁이 일어난 것은 당연한 일이다. 당시 유명한 연금술사이자 장미십자회원인 로버트 플러드(Robert Fludd)[34]와 케플러 사이에 발생한 논쟁이었다. 영국인 플러드는 케플러의 주저를 격렬하게 비난했는데, 그것은 케플러의 모든 양(量) 측정에 깊은 거부감을 가지고 있었기 때문이었다. 플러드에게 양이란 '그림자'에 불과했고, 그것으로는 결코 "자연물의 진정한 정수를 파악할 수 없기" 때문이다.

심층적인 면에서 갈등의 주제는 영혼(당연히!)이었다. 케플러는 영혼이 균형에 민감하며 자연의 일부라는 근대적 관점을 대변했다. 이전에는 "힘 안에 베일로 가려져 있듯" 들어 있던 감각적 경험들이 영혼 속에서 "식별되어 밝게 빛날" 수 있다는 것이다. 반면 플러드는 인간의 영혼에 '부분'이라는 개념을 사용하는 것을 거부했다. 영혼은 '세계령' 자체와 절대 분리될 수 없기 때문이다.

논쟁의 심리적 측면에서, 그리고 과학 자체의 심리적 측면에서 중요한 것은 숫자 기호였다. 볼프강 파울리의 견해에 따르자면 플러드에게는 4라는 숫자가, 케플러에게는 3이라는 숫자가 큰 의미를 가지고 있었다. 케플러는 피타고라스가 성스러운 테트락티스(Tetraktys)의 형태로[35] 숫자 4를 숭배했음을 아주 잘 알고 있었지만 사원설에 기울지 않고 삼위일체의 상징을 고집했다. 반면 플러드에게 4는 여전히 특별한 상징성을 지니고 있었다. 이 장미십자회원은 '숫자 4의 위엄'을 말하고 4를 '신적'이라고 간주했으며 '신성(神性) 전체의 머리이자 원천'이라 표현했다.

숫자가 무엇인지, 숫자의 질은 무엇인지를 더 심오하게 이해하지 않고도 우리는 삼원론과 사원론의 구분이 무슨 의미인지 암시적으로나마 알 수 있다. 이때 분명한 것은, 케플러의 방법론이 지금의 현대 과학으로 이어졌다는 점이다. 케플러와 그 후계자들, 즉 우리에게는 부분들의 양적인 관계가 중요한 반면, 사원론을 지향하는 과학자는 전체의 질적인 분리불가능성을 본질로 여긴다. 케플러와 플러드의 이 분쟁은 나중에 아주 유사한 형태로 뉴턴과 괴테에게서도 출현한다. 괴테가 전체를 부분으로 나누는 일을 열렬하게 혐오했다면, 뉴턴은 예컨대 눈앞에 존재하는 (하얀) 빛 전체를 양적으로 분화할 수 있는 구성성분(색)들로 파장을 통해 쪼개면서 의미심장한 결론에 도달했다.

만약 근대 과학이 부분이냐 전체냐 하는 논쟁을 종식했더라면, 그래서 자연을 탐구하는 두 방법을 똑같은 정도로 의식화했더라면, 근대 과학이 처한 상황에 약간의 이익이 되었을지도 모른다. 그렇다면 4의 상징에서 3의 상징으로 가는 변화를 퇴행시켜 사원설이 다시 더 큰 역할을 하는 시대가 되었을지도 모른다. 우리는 소위 현대적이라고 불리는 양적 과학이 어떤 지점에 도달했는지를 보고 경탄하곤 한다. 하지만 그러면서 우리는 파울리가 '경험의 완전성'이라고 칭한 어떤 것을 잃어버렸다. 측정할 수 없는 감정과 예감, 어떻게도 저울질할 수 없는 감정은 서양 과학에서 완전히 사라졌다. 이제는 우리가 현실의 양 측면을 더 이상 철저히 분리해서는 안될 시대가 되었다. 양적인 것과 질적인 것, 내지 물리적인 것과 심리적인 것 모두를 인정해야 한다.

케플러가 하늘에 삼원설을 정초시키고 현대적인 과학 형태를 가동하기 시작한 시대, 동일한 관점이 다른 지역 다른 인물에게도, 예컨대 갈릴레이와 데카르트에게, 그리고 분명히 뉴턴에게도 통했음은 역사적으로 확인되고 입증된 사실이다. 볼프강 파울리는 이렇게 결론짓는다. "케플러의 상징 혹은 만다라(Mandala)는 관점과 영적 자세를 감각화한 것이며, 이것은 케플러 개인을 넘어서는 의미를 가지고 오늘날 우리가 고전적인 자연과학이라 부르는 것을 창출했다."

이런 과정 내지 변천은 케플러 자신도 사용한 '원형' 개념이라는 심리학적 수단을 통해서만 이해할 수 있다. 이 원형들이야말로 감각적 경험의 세계와 개념의 세계를 연결한다. 그것들은 의식을 앞선 인식에서 일종의 역할을 담당하는 본원적인(태고의) 형상들이다. 따라서 20세기 심리학이 입증했듯이 원형 개념은 의식이 합리적으로 표출하는 모든 내용에 선행한다. 인식이 이루어지는 배경을 제공하는 원형들의 작용은 19세기에 와서야 사람들의 관심권에서 벗어난다. 그러나 케플러에게는 아직 원형들이 작용하고 있었다. 그 때문에 그의 삶이 더욱 의미 있는 것인지도 모른다.

르네 데카르트

형이상학자의 식이요법

René Descartes

우리는 르네 데카르트를 어떤 사람으로 그리고 있을까? 언어와 사유라는 모호한 도구로는 확실성에 도달할 수 없다고 생각했고, 많은 것을 추구했지만 기껏해야 (단지 회의 자체에 대해서만 회의하지 않는) 회의만을 발견한[36] 합리적인 철학자? 그런 다음 "나는 생각한다. 고로 나는 존재한다"[37]라는 유명한 잠언으로 회의로부터 스스로를 구원하려 했고, 적어도 그런 확실성을 제시함으로써 명확하게 논증하는 과학자? 또 지금으로부터 400년이나 전에 (엄청난 영향력을 행사했지만 오늘날까지 많은 사람들로부터 저주의 손가락질을 받는) 영혼과 육체 혹은 물체와 정신을 구분한 사람? 또 현대적인 수학의 서술방식을 마련했고, 모든 학생들이 신뢰하는 데카르트좌표(평행좌표)[38]를 만든 사람?

그렇다. 순수하게 이론에만 삶의 방향을 설정한 데카르트는 어린 시절부터 단 한 번도 물질적인 문제에 부딪힌 적이 없었고 일자리를 얻거나 생업을 찾을 필요도 없었다. 그렇기 때문에 데카르트와 관련해 우리는 오로지 형이상학적 주제에만 열중하는 인간, 일상적인 현실에서 멀리 떨어진 곳에서 행복을 찾는 인간의 상을 그리는 것이다.

그러나 데카르트는 꼭 그렇지만은 않은 사람이었다. 예수회 학교를 졸업하고 군대를 거쳐 대학에서 법학을 공부한 그는 오히려 유용한 범주에서 사고하기를 더 좋아했고 또 실제로 그렇게 했다. 사람들이 생각하듯 사고에 의해서 접근할 수 있는 것에만 관심을 갖지는 않았다. 예컨대 육체와 영혼의 합일 내지 결합은 그에게 이성적으로 파악 가능한 것이 아니었고, 그의 인생에 가장 큰 영향을 준 것은 바로 꿈이었다(그로 하여금 불면의 밤을 지새우게 한 이 꿈 이야기는 나중에 다시 하겠다).

또 데카르트는 식이요법가로 가장 큰 성공을 거두었고, 평소에는 너무 깊이 형이상학에 몰두하면 건강을 해친다고 생각했다. 그렇다고 철학에서 실패를 겪은 것은 아니었다. 오히려 한때는 스웨덴 크리스티나 여왕에게 엄청난 시간을 들여 기꺼이 철학을 가르쳐주기도 했다. 그를 스톡홀름으로 초청한 위대한 여왕은 공부에 매우 열심이었다. 다만 그녀의 스케줄에 '형이상학'이 오전 5시로 예정된 것만이 문제였다. 데카르트는 의욕적이기는 했지만 몸이 따라주지 않았다. 일생 동안 오래 잠자는 습관이 배어 있었기 때문이다. 데카르트는 여왕의 소망을 받아들였지만 끝까지 지키지는 못했다. 북유럽에서 이른 아침에 형이상학을 토론하는 생활은 1650년 2월 그를 폐렴으로 몰고 가 곧 죽음에 이르게 했다. 아직 54세도 채 되지 않은 나이였다.

데카르트 이후 비로소 우리는 추상적 사고가 주된 기능인 학문을 영위하게 된다. 개별 사실과 전개 과정을 일반적인 개념으로 파악하고자 한다면, 그것은 지각과 사유에 의해서만 가능하다. 지각과 사유라는 심리학적 기능이 자연과학 규범들을 규정한다. 즉 자연의 가면이라고도 불리는 자연의 외적인 현상을 결정한다. 앞으로 보겠지만,

자연의 가면이라는 표현은 데카르트의 인생에서 중요한 역할을 했다. 데카르트 이후로 이것이 자연과학의 본질적인 측면을 구성했고, 그 결과로 우리는 이성으로는 포착할 수 없는 그늘이 그 뒤에서 보완작용을 하고 있음을 간과하게 되었다.

배경

데카르트가 세상을 뜬 1650년 전세계 인구는 약 5억이었다. 이 수치는 한동안 늘어나지 않았다. 예를 들어 1650년 멕시코의 인구는 1500년에 비해 약 1,000만 명 줄어들었다. 스페인 정복자들과 그들이 데려온 전염병이 신대륙에 큰 피해를 입혔기 때문이다. 유럽에서도 많은 사람들이 질병과 전쟁으로 사망했다. 우선 30년전쟁이 극에 달했고, 1648년 마침내 평화조약이 체결되자 이제 프랑스에서 내전이 발발했다. 이 전쟁은 1653년까지 계속되었다. 그보다 10년 전인 1643년에는 역사서에 파장을 일으킬 많은 사건들이 발생했다. 이탈리아에서 토리첼리가 최초의 기압계를 만들었고, 프랑스에서는 파스칼이 최초의 계산기를 소개했다. 프랑스 극작가 몰리에르가 '유명극단'을 설립했고 태양왕 루이 14세가 권좌에 올랐다.

아메리카에는 현재 뉴욕의 전신인 신(新)암스테르담 시가 건설되었다. 이 신도시의 이름은 이제부터 막중한 역할을 담당할 유럽의 한 작은 나라를 암시해 준다. 바로 네덜란드이다. 그곳에서 데카르트는 인생의 가장 중요한 시기를 보냈다. 네덜란드에서 1610년 망원경이 발명되었으며 이를 통해 새로운 우주 관측이 가능해졌다. 바로 네덜란드에서 갈릴레이의 중요한 저서들이 발간되었고, 빌리브란트 스넬리

우스와 크리스티안 후이겐스 같은 명석한 물리학자들과 페터 파울 루벤스와 렘브란트 반 린 같은 미래를 내다보는 화가들이 활동했다. 신교 국가인 네덜란드는 자유를 실험하기 시작한 데 대한 보답을 받았는지도 모른다. 아니 우리 모두가 네덜란드로부터 큰 보답을 받았으며 많은 이익을 얻어냈다고 하는 게 옳을 것이다.

초상

데카르트는 1596년 3월 투렌 주의 라에이에서 태어났다. 그가 태어난 해 어머니가 세상을 떠났고, 법률가인 아버지는 어머니 소유의 토지를 매각해서 대금을 아들에게 넘겨주었다. 아들은 유산을 받음으로써 모든 시민적 근심을 일격에 털어버렸다. 데카르트는 처음에 예수회학교에 다니다가, 에세이 작가 미셸 드 몽테뉴가 회고하며 비유했듯 '세계의 책' 속에서 더 많은 것을 읽기 위해(즉 인생 자체를 알기 위해) 16세에 학교를 떠났다.

> 나이가 들어 선생들에 대한 복종에서 해방되자마자, 나는 학교공부를 완전히 그만두었다. 그리고 내 자신 안에서 혹은 세계의 위대한 책 안에서 찾을 수 있는 것 외에는 다른 어떤 지식도 추구하지 않기로 결심했다. 나는 소년시절의 나머지 부분을 모두 여행하는 데 썼다. 농장과 들판을 보고, 여러 종류와 지위의 사람들과 교류하며, 수많은 경험을 수집하고, 운명이 허락한 사건들 속에서 내 자신을 시험해 보며, 내가 만난 것들에 대해 숙고함으로써 무엇인가를 얻고자 했다.[39]

새로운 유형의 학자가 등장했다고 해석해도 지나치지 않다. 데카르트는 배우지 못한 동시에 오만하기까지 했다. 물론 그의 성공이나 그의 의미와는 아무 상관이 없다. 앞으로 자세히 보겠지만 그는 역사에 무지했다. 그의 사상에서 발생한 데카르트주의는 오늘날까지도 역사적 사실을 아무렇지 않게 간과한다. 즉 과거의 발견들은 당연히 현재까지 남아 있지만, 가끔은 처음으로 발견한 사람들의 모습을 볼 수 없을 때가 있다. 데카르트주의 학자들은 이들을 뛰어넘어 수수께끼를 해결하듯 학문을 영위하는데, 이때 자신들에게 올바른 해답을 주는 것은 오로지 개인적인 사고능력일 뿐이라고 생각한다.

자의식이 강한 청년 데카르트로 되돌아가 보자. 그는 세계의 책을 읽겠노라 결심했고, 예고대로 프랑스의 수도에서 독서를 시작했다. 십대 소년 데카르트는 하인 몇 명(!)과 함께 파리에 도착해 가능한 한 모든 활동에 참여했다. 그는 특히 춤추고 게임하고 말을 타고 펜싱하기를 좋아했다. 그러던 어느 날 데카르트는 갑자기 파리를 떠난다. 그 후 1612년부터 1618년까지 그가 어디에 있었는지는 아직까지도 확실히 밝혀지지 않았다. 단지 20세 때 3일 간격으로 우선 법학 학사가, 다음에는 석사가 되었다는 사실만이 알려져 있다. 다시 말해 이때 그는 법률가라는 지위를 얻었다.

이 시험을 제외하면 데카르트의 소년시절은 수수께끼이다. 나중에 그는 이 시기를 회고하면서 세계극장에 가면을 쓰고 들어갔다는 말을 했다. "나는 가면을 쓰고 나아간다." 데카르트가 숨기고 싶었던 것이 무엇이었는지는 알 수 없다. 어쨌든 그는 1618년 네덜란드에 도착해서 물리학자 이자크 베크만을 만남으로써 다시 세상에 모습을 드러냈다. 두 사람은 1619년 초 대화를 나누며 마치 '깨달음을 얻은 것처럼' '물리수학자들'인 서로를 알아보았다. 데카르트는 여덟 살 연상의 베크만에게 속마음을 털어놓았다. "당신이 잠자는 나를 깨웠습니다."

23세의 데카르트는 스스로를 '물리수학자'라고 생각했다. 동시대 이탈리아인 갈릴레이처럼[40] 자연의 책 내지 세계의 책이 수학의 언어로 쓰여 있다고 믿는 학자 말이다. 인식을 수학으로 표현할 수 있다는 믿음과 함께 비과학적인 잠의 가면에서 벗어났고, 1619년 11월 10일 ─ 데카르트가 직접 언급한 것처럼 ─ '경이로운 학문'의 기초를 놓고 '완전히 새로운 학문이론'을 세우겠다는 결심에 도달했다. 이 순간 그가 세부적으로 무슨 생각을 했는지는 정확히 알 수 없다. 모든 일이 가면 뒤에서 이루어졌기 때문이다.

딱 10년 후 데카르트는 1618~19년에 자신이 어떤 통찰을 했는지를 글로 남겼는데, 《인식능력 지도를 위한 규칙들》이라는 이 텍스트는 사망 후 50년이 지나서야 출간되었다. 이 글을 읽어보면 그의 목표가 분명히 드러난다. 데카르트는 어려운 문제들을 단순한 기본 요소로 환원하고 일상적인 경험의 요소들을 마치 기하학의 복잡한 곡선처럼 다루겠다고 말한다. 다양한 선들이 단순한 기본 요소들(직선, 원형, 나선형 등)의 조합인 것처럼, '우리가 일상적으로 보는, 여러 본성의 조합물' 역시 '단순한 본성들'로 환원될 수 있다. 중요한 것은 데카르트가 '원초적인 실재'라고도 부른 이 초석들을 찾는 일이다. 예컨대 '형태, 연장, 운동'의 삼중주가 그에 해당할 수 있다.

한 물체의 특성과 작용이 기본적인 구성요소로부터 도출된다는 데카르트의 새로운 과학 개념은 역학적 내지 기계론적이라고 불린다. 데카르트는 모든 것을 '물질적 입자들의 형태, 크기, 배열 및 운동'으로 환원하는 사유 전통의 토대를 세웠고, 이 역학적인 이론은 17세기 말까지 유럽을 지배했다. 한편 시간이 흐르면서 그는 '모든 종류의 합리적인 연구에 언제나' 통용되며 보편적으로 사유된 이 방법론이 기능하려면, 어떤 종류든 간에 조각으로 나누어질 수 있는 구성요소들이 반드시 존재해야 한다고 깨달았다. 다시 말해 데카르트의 역학은 물질적인 사물에만 관련되어 있고 영적인 사물은 건드릴 수 없는 것이다.

결과적으로 그는 두 개의 영역을 분리할 수밖에 없었다. 정신은 물질적이지도 않고 연장(延長)되지도 않는다. 정신은 한낱 사유할 뿐이다. 반면 물체는 사유하지 않고 그저 공간 속에서 연장될 수 있을 뿐이다. 이렇게 해서 데카르트는 자신이 세상에 존재하는 문제 하나를 해결했다고 생각했겠지만, 사실은 다른 수많은 새로운 문제들을 끌어낸 것이다. 고정되지 않는 정신이 에너지법칙을 훼손시키지 않으면서 대체 어떻게 물질을 운동시킬 수 있을까(혹은 운동시킨다고 스스로 생각할 수 있을까)? 이 질문은 데카르트 시대 이후 우리의 골치를 썩여온 수많은 질문들 중 하나이다.

데카르트가 역학적 철학을 고지하면서 보여준 확신(내지 자화자찬)은, 그의 모든 통찰의 시초에 일종의 개심(改心) 혹은 계시가 존재했기 때문에 가능했다. 데카르트의 초기 전기작가들은 이 사건을 전면적이고 생생하게 그려놓았다. 1619년으로 가보자. 데카르트는 그해 가을 네덜란드에서 울름으로 왔고(왜 왔는지는 나중에 덧붙여 말하기로 하겠다), 때는 매서운 추위가 몰아닥친 11월의 어느 날이었다. 데카르트는 온종일 혼자서 타일 난로가 있는 따뜻한 방 안에서 생각에 빠져 시간을 보냈다. 그러다 갑자기 기막힌 착상이 떠올랐고 결정적인 통찰에 이르렀다. 이 통찰은 그로 하여금 사물을 역학적으로 이해할 수 있게 해주었다. 1619년 성 마르틴 축일 전야에 — 11월 10일에서 11일로 넘어가는 밤에 ― 데카르트는 그 때문에(단지 그 때문이었을까?) 최고조의 흥분상태였다. 깊은 잠을 잘 수 없어 뒤척였고, 총 세 번의 꿈이 잠을 방해했다. 이 꿈들에 대해서는 최초의 데카르트 전기작가 아드리앙 바이에가 상세히 묘사한다. 요약해 말하자면 다음과 같다.

첫번째 꿈에서 데카르트는 거리를 걸어가던 중이었다. 그런데 유령이 나타나고 바람이 세차게 불어 목적지인 신학원의 성당에 갈 수 없었다. 그는 괴로워하며 잠에서 깨어났지만 곧 다시 잠에 빠져들었다. 두 번째 꿈속에서는 그냥 천둥소리만 계속 들렸다. 너무 시끄러워 잠에서 깨어났는데, 눈을 뜨자 방 안에 불꽃이 번쩍이는 듯한 느낌이 들었다. 겨우 안정을 찾아 다시 잠자리에 든 그는 세 번째 꿈을 꾸었다. 이번 꿈은 무섭지 않고 편안했다. 꿈 속의 데카르트는 책상 위에 사전과 시집이 있는 것을 보고 책장을 넘겼다. "나는 어떤 인생길을 걸어가야 할까?"라는 물음이 들어 있는 시를 읽었고, 또 '존재와 비존재'라는 글귀로 시작하는 텍스트를 읊조리는 한 사람[41]을 보았다.

데카르트는 처음 두 꿈이 지금까지의 인생을 보여준다고 해석했다. 거센 바람과 사악한 영들이 그로 하여금 올바른 길을 가지 못하게 했지만, 그때 진리가 섬광처럼 그를 내리쳤다는 것이다. 그리고 세 번째 꿈은 미래를 가리키는 것처럼 보였다. 진실과 거짓을 구별할 수 있는 길을 찾도록 배움을 쌓아가는 미래 말이다.[42] '존재와 비존재'는 피타고라스학파에서 나온 말로, 학문을 행할 때 목표로 하는 인간 인식의 진리 혹은 그 반대를 의미한다. 이로써 1619년 울름에서 데카르트는 '진리의 정신'이 자신에게 "이 꿈을 통해 모든 학문의 보화를 열어주고자 했다"는 결론에 이른다. 그리고 흥분을 못 이겨 마침내 로레토의 성모마리아에게 순례여행을 하겠다고 서약한다.

데카르트가 이 서약을 지켰을 리는 만무하다. 그 이유는 그의 가장 유명한 저서에 잘 나타나 있다. 1637년 네덜란드(정확히는 라이덴)에서 첫선을 보인《올바른 이성 사용과 과학적 진리 탐구를 위한 방법서설》에서이다. "나는 자유를 해치고 인간을 무절제하게 타락시키는 모든 약속들을 특별히 고찰한다." 그러나 이성적인 생활방식에 따르면 결코 이런 일이 벌어질 수 없다는 것이다.

《방법서설》이 네덜란드에서 출간된[43] 것은, 데카르트가 1628년 이후 그곳에 거주했고 또 좋은 컨디션을 유지했기 때문이다. 프랑스로 몇 번 여행한 것을 제외하면 그는 이 신교 국가에서 20년 이상을 살았고, 그후 스웨덴에 머물다가 세상을 떠났다. 그의 외동딸도 네덜란드에서 태어났다. 하녀 힐레나 얀스와의 사이에서 태어난 딸이었다. 그러나 데카르트는 아이 엄마와 결혼하지 않았다. 1635년 여름 태어난 프란신은 오래 살지 못했다. 다섯 살 난 딸이 죽어갈 때 아버지는《제1철학에 관한 성찰》을 집필하던 중이었다.

《성찰》과《방법서설》로 인해 다시금 데카르트가 유용성과 일상성을 중요하게 생각하며 방향을 설정하고 실험을 기도하는 철학자는 아니라는 인상을 받은 사람들이 많을 것이다. 하지만 맞는 평가가 아니다. 그가 행한 모든 학문이 시초부터 전혀 그렇지 않았다. 데카르트가 1619년 겨울 개심(改心)의 시기를 울름에서 보낸 이유는 무엇보다 당시 유명한 수학자 요한 파울하버가 그곳에 체류하고 있었기 때문이었다. 파울하버는 비밀결사 장미십자회원이기도 했다. 그리고 장미십자회 규칙 중에서 데카르트가 받아들인 것이 두 가지 있다. 데카르트는 사람들이 생각하는 것보다 훨씬 더 깊이, 사상과 행동의 핵심에 그 두 규정을 투입했다.[44] "평화를 재수립할 것", 그리고 "고통받는 인류가 최선의 상태에 이르도록 과학이 봉사할 것"이었다. 데카르트가 두 원칙을 얼마나 중요하게 여겼는지는, 전기작가 바이에가 전해준 한 대화에서 여실히 드러난다. 데카르트는 "자신의 사상을 잘 실천했을 때 야기될 수 있는 결과를, 그리고 자신이 철학하는 방식을 의학과 역학에 사용했을 때 공동체가 얻을 수 있는 이익을 꿰뚫어 보았다." 이 의학과 역학은 "한편으로는 건강을 다시 수립하고 보존하며, 다른 한편으로는 인간의 육체적 노동을 절감하고 축소시켜야 한다."

앞서 말했듯이 데카르트 철학의 핵심요소는 첫째로 회의의 이념, 둘째로 인간의 신체를 영혼 없는 기구로 만드는, 육체와 정신의 분리이다. 내가 보기에 이 두 핵심을 이해하게 해주는 요소들은 이미 베이컨에서부터 나타난 것 같다. 적어도 얼핏 보기에는 그렇다. 하지만 다시 한 번 살펴보면, 그가 이렇게 생명현상을 기계화한 데는 또다른 근거가 존재한다. 동시대의 어느 전기작가가 "인간에 대한 최고의 구체적인 사랑"이라고 부른 것 말이다. 데카르트에게는 이렇게 기계적인 생물학이 있었기에, 극단적으로 분화한 유기체를 조종할 희망도 자라날 수 있었다. 마치 시계공이 시계를 붙들 듯이, 그리고 다음에는 그것을 수리하고 그 생명까지 연장시킬 수 있듯이 말이다. 인간의 육체를 물리적, 수학적으로 파악하고(영혼은 다른 곳에서 사유한 후에) 그런 과학적 행진을 계속한다면, 베이컨이 '앎과 힘'에 대해 말했을 때 보여준 가능성이 존속할 것이라고 그는 생각했다. 그러고 나서 사람들이 자연에 대해 알고 있다고 믿은 모든 것을 포기할 때 — 바로 여기에 그의 회의 관념이 아주 깊숙이 안착해 있다 — 비로소 인간을 위해 자연을 강제할 수 있다고 생각했다. 자연에게 정확한 명령을 내리기 위해서는 자연의 언어라는 수수께끼를 해독해야 한다는 것이다. 《방법서설》의 한 구절을 읽어보자.

> 어떤 수고도 없이 지상의 열매들을 따먹고 그 열매들이 주는 온갖 안락함을 향유하려는 목적으로 무한히 많은 기계를 발명하겠다고 이것을 소망하는 것은 아니다. 이것을 원하는 가장 큰 이유는 아마도 인간 삶의 최상의 재화이자 다른 모든 재화의 토대인 건강을 유지하기 위해서이다. 심지어 정신조차도 신체기관의 온도와 상태에 깊이 의존하는 바, 만약 일반적인 인간들을 지금까지보다 더 영리하고 능숙하게 살게 할 수단을 발견하려면, 그것은 오로지 치료학에서만 찾아야 한다.

데카르트는 근본적으로 베이컨을 뛰어넘었다. 과학의 철학 또는 과학의 방법론에만 영향을 미칠 뿐 아니라 자연과학 자체를 결정적으로 변화시켰기 때문이다. 그것도 동물적인(혹은 인간적이기도 한) 모든 기능들을 기계와 같은 작용 및 과정으로 환원하는 원칙에 따라서 말이다. 데카르트가 이런 방식으로 학문의 역사에 얼마나 많은 영향을 미쳤는지는 토머스 헨리 헉슬리가 1874년 쓴 에세이 《동물이 자동기계라는 가정에 관하여(On the Hypothesis that Animals are Automata)》에서도 읽을 수 있다. 여기서 헉슬리는 데카르트가 지각을 기계적으로 이해하는 길을 닦았기 때문에 "모든 그의 후계자들이 그 길 위를 걸어갈" 수 있었다고 주장한다.

또 1946년 노벨상 수상자 찰스 셰링턴 경은 데카르트가 동물의 육체를 기계로 본 점을 지적하면서 이렇게 말한다. "현재 기계들은 우리 주변 어디서나 볼 수 있고 또 많은 발전을 거듭해 왔다. 그래서 어쩌면 우리는 기계라는 개념이 17세기에 얼마나 큰 힘을 가졌을지를 잘 가늠하지 못하는지도 모른다. 하지만 다른 어떤 단어가 아닌 바로 이 개념을 선택했기 때문에 데카르트는 그 시대 생물학에서 무엇이 혁명적인지, 동시에 무엇이 변화에 유익한지를 표현할 수 있었다."

조각조각으로 나누어진 이 단초는 많은 사례에서 아주 유용한 것으로 입증되었고, 정신을 제외하고 신체만을 다룬다는 생각은 매우 훌륭하게 효과를 발휘했다. 한편 이미 갈릴레이를 회의로 몰고 간 문제, 즉 빛의 본성의 문제에 관해서라면 보편적 방법론은 상당히 어렵게 입증되었다. 《방법서설》, 더 정확히 말하면 본문 뒤를 따르는 세 개의 에세이 중 하나에서 데카르트는 그 문제를 다루었다. '굴절광학, 기상학 및 기하학'이라는 이름을 달고 있는 이 글에서 데카르트는 1611년 나온 요하네스 케플러의 《굴절광학(Dioptrik)》[45]을 끌어들였다. 앞서도 말했지만 데카르트는 그 어떤 선배학자도 존중하지 않았고, 그러면서도 그들의 견해를 아무 스스럼없이 이용했다. 역사를 이렇게 체계적으로 무시한 행태는 프랑스의 데카르트 연구자들조차 야만적이라고 부른다. 그러나 그런 비난은 여기서 자세히 다루지 않겠다. 또 과연 데카르트가 자신에게 어깨를 빌려준 거인들보다 학문적으로 더 멀리 조망했는지도 묻지 않겠다. 다만 이 글에서 그가 빛이 무엇이라고 설명했는지만 이야기하겠다.

알다시피 물리학적 질문에 답하는 일은 언제나 어렵다. 현대에 와서도 결코 쉬워지지 않았다. 눈에 보이는 크기에 가치를 두는 사람이라면 저 유명한 이중성을 도피처로 삼아야 할 것이다. 그렇게 보면 빛은 미립자일 뿐만 아니라 파동으로 나타난다.[46] 이것은 빛을 물리적 현상으로만 보았을 때의 견해이고, 눈과 뇌에서 작동하는 모든 과정은 배제한 것이다. 데카르트는 적이 누구든 상관하지 않았고, 자신이 얼마나 단순한 모순을 나열하고 있는지 모를 정도로 오만했다. 그는 물론 빛을 명확하고 자명하게 설명하고자 했다. 빛이 유발하는 감각에 관해서, 예컨대 어떤 색의 지각에 관해서도 그런 자신감을 보였다. 데카르트는 빛에 관해 총 서너 가지 모델을 제시했다. 그는 빛을 지팡이로, 미세한 기운으로, 그리고 작은 공들로 이루어진 소용돌이로 상상했다. 그러면서 이 모델들의 통일성 문제에 관해서는 아무런 걱정도 하지 않았다.

지팡이는 감각을 말한다. 데카르트가 시사했듯이, 사람들은 지팡이 하나만으로도 어려운 지형을 더듬거리며 갈 수 있기 때문이다. 물론 그는 눈과 대상 사이의 매개체를 나무로 만들어진 어떤 것으로 보지는 않았다. 그렇다면 그 매개체는 무엇으로 만들어졌을까? 데카르트는 포도 수확에 관한 생생한 비유로 이를 설명한다.

> 포도 수확의 시기에 반쯤 짓이겨진 포도가 가득 담긴 통을 하나 상상해 보십시오. 자연 속에는 비어 있는 곳이 어디에도 없다는 사실을 염두에 두어야 합니다. 이 구멍들은 가늘게 흘러가는 미세한 물질로 가득 차야 합니다. 이 미세한 물질은 통 속의 포도주와 비교할 수 있습니다. 사람들이 어떤 물체의 빛이라고 보는 것은, 그 빛나는 물체의 운동이라기보다는 오히려 그 운동의 경향이라는 사실만을 염두에 두십시오. 그렇다면 이 빛의 방사가 다름 아닌 그런 경향의 방향임을 알게 될 것입니다.

되레 혼동만을 주는 포도주 비유를 제외하면, 데카르트는 이미 아리스토텔레스가 투명 물질에 관해 말했던 것을 그대로 반복한다. 나아가 그는 광선이 어떻게 방향을 정하는지를 설명하면서, "마치 공이 움직이는 것처럼, 빛의 방사는 다른 물체를 만날 때 방향을 바꾸거나 약화시키는" 경향이 있다고 주장한다. 그렇다고 해서 빛의 운동이 공의 운동과 똑같은 법칙을 따른다는 가정 하에서 빛의 특성을 설명한 것은 아니다. 물론 색과 관련한 굴절의 경우에 그런 모델을 시도하기는 했다. 색과 관련해 보면 빛은 '목적을 위해' 연이어 굴러가는 작은 공들의 뭉치가 된다. 그러나 핵심은 다시 다른 모습으로 나타난다. 데카르트는 결론적으로 이렇게 말한다. "빛은 아주 미세한 물질이 취하는 미동 혹은 운동에 다름 아닙니다."

물론 이 세 모델은 매우 혼란스럽게 뒤죽박죽으로 등장하며 서로 어울리지 않아 보인다. 하지만 모두가 약간은 선견지명인 측면을 가지고 있다. 즉 직선으로 뻗는 광선을 마음속에 떠올리면 지팡이 같은 형상이 그려지고, 미세한 액체라는 생각은 파동 개념과 부합하며, 빛의 파도가 출렁이는 에테르, 그리고 작은 공들 내지 미립자 모델은 20세기의 양자 이론으로 연결된다. 그러므로 데카르트는 물리학이 빛에서 끌어낼 수 있는 거의 모든 질문을 제기한 것이다. 또 모순에 맞닥뜨릴 때 그가 어떤 방식으로 대처했는지를 보면, 오늘날 학자들이 빛을 주제로 실험할 때 어쩔 수 없이 감수해야 하는 분열에 대한 모범방안이라 할 만하다. 단지 이상한 점은, 평소 모든 것에 대해 회의를 표한 데카르트가 이 위대한 비판능력을 자신의 이론에는 적용하지 않았고, 막연한 상만을 보여주면서도 확실성을 가장했다는 사실이다.

그것은 그가 세계 극장에 들어서면서 쓴 학자의 가면일 뿐이었을까? 확실히 그는 독자들을 속였고(적어도 그들을 속여서 무엇인가를 믿게 했다) 그런 행동을 별로 꺼려하지 않았다. 깊은 회의를 통해 성찰한 끝에 그가 얻은 것은, 우리가 근본적으로 언제나 속임을 당하고 허구의 희생물이 된다는 사실이었기 때문이다. 실제로 데카르트가 말하길, "세상에 존재하는 바위처럼 확고한 확실성은 자기 실존의 확실성뿐이다." 그는 《제3성찰》에서 이런 말을 한다.

"그럴 수 있다고 생각한다면 언제든지 나를 속여라. 그러나 나는 생각하는 동안만은 아무것도 아닌 존재가 되지는 않을 것이다." 여기서 '생각'이라는 단어에서 사람들은 아마도 합리적인 추론이 아니라 심리적 행동을 떠올릴 것이다. "생각은 존재한다. 오직 이것만은 누구도 내게서 빼앗을 수 없다."

그러고 나서 그의 가장 유명한 문장이 이어진다. 이 문장은 라틴어와 프랑스어, 두 종류로 남겨졌다.

"나는 생각한다. 고로 나는 존재한다."

데카르트는 이 문장을 여러 번 변주했다. "나는 생각한다. 고로 나는 존재한다." "나는 회의한다. 고로 나는 존재한다." "나는 속는다. 고로 나는 존재한다." 비판적인 독자라면 이 때문만으로도 데카르트가 자신의 주장을, 스스로가 자부했던 만큼 그렇게 확신하지는 않았다고 느낄지도 모르겠다. 확신은 아마도 믿음만이 줄 수 있는 것이다. 하지만 바로 그렇기 때문에 사람들은 스스로를 속일 수 있다. "나는 스스로를 속인다. 고로 나는 존재한다." 이 변주만은 데카르트가 시도하지 않았다. 왜 그랬을까? 알다시피 인간은 항상 오류를 범한다. 그래서 데카르트는 자신의 활동이 정당하다고 이해한 것이다.

1 지적 하나 : 프랜시스 베이컨은, 한 시대를 풍미한 연금술사이자 많은 재능을 가진 수도승 로저 베이컨 (1220~1292년)과 아무 관계가 없다. 로저 베이컨은 지구가 둥글다고 확신하고 지구를 일주하는 (기술적인) 수단을 찾고자 했다. 콜럼버스보다 무려 200년 전의 일이다.

2 언급한 직책, 옥새상서는 엘리자베스 여왕이 하사한 최고의 법관직이었다.

3 베이컨은 이 책으로 과학에 새로운 도구인 바로 '신기관' 을 제공하고자 했다. 원래는 '대혁신' 이라는 백과사전의 일부분으로 계획된 《신기관》은 과학과 혁명을 처음으로 연결시킨다. 이 두 개념은 훗날 비교적 급속하게 결합될 것이다.

4 브레히트가 말한 연인의 사례는 베이컨에게 결코 문제가 되지 않는다.

5 300년 후 칼 포퍼는 《연구의 논리》에서 자연법칙이나 이론은 실험을 통해 진리가 되기는커녕 기껏해야 거짓이 될 수 있을 뿐이라는 생각을 발표했다. 베이컨의 논리와 다르지 않다. 포퍼는 각주로만 베이컨의 저서를 언급한다.

6 '결정적 실험(experimentum crucis)' 이라는 용어는 17세기에 로버트 후크의 《마이크로그라피아 (Micrographia)》(1665년)에서 처음으로 쓰였다. 그것은 뉴턴에게 중요한 역할을 했는데, 뉴턴은 빛과 색의 본성을 설명하기 위한 실험에서 이 단어를 의미 있게 사용했다. 그러나 빛의 경우는 특수했다. 빛은 파동과 입자라는 특이한 이중성을 가지고 있기 때문이다. 1905년 아인슈타인은 18세기와 19세기의 결정적 실험들이 결정짓는 역할을 결코 하지 못했음을 분명히 인식했다. '결정적 실험' 은, 아리스토텔레스가 논리학에서 요구한 것처럼 실제로 두 가지 가능성만이 존재하고 제3의 가능성이 모두 배제되어 있을 때에만 의미를 가질 수 있다. 그러나 적어도 빛에 관해서는 확실히 제3의 가능성이 있다.

7 300년이 흐른 후 존경받는 예언자이자 미래연구가인 로베르트 융크(Robert Jungk)는 베이컨의 단초를 이어받아 미래공장을 설립한다. 하지만 융크는 베이컨을 특별히 언급하지 않았고, 따라서 베이컨을 주저 없이 신랄하게 성토하는 비평가들에게 큰 환호를 받았다.

8 베이컨의 이념은 19세기 후반 산업연구의 차원에서 실현되었다. 그렇게 보면 그는 '산업시대의 철학자' 라고 규정할 수 있다. 당시는 노동을 복지의 원천으로 본 칼 마르크스의 주장이 완전히 잘못되었다는 인식이 지배적이었다. 오히려 노동은 수식어를 필요로 했다. 인간 복지에 기여하는 것은 정신적 노동(특히 과학)이라 이해되었다.

9 솔로몬하우스는 베이컨의 시대에는 없었던 과학아카데미 혹은 학원의 선구적 형태로 이해할 수 있다.

10 머지않아 프랑스인 르네 데카르트도 저 위대한 저서를 모국어로 집필하기로 결심한다. 그때부터 학자

들은 더 이상 민중이 이해할 수 없는 라틴어로 대화를 나누는 사제가 아니었다. 그들은 이제 대중적이 되고자 했으며, 데카르트에게서 보게 되겠지만 이것 역시 나름대로의 문제점을 가지고 있었다.

11 브레히트는 이 작품을 원래 1938~1939년에 썼지만(덴마크어 판) 1955~1956년에 몇몇 장면을 수정한 개정본(베를린 판)을 구상했다. 주어캄프 출판사 문고에는 자연과학자들도 흥미를 느낄 만한, 브레히트의 《갈릴레이의 생애》에 관한 자료들이 나와 있다.

12 전설에 따르면 1583년 피사 성당에서 흔들리는 샹들리에를 바라보던 갈릴레이는 진자운동의 지속시간이 진동의 폭과 별로 상관없어 보이는 느낌을 받았다고 한다. 실제로 그렇기 때문에 우리는 진자시계를 만들 수 있다. 전설에 관해 말한다면, 거짓일 확률이 매우 높다. 사바텔리오가 그린 그림에서도 갈릴레이가 샹들리에를 바라보고 있기는 하지만 말이다.

13 갈릴레이 온도계의 원리는 첫째로 액체 속에서 물체의 부력 — 아르키메데스가 환영할 만하다 — 이고, 둘째로 기온이 똑같이 상승해도 물질의 종류에 따라 팽창의 정도가 다른 현상이다. 투명한 액체로 가득 찬 날씬한 병에, 색색의 액체가 들어 있는 작은 공들을 넣는다. 온도가 올라가면 모든 물질이 팽창한다. 병 속의 액체가 작은 공 안의 액체보다 더 많이 팽창한다면 색색의 공들은 가라앉는다. 병 안에 떠 있는 공들 중에서 가장 아래에 있는 공이 방의 온도를 가리키도록 기구를 검량해 놓으면 기온을 측정할 수 있다. 이 기구가 갈릴레이의 마음에 들었던 것은 무엇보다 공이 가라앉는 현상 때문이었다. 온도가 1도 정도 올라갈 때 작은 공 하나가 가라앉았다.

14 아리스토텔레스의 생각은 오랫동안 사실로 받아들여졌다. 우리는 더 무거운 물체가 더 빨리 떨어진다고 직관적으로 알고 있다. 가벼운 깃털은 무거운 동전보다 더 늦게 떨어진다고 알고 있다. 그렇지 않은가?

15 오늘날 물리학 수업시간에서 분명히 배우듯이, 이 논거는 물론 진공에서만 정확하게 들어맞는다. 갈릴레이는 머릿속으로 진공을 추리했다. 여러 밀도의 액체 속에서 공들의 가라앉는(낙하하는) 모습을 관찰했기 때문이다. 이때 그는 낙하가 발생하는 상황과는 무관한 낙하운동 자체를 이해했다. 구체적 여건들을 추상화한다면, 감각적 지각에 사로잡힌 건전한 상식을 벗어나는 일이 가능하다.

16 그러나 곧 사람들은 수학을 알지 못하는 사람들도 자연을 이해할 수 있다고 생각하게 되었다. 만약 저자의 직관적인 지식을 똑똑히 보여주거나 심리학자들로 하여금 사유는 심리적 기능일 뿐이라고 설명하게 한다면 말이다. 수학을 이해하지 못한 마이클 패러데이 같은 위대한 자연과학자도 있었다. 패러데이에 관해서는 해당 장에서 상술할 것이다.

17 1656년 크리스티안 후이겐스는 토성 주위에 고리가 있다는 사실을 확인했다. 1675년 조반니 카시니

는 그 고리가 수많은 작은 물질들로 구성되어 있다고 추측했다. 이 아이디어는 200년 후 스코틀랜드의 물리학자 제임스 클라크 맥스웰에 의해 채택되었다. 맥스웰은 많은 입자들로 구성된 고리가 역학적으로 안정적일 수 있다는 내용을 발표했다.

18 강조해야 할 것이 있다. 사람들이 훗날 추측했던 것처럼 갈릴레이가 케플러를 대단하게 생각하지는 않았다는 사실이다. 갈릴레이는 케플러의 사상 속에 신비적인 것들이 너무 많이 담겨 있다고 보았다.

19 혜성에 관해서 가장 먼저 눈에 띄었던 것은, 그 꼬리가 언제나 태양 반대 방향을 가리킨다는 점이었다. 이 현상을 올바로 해석한 사람이 케플러인데, 자세한 내용은 케플러 장에서 소개하겠다.

20 갈릴레이의 명예회복을 위해서 더 언급해야 할 것은 물론 그의 반대 논거가 훌륭한 착상을 다수 포함하고 있다는 점이다. 예를 들어 혜성 충돌과 열에 관한 아이디어가 그랬다. 그러나 독자가 갈릴레이의 냉소적인 글과 진지한 글을 구별하기는 매우 힘들다.

21 베르톨트 브레히트의 《갈릴레이의 생애》에서 인용.

22 기록으로 남은 것은 단지 그가 묘구명으로 준비한 문구뿐이다. "내 정신은 하늘의 폭을 쟀지만 / 이제 지상의 깊이를 재려 하네. / 정신은 하늘로부터 온 것이지만 / 속세의 몸은 이곳에서 쉬리라."

23 브라헤는 망원경을 사용해 본 적이 없다. 1608년에야 비로소 망원경이 제작되었기 때문이다. 그러나 그는 맨눈으로 볼 수 있는 행성과 항성들은 누구보다 잘 관측했다. 브라헤의 사망과 함께 망원경 없는 천문학의 시대는 막을 내렸다.

24 최근 몇몇 과학자들은 케플러가 자료를 조작했고 화성궤도를 계산하면서 속임수를 썼을 것이라 추측한다. 이 논문은 케플러가 현재 케플러 제2법칙이라 불리는 면적법칙(자세한 내용은 본문에서 계속 설명할 것이다)을 이용해서 행성들의 타원궤도를 도출했을 가능성을 언급했다. 현재 행성들의 타원궤도는 통상적으로 케플러 제1법칙이라 불린다. 하지만 이 논문이 속임수라는 비난은 핵심에서 완전히 비켜나 있는데, 그가 원래 기대했던 원이 아니라 타원이 하늘에서 나타났기 때문이다. 케플러가 위대한 까닭은 무엇보다 실험적인 결과에 승복해서 원래의 생각을 수정하고 소망보다는 자료를 우위를 두었다는 점이다. 타원은 두 개의 초점을 가지고 있고 태양은 단지 하나의 초점만을 가져야 한다. 따라서 비(非)원형 행성궤도가 발견되었다면, 비어 있는 초점을 어떻게 처리해야 하느냐의 부가적인 문제가 등장한다. 케플러는 이 문제에 답하지 못했다.

25 이에 관해서는 천재적인 물리학자 볼프강 파울리가 1952년 발표한 유명한 연구를 근거로 한다. 이 연구에서 파울리는 '케플러에게 자연과학 이론 형성에 미치는 원형적인 표상들의 영향'이 무엇인지 질문했다.

26 기본적으로 케플러의 신앙은 소위 아우크스부르크 신앙고백 이후 루터주의이다. 케플러는 개인의 의사 표현과 행동의 자유를 옹호했고 나아가 최후의 만찬에서 그리스도의 상징적인 현존만을 지지했다. 즉 케플러에게 포도주는 그리스도의 피 자체가 아니라 단지 그리스도의 피를 의미할 뿐이다. 케플러의 사유가 상징들을 통해 이루어졌다는 사실을 이해하는 데 중요한 대목이다. 예를 들어 그는 숫자나 수학기호들을 항상 양이나 크기만이 아니라 상징으로 간주했다.

27 삼위일체는 신·세계·인간, 원형·모형·유사형(類似形), 성부·성자·성신, 신·창조·영원 등 여러 가지 형태로 변주할 수 있다.

28 정원사 같은 직업은 절대 아니다.

29 날짜와 시간을 과학적으로 정확하게 입증한 또다른 예로 1600년 초 일식 예언이 있었다. 그러나 이것 역시 그에게 별 도움이 되지 못했다. 그라츠 주민들은 언제 하늘이 어두워질지를 아는 사람에게 겁을 먹었고, 누군가는 심지어 대낮에 많은 돈이 들어 있는 케플러의 서류가방을 훔쳐가기도 했다.

30 이상하게도 케플러는 볼로냐 대학의 초빙을 거절했다. 이탈리아 사람들이 코페르니쿠스 체계를 어떻게 생각하는지를 갈릴레이의 사례로 알고 있었기 때문일 것이다.

31 현재는 여기에 2년이 더 추가되어, 그리스도는 공식적인 탄생연도에 이미 학교에 다닐 나이였다고 한다.

32 이미 이 저서에서 케플러가 얼마나 정확하게 언어를 다루려고 노력했는지가 잘 나타난다.《신천문학》서문에서 케플러는 과학 서적을 라틴어로 저술하는 어려움을 한탄한다. 그가 보기에 라틴어는 "관사도 없고 그리스어처럼 수많은 적절한 용어들을 갖고 있지 않다."

33 케플러는 윌리엄 길버트가 1601년 제안한 개념을 사용했다. 그는 하늘의 운동이 어떻게 진행되는지 자력을 통해 설명하고자 했다. 이 부분에 대해서는 자세한 설명을 생략한다.

34 장미십자회원은 전설적인 창시자 크리스티안 로젠크로이츠의 이름을 따 만든 비밀결사의 신봉자들이다. 장미십자회는 처음에는 인본주의적이고 윤리적인 특성을 띠었지만 나중에는 오컬트적이고 신지학적 경향을 갖게 되었으며 프리메이슨에 지대한 영향을 주기도 했다.

35 피타고라스학파는 이런 서약을 했다고 한다. "순수한 감각을 통해 나는 그대 성스러운 4에게 맹세하노라, 영원한 자연의 본원이자 영혼의 궁극적인 근거여."

36 독일어로 회의(Zweifel)와 이분법(Zweiteilung)에는 둘(Zwei)이라는 공통 어간이 들어간다. 사무엘 베케트는 '둘'이 '악마(Teufel)'라는 말에서도 들린다고 지적했다.

37 20세기의 혁신적인 인식 이론에서는 "나는 존재한다, 고로 나는 생각한다"라고 순서를 바꾸어 말한다.

에티켓 문제를 연구하고 행동거지의 규칙들이 어디에서 왔는지를 탐구하는 철학자들은 더 멋진 변종을 만들어낸다. 그들의 원칙 중 하나는 '나는 생각한다, 고로 나는 감사한다'이다. 이 문장은 영어로도 멋지게 들린다. "I think, therefore I thank."

38 데카르트는 라틴어 식 이름 레나투스 카르테시우스(Renatus Cartesius)를 매우 싫어했다. 데카르트 좌표(kartesische Koornination)라는 용어를 들었다면 아마도 질색했을 것이다. 그 좌표를 배우는 학생들이 몸서리치는 것과 마찬가지로 말이다.

39 데카르트가 철학자들의 책 대신 세계의 책을 말했음에도 불구하고, 그의 후계자들은 정확히 반대 방향으로 행동했다. 그들은 세계의 책을 읽는 일을 소홀히 했고, 데카르트의 저서에만 엄격하게 매달렸다.

40 데카르트와 갈릴레이가 일치를 보인 것은 이런 원칙에서만이 아니었다. 1633년 종교재판소가 내린 갈릴레이의 유죄판결에 대해 알게 되었을 때, 데카르트는 세계와 빛에 대한 자신의 첫 저서 《세계 및 빛에 관한 논고》의 출간을 보류했다.

41 이 사람(Person)이 중요한 이유는, 라틴어 'persona'가 원래 가면을 의미하며 데카르트가 항상 가면을 쓰고 나타나기 때문이다.

42 내가 보기에 그 꿈은 바로 정반대를 뜻하는 것 같다. 즉 사람이 진실과 거짓을 구별할 수 없다는 것이다. 꿈에서는 '존재와 비존재'라고 했다. 어떤 것이 존재할 수 있는 동시에 존재할 수 없다는 것이다. 어떤 것이 완전히 참이거나 완전히 거짓인 경우는 아주 드물다. 대부분의 주장들은 거짓이면서 동시에 참이기도 하다.

43 한 가지 언급해야 할 것은, 데카르트가 라틴어나 프랑스어로 글을 썼다는 사실이다. 네덜란드어는 어디에서도 사용하지 않았다. 데카르트가 갈수록 학자보다는 모국어로 책을 쓴 근거는 갈릴레이의 경우와 흡사했다. 즉 "위조될 수 없는 자연적인 이성을 사용하는" 사람들은 옛 책들에만 의존하지 않고 자신의 글을 더 정확하게 판단할 수 있다고 생각했다.

44 데카르트 자신이 장미십자회원이었는지 아닌지는 명확하게 답할 수 없다. 물론 가능성은 있다.

45 '굴절광학'은 빛의 굴절 이론을 뜻하는 옛날식 명칭이다. 형용사 'dioptrisch'는 '투명한'이라는 뜻을 지닌다. 여기서 나온 디옵터(diopter)라는 단어가 아직까지 남아 있는데, 이것은 오늘날 광학에서 안경의 굴절도를 칭하는 용어로 쓰인다.

46 이 주제는 20세기의 물리학자들에 관한 장에서 다시 만날 것이다.

4장

최후의 마법사

아이작 뉴턴

기념제의 빌미를 제공하는 책은 소수에 불과하다. 임마누엘 칸트의 《순수이성비판》은 출간 200주년을 맞이해서 풍성한 칭송을 받았다. 유사하게 혁명적인 영향력을 발휘한 것이 뉴턴의 《수학적 원리》 출간이다. 1987년 출간 300주년 기념일에 선언되었듯이, 이 책이 나옴으로써 모든 과학은 순식간에 한낱 과거사의 나락에 떨어졌다. 그렇기에 더더욱, 이 위대한 물리학자가 연금술사로도 부단히 활동했다는 사실을 알면 놀라지 않을 수 없다. 메이나드 케인즈(Maynard Keynes)가 말했듯이 뉴턴은 고대의 방법론에 따라 지식을 제공한 최후의 마법사였을 뿐만 아니라 건전한 상식에 맞서 자연법칙을 규정한 최초의 마술사이기도 했다.

아이작 뉴턴

연금술을 좋아한 혁명가

Isaac Newton

아이작 뉴턴은 일생 동안 단 한 번 웃었다고 한다. 어떤 질문에 답할 때였다. 그가 불과 30세의 나이에 유명한 케임브리지 대학 수학과 루카스 석좌(Lucasian Chair) 교수로 있을 때, 한 학생이 그에게 유클리드의 《원소들》을 꼭 공부해야 하느냐고 물었다. 이렇게 어리석은 질문에 그는 웃을 수밖에 없었다. 자연과학을 공부하고자 한 사람이라면 그 저서를 탐독하는 것이 자명한 전제라고 생각했기 때문이다. 그러고 나서 그는 학생들에게 왜 하필 물리학과 수학을 연구하고 거기에 일생을 바치려 하느냐고 답문했다.

영국에서 뉴턴은 전 시대를 통틀어 가장 위대한 자연과학자이며 마이클 패러데이나 찰스 다윈보다 한 등급 위라고 평가받는다. 그의 업적은 생전에 이미 혁명적이라 칭송받았다. 1727년 85세의 고령으로 사망했을 때, 사람들은 시신을 웨스트민스터 사원에 장엄하게 안치했다. 프랑스에서 온 관광객 볼테르의 말에 따르면 "백성에게 매우 사랑받은 왕처럼 묻혔다"고 한다. 작가 알렉산더 포프가 작성한 묘비명을 보면, 그가 살아생전 이미 숭배의 대상이었음을 잘 알 수 있다.

자연과 자연의 법칙들이 밤의 어둠 속에 숨어 있었노라.
신이, 뉴턴아 있으라 말하자 만물 위에 빛이 내려왔도다.

뉴턴은 스물두 살 때인 1664년, 수학적이고 분석적인 재능을 폭발적으로 발휘했다. 우선 그는 '유율계산법'이라는 이름의 새로운 형태의 계산법을 개발했다. 오늘날 수학과 대학생들에게 기초과목인 미적분의 시초이다.[1] 다음해에는 ─ 런던과 케임브리지에 페스트가 창궐하자 뉴턴은 고향마을인 링컨셔로 돌아왔다 ─ 소위 태양 백색광선의 스펙트럼 분광을 발견했는데, 이 성과는 1704년에야 《광학》에서 상세히 발표했다. 1668년, 26세의 젊은 과학자는 렌즈망원경의 색 오류를 피할 수 있는 반사망원경을 제작했고, 아직까지도 물리학의 토대를 이루는 역학 사상을 발전시켰다.[2] 이 사상은 1689년 뉴턴의 주저 《자연철학의 수학적 원리》에 상세히 소개되었다.

물리학 역사상 아마도 가장 중요한 이 저서에서 뉴턴은 땅에 떨어진 사과나 공중에 던져진 돌에 작용하는 것과 똑같은 힘이 하늘의 달에도 작용하며, 이 모든 것들이 똑같은 법칙에 따라 움직인다고 역설했다. 뉴턴과 함께 운동의 과학은 현대적 형태를 갖게 되었다. 그는 지상의 미천한 사물들과 천상의 별들을 엄격하게 분리해서 양자가 상이한 자연운동이라고 규정한 고대 그리스인을 ─ 즉 아리스토텔레스를 ─ 자신 있게 극복했다. 뉴턴 이후 최종적으로 하늘과 지상에는 똑같은 물리학이 통용되었다. 중력은 우주적으로 작용하고 어디에서나 영향을 미치게 되었으며, 중력으로 인해 우리는 우주 전체를 파악하기 시작했다.

30세가 안 된 나이로 벌써 우리 대부분이 일생 동안 달성하는 것보다 훨씬 더 많은 일을 독자적으로 성취한 사람, 그러나 내적으로는 시종일관 안정을 찾지 못한 사람, 그는 무슨 일을 했을까? 뉴턴은 이제 더 어려운 과제로 다가갔다. 예를 들어 그는 물체의 운동을 야기하는 중력의 원인을 찾아내고자 했다. 그러나 중력의 원천을 찾으면서 그는 연금술사가 되었고, 오늘날 역사가들에게 문젯거리를 제공해 주었다. 전 시대를 통틀어 가장 위대한 수학자이자 물리학자라고 평가해 온 사람이 과학적 텍스트보다 연금술 관련 글을 더 많이 남겼다는 사실을 쉽게 인정할 수 없는 역사가들에게 말이다.

특히 자연법칙 앞에서 지구와 하늘이 동등하다는 대발견이 뉴턴도 알고 있던 일부 오래된 연금술 텍스트에 이미 나와 있음을 알고 큰 혼란을 겪은 역사가들도 있다. 예컨대 뉴턴이 무수한 주석을 단, 전설적인 헤르메스 트리스메기스토스의 책 《에메랄드 표》[3]에는 이런 말이 나온다. "아래 있는 사물들은 위에 있는 사물들과 같다." 똑같은 것을 뉴턴도 이야기했다. 물론 수학 언어의 기술적 법칙들을 통해 양적인 형식으로 말이다.

뉴턴은 자신이 거인들의 어깨에 기대고 서 있었기 때문에 많은 것을 발견하고 알 수 있었다고 '고상하고 겸손하게'[4] 말했다고 한다. 하지만 그 거인들이 어떤 사람들인지는 더 정확하게 언급하지 않았다. 케플러가 그 중 한 명임은 확실하다. 뉴턴은 《수학적 원리》에서 기본적인 운동방정식들을 이용해 케플러의 3대 행성법칙을 도출해 내는데, 이는 현재까지도 위대한 승리로 찬사받고 있다. 또 확실히 뉴턴은 갈릴레이를 주목하고 인용했다. 그리고 "세 배로 위대한 자"로 번역된 트리스메기스토스 역시 뉴턴이 자유로운 시각으로 현대 물리학의 발로를 개척하게 일조한 후보자들 중 하나로 꼽아야 한다.

배경

1642년[5] 뉴턴이 태어난 직후, 연금술의 주요 저서들 중 하나인 케넬름 딕비(Kenelm Digby)의 《물체의 본성에 관하여》가 출간되었고, 로열 소사이어티의 전신인 '보이지 않는 대학(Invisible College)'이 런던에 세워졌다. 1650년에는 아일랜드의 주교 제임스 어서가 성서를 토대로 계산한 끝에 천지창조의 날짜를 그리스도 탄생 4,004년 전이라 단정했다. 1년 후에 토머스 홉스는 유명한 《리바이어던》을 발표했는데, 거기서 그는 인간의 삶을 "고독하고 가련하며 역겹고 야비하며 부질없다"고 표현하며 강력한 권위를 가진 정부를 옹호했다. 1633년 올리버 크롬웰이 영국의 권력을 넘겨받은 후, 점차적으로 복지가 개선되었다. 유럽은 계속 팽창했고, 특히 대도시에 인구가 밀집했다.

1665년에는 대(大)페스트가 영국 땅에 상륙했는데, 다니엘 대포의 《역병의 해 일지(A Journal of the Plague Year)》에 이 사실이 잘 묘사되어 있다(뉴턴은 안전한 곳으로 피신해 태양광선 분광 실험을 했다). 이 대페스트로 인해 런던에서 10만 명 이상의 주민이 사망했고, 1년 후에는 도시를 덮친 '대화재'로 비슷한 수가 목숨을 잃었다. 그럼에도 불구하고 학문과 기술은 계속 진보했다. 런던의 로열 소사이어티가 처음으로 《철학 회보(Philosophical Transactions)》를 발간했고, 최초로 가로등이 거리를 밝힌 파리에서도 독자적인 아카데미가 존재했다. 이 아카데미는 훗날 프랑스학회(Institut de France)의 일부가 된다. 1673년 네덜란드 학자 안

토니 반 레벤후크는 일반 현미경을 통해 기이하게 작은 형태의 생명체를 발견했다는 소식을 담은 편지를 영국 로열 소사이어티에 보냈다. 곧 레벤후크는 이것을 원생동물이라 규정했고, 정자세포의 존재도 확실히 입증했다. 17세기가 끝나기 전 유럽에는 여전히 수많은 마녀재판이 횡행했고, 피아노가 개발되었으며, 영국은행이 설립되었고, 샴페인 돔페리뇽이 첫선을 보였다.

18세기 초 런던에 예일 대학이 창설되었고 최초의 정기일간지 《데일리 쿠란트(Daily Courant)》가 창간되었다. 여전히 기아문제는 심각했고, 프리메이슨이 조직되었다(런던에서는 1718년, 파리에서는 1721년). 1723년 요한 세바스찬 바흐가 〈요한수난곡〉을 작곡했을 때, 벌써 대기증기기관은 10년 이상 사용되고 있었다. 뉴턴이 사망하기 직전 칸트가 태어났다. 칸트는 훗날(1790년경) 뉴턴 물리학과 그 토대에 놓인 시공 개념을 분석하여 명저 《순수이성비판》을 집필하기 시작했다.

초상

뉴턴은 세계적으로 유명한 사람이다. 당연히 그럴 만한 권리가 있다. 그와 함께 과학의 새로운 시대가 열렸고, 그의 결정주의적 자연법칙은 갈릴레이와 베이컨이 꿈꾸어온 모든 소망들을 충족시키며 근대의 얼굴을 형성했다. 그러나 우리가 뉴턴에 대해 그리고 있는 상은 정확한 것일까? 뉴턴과 관련해 얻을 수 있는 정보들을 들여다보면 분명히 모순에 봉착할 것이다. 일견 그는 매우 겸손했다. 다시 말해 그는 많은 텍스트에서 그런 인상을 줄 만한 말을 했다. 자신은 해안에서 돌과 조개를 발견한 어린 소년처럼 순진했고, 반면 거대한 앎의 대양은 아직 진리를 알려주지 않은 채 그의 눈앞에 펼쳐져 있었다고. 또 자신이 모든 법칙을 찾아낼 수 있었던 것은, 탁월한 거장들의 높은 어깨에 난쟁이처럼 기대어 섰기 때문일 뿐이라고.

그러고 나서 다시 한 번 들여다보면, 두 번째 문장은 뉴턴의 독창적인 표현이 아니라 그저 그 시대 특유의 것이었음을 알게 된다. 첫번째 문장에 관해서라면, 한편으로 뉴턴은 결코 대양을 본 적이 없었고, 다른 한편으로 무엇보다 그가 말하고자 한 바는 자신과는 달리 우리 대부분이 아무것도 손에 쥐지 못한 채 거기 서서 기껏해야 한두 개의 조약돌을 가리키는 데 그친다는 사실이었다. 그 동안 많은 역사가들은 위대한 뉴턴이 열렬한 공명심의 소유자로 모두에게 그것을 과시하고자 한, 대단한 경력주의자였다는 의견을 내놓았다. 나중에 고위직에 올랐을 때 — 예컨대 런던 왕립조폐소(Royal Mint)의 소장이 되었을 때 — 그는 그런 욕심을 마음껏 해소했다.

아주 직접적인 개인적 대립관계에서도 마찬가지였다. 새로운 계산법(미적분 계산)을 두고 고트프리트 빌헬름 라이프니츠와 추악한 다툼을 벌인 것은 모두가 잘 알고 있을 것이다. 물론 분명히 뉴턴이 먼저 유율(流率) 방법론을 시장에 내놓았다. 그러나 라이프니츠가 사용한 적분기호가 통용되었다는(또 오늘날까지 쓰이고 있다는) 사실 역시 분명하다. 뉴턴은 이를 참을 수 없었다. 그는 라이프니츠를 표절자라고 비난했다. 그러자 라이프니츠는 뉴턴에게 우편으로 어려운 문제를 하나 보내 해결해 줄 것을 정중하게 부탁했다. 늦은 오후에 편지를 받은 뉴턴은 공명심에 활활 불타올랐다. 그리고 잠자리에 들기 전에 문제를 풀었다.

뉴턴은 노년기에 특허를 둘러싼 싸움으로 많은 시간을 보냈는데,

그때마다 신사다운 행동을 보여준 적은 한 번도 없었다. 특히 라이프니츠가 죽은(1716년) 후까지 그를 공격했고 그 전 몇 년 동안도 지극히 불공정하게 행동했다. 뉴턴이 라이프니츠를 미적분 계산의 '두 번째 발명가'라고 칭하면서 끊임없이 비방한 이래로, 독일 측은 로열 소사이어티에 거세게 항의하며 해명을 요청했다. 유감스럽게도 뉴턴은 오래전부터 로열 소사이어티의 회장이었기에, 이 지위를 아무렇지도 않게 남용할 수 있었다. 그는 연구위원회 위원들을 선별했고 증거를 골라내 보고서를 직접 작성했다. 그러니 결과는 안 봐도 훤한 일이다.

뉴턴은 과학자로서는 찬란한 존재였지만 인간으로서는 역겨운 존재였다. 그렇다면 그의 획기적인 위치와 그에 대한 전설적인 숭배는 어디에서 오는 것일까? 무엇이 오늘날까지 우리로 하여금, 많은 사람들이 생각하는 것보다 훨씬 더 이해하기 어려운 그의 물리학에 집착하게 만들었을까? 무엇 때문에 문화역사상 또다른 위인인 요한 볼프강 폰 괴테는, 우리에게 처음으로 색채 이론을 설명한 뉴턴의 과학 일부에 대해 그렇게 악의적이고 논쟁적으로 반응했을까?

뉴턴에게서 오로지 이성과 실험에 기초한 과학만을 찾고 비합리적인 것, 마술 및 연금술에는 여지를 두지 않는다면, 분명 심각한 잘못이다. 그런 잘못을 저지르게 된 계기를 변명처럼 열거해 보자면, 지금까지 역사가들이 뉴턴을 합리적인 이미지의 인물로 그려왔고 마냥 겸손하게 들리는 뉴턴의 문장들 다수가 잘못 소개되었다는 사실을 들 수 있다. "나는 가정을 세우지 않는다"는 그의 유명한 발언은 귀납논리의 고귀한 음성이 아니었다. 단지 그 시대 '자연마법사'[6]들의 방식대로 의견을 피력했을 뿐이다. 그들은 오컬트적인 능력과 자질을 펼치면서 어떤 종류의 가정도 세우지 않았던 것이다. 그들의 목표는 오컬트적인 원칙 발견이 아니었다. 중요한 것은 이 원칙들이 실존하며 적용될 수 있다는 사실이었다. 뉴턴의 예에서 오컬트의 대상은 중력이었다. 그는 중력의 근거(원인)를 덧붙일 수도 없었고 덧붙이고 싶지도 않았다. 말했듯이 자신은 "가정을 고안해 내지 않기" 때문이었다. "우리에게는 중력이 실제로 존재한다. 우리가 설명한 법칙들에 따라 중력이 작용하며 아주 완전한 형태로 천체들의 운동을 밝혀준다." 물체들 사이의 힘들이 ─ 예를 들어 중력이 ─ 뉴턴에게 취해지고 추천될 수 있었던 것은, 그것들이 연금술과 마술에서 나타나는 오컬트적인 위대함과 일치하기 때문일 뿐이었다.

그러나 자연마법사 뉴턴과 그 사상의 배경을 지적하기 전에 우선 그의 인생 자취를 따라가 젊은 천재의 과학적 성공을 살펴보기로 하자. 뉴턴은 1642년 크리스마스에 병약한 아기로 세상에 태어났다. 아버지는 그가 태어나기 3개월 전에 세상을 떠났기 때문에, 그는 홀어머니 아래서 자랐다. 어머니는 12세의 아들을 집에서 멀리 떨어진 김나지움으로 보냈다. 처음에는 현지의 한 약사 집에서 숙식했다. 그리고 책 읽는 데 푹 빠져 다시는 가족에게 돌아갈 생각을 하지 않았다. 1661년 뉴턴은 케임브리지 트리니티 칼리지에 입학했고 이후 35년간 그곳에서 생활했다. 그는 돈을 벌기 위한 단순노동을 제외하면 주로 공부에 몰두했다. 대학 공부는 1665년에 끝났는데, 뉴턴은 졸업시험에서 별 노력 없이도 좋은 성적을 받았다. 50년 후 그는 이 위대한 시절을 전혀 과장 없이 이렇게 회고했다.

1665년 초 나는 수열의 근사치를 구하는 방법, 그리고 임의적인 이항수식의 임의적인 제곱을 그런 수열로 소급시키는 규칙을 발견했다. 같은 해 5월에는 탄젠트 식을 알아냈고, 11월에는 공식을 전개하는 법을 깨달 았으며, 다음해 1월에는 색(色) 이론을, 이어서 5월에는 적분 계산법을 찾 았다. 또 같은 해 중력이 달궤도까지 작용한다는 것을 성찰하기 시작했 고, 행성들의 공전주기 제곱은 궤도 반지름의 세제곱과 같다는 케플러 법 칙[7]에서 출발해, 행성들이 공전궤도에서 거리를 유지하는 힘은 궤도 반 지름의 제곱에 반비례한다는 사실을 도출해 냈다. 또 달이 공전궤도를 유지하는 데 필요한 힘을 지표면의 중력과 비교하고, 그 두 힘이 족히 일 치하고 있음을 알았다. 이 모든 것은 1665년에서 1666년, 페스트 해의 일 이다. 이 시절 나는 무엇인가를 발견하기에 최상의 나이였고 이후의 어 떤 시기보다 수학과 철학에 더 많이 몰두했다.

페스트 해에 관해 보충설명을 할 필요가 있다. 뉴턴은 전염병 때문 에 다시 링컨셔의 집으로 돌아왔는데, 이 시기에는 런던의 시장에서 사온 프리즘을 사용해서 태양광선을 분광할 만큼 시간과 여유가 충분 했던 것 같다. 위의 인용문에서는 언급할 가치가 없다고 생각해서 생 략했겠지만, 이 역시 위대한 발견이었다.

초기의 모든 발견에서 특이한 것은, 젊은 뉴턴이 그것들 모두를 공 표하기를 주저했다는 점이다. 혹시 약점이 드러나지 않을까 하는 걱 정 때문에 유보적인 태도를 보였는지도 모르겠다. 예를 들어 그는 흰 색이라기보다는 회색처럼 보이는 자신의 색 배합에 완전히 만족하지 못했다. 여기서 무엇을 간과했는지를 확신할 수 없었다. 발표를 주저 한 또다른 원인은 당시 풍조가 사적인 영역과 공적인 영역 사이의 분 리를 지금보다 훨씬 더 중시했다는 점 때문이다. 적어도 뉴턴은 사적 인 과학 탐구와 과학의 공식 이론을 분명하게 구분했다.

역학의 토대가 되는 발견들에 관해 말하자면, 그것들은 매우 사적인 계기로 시작되었다. 즉 뉴턴의 바로 눈앞에서 갑자기 나뭇가지에서 땅으로 떨어진 사과, 아마도 전설이 아니라 실제의 일이 틀림없는 그 사과를 통해 시작되었다. 믿을 만한 출처에서 나온 정보이다. 사과를 본 뉴턴은 왜 달은 사과와 달리 지구 위로 떨어지지 않을까를 분명히 생각했을 것이다. 단지 위성의 이런 운동은 또다른 (직선) 운동과 합쳐져야 하고, 그 두 운동이 우리가 관측하는 공전궤도를 함께 형성한다. 나중에 뉴턴은 달의 두 번째 운동의 근거를 운동 제1법칙으로 표현했는데, 그에 따르면 어떤 물체가 동형운동[8]을 한다면, 그것은 다른 능동적인 힘이 작용하지 않는 한 그 자리에 머물러 있다.

뉴턴은 이 법칙을 비롯해서 운동의 세 법칙들[9]을 1687년에야 《수학적 원리》 안에 넣어 발표했다. 이 위대한 저서는 특히 천문학자 에드몬드 할리(Edmond Halley)의 압력으로 썼다고 한다. 할리는 그에게 행성들의 타원궤도들을, 그 궤도에 작용하는 힘에서 도출하라고 요청했었다. 뉴턴은 그렇게 했고, 1684년과 1687년 사이에 500페이지 이상 되는 방대한 양의 논문을 집필했다. 거기서 그는 역학의 수많은 현대적 구상들을 도입했을 뿐만 아니라 그 구상을 서술하는 기준 역시 정립했다. 뉴턴은 라틴어로 글을 썼고, 증명이 끝난 후에는 유명한 3개의 철자 QED[10]를 남겼다.

《원리》에는 '질량점'이라는 개념이 도입되었다. 이 개념으로 뉴턴은 수학적 크기와 수학적 방정식을 써서 실제 물체를 다룰 수 있었다. 뉴턴은 수뿐만 아니라 질량과 가속도 같은 물리적 크기도 아무 거리낌 없이 서로 곱한 최초의 과학자였다. 이렇게 물리학 이론들을 기하학적 방식으로 표현했고 그에 따른 우주 모델을 제공했다. 또 그는 원격 작용하는 힘들에 의해 질량점들이 상호간에 영향을 준다는 전제를 세웠다. 이 전제는 물리학의 패러다임이 되어 아인슈타인 이전까지 계속 이어져 내려왔다.

뉴턴 물리학의 가장 중요한 용어는 뭐니 뭐니 해도 관성이다. 앞서 언급한 뉴턴 제1의 법칙은 짧게 관성법칙이라고도 불린다. 모든 물체는 질량을 소유하는데, 질량에는 관성이라는 고유한 특성이 있다. 외부의 힘들이 작용해 변화를 주지 않는 한 물체는 운동상태를 계속 유지하려는 특성을 지닌다. 물리학적 관성은 우리 자신도 매일 체험한다. 예컨대 자동차를 타고 있다가 갑자기 브레이크를 걸어야 하는 상황을 생각해 보라. 그때 우리가 안전벨트 등을 이용해서 자신에게 브레이크를 걸지 않으면, 자동차가 멈추기 전의 속도로 인해 우리 몸은 앞으로 쏠리고 끔찍한 결과를 맞이하게 될지도 모른다. 관성의 작용은 이렇게 철저하고 명백하게 펼쳐질 수도 있지만, 더러는 인간의 머리로 이해하기가 모호할 때도 있다. 눈앞에 보이는 현상이 관성의 법칙에 위배될 때 그렇다. 예를 들어 우리는 걸어가다가 갑자기 아무 힘도 사용하지 않으면 그대로 멈추는데, 그때 우리가 들고 있는 쇼핑백도 관성의 법칙과는 상관없이 멈추어 있는 듯 보인다.

그 동안 여러 심리학적 실험을 통해 관성이 상식에서 벗어나는 개념이라는 사실이 입증되었다.[11] 프랑스 철학자 가스통 바슐라르가 말했듯, 뉴턴 이후 물리학은 상식에 위배되는 과학적 인식들로 점철된 학문이다. 뉴턴 이래로 과학은 반(反)직관적인 학문이다. 이런 난점에도 불구하고 실제 운동에서 나타난 사실을 제대로 이해한 뉴턴의 천재성만큼은 분명히 칭찬해야 한다. 하지만 그렇다면 그런 내용을 담은 학문을 어떻게 일반인들에게 전달해야 하느냐는 문제가 발생한다. 일반인들의 사고능력으로는 사실을 올바로 이해하기 전에 곧바로 암

초에 부딪히기 때문이다. 그래서 과학을 공부하는 사람에게는 비인간적인 고된 노력이 필요하다.

아마 괴테가 뉴턴을 거부한 이유도 1700년 이후 과학의, 인간적으로 이해할 수 없는 이런 측면과 연관되어 있을 것이다. 즉 뉴턴이 가시적인 것을 비가시적인 것으로 환원하고 전체를 부분으로 분할하며 해체에서 쾌감을 느끼는 거장이었다는 점이 중요했다. 빛과 색을 연구하면서 뉴턴은 흰색으로 지각되는 태양광이 무지개를 구성하는 색들의 혼합이라고 역설했다. 프리즘에서 빛을 굴절시키고 어두운 실험실에서 스펙트럼을 인공적으로 생산함으로써 뉴턴은 빛의 문제에서도 하늘과 땅에 새로운 것은 없다는 사실을 보여주었다. 다른 말로 하자면, 빛과 색에 관해서도 보편적인 법칙이 존재하며 그 법칙을 발견해야 한다는 것이다. 질량점을 가정함으로써 역학에서 성공을 거두었기 때문에 뉴턴은 그 개념을 빛에도 적용했다. 프리즘 분광이란 작은 빛공들과 물질의 구성성분이 탄력적으로 충돌을 일으킴으로써 발생한다고 설명했다.

명확하지 않은 뉴턴의 견해를 더 자세히 고찰하지는 않겠다(이 견해로 그는 빛의 본성을 설명할 뿐 아니라 로버트 후크 같은 비판자들의 항의에 맞서고자 했다). 하나가 되기 어려운 두 개의 물리학 모델[12]을 우리에게 남겨주었기 때문에 무시하려는 것은 아니다. 하지만 뉴턴의 색 이론이 결코 순수하게 물리학적인 결과만을 낳지는 않았다는 점을 확실히 해두자. 그의 프리즘이 생산한 스펙트럼을 우리는 당연히 알지 못한다. 그때 그는 정말 7가지의 색, 즉 빨주노초파남보를 보지는 않았을 테지만, 그럼에도 7가지의 색이 존재한다고 말했다. 그는 체계적이 아니라 순수하게 경험적으로 연구했고, 사물의 조화 이론을 염두에 두었기 때문이다. 이것은 7이라는 수와 관련된다. 하늘에는 7개의 행성이 있고 옥타브에는 7개의 음이 있다. 실제로 뉴턴은 색 스펙트럼을 음악적으로 분할했다. 빨주노초파남보 7가지 색은 D-E-F-G-A-B-C 7가지 음에 부합한다는 것이다. 그리고 자신의 (보편적인) 감각에 부합하듯, 빨강에서 보라로 이어지는 스펙트럼 선을 원으로 묶으면서 비(非)물리학적 행보를 계속한다. 그가 이용한 것은 빛의 특성이 아니라 뇌의 구조적 행위인 색원(色原)이었다.

여기서 뉴턴이 눈앞에 주어진 전체, 즉 태양광선을 분해한 것은 사고 속의 전체, 즉 색원을 창출하기 위해서였을 뿐이다. 이상하게 보이지만, 괴테는 그런 사실을 알지 못했다. 그러나 그럴 만한 이유가 있었다. 괴테는 아마도 뉴턴을 전혀 이해할 생각이 없었고, 뉴턴에 대한 논쟁을 지금 우리와는 다른 차원에서 전개했기 때문이다.[13] 괴테에게는 무엇보다 색 지각의 주관적인 측면이, 뉴턴에게는 색을 설명하는 객관적인 측면이 중요했다. '주관적'과 '객관적'이라는 말 대신 우리는 '사적(私的)', 그리고 '일반적' 내지 '공적'이라는 단어를 쓸 수도 있다. 그렇다면 뉴턴에게 극단적으로 중요했던 구분을 이해하게 된다. 이 점은 사람들이 오랫동안 주목하지 않은 한 원고에 잘 드러나 있다. 1670년 이후에 쓴 《식물계의 명료한 법칙들과 자연의 진행과정》에서 그는 이제 역학을 넘어서서 섬세한 감각을 통한 관심을 필요로 하는 운동, 즉 유기체의 성장에 열중하고자 했다. 유기적인 발달은 '식물적'이라고 표현된다. "자연의 과정들은 식물적이거나 순수하게 역학적인 것, 둘 중 하나이다."

성장과 생명, 이것들은 뉴턴의 (여전히 연금술적인) 시대에 식물과 동물뿐 아니라 금속에게도 해당하는 과정이었다. 인간의 기술은 자연을 두 가지 방법으로 모방해야 했다. 뉴턴의 구분에 따르면 역학적인 변화들을 모방하는 기술은 일상적이며 "천박한 화학"에 부합하는 반면, 식물적인 발달 과정을 유발하는 기술은 "더 섬세하고 비밀스러우며 고귀한 작업 방식"을 요구한다. 여기서 주목할 단어는 '비밀스러운'이다. 뉴턴이 이 단어를 강조한 이유는 인간이 성공을 거둘 경우 신과 유사한 권력을 획득할 것이기 때문이다. 그것도 뉴턴이 성장의 원칙으로 명명한 "식물적인 정신" 위를 군림할 것이기 때문이다. 이 원칙을 그는 "모든 물질을 통과하는, 비범하게 정교하며 상상할 수 없이 작은 물질 덩어리"라고 상상했다.

엄격한 신앙을 가진 뉴턴에게 이 식물적 정신의 창조자는 신이었다. 식물적 정신은 신의 효력을 표출하고 당연히 성스러운 일을 하며, 그에 대한 인간의 모든 경험은 비밀스러워야 했다. 뉴턴이 든 예에 따르면, 적어도 실험실에 관객을 불러들인 화학자 로버트 보일처럼 '천박한' 과학자의 눈에는 비밀스러워야 했다.

뉴턴이 특히 연금술사의 글과 지혜에 그렇게 열중했던 이유는, 신을 계시하는 비밀스러운 지식이 거기 들어 있다고 확신했기 때문이다. 그는 원초적 카오스로부터 세계의 질서를 창조한 것이 '신의 위대한 연금술'이라고 추측했고, 연금술사들이 실험실에서 현자의 돌을 가지고 했던 것처럼 식물적 정신의 도움으로 물질을 가공했다. 그러므로 연금술은 창조의 행위였다. 1685년 뉴턴은 이렇게 말했다.

"어두운 카오스로부터 에테르의 창공과 물을 땅에서 분리함으로써 세계가 창조된 것처럼, 우리의 일은 물질의 원소들과 조명을 분리함으로써 검은 카오스로부터 태어난 시초들과 '제1질료(prima materia)'를 알아내는 것이다."

일설에 따르면 뉴턴은 연금술 실험에 사용한 수은에 중독되어 죽었다고 한다. 그러나 당시 벌써 노령이었기 때문에 사인이 무엇인지는 정확히 알 수 없다. 우리는 그의 원동력이 무엇이었는지를 이해하기 전에 분명 뉴턴만큼 나이를 먹을 것이다. 우회적으로나마 말해보자면, 그는 연금술사로서 그리고 합리적인 자연과학자로서 신의 창조법칙을 그려보고자 했다. 뉴턴은 모든 물리학 이론들을 기하학적 공식으로 작성했다. 기하학을 신의 학문으로 여겼기 때문이다. 그 학문의 위대함은 우주공간이 그렇듯이 세속적인 물리학적 특성을 통해서가 아니라 단지 신적인 질(質)로서만 이해할 수 있다는 것이다. 예를 들어 그는 우주공간을 '신의 발산작용'으로 보았고, 《수학적 원리》의 서문에서 묘사한 것처럼 우주공간을 숭배했다.

"신은 영원히 존속한다. 또한 신은 도처에 현존한다. 신은 언제나 도처에 존재하기에 시간과 공간을 창조한다. 모든 것은 신 안에 포함되고 신에 의해 움직인다."

이 원칙은 인간에게도 적용된다. 그리고 신에 의해 움직인 사람들 중 하나가 뉴턴 자신이었다. 그는 결코 휴식하지 않았고, 그의 정신 역시 마찬가지였다. 오늘날 우리에게 이르기까지 말이다.

1 만약 지금 어떤 학생이 뉴턴의 미적분을 꼭 공부해야 하느냐고 묻는다면, 이 질문 역시 웃음을 사게 될 것이다. 미적분이라는 말 대신 때로는 '해석학' 이나 '적분 및 미분계산' 이라는 용어가 사용되기도 한다. 이 수학 기술은 변수를 조절하여 0에 가깝도록 가게 만들고 — 그러면 변수들은 무한소가 된다 — 변수에 좌우되는 값들이 이때 어떻게 변화하는지를 파악하는 계산이다. 미적분학은 운동을 수학적으로 정확하게 이해하고자 할 때 꼭 필요하다. 운동방정식 내지 운동법칙의 전제조건을 제공하기 때문이다.

2 존 콘듀이트의 기록에 의하면 이때 실제로 전설적인 사과가 그의 머리에 떨어졌다고 한다. 콘듀이트는 뉴턴의 조카딸 캐서린과 결혼했고 결국 뉴턴의 유산 관리인이 되었다.

3 르네상스의 학자들이 발굴한 고대 연금술 텍스트들은 신격화된 한 이집트 현자의 저서로 간주되었다. 이집트에서는 이 인물을 토트(Toth)라고 불렀고, 그리스에서는 헤르메스, 로마에서는 메르쿠르라고 불렀다. 1600년 이후로 '헤르메스의(hermetisch)' 글이라는 표현이 생겼고, 글의 저자를 '헤르메스 트리스메기스토스(세 배로 위대한 자, 헤르메스)' 라고 불렀다. 헤르메스 트리스메기스토스가 철학자이자 사제이며 왕이었다는 가정 하에 그런 이름을 붙인 것이다. 심지어는 그를 전 기독교인의 정신적 아버지로 여기는 부류도 있었다. '헤르메스 트리스메기스토스' 라는 이름의 개인 저자는 비록 존재하지 않지만, 그가 쓴 것이라는 텍스트들을 평가절하해서는 안된다. 전 유럽에 널리 알려지고 큰 여파를 몰고 온 책들이다.

4 많은 역사가들은 뉴턴이 자신에게 어깨를 빌려준 거인들에게 이런 자세를 취했다고 해석한다. 실제로 그가 당시 통상적 어법을 선택한 이유는, 로버트 후크가 제기한 표절 비난에 맞서 스스로를 변호하기 위해서였다.

5 덧붙이자면 뉴턴의 이력사항과 관련해서 약간의 골칫거리가 있다. 1582년 이래로 유럽에는 율리우스력과 그레고리우스력이 혼용되었다. 현재 우리는 그레고리우스력으로 날짜를 세지만 영국은 1752년까지 율리우스력을 선호했다. 뉴턴은 옛날식 달력으로는 1642년 크리스마스에 태어났지만 새로운 달력으로 계산하면 1643년 1월 4일에 태어난 셈이다. 사망일자는 더 복잡하다. 율리우스력에서는 — 즉 뉴턴이 살던 시대 영국에서는 — 한 해가 3월 25일에야 시작한다. 뉴턴은 3월에 사망했는데, 율리우스력으로는 1726년 3월 20일이며 그레고리우스력으로는 1727년 3월 21일이 된다. 어떻든 위대한 학자 뉴턴은 80세가 넘도록 장수했다.

6 1658년《자연 마법》이라는 으뜸가는 교본이 출간되었다. 저자 조반니 델라 포르타는 어리석은 마술 따위를 염두에 두고 쓴 책이 아니라고 강조했다. '마법이란 사물의 자연적인 과정을 아는 것이다." 17세

기의 마법 개념은 우리 시대가 이해하는 것과는 달랐다.

7 행성궤도에 관한 케플러 제3법칙을 말한다.

8 정지상태는 속도가 0인 동형운동의 특수한 예이다.

9 운동 제2법칙은 하나의 힘(K)이 어떤 물체의 가속도(B)를 야기한다는 것이다. 힘은 물체의 중량 M에 비례한다. 즉 K=M·B이다. 제3법칙은 힘과 저항력이 같아야 한다고 규정한다(Actio=Reactio).

10 증명이 끝났음을 뜻하는 라틴어 Quod erat demonstrandum의 약어. QEI(Quod erat inveniendum)라고도 쓴다.

11 이에 관해 자세한 것은 필자의 책《상식 비판》에 나와 있다. Hamburg 1988.

12 뉴턴은 순수한 입자 이론과 더불어 상호작용 모델도 제시했다. 후자의 경우 빛의 입자들은 주변의 엷은 에테르를 흔들리게 만든다.

13 단순하게 말해서 뉴턴과 괴테는 상호보완적으로 색에 몰두했다. 괴테가 단순하게 본 태양광선이 뉴턴 에게는 많은 요소로 조합된 것이었다. 또 뉴턴이 색과 색의 파장을 단순하게 파악한 반면 괴테는 색과 색의 지각을 매우 복잡하게 이해했다.

5장

근대의 고전가들

앙투안 라부아지에
마이클 패러데이
찰스 다윈
제임스 클라크 맥스웰

백년의 세월, 뉴턴의 탄생과 라부아지에의 탄생 사이에 흘러간 시간이다. 화학이 물리학에 비해 그만큼 뒤늦게 출발했다는 증거이기도 하다. 화학 산업이 자리를 잡은 것은 19세기에 이르러서였다. 같은 시대 두 명의 물리학자(패러데이와 맥스웰)는 오늘날 콘센트로부터 전류를, 라디오로부터 음악을 허락한 기술의 토대를 마련했다. 그들이 발견한 것들을 사용하기는 쉽지 않았다. 패러데이는 자신의 발명에서 무엇이 유익하냐는 질문에 고전적인 반문을 제기했다. "갓난아기에게서 유익한 것은 무엇입니까?" 당시의 급속한 발전은, 오늘날 진화라고 불리는 생명의 느린 변천에 열린 시각을 허락했다. 다윈은 아무런 의도 없이 진화를 인식했고, 그때부터 생물학에 중대한 의미가 부여되었다.

앙투안 라부아지에

일개 세금징수원의 너무 위대한 혁명

Antoine Lavoisier

앙투안 라부아지에에게 화학은 여가활동이었다. 하루일과를 엄격하게 계획한 그는 정확하게 오전 6시부터 8시까지와 저녁 7시부터 10시까지만 화학실험을 했다. 1771년 28세 때 아내로 맞은 마리 안 폴츠가 항상 헌신적인 조수 역할을 했다.[1] 아침과 저녁 실험 사이의 나머지 긴 시간은 세금징수라는 본업에 충실했다.[2]

그는 변호사인 아버지에게서 물려받은 50만 프랑으로 세금징수 기업을 사들였다. 오늘날의 개인세무서 같은 것이었다. 그러나 라부아지에는 개인적으로 큰돈을 벌겠다는 욕심은 없었다. 아버지의 유산만으로도 경제적인 어려움은 전혀 없었고, 따라서 세금징수에서 번 모든 돈은 오로지 개인 실험실 설비를 위해서만 썼다. 그의 실험실은 실제로 다른 어떤 경쟁상대보다도 훌륭한 장비를 갖추고 있었다. 그러나 사회적 갈등이 점점 깊어지던 시대였기에, 그의 회사는 일반 국민들에게 지독한 미움을 받았다. 위대한 화학자라고 해서 국민의 증오와 분노를 피해갈 수는 없었다. 결국 프랑스혁명이 성공하자 혁명 지도부는 구체제의 대표자들을 체계적으로 숙청하기 시작했다. 라부아지에 역시 체포되었고, 그의 실험실은 압수당해 곧 파괴되었다.

　라부아지에에게 핍박을 가한 사람은 저 유명하고 악명 높은 장 폴 마라[3]였다. 마라는 저널리스트로 활동하던 1780년 프랑스 과학아카데미에 얼토당토 않은 몇 가지 자료들을 제출하며 받아줄 것을 요청했다. 당시 라부아지에는 '학자인 척하는' 마라를 경멸조로 퇴짜 놓았다. 이제 상황이 바뀌어 마라는 12년 전에 받은 모욕을 떠올리며 라부아지에를 기요틴의 제물로 삼았다. 1794년 5월 8일 딱 50세가 된 근대 화학의 창시자는 기요틴에서 목숨을 잃었다. 자신의 분야에서 유례없는 과학적 혁명을 성취한 라부아지에가 정치사회적 혁명 앞에서는 무릎을 꿇고 만 것이다. 그의 머리가 땅에 떨어졌을 때, 구경하던 프랑스 수학자 조셉 라그랑주는 시계를 바라보며 다음과 같은 유명한 말을 남겼다. "그의 머리를 받는 데는 1초면 충분하지만, 비슷한 머리를 다시 키우기 위해서는 아마도 100년의 세월이 흘러야 할 것이다." 실제로 라그랑주가 우려했던 것보다 더 긴 세월이 필요했다.

배경

　앙투안 로랑 라부아지에가 1743년 파리에서 태어났을 때, 스웨덴 과학자 셀시우스는 현재까지 통용되는 섭씨온도 체계를 제안했다. 2년 후에 잔 앙투아네트 프아종이라는 이름의 여인이 루이 15세의 정부 자리를 얻었는데, 그녀가 훗날의 마담 드 퐁파두르이다. 같은 해 프랑스 자연과학자 샤를 보네는 진딧물의 병인론을 발견했다. 1747년에는 황산을 산업적으로 생산하기 시작했고, 1년 후에는 몽테스키외가 대작 《법의 정신》을 출간했다.

1752년 로뮈르(Réaumur)는 소화가 기계적인 과정만은 아니며 위산이 관여하고 있다는 사실을 알아냈다. 같은 해 북아메리카에서 벤자민 프랭클린은 최초의 피뢰침을 제작했는데, 이 도구는 하늘의 정령들을 철폐하고 과학자의 능력을 신뢰할 계기를 창출했다. 프랑스에서 보캉송은 자동으로 작동하는 유명한 피리 연주 기계를 선보였다. 1753년 린네는 종 분류를 위한 전문용어 체계를 완성했고, 2년 후 임마누엘 칸트는 《보편적 자연사와 우주 이론》을 발표했다. 이 책에서 칸트는 통상적인 성서의 계산을 훨씬 뛰어넘는 엄청난 나이를 지구에 부과했다. 덧붙여 창조가 아직 완성되지 않았다는 가정을 하기도 했다. 1756년에는 시멘트가 발명되고 모차르트가 태어났다.

1774년 루이 16세가 왕좌에 올랐고, 1775년에는 영국인 제임스 와트가 10년 전 발명한 증기기관의 특허권을 얻었다. 1776년 미국인들은 자유시민의 '행복추구권'을 담은 독립선언서를 고지했고, 아담 스미스는 《국부론》을 발표하면서 모든 것을 최상으로 인도하는, 시장의 보이지 않는 손을 칭송했다. 1777년 이탈리아 과학자 스팔란차니는 양서류 인공수정에 성공했다. 10년 후인 1787년은 문화적으로 위대한 한 해였다. 괴테가 《타우리스의 이피게니에》, 실러가 《돈 카를로스》를 완성했고 프라하에서 모차르트의 〈돈 조반니〉 초연이 열렸다.

2년 후 프랑스혁명이 발발했고, 미국에서 최초로 특허법이 제정되었다. 1790년 르블랑은 소다를 인공 생산하는 방법을 찾아냈다. 산업혁명의 전형이 된 이 사건은 다가올 세기의 위대한 화학산업을 암시하는 성과였다. 1792년 파리에서는 혁명 달력이 통용되었고, 1793년 아카데미와 대학들이 문을 닫았다. 1794년에는 라부아지에뿐만 아니라 콩도르세 후작 역시 혁명의 희생양이 되었다. 과학을 통한 더 나은 삶을 인간에게 약속하는, 콩도르세 후작의《인간 정신 진보의 역사적 개관 초고》는 이미 완성된 상태였다. 현재까지도 큰 영향을 미친 이 진보선언서는 1795년 발표된다. 같은 해 미터법이 도입되었다.

초상

라부아지에의 중요한 성과가 무엇인지를 한 문장으로 답하라고 하면, 이렇게 말하면 된다. "라부아지에는 저울로 화학의 혁명을 달성했다." 체계적이고 지능적인 저울 사용으로 화학은 비로소 정밀한 과학이 되었다. 여기서 당연히 강조되어야 할 것은, 라부아지에가 정확한 분석을 위해 꼭 필요한 고품질의 저울을 만들거나 구입하려고 많은 돈을 지출했다는 사실이다. 저울을 통해 신중하고 고집스럽게 측정한 결과 라부아지에는 오늘날까지 통용되는 기본 원칙을 수립할 수 있었다. 아주 단순한 원칙이다. "어떤 것도 사라지지 않는다. 어떤 것도 발생하지 않는다." 물리학의 에너지원칙[4]과 비교해서 '화학의 질량원칙'이라고 말한다면 좀 과도한 표현일까?

하지만 라부아지에가 처음부터 그런 높은 목표를 가졌던 것은 아니다. 그러기에는 스스로 인정했듯 그의 학문이 아직 성숙하지 않았다. 그러나 점차 그는 당시 물리학이 그랬듯이 면밀한 연구를 추구했고, 작업이 진행되면서 화합과 반응의 대수(代數)가 존재한다는 사실을 점점 더 굳게 확신했다. 그와 그의 동료들은 바로 그 대수를 연구하고 분석하고자 했다.

라부아지에는 일찍이 양적인 연관관계에 관심을 가졌고 어린 시절부터 과학을 좋아했다. 처음에는 아버지의 직업을 물려받을 생각으로 파리 법과대학에서 법학공부를 마쳤다. 하지만 생활을 꾸려가는 데 충분한 재산을 항상 가지고 있었기 때문에, 대학공부를 마친 후 원래의 관심사에 자유롭게 매진할 수 있었다. 우선 지질학, 식물학과 천문학에 힘을 쏟았고 20대에는 화학에 관심을 돌렸다. 1768년 25세의 나이로 그는 파리 과학아카데미의 회원이 되는 데 성공했다.[5]

저울의 가치를 입증한 첫번째 출판물은 벌써 4년 전에 나와 있었다. 1764년, 젊은 라부아지에는 무기질 석고를 조심스럽게 가열하고 거기서 매우 꼼꼼하게 물을 유리해 내 무게를 쟀다. 이렇게 측정한 결과 이 물의 양은 사용 가능한 석고를 얻기 위해 반죽할 때 첨가해야 하는 물의 양과 정확히 일치한다는 사실이 밝혀졌다. 이 양적인 성과는 앞으로 몇 년 동안 그가 연구할 화학의 질(質)이 어떤 모습일지를 결정지었다.

과학자들은 자연의 비밀에 한발 더 다가가기 위해 날마다 반복하는 실험이 특별히 성공적인 결과를 낳을 때면 가끔 하늘을 나는 듯한 느낌을 받는다고 말하곤 한다.[6] 그렇게 보면 라부아지에에게 하늘의 절반은 재료의 무게를 측정하는 일이었고 나머지 절반은 가열하거나 불에 태우는 일이었다. 이 두 가지 기술 원칙으로 인해 그는 화학 외에도 후세에 길이 명성을 떨칠 유명한 업적을 완성할 수 있었다. 그것은 생명 유지의 핵심인 산소를 발견하는 길을 닦기도 한, 소위 플로지스톤(Phlogiston) 이론 반박이었다.[7]

플로지스톤, 혹은 열소(熱素)란 당시 화학자들이 물체를 불에 태웠을 때 방출되는 것을 부르는 개념이었다. 누구나 경험으로 알겠지만 모든 물질은 불꽃 속에서 무엇인가를 소실한다. 타오르는 불과 함께 기체 형태의 물질이 새어나오는 것을 목격할 수 있는데, 이것을 당시 학자들은 플로지스톤이라고 불렀다. 이 이름 뒤에는 독일의 화학자 게오르크 에른스트 슈탈이 제창한, 전체적으로 상당히 복잡한 이론이 숨어 있다. 슈탈은 18세기 초 여러 종류의 화학 과정과 화합물 생성을 설명하는 최초의 화학적 체계를 세웠다. 그의 광범위한 구상 중에서 연소 가능성이라는 측면만을 한정해서 보기로 하자. 적어도 라부아지에의 검토 결과가 나온 이후로, 플로지스톤은 존재하지 않는다는 것이 정설이다. 그러나 이 가상의 물질에는 지금까지도 특별한 의미가 있다. 그것은 상식에만 기대고 실제 측정을 통해 결론을 도출하지 않으면 오류를 범할 수 있다는 좋은 실례를 과학사에 제공하기 때문이다. 예컨대 저울로 무게를 재서 어떤 물질이 불에 탄 후 재가 되면 실제로 더 가벼워지는지 아닌지를 입증해야만 한다는 것이다.[8]

모든 상황이 변한 것은 1772년 채 30세가 안된 라부아지에가 유황과 인을 태워 이전과 이후의 무게를 측정했을 때였다. 결과가 워낙 특이하고 충격적이라서 그는 두 가지 조치를 취했다. 일단 1772년 11월 파리 아카데미에 결과를 담은 서한을 봉인해서 전달했고 ─ "내 과학적 발견임을 확증하기 위해"라고 그는 썼다 ─ 다음으로 자기 실험에 오류가 없으며 "슈탈 이래로 가장 기이한 발견들 중 하나"를 해냈음을 실증하기 위해 곧바로 수많은 실험을 이어갔다.

1773년 2월 그는 스스로 표현했듯 '화학의 혁명'을 일으킬 실험을 마쳤고, 그해 5월 5일에 봉인된 서한을 공개할 것을 허락했다. 텍스트는 이런 문장으로 시작했다. "약 8일 전에 나는 유황을 불에 태우면 무게를 잃기는커녕 반대로 더 무거워진다는 사실을 발견했습니다." 이어서 라부아지에는 불에 타는 물질들이 다른 물질과 화합한다는 자명한 결론을 끌어내면서 그때 공기 혹은 공기의 일부가 중요한 역할을 한다고 제시했다.

물론 오늘날 사람들이 보기에는 별로 충격적이지 않은 결론이다. 그러나 그가 어떤 화학 내지 어떤 화학적 모델에 대항해 그런 결론을 냈는지를 생각해 보면 그의 본질적인 성과가 무엇인지 인식할 수 있다. 라부아지에는 한편으로는 불, 땅, 물, 공기가 4대 원소라는 고대의 오래된 원소 이론에 맞섰고, 다른 한편으로는 유황, 수은과 소금이라는 세 개의 근원물질로부터 출발해서 자연물로부터 가치 있는 것(프리마 마테리아)을 해방하고자 근원물질들로 '현자의 돌'을 완성하려는, 전래의 연금술 사고방식에 맞서 나아갔다.

그렇게 보면, 노란 물질이 불꽃을 만날 때 공기와 유황이 하나가 된다는 제안은 쉽게 할 수 있는 일이 아니었다. 그러나 더 놀라운 것은, 연소 과정에는 공기의 일부만 관여한다는 생각을 감히 했다는 사실이다. 이 경우 공기 자체는 원소가 아니라는 것이다. 아리스토텔레스 이후 서구 사회가 가정했고 1766년 피에르 조셉 마케르가《화학사전》에서 다시 한 번 명시적으로 확언한 원칙에는 완전히 위배되는 주장이었다. 마케르의《화학사전》에 보면 '원소'라는 항목에서 이런 글을 읽을 수 있다. "화학에서 불, 공기, 물, 땅을 단순 물질로 볼 수 있다." 뿐만 아니라 심지어는 "그렇게 보아야만 한다."

라부아지에가 이처럼 고대 원소 이론을 철폐한 것은 그의 두 번째 혁명적 성과였다. 그러나 상황을 더 상세히 살펴보기 전에, 먼저 그가 플로지스톤 이론을 추방하면서 어떤 결정적인 실험을 했는지를 살펴보자. 유황을 불에 태워 무게를 잰 후 라부아지에는 주석과 아연 같은 금속들을 그릇에 담고 뚜껑을 닫은 다음 불에 태웠다.[9] 우선 그는 닫힌 상태인 그릇의 무게에는 아무 변화가 없음을 관찰했다. 뚜껑을 열어 공기가 내부로 들어간 후에야 변화가 발생했다. 지극히 세밀한 저울의 도움으로 측정한 결과, 용기 안에 들어간 공기 무게는 원래 금속과 연소된 금속 간의 차이와 같다는 사실이 확인되었다. 그럼으로써 그는 플로지스톤이라는 유령을 영구히 추방했고, 과학 역사의 각주 자리로 밀려나게 만들었다.

라부아지에의 결과물은 같은 해(1773년) 발표되었다. 한편 영국인 조셉 프리스틀리는 공기가 여러 성분으로 구성되었음을 알아냈고, 그 성분들 중 하나만이 특히 양초를 태우기에 적합하다고 지적했다. 두 사람은 파리에서 만나 공기의 조합을 과학적으로 규정하기 위한 대화를 나누었다. 전문어까지 통역할 수 있는 라부아지에 부인의 도움이 필요했다. 프리스틀리는 슈탈의 플로지스톤 이론의 신봉자로, '플로지스톤을 제거한 공기'에 관해 말했다. 그러나 라부아지에는 가열 과정에서 오늘날 산소라고 부르는 공기의 활동적 성분이 중요하다는 점을 잘 알고 있었다. 프리스틀리가 동료 슈탈의 발견이 지나친 것이었음을 확신하는 데는 아직 1~2년의 시간이 더 필요했다. 게다가 그의 입장은 라부아지에가 이미 1773년 끝어낸 최종적인 결론, 즉 공기는 원소가 아니며 적어도 두 가지 이상의 성분으로 구성되었다는 결론에 비하면 뒤늦은 것이었다.

라부아지에는 또다른 많은 실험 끝에 공기의 두 성분을 생물학적 측면에서 매우 정확하게 구분할 수 있었다. '들이마시기에 대단히 훌륭한 공기', 즉 '산소'가 그 중 하나였고, 산소와는 반대로 작용하는 다른 하나는 오늘날 '질소'라고 부르는 성분이었다. 질소에 처음으로 이름을 붙인 사람도 라부아지에였는데, 그는 호흡에 반하는 성격을

가졌다는 의미로 이 기체를 '아조트(azote)'라고 불렀다.[10]

다음 몇 해 동안 이어진 또다른 실험들에서 그는 공기의 다른 성분을 밝혀냈다. 예를 들어 연소를 저지하고 생명체에 치명적인 '고정된 기체'가 있었고, ― 오늘날 이것은 이산화탄소라고 불린다 ― 무엇보다 쉽게 불붙고 급속하게 불을 포획하는 '가연성 기체'라는 이름의 성분이 있었다. 이 성과를 바탕으로 라부아지에는 고대 원소 이론의 또다른 버팀목을 무너뜨렸다. 1783년 그는 동료 피에르 라플라스와 공동으로 파리 과학아카데미 회원들 앞에서 이미 산소가 들어 있는 유리구에 이 '가연성 기체'를 관을 통해 주입했다. 두 기체가 만나 일어난 현상은 관중을 엄청난 충격에 빠뜨리기에 충분했다. 제3의 기체도 단순한 혼합물도 아닌, 태초부터 모든 사람이 알고 있는 무엇인가가 생성된 것이다. 유리구 안에는 물이 들어 있었다.

이 성공적인 시연과 함께 라부아지에는 고대의 4원소 이론에 최종적인 일격을 가했다. 그는 이렇게 확신했다. "물은 단일 원소가 아니다. 물은 가연성 기체와 생명 기체가 일정한 중량으로 결합한 것이다." 곧 라부아지에는 그 가연성 기체에, 실험 결과에 부합하는 수소 (水素)라는 이름을 붙였고, 이 이름은 오늘날까지도 통용되고 있다.

한 가지 추가해서 언급하자면, 라부아지에는 이로써 실제로 4대 원소 전부의 마법을 깨뜨릴 수 있었다. 앞서 우리가 불, 공기, 물에 관해 묘사한 실험을 그는 이미 1770년 이전에 흙에 대해서도 실시했는데, 그것은 당시 그가 구상한 가장 긴 실험이었다. 오랜 기간 물을 가열하면 흙으로 변화할 수 있다는 고대의 가설을 100일에 걸쳐 실험대에 올렸고, 이번에도 일견 전래의 가설이 입증되는 듯했다. 그릇 안에 물을 넣고 충분히 오래 끓이거나 보관하면 침전물이 발생하는 현상을 모두가 이미 알고 있었기 때문이다. 라부아지에는 유리그릇에 물을 넣어 역류냉각 상태에서 수개월 동안 끓였다. 마침내 규산이 그릇 아래 가라앉았다. 그러나 라부아지에가 확인한 바, 이것은 물이 흙으로 변화한 것이 아니라 이전에 물속에 풀어져 있던 물질이 가열로 인해 점점 떨어져 나온 것일 뿐이었다.

언급한 두 개의 성과, 즉 고대 원소 이론의 극복과 새로운 연소 이론으로 인해 라부아지에는 불멸의 명성을 획득하기에 충분한 존재가 되었다.[11] 그러나 그가 화학이라는 학문에 기여한 가장 큰 업적은 아직 나오지 않았다. 그것은 화학 분야의 새로운 전문용어 체계 수립을 말한다. 그가 세운 새로운 체계는 오늘날까지도 고수되고 있다.

세금징수원 라부아지에가 명칭과 용어를 정리하고 있을 무렵, 과학계는 믿기 어려운 혼란에 휩싸여 있었다. 대중에게 중요하다는 인상을 주기에는 지극히 복잡하고 사이비 같은 이름들이 쓰이고 있었던 것이다. 예를 들어 앞서 말한 플로지스톤(Phlogiston)이 그렇고, 황산을 비트리올 정령(Vitriolgeist)으로, 알코올을 와인 정령(Weingeist)으로, 산화철을 혈석(Blutstein)으로 불렀다. 그러나 무엇보다 큰 혼란을 초래한 것은 같은 대상을 부르는 명칭이 어마어마하게 많았다는 점이다. 예를 들어 라부아지에의 전문용어 체계에 의거해 현대 화학에서 마그네슘탄산염이라고 표현하는 물질에는 당시 무려 9가지 버전이 있었다.

반(反)플로지스톤 이론이 드디어 1787년경 효력을 발휘하기 시작하자, 라부아지에는 동료인 루이 베르나르 기통 드 모르보, 클로드 루이 베르톨레, 그리고 앙투안 푸르크로이와 만나 숙고를 거친 후 〈화학 전문용어 체계를 개혁하고 개선할 필수성에 관해〉라는 논문을 썼다. 그들은 화학이 그저 실제적으로 배우는 데 그치지 않고 언어적으로도 파악될 수 있기를 원했다. 네 명의 합작은 매우 성공적이었고, 몇 달이 지나지 않아 그들의 《화학 명명법》이 출판되었다. 거기서 처음으로 '산화물(Oxyd)', '유황(Sulfat)', '기(基, Radikal)' 같은 표현들이 등장해서 현재까지도 화학을 이해하고 매개하는 데 필수적인 용어로 사용되고 있다.

일련의 표 안에서 저자들은 더 이상 분해되지 않는 총 55개의 원소를 거명했다. 거기에는 특히 빛, 열소, 질소, 수소, 유황, 인, 탄소[12] 등과 당시 알려진 16개의 금속들(예를 들어 철과 납)이 들어 있었다. 원소들의 화합이나 반응을 명명할 때 라부아지에와 공동 저자들은 무엇보다, 연금술 용어들을 모두 배제하고자 애썼다. 그들의 목표는 화학실험 시 나타나는 특이한 과정들 — 냄새, 소음, 혼합물 등 — 을 일상적인 언어로 파악하는 것이었다. 그때 라부아지에는 프랑스 철학자 에티엔 보노 드 콩디야크(Etienne Bonnot de Condillac)에게서 많은 영향을 받았는데, 콩디야크는 "사유능력은 좋은 형태의 언어에 달려 있다"는 견해를 대변했고 학자들에게 그런 언어를 얻기 위해 노력하라고 충고했다.[13]

이 충고대로 라부아지에는 분명하고도 편안한 언어를 얻기 위해 노력했고, 무엇보다 그런 이유에서 '원소'가 무엇인지를 더 정확하게 정의하고자 했다. 이 일은 의무사항이기도 했다. 결국 그는 고대가 원소라고 간주했던 모든 것을 분해하고 해체했다. 오랜 기간 동안 출판되지 않은 《이념들의 자연 질서에 따라 서술된, 실험적 화학에 대한 강의》라는 제목의 원고(1780년)에서 그는 이렇게 제안한다.

"어떤 물질이 단순하고 분리 불가능하다는 것, 적어도 분해가 불가능하다는 것만으로는 원소라는 이름을 얻기에 충분하지 않다. 나아가 원소는 자연 속에 널리 퍼져 있어야 하고 본질적이며 구성적인 원칙으로서 수많은 물체들의 조합 속에 포함되어야 한다."

프랑스혁명의 해인 1789년 나온 핵심 저서 《화학 교과서》에서 그는 한 걸음 더 나아가, 아마도 임마누엘 칸트가 좋아했을 만한 위대하고도 결정적인 인식에 다다른다. 칸트는 1781년 나온 《순수이성비판》에서 학문의 인식에 관해 서술하면서, 자연에서 법칙들을 얻는 것이 아니라 반대로 법칙들이 자연을 규정한다고 역설했다. 자연법칙은 '발견'하는 것이 아니라 '발명'해야 한다는 것이다. 라부아지에는 바로 철학의 이런 방법을 실천했다. 그는 화학의 원소들이 자연으로부터 추출되는 것이 아니라 화학자의 실험 활동 결과물이라고 생각했다. 그는 앞서 언급한, 1789년의 논문 《반(反)플로지스톤 화학 체계》 도입부에 이렇게 썼다.

원소의 수와 본성에 관해 말하자면 내가 보기에 그 모든 것은 오직 형이상학적 탐구에만 국한된다. 어떤 불특정한 과제들이 있다. 사람들은 그것들을 해결하고자 하고, 또 무한한 방식의 해결 가능성이 존재한다. 하지만 아마도 그 과제들 중 어떤 것도 특별히 자연과 일치한다고 말할 수는 없다. 그러므로 우리는 나누어질 수 없는 단순한 입자들, 물체를 조합하는 입자들에 원소라는 이름을 부과할 뿐이지 그것들이 무엇인지 알지 못한다. 반대로 어떤 물체의 기본 소재 혹은 원소가, 분석이 도달하는 최고의 목표라고 본다면, 어떤 방법으로도 분해할 수 없는 모든 물질들은 우리에게 원소가 된다. 하지만 단순하다고 간주된 물체가 실제로 단일한 소재로 만들어졌는지 아니면 둘 이상의 소재로 조합되어 있는지는 정확하게 알 수 없다. 이 기본 소재를 분리할 수단이 우리에게는 없기 때문이다. 단지 그것들은 우리에게 단순한 물체처럼 보일 뿐이다. 그렇다면 우리는 경험과 관찰을 통해 사실을 입증하기 전까지 그것들이 조합되었다고 여겨서는 안된다.

이 정의를 통해 라부아지에는 화학의 전면적인 혁명을 야기했다. 화학은 이제 완전히 새롭고 현대적인 형태를 가질 수 있게 되었다. 원소는 분석의 종점인 동시에 체계적 명명의 시작점이 된다. 라부아지에는 가능성(실험)과 앎(이론)이 하나가 되는 핵심지점을 발굴해 냈고, 그럼으로써 동시에 두 개의 거대한 목표에 도달했다. 즉 모든 화학의 토대는 원소들이며, 원소들을 공부하는 기본적인 방법이 존재한다는 것이다. 마침내 화학의 시작은 한층 쉬워졌고, 화학은 위대한 시대를 맞이하게 된다.

마이클 패러데이

겸손한 제본공

 *Michal Faraday*

마이클 패러데이가 우리를 감동시키는 것은 과학적 성과 — 작게는 '패러데이 상자'[14]와 크게는 전기기술역학의 토대(예를 들어 전류발전기) — 때문만은 아니다. 패러데이는 무엇보다 겸손한 성품으로 인해 깊은 인상을 준다. 그는 항상 포기할 각오가 있었고 명예를 얻는 일도 철저히 거절했다. 그렇다고 자신의 발견이 지닌 가치를 인식하지 못한 것은 아니다. 1831년경 어떤 정치가가 물었다. "당신의 전기장치와 전선들은 대체 왜 필요한 것입니까?" 패러데이는 조금도 주저 없이 답했다. "지금은 잘 모르겠습니다. 하지만 언젠가는 그것들에 세금을 물릴 수 있을 것입니다."

패러데이는 실제로 자신의 일과 학문에 대해서는 결코 겸손하지 않았다. 그러나 자기 개인에 관해서는 매우 겸손했고 유보적이었다. 심지어는 연구를 위해 받을 수 있는 봉급을 포기하기도 했다. 그는 귀족계급으로 올라가기를 거부했고, 런던의 로열 소사이어티 회장 자리를 두 번이나 거절했다. 전반적으로 패러데이는 아이디어와 발견에 대해 주어지는 보답이나 대우를 잘못된 것으로 간주했다. "지적인 노력에 대해 상을 준다면 그 가치가 떨어진다고 나는 생각한다. 설사 협회나 아카데미가, 심지어 왕이나 통치자가 개입한다 해도 가치절하가 덜하지는 않을 것이다."

패러데이의 겸양과 무욕은 종교적인 성향에서 비롯한 것으로, 이는 훗날 과학적 업적들과 관련해서도 중요한 의미를 갖는다. 그의 집안은 할아버지 대부터 열렬한 기독교 근본주의 신봉자였다. 더욱이 패러데이는 30세이던 1821년 사라 버나드를 아내로 맞으면서 비(非)국교운동을 이끄는 가문의 일원이 되었다. 패러데이가 속한 '샌더만(Sandeman)' 파는 창시자인 스코틀랜드인 로버트 샌더만의 이름을 딴 종파로, 성서의 교리를 엄격하게 따를 것을 요구했다. 샌더만 파는 신으로부터 나온 자연법칙과 같은 도덕법칙이 존재한다는 것을 굳게 믿었으며, 성서가 지침을 내리지 않았다는 이유로 장례식을 거행하지 않았다.

샌더만 파 신도로서 그는 모든 요구를 그 자신에게만 제기해야 했다. 패러데이는 오늘날 말로 전자기 유도라 불리는 가장 중요한 발견을 동시대 및 후세에 선사해 준 시기에, 특히 개인적으로 포기의 미덕을 아주 크게 발휘했다. 1831년 전기와 자기 사이 상호작용의 단서를 찾았을 때, 그는 재정상태를 어느 정도 수준으로 유지하기 위해 해오던 모든 부수적 활동을 포기했다. 추가 벌이 없이 가정을 꾸려나가고 성공적인 실험 결과를 이어나갈 연구에 집중하기 위해, 그는 당시 영국 수상인 멜버른 경에게 아주 약간의 연구비 지원을 간청하는 편지를 보냈다. 경은 패러데이의 청원을 거부했다. 뿐만 아니라 자기 학문을 뽐내는 행동은 '천박한 허풍'이라고 표현하기까지 했다.

패러데이는 정계의 이런 반응에도 불구하고 학문적 목표를 향한 도전을 포기하지 않았다. 게다가 계속해서 자신의 연구 성과를 일반 대중에게 알리고 관심 있는 사람들에게 제공했다. 그는 천재일 뿐만 아니라 과학을 '대중화한 사람(popularizer)'이기도 했다. 1826년 그가 만든 '아이들을 위한 크리스마스 강연회'는 현재까지도 런던 로열 소사이어티의 전통으로 남아 있다.[15] 패러데이 자신도 거의 20번이나 강연회에 참여했고, 현재 영국의 20파운드 지폐에는 바로 그 강연하는 패러데이의 모습이 담겨 있다. 그의 가장 유명한 강의는 '양초의 자연사'였다. 이 강의는 책으로도 인쇄되어 지금까지 판매되고 있다. 패러데이는 아이들에게 과학을 소개하는 일을 좋아했다. 아내와의 사이에는 아이가 없었지만, 자신이 소년시절 여러 강의를 듣고 과학에 대한 열망을 얻고 연구의 세계로 향한 통로를 찾았던 사실을 잊지 않았다.

배경

1791년 패러데이가 태어났을 때, 빈에서는 모차르트가 사망했다. 이탈리아에서 갈바니는 개구리 다리에 전류를 가해 개구리 몸이 경련을 일으키는 모습을 관찰했다. 프랑스는 대혁명의 소용돌이 한가운데 있었고, 화학자 라부아지에 역시 1794년 기요틴의 희생양이 되었다. 같은 해 콩도르세 후작은 과학을 통해 인간의 미래가 개선되리라고 예견한 진보 선언 《인간 정신 진보의 역사적 개관 초고》를 집필한 후 감옥에서 세상을 떠났다. 1796년 영국인 의사 제너는 세계 최초로 천연두 예방접종을 실시했고, 독일에서는 최초의 《대화 사전》이 전6권으로 선보였는데, 이 시리즈는 훗날 브로크하우스 백과사전으로 발전한다. 1800년에는 이미 100여 개의 학술 정기간행물이 있었는데, 3개 중 하나가 전문적인 내용을 담고 있었다. 같은 해 프랑스 생물학자 라마르크는 '생물학'과 '진화' 개념을 제안했다. 1802년 영국의 물리학자 토머스 영은 빛의 파장 이론을 소개했고, 정치권에서는 노동법 사상이 만들어지기 시작했다. 9세 이하의 영국 어린이는 이제 하루에 12시간 이상 일해서는 안되었다(칼 마르크스는 패러데이보다 고작 3살 적다). 1810년 괴테는 색채론을 발표했고, 베를린 대학이 창설되었으며, 에센에서 크루프사(社)가 설립되었다.

패러데이가 1831년경 위대한 발견을 해냈을 때, 세계 인구는 십억을 넘어섰다. 헤겔과 괴테가 사망했고, 위대한 천재의 시대가 종말을 맞이했다. 몇 년 후에는 오늘날 세계 시장을 지배하는 거대 제약회사들의 대부분이 작은 약국의 형태로 문을 열었다. 화학 전문 잡지 중 70퍼센트는 약학에 편중되어 있었다. 1835년 독일 뉘른베르크와 퓌르트 사이에 철도가 개통되었고, 같은 해 콜트 권총이 발명되었으며(기관총이 나온 것은 1862년이었다), 1836년에는 빅토리아 여왕이 영국 왕위에 올랐다. 1844년에는 실레지아에서 직조공의 난이 발생했고, 1846년 영국에서 여성과 아동 대상으로 하루 10시간 이상 노동 금지법이 생겼으며, 1년 후에는 《공산당 선언》이 나왔다. 유럽은 바야흐로 혁명의 시대였다. 1850년 즈음 이미 1,000개의 학술 출판 기구가 존재했고, 200개 이상의 대학이 있었다. 호주를 향한 골드러시가 한창이었고, 이 신대륙의 주민은 매년 50퍼센트 이상 늘어났다. 1856년 네안데르탈인의 유골이 발견되었고, 콜타르로부터(그리고 그 부산물인 아닐린으로부터) 염료를 추출하는 방법이 개발되어 염료산업이 가능해졌다. 1867년 패러데이가 사망했을 때, 다윈과 멘델은 이미 대작을 출간했고, 노벨은 다이너마이트를 발명했다. 바그너는 〈트리스탄과 이졸데〉를 작곡했고, 칼 마르크스는 《자본론》을 시장에 내놓았다. 콩고의 자원이 개발되고 러시아는 알래스카를 미국에 팔았다.

초상

패러데이는 지극히 궁핍한 집안 출신이었다. 그가 어떤 과정을 거쳐 학문을 선택했는지를 들여다보면 놀라움을 금할 수 없다. 그는 런던의 슬럼가인 뉴잉턴 버츠에서, 찢어지게 가난한 편자공의 아들로 태어났다. 아버지는 자주 아팠기 때문에 정기적인 일자리를 찾을 수 없었고, 아들 마이클은 13세에 학교를 그만두고 제본공으로 일하며 돈을 벌어야 했다. 그러나 매일 긴 시간 힘들게 일해야 했음에도 불구하고, 책들은 그에게 고통의 대상이 아니라 오히려 중요한 경험이자 행운의 시작이었다. 소년 패러데이는 자신이 제본하는 텍스트들을 읽었고, 특히 과학에 관련된 글에 열중했다. 당시 과학의 핵심 테마는 전기였다. 20세가 안된 패러데이는 제본의 일감으로 주어진 《브리태니커 사전》에서 특히 전기에 관련된 부분을 마음껏 읽었다. 궁핍한 생활에도 불구하고 그는 작은 실험을 하고자 소위 라이덴 병[16]의 필수 부속품을 구입하기도 했다.

그러던 어느 날 아주 특별한 책 한 권이 패러데이의 삶에 결정적인 전환점을 가져다주었다. 1812년 패러데이는 당시 런던의 유명한 전기화학자 험프리 데이비 경의 강의를 들을 기회를 얻었다. 패러데이는 강의 내용을 신중하게 필기했고, 이 노트를 집에서 공부하며 결국 책으로 묶어냈다. 이 작은 책이 그에게 행운을 가져다주었다. 얼마 지나지 않아 데이비 경이 실험실에서 작은 사고를 당해 실험조수를 채용하기로 했기 때문이다. 패러데이가 강의노트를 필기했다는 사실을 들은 경은 1813년 그를 채용했다. 패러데이는 이제 목표에 한 걸음 다가갔다. 데이비에게서 1주일에 고작 1기니만을 받았던 그는 제본공으로 일할 때보다도 벌이가 더 적었지만 상관하지 않았다. 그의 경력 대부분은 22세 때 실험조수로 들어간 이 왕립 과학연구소에서 형성되었다.[17] 패러데이는 연구소에서 조수와 정회원 자리를 거쳐 1825년 주임에까지 승진했다. 그러나 봉급은 여전히 적었기에 강의 형태의 부업으로 살림을 꾸려갔다.

이제 패러데이는 화학자로서 독립적인 연구를 시작했다. 이 연구는 예컨대 끓이거나 혼합함으로써 물질의 변화를 살피는 것이었다. 그것은 패러데이가 일생 동안 심중에 둔 심오한 주제로, 오늘날 우리도 여전히 관심을 가지고 있다.[18] 지방질 기름을 증류한 첫번째 실험에서 그는 저 유명한 벤젠을 발견했다. 물론 벤젠의 분자식 C_6H_6은 제대로 알아내지 못했지만 말이다. 바로 직후 그는 낮은 온도에서 염소 가스를 액화하는 데 성공함으로써 주변 사람들에게 큰 충격을 주었다. 당시만 해도 사람들 대부분은 기체가 영속적인 존재이며 세계의 또다른 원소 같은 것이라고 생각했기 때문이다. 반면 패러데이에게 이런 성과는 두 가지 사실이 결정적인 역할을 했다. 첫째로 염소 실험에서 나타났듯이, 기체 형태의 자연현상도 변화할 수 있다는 사실이다. 따라서 그는 물질이나 에너지의 모든 형태는 각각 상대의 형태로 변화할 수 있고 따라서 심층에서는 원래 하나였다고 확신했다. 또 그는 차가운 염소를 두 눈으로 확실히 보았다. 그러므로 두번째로 그는 기체처럼 지극히 휘발성인 물질이 액체의 형태로도 나타난다는 점, 즉 흐름을 가진 형태로 이해할 수 있다는 점을 확신했다.

패러데이가 이런 식의 액체 개념을 필요로 한 이유가 있다. 그가 원래 관심을 가졌던 주제, 즉 앞서 언급한 전기라는 주제에 적어도 한걸음 더 가까이 다가가기 위해서였다. 양쪽 끝이 양극과 음극을 나타내는 철사를 통해 어떤 물질이 흐를 수 있는가? 철사들 사이를 지배하면서 전류를 계속 나오게 하는 이 전기적 압력은 무엇인가? 구리나 철을 통해 흐르고 예를 들어 열을 생성할 수 있는 그런 전류는 무엇으로 만들어졌을까? 에너지의 한 형태는 다른 형태로 어떻게 변화하는가?

흐르는 것은 무릇 액체여야 한다. 그러나 '전기'의 흐름에서 문제가 되는 것은 그것이 겉보기에 두 가지 형태(플러스와 마이너스)로 나타난다는 사실만이 아니었다. 무엇보다 이 두 흐름이 전혀 무게가 없는 것처럼 보인다는 점이 문제였다. 패러데이는 기체로 흘러가는 염소역시 거의 무게가 없다는 생각을 했고, 일단 전기가 무한히 가벼운 흐름이라는 가정으로 계속 실험하기로 결심하고 스스로를 위안했다.

열, 자기 혹은 빛과 같은 물리적 현상이 흐름(액체 내지 유동성)으로 이해될 수 있다는 아이디어는 패러데이 시대에 매우 널리 퍼져 거의 시대의 패러다임처럼 되었다. 빛에 관해서는 물론 ─ 뉴턴이 끝까지 입자를 고집했음에도 불구하고 ─ 19세기 초 이후로 파동 이론이 우세였다. 하지만 액체의 흐름을 일종의 설명 모델로 보는 입장은 물리학에서만이 아니라 생물학과 의학에서도 싹트고 있었다. 특히 의료기술의 영역에서 그런 입장이 두드러졌다. 환자를 치료할 때 혈관 혹은 혈관의 흐름을 다스리면 병을 유발한 독이 사라진다는 것이었다.

그러므로 '액체'는 유행 개념이었다. 전기도 무게 없는 액체로 간주되었다. 패러데이가 이제 특히 관심을 둔 것은, 전기를 변화시키거나 전환(예컨대 열로)하는 방법이었다. 그는 때때로 여러 가지 자연력(예컨대 중력)의 '변형(Metamorphose)'이라는 말을 쓰기도 했다. 그러면서 항상 그 힘들의 통일성을 확신한다는 점을 암시했다. 이런 방면으로 그에게 첫 발걸음을 떼게 해 준 것은 덴마크 물리학자 한스 크리스티안 외르스테드의 발견이었다. 패러데이는 외르스테드가 말한 두 가지 힘의 결합에 밤낮으로 몰두했다고 한다. 1820년 외르스테드는 전류가 흐르는 철사가 나침반의 바늘 방향을 돌리는 현상을 관찰했다. 그리고 이런 효과가 전류의 방향과 바늘의 위치에 달려 있음을 깨달았다. 패러데이는 이 실험을 곧바로 반복했다. 그 현상의 의미를 즉시 이해했기 때문이다. 전기가 실험용 철사 안에 흐른다면 바늘의 방향이 바뀔 뿐만이 아니라 전류의 전기가 자기(磁氣)로 변하는 것이다. 그리고 바로 그 자기가 바늘에 영향을 준다.

다시 말해 외르스테드는 전기가 자기로 변형될 수 있다는 사실을 알아냈고, 패러데이는 다음 과제를 일기에 기록했다. "자기를 전기로 바꿀 것." 오늘날의 시각에서 보면 마치 전기모터를 만들어보라는 주문과도 같지만, 당시 패러데이에게 이것은 아주 다른, 오히려 철학적인 의미를 가졌다. 패러데이는 자연력 내지 자연현상의 통일성을 낭만적으로 확신했고, 그 통일성을 법칙으로 공식화하기 위한 증거를 찾고자 했다. 그가 이른바 '전자기 유도 법칙'을 깨닫기까지는 10년의 시간이 걸렸다.

하지만 우리는 패러데이가 일기에 메모한 문장이 물리학적 효과만을 추구하겠다는 의미만은 아니라는 점을 확실히 알아야 한다. 그는 현상들 속에서 자연법칙을 찾았고, 마치 성경을 읽을 때 신의 법칙이 나타나는 것처럼, 자연을 읽는 중에 자연법칙이 현현하리라고 희망했다. 패러데이는 전기 분야의 수많은 발견들을 모아 《전기의 실험적 연구(Experimental Researches in Electricity)》라는 책을 펴냈다. 제목은 겸손하게 실험적 연구라고 했지만, 텍스트 자체는 마치 성서처럼 전개되었고, 법칙들(laws)이 중요한 역할을 했다. 패러데이는 "신은 법칙을 통해 물질적인 창조를 완성하기를 좋아한다"고 확신했고, 그래서 "창조주는 물질에 작용하는 힘들의 결과인 결정적 법칙들을 통해 물질의 생성을 장악한다"고 썼다. 과학의 본질은 신적인 수공작품을 인간에게 현시하는 데 있다. 성서와 똑같은 일종의 계시인 것이다.

패러데이가 신봉한 종파의 설립자 로버트 샌더만은 1760년 《성서에 의거한 자연법칙(The law of Nature Defended by Scripture)》이라는 소책자를 내놓았는데, 거기서 자연법칙이 신적인 기원을 갖는 법칙이며 보편적으로 사용된다고 강조했다. 패러데이의 종교적 텍스트를 보면 그가 샌더만의 책을 읽었음을 알 수 있다. 그가 자신의 활동을 위해 성서의 핵심 대목으로서 인용한 부분은 로마서 1장 20절이다. 바울이 로마인들에게 쓴 편지로 이방인들의 불경을 다룬 장이다. 바울이 이런 상황에서 이해하지 못한 점이 있었다. "하나님에 대해 우리가 알 수 있는 것들이 그들 속에 나타났다"는 사실이다. "하나님이 이를 그들에게 보이셨느니라."

"창세로부터 그의 보이지 아니하는 것들, 곧 그의 영원하신 능력과 신성이 그가 만드신 만물에 분명히 보여 알려졌나니."

그러므로 패러데이는 하나님의 "보이지 아니하는 것들"의 의미, 즉 보이지 않는 신의 본질의 의미를 현시하는 기호(내지 상징 혹은 서명)를 발견하기 위해 자연의 책을 읽었다. 보이는 것과 보이지 않는 것은 인간의 이성이 아닌 성서에 의해서만 결합될 수 있다. 패러데이에게 성서는 물리적 세계와 도덕적, 영적 세계 사이의 구조적 일치를 시사했다.

패러데이가 아주 자명하게 여긴, 과학과 종교의 연관관계를 상정할 때에만 우리는 그를 이해할 수 있다. 또 그가 신적인 계시의 기호를 알기 위해 어떻게 노력했고 어떤 어려움을 겪었는지를 그려볼 때에만 그를 이해할 수 있다. 그렇다면 이제 자연과학으로 돌아가 보자. 덴마크 과학자 외르스테드의 성과가 런던까지 퍼져, 패러데이가 전기와 자기의 대칭을 만들겠다는 과제를 제시한 시기로 가보자. 그 과제란 바로 전자기학 내지 전기역학 분야로, 이 분야는 이어지는 10년 동안 과학으로 편입되어 오늘까지도 시효를 잃지 않았다.

패러데이가 성공을 거두어 결국 자기가 전기로 변화할 수 있다고 입증하기까지 왜 거의 10년의 세월이 필요했을까? 이 질문을 하기 전에, 우선 패러데이가 외르스테드의 발견을 세부적으로 어떻게 개선했는지를 보면 놀라지 않을 수 없다. 곧바로 그는 세 가지 양(量)이 상호작용하고 있음을 직관적으로 인식했다. 모두 특정한 크기뿐만 아니라 특정한 방향도 가지고 있는[19] 이 셋은 철사 안의 전류, 나침반 바늘에 작용하는 힘, 그리고 이 둘 사이를 매개하는 (보이지 않는) 매체였다. 세 번째 양은 지금은 자기장[20]이라고 알려져 있지만 당시에는 아직 이름이 없었다. 여기서 패러데이는 또다른 사실을 발견했다. 오늘날 학교에서 '오른손 3손가락 법칙'이라고 가르치는 것이다. 전류의 방향, 철사의 자기장, 그리고 작용력은 수직으로 마주보고 서 있다. 마치 오른손을 쫙 폈을 때 오른손의 엄지, 검지와 중지의 모습처럼 말이다.

분명히 전기의 흐름(전류)은 자기장을 생성할 수 있었다. 그렇지 않다면 나침반 바늘의 움직임을 설명할 수 없었을 것이다. 그리고 자기장 형성을 위해서는 전류를 단순히 흘려보내면 그만이었다. 그러나 반대의 효과를 달성하기 위해서, 즉 자기장을 전류로 만들기 위해서는 어떻게 해야 할까? 패러데이는 수년 동안 다른 과학자들도 짐작하고 있던 이 연관관계를 시연하고자 애썼다. 첫 시도는 기본적인 실수 때문에 실패하고 말았다. 아무것도 켜거나 끄지 않은 소위 정지상태에만 집중해서 실험했는데, 이는 외르스테드도 했던 것이었다. 무엇인가가, 즉 전류가 움직이고는 있지만 그 변화를 알아볼 수 없었다. 전환이라는 개념, 역동적인 변화라는 개념이 과학 속에 완전히 정착하기 위해서는 얼마간의 시간이 더 필요했다.[21]

1831년 8월 29일 드디어 패러데이는 실험에 성공했다. 이번에는 철로 된 고리 하나를 만들어 두 개의 구리 전선으로 감았다. 두 전선들 중 하나를 전류측정기(검류계)와 연결하고 다른 하나에는 전기를 공급했다. 두 번째 전선에 흐르는 전기가 자기장을 만들면, 그 자기장이 첫번째 전선에 전류를 주리라는 생각이었다. 우선 그는 언제나처럼, 정지상태에서는 아무것도 볼 수 없다는 사실을 확인했다. 그러나 두 번째 전선에 전류를 켜고 끌 때 검류계가 반응하고 전류가 나타나는 것을 알아차렸다. 검류계에 반응이 나타난 것은 항상 전류를 켜고 끌 때만이었다.

이렇게 해서 문제는 해결되었다. 전기의 흐름을 유발하는 것은 자기장 자체가 아니라 그 시간적인 변화, 즉 자기장의 설치 내지 해제였다. 결국 전자기 유도 원칙을 발견한 패러데이는 곧 오늘날 우리가 발전기, 전기모터, 변압기 등으로 부르는 기구를 제작할 수 있었다. 전기기술의 토대가 마련된 것이다.

이제 패러데이는 자기(磁氣)가 무엇인지, 자기는 무엇으로 더 변할 수 있는지에 관심을 가졌다. 그리고 쇳가루를 이용한 유명한 실험으로 자기장의 '역선(力線)'을 생생하게 보여주었다. 그는 말 그대로 '이론가'로서, 즉 사물의 연관관계를 지각하고 설명하는 학자로서 활동했다. 그러나 현대 수학이 말하는 이론은 패러데이의 목표가 아니었다. 역선과 다른 갖가지 대수학 기호들은 그가 보기에 어떤 종류의 상징적 힘도 없었다.

패러데이에게 자기장의 가시화는 매우 만족스러운 결과였을 것이다. 신이 만들어낸 보이지 않는 어떤 것의 기호를 찾아냈고, 아름다운 견본을 두 눈으로 보고 만족을 찾았기 때문이다. 그러나 다른 한편 그에게는 상당히 불안한 감정도 있었을 것이다. 뉴턴에서 유래한 힘 개념에서 심하게 벗어난 결과를 똑똑히 보았기 때문이다. 뉴턴이 말한, 시간을 초월한 작용과 영원한 중력장이 패러데이에게는 덧없는 것이었다. 장(場)들은 구축되고 해체될 수 있으며, 작용을 눈으로 보는 데는 1~2초면 충분하다. 시간의 흐름이 없다면 이제 어떤 것도 발생하지 않는다.

뉴턴의 이론으로부터의 이탈을 패러데이가 실제로 걱정했는지는 알 수 없다. 전체적으로 봤을 때, 그는 뉴턴의 물리학에 별로 익숙하지 않은 듯한 인상을 준다. 자연법칙을 수학적 공식으로 세워야 한다는 원칙은 패러데이에게 낯선 생각이었다. 패러데이는 수학적이고 양적인 것보다는 질적인 것에 더 큰 의미를 둔 직관적인 과학자였다. 심지어 그는 실험을 수학적으로 파악하지 않아야 하며, 그래야 더 많은 발견을 할 수 있다고 강조했다.[22]

그는 종교적으로 이해하고 예감한 자연력들의 통일성을 실험을 통해 찾아내고자 했고, 그래서 전기와 자기의 연관성을 인식한 후 그 둘과 빛의 관계를 탐구했다. 우선 그는 전기가 빛에 영향을 줄 수 있는지를 연구했다. 만약 더 좋은 장비가 있었더라면 오늘날 커(Kerr)효과라고 불리는, 편광 관련 현상을 분명히 알아냈을 것이다. 전기 연구에서 목적한 바를 얻지 못한 패러데이는 1840년경 원인 불명의 신경쇠약에 시달린 후 40년대 중반 자기로 눈을 돌렸다. 여기서도 처음에는 별 성과가 없었다. 그러나 1845년 9월 13일 드디어 — 그의 실험실 일기에 따르면 — 집요한 노력에 대한 보상을 받았다. 패러데이는 우선 편광필터를 통해 빛을 보냈고, 그런 다음 납으로 만든 유리를 통과시켰다. 납유리는 자기장 안에 있었다. 물질을 통과한 빛의 편광면이 회전하는 것을 볼 수 있었다. 오늘날 '패러데이 효과'라고 알려진 이 현상은 납유리 안의 자기력과 상관이 있었다. 패러데이는 실험에 더 강한 전자기를 투입했다. 그는 빛의 회전이 다양한 물질에 의해 이루어질 수 있으며 납유리 자체는 결정적인 역할을 하지 않는다는 점을 확신했다.

1845년 9월 말 패러데이는 빛에 나타난 효과를 빛과 자기장의 직접적인 상호작용으로는 설명할 수 없다는 실험적 증거를 얻었다. 문제는 빛이 통과하는 물질에 자기장이 영향을 주기 때문이었다. 이는 결정적인 관찰로 입증되었다. 이제 자기 개념은 패러데이가 노력한 방향으로 변모했다. 그때까지 아주 특수한 물질, 즉 자기물질에게만 효력이 있다고 생각한 힘, 혹은 전자기라는 특수한 장치에 의해서만 발생한다고 생각한 힘이 이제 모든 세상에 적용되고 따라서 다시금 신의 광범위한 작용을 현시하는 보편적인 양(量)으로 변모한 것이다.

19세기 중반, 빛 관련 실험의 성공으로 패러데이는 1802년 토머스 영의 빛 파동 실험으로 시작된, 빛의 본성에 대한 토론에 끼어들 기회를 얻었다. 곧 물리학자들은 빛이 파도 모양으로 퍼진다는 데 의견일치를 보았다. 그러나 문제가 해결되기는커녕 더 많아졌다. 빛의 파도가 널리 퍼지려면 매개체가 필요하기 때문이었다. 그렇다면 어떤 매개체를 통해 빛이 진행될까? 사람들은 매개체에 이름을 붙이기 위해 고심하던 중 고대부터 사용된 에테르라는 단어를 찾았다. 하지만 에테르 자체는 아직 실제로 입증되지 않은 물질이었다. 논쟁은 처음에는 물리학적 논거로, 다음에는 수학적인 논거로 진행되었고, 패러데이는 그들이 본래의 문제에서 동떨어진 곳에서 논의하고 있다는 인상을 받았다.

유보적인 자세를 취하던 패러데이는 일설에 의하면 1846년 4월 3일 즉흥연설을 할 드문 기회를 얻었다고 한다. 이날 밤 원래 찰스 위트스톤(Charles Wheatstone, 그의 이름을 따라 붙여진 교량 연결의 창안자)이 소위 '저녁 강연(Evening Discourse)'의 연설자로 예정되어 있었다. 그러나 위트스톤은 겁을 먹고 건물 밖으로 도망갔다.[23] 패러데이는 자리에서 일어나 우선 위트스톤의 연구를 설명하는 것으로 강연을 시작했다. 설명을 마친 후 시계를 보았는데 아직 20분이 남아 있었다. 패러데이는 이 기회를 이용해서 에테르에 대한 자신의 견해를 발표하기로 결심했다. 당시 유행에 맞서 패러데이는 에테르라는 매개체는 실제로 존재하지 않는다고 확언했다. 또한 모든 종류의 수학적 상징들을 제외하면 어디에서도 그런 징표를 볼 수 없다고 말했다. 그는 아직 알려지지 않은 힘의 장(場)이 확실히 존재하고, 그 역선을 따라 빛이 아주 작은 교란의 형태로 진행된다고 주장했다. 그리고 팽팽한 활 위의 흔들림 같은, 물체들 사이의 역선에 나타나는 진동을 그려보았다. 다시 말해 패러데이는 빛이 진동으로 구성되어 있고, 이 진동에는 물론 어떤 매개체도 작용하지 않는다고 설명했다.

오늘날 모두가 알고 있듯이, 에테르는 실제로 존재하지 않는다. 현대 양자장 이론에서는 빛이 양자전기역학 법칙에 따르는 장 안에서의 교란이라고 말한다. 패러데이가 주장한 것이 바로 그것이라면 물론 심한 과장일지도 모르겠다. 하지만 분명히 그는 100년 후에야 (양적인) 공식으로 정확히 표현된 것을 생생한 (질적인) 그림으로 올바르게 묘사했다. 패러데이는 수학적 수단 없이도 아주 폭넓은 시각을 가졌고, 그가 1850년경 실험을 통해 추구한 통일된 역선은, 100년 후 알베르트 아인슈타인도 통일된 장 이론의 형태로 발견하고자 애쓴 주제였다. 아인슈타인도 패러데이도 연구 실패에 특별한 영향을 받지는 않았다. 그들은 다른 어떤 것을, 즉 종교적인 감정에서 비롯한 강한 확신을 품고 있었다. 패러데이는 1849년 전기와 중력의 연관성 — 이것은 물리학자들의 군건한 확신에도 불구하고 아직까지도 완전히 입증되지 않고 있다 — 을 입증하는 데 실패하고 일기에 이런 메모를 남겼다.

"결과는 부정적이다. 하지만 중력과 전기 사이에 연관성이 있다는 내 강렬한 느낌은 흔들리지 않는다. 비록 그런 연관성이 존재한다는 증거가 나오지 않았을지라도 말이다."

1867년 세상을 떠날 때 그는 이미 수많은 과학적 목표들뿐 아니라 지극히 개인적인 목표에도 도달했다. 그는 모든 공식적인 명예를 사양했고 "마지막까지 그냥 마이클 패러데이"로만 남았다.

찰스 다윈

병든 자연과학자 혹은 철학자

Charles Darwin

    찰스 다윈은 ― 출생 후 처음 20년을 제외하면 ― 일생 동안 병에 시달렸고, 어떤 효과적인 치료법도 찾지 못했다. 병의 원인을 찾기 위한 숱한 의학적 노력에도 불구하고 뇌나 심장이나 몸의 다른 어떤 곳에서도 기질적 손상을 확인할 수 없었다. 다윈은 특히 1859년 출판된 기념비적 대작 《자연도태에 의한 종의 기원》[24]을 완성하면서 심한 고통을 받았다. 이 저작으로 인해 생명체 진화 이념이 생물학의 핵심 사상으로 발돋움했고, 그럼으로써 생물학은 엄청난 혁명을 맞이했다. 다윈은 자신의 연구가 불러올 변혁을 분명하게 예견하면서 책 말미에 이렇게 썼다. "이 책에 제기된 '자연도태에 의한' 종(Arten)[25]의 기원에 관한 내 견해가 일반적으로 수용된다면, 자연사에 위대한 혁명(a great revolution)이 임박했음을 어렴풋하게나마 예견할 수 있다."

    과학 출판물에서 이처럼 혁명을 선언한 예는 과학사상 처음이자 마지막이다. 그것도 끝없는 육체적 고통에 방치된 채 살았던 한 남자로부터 나온 선언이다. 다윈은 대작이 세상에 나온 지 몇 년 뒤 비참한 육체적 상태를 다음과 같이 생생하고 자세히 표현했다.

"56~57세. 25세부터 지금까지 밤낮으로 경련과 함께 극심한 가스가 찼다. 때때로 구토. 몇 달 동안 지속된다. 구토에 앞서 오한, 강박성 눈물, 곧 죽을 것 같은 느낌과 거의 기절상태가 수반된다. 그밖에 매우 묽은 다량의 오줌. 구토와 복부팽창이 없을 때는 현기증, 시각장애가 나타나고 눈앞에 검은 점들이 보인다. 야외활동은 피로를 불러온다. 특히 위험한 것은, 머리에 나타나는 증상이다."

다윈의 주치의인 채프먼 박사까지 당황하게 만든 이 리스트는 더 계속된다. 어쨌든 채프먼 박사는 얼음주머니로 척추를 마사지하라고 처방했고, 다윈은 하루에 세 번, 각각 한 시간 반씩 조금이나마 고통을 줄이기 위해 냉찜질을 받았다. 환자는 "다시 조금씩 오르막길을 오르거나"(즉 일하거나) "내 생명이 아주 단축될 것"을 희망하며 이 모든 것을 견뎌냈다.

두 번째 소망이 이루어지지 않은 것은 우리 모두의 행운이다. 하지만 다윈은 70세 넘게 살도록 단 한 번도 병[26]에서 벗어나지 못했다. 그리고 놀랍게도 다윈의 저서 대부분이 위에서 인용한 건강상태에서 집필되었다. 증상에는 거의 변화가 없었고, 다윈은 곧 매끼 식사 후에 구토해야만 했다. 비인간적인 이 모든 괴로움에도 불구하고 다윈은 주저를 통해 자연도태의 힘을 최초로 제시하고 새로운 종류의 철학을 예고했다. 이 철학은 오늘날 다위니즘[27]이라는 이름으로 뿌리내려 수많은 종교적 갈등을 유발하고 있다. 뿐만 아니라 다윈은 엄청나게 다양한 주제들에 몰두하고 연구결과를 발표했다. 곤충에 의해 난초를 수정시키는 장치들, 순치 상태에서 동물과 식물의 변이, 덩굴식물의 운동과 생활방식, 인간의 계통, 인간과 동물의 감정 표현, 곤충을 잡아

먹는 식물들, 식물계에서 교차수정과 자가수정의 효과들, 같은 종의 식물들에 나타나는 상이한 개화 형태, 식물의 운동능력 등등. 그리고 만년에는 특별한 애착을 표시하며 벌레의 생활방식 관찰을 통해 벌레 활동에 의한 농지 형성을 연구했다.

다윈은 자연 관찰을 그만두지 못했다. 자연에서 보고 이해한 것들은 육체적 고통을 잊게 해줄 만큼 언제나 매력적이었다. 예를 들어 그는 동식물의 몇 가지 생활습관에 나타나는 수수께끼를 사랑했다. 특히 생식에 관한 수수께끼는 진화 문제와 밀접한 관련이 있었다. 1865년경 병세가 최악으로 치달을 무렵, 그는 부처꽃이 밤에 비해 낮에 세 배의 생식능력을 가지고 있다는 점에 주목했다. 왜 자연의 선택 내지 진화는 부처꽃이 성장하며 세 종류로 개화하도록 유발했을까? 그리고 이런 현상의 장점은 무엇이기에 진화의 과정에서 관철될 수 있었을까?[28]

다윈은 온실을 돌아다니며 꼼꼼하게 살폈고, '불법 결혼'이라고 이름 붙인 모든 종류의 교배를 시도했다. 때로는 농담할 여유도 있었다. 한번은 어느 여성 문학클럽에 '세 가지 형태의 털부처꽃 생식에 관하여'라는 제목의 글을 보내주기도 했는데, 거기에는 이런 문장이 들어 있었다.

자연은 '부처꽃의 경우에' 지극히 복잡한 형태의 교배를 예정했다. 즉 두 개의 자웅동체 사이에 세 가지 종류의 짝짓기가 있는데, 거기서 자웅동체 각각의 여성기관은 다른 자웅동체의 여성기관과 명백히 구분되고, 남성기관 역시 다른 자웅동체의 남성기관과 명백히 구분된다. 그리고 각각의 자웅동체는 두 개의 남성기관을 갖추고 있다.

부인들이 이런 글에 어떤 반응을 했을지 짐작하기 어렵다. 그러나 냉정하게 관찰해 보면, 이 글을 비롯한 다윈의 작업들이 누구를 염두에 두고 쓴 것인지 알 수 있다. 동식물 전문가 동료들일 것이다. '자연과학자'라는 단어가 체계적일 뿐만 아니라 무엇인가를 공감하고 예견하며 어떤 선입견에도 현혹되지 않는 자연의 탐구자를 의미한다면, 그 단어에 누구보다 잘 어울리는 역사상 한 인물이 있다. 자연에 관한 모든 연구가 신학의 손아귀에 놓여 있던 19세기 초에 태어난 찰스 다윈이 바로 그 인물이다. 다윈의 일생에서 실로 긴장감 넘치는 대목은, 자연신학자에서 자연학자 내지 자연과학자로의 변모이다.

아직 기독교 신앙에 뿌리를 두고 있던 젊은 다윈은 생물학적 진화를 통찰하기 위한 모든 증거와 사실을 수집하려고 5년 동안 세계를 여행했다. 바다를 건너는 중, 갑판 위에는 성서가 한 권 있었다. 그 안에 누군가가 자연신학에서 말한 세계창조의 날짜를 낙서해 놓았다. 신은 그리스도 탄생 4,004년 전 10월 23일 오전 9시경 창조를 시작했다는 것이다. 자연신학자들은 이렇게 정확성을 요청하고 추구했다. 다윈 역시 마찬가지였다. 그러나 이제 그는 정확성을 요구한다면 동시에 다른 어떤 것을 잃게 된다는 사실을 깨달았다. 즉 믿음과 창조자에 대한 신앙의 여지가 사라지는 것이다. 따라서 세계창조를 믿는 대신 입증하려 하는 것이다. 세계 여행이 끝날 무렵 다윈은 성서를 갑판 너머로 던져버릴 수 있다고, 또 그래야만 한다고 생각했다. 바로 이 시기에 그의 위장병도 시작되었다.

그때 그는 일생 동안 누구에게도 방해가 되지 않겠다고 결심했고, 이 미덕을 구체적으로 실천했다. 세계를 돌아본 후 고향마을에 돌아왔을 때였다. 27세의 다윈이 1836년 10월 4일 다시 집으로 돌아왔을 때는 5년 하고도 이틀의 세월이 더 흐른 후였다. 꽤 늦은 시간이라 가족은 모두 침대에서 자고 있었다. 다윈은 그들을 깨우지 않고 혼자 조용히 침실에 들어갔다. 그리고 다음날 아침 모두를 놀라게 하면서 식당에 나타났다.

배경

1809년 다윈이 출생했을 때, 라마르크는《동물철학》을, 괴테는《친화력》을 쓰고 있었다. 나폴레옹은 프랑스 황제가 되어 러시아 원정(1812년)을 준비했다. 영국에서는 한창 자연신학이 지배하고 있었다. 모든 식물학 및 동물학과 교수들이 신학자였고, 그들은 1802년 윌리엄 페일리(William Paley)가《신의 실존과 속성에 관한 증거》에서 제안한 '의장 논거(argument by design)'를 꿈꾸었다. 이 책에서 페일리는 시계공의 비유를 들어 신의 실존을 입증했다. 예를 들어 누군가가 숲에서 정교하게 만들어진 시계를 하나 발견했다면, 주변 어딘가에 그 시계를 만든 사람이 분명히 존재하고 있다는 논거이다.

다윈의 시대는 과학과 삶의 산업화가 이루어지기 시작한 때였다. 약국들은 공장과 기업이 되었고, 1880년 무렵 독자적인 실험실을 두어 연구했다. 화학은 경제의 근간이었다. 특히 농업화학이라는 분과가 생겼는데, 여기에는 유스투스 폰 리비히의 발효 이론이 큰 역할을 했다. 1859년 다윈이《종의 기원》을 발표했을 때 수에즈 운하가 착공되었고 최초의 석유탐사가 기획되었다. 런던에 지하철이 선보였고(1864년), 일본이 서구에 개방되었으며(1868년), 영국에는 산업을 담당하는 행정부처가 신설되었다(1870년). 이어서 최초의 인공소재(셀룰로

이드)가 완성되었고, 수에즈 운하가 착공 10년 만에 개통되었다. 프랑스는 의무교육제를 도입했고(1881년), 베를린 시내에는 전차가 달렸으며, 뉴욕에는 전기를 이용한 가로등이 생겼다. 1882년 로베르트 코흐는 결핵 세균을 발견했고, 1년 후 독일에는 의료보험이 실시되었다. 다윈이 사망했을 때(1882년) 리제 마이트너, 오토 한, 알베르트 아인슈타인은 모래놀이를 하는 아이들이었다.

초상

다윈의 할아버지 에라스무스는 아주 기발하고 재미있는 사람이었다. 의사, 시인, 발명가이자 방탕아로 동시대인들에게 유명했다고 한다. 에라스무스의 지인들 중 도자기계의 대부 조시아 웨지우드가 있었는데, 웨지우드의 딸이 에라스무스의 아들과 결혼해서 1809년 우리의 주인공 찰스를 낳았다. 찰스는 아버지처럼 의학을 공부했지만 학업에 충실하지 못했고 결국 완전히 중단했다. 생활을 꾸려나가기 위한 걱정은 할 필요가 없었다. 다윈 가족은 충분한 토지와 돈을 소유한 부자였다. 찰스 다윈은 시험을 치르거나 학업을 마칠 필요 없이 오로지 하고 싶은 일만을 고집할 수 있었다. 그는 평생 독학자로서 자기만의 '일', 즉 자연 관찰, 수집, 정리, 비교 및 글쓰기에 몰두했다. 오직 그때에만 충만한 행복을 느꼈고, 다른 걱정도, 만성질병의 고통도 잊을 수 있었다. "일할 때를 제외하면 언제고 행복하지 않다."

수많은 형태의 자연을 대하는 행복은 처음부터 그를 모든 정규학습과정에서 멀어지게 만들었다. 다윈은 수집하고 체계를 만드는 일에 아주 열심이었고, 이것 외의 ─ 아이들에 대한 사랑을 빼놓으면 ─ 다른 모든 일은 내적인 열정 없는 의무에 불과했다. 그는 머릿속을 떠도는 생각들을 마음대로 종이 위에 옮겼다. 결혼을 꼭 해야 하는지의 문제조차 그는 우선 공책 위에 단정하게 써 내려가고, 찬성과 반대 의견을 조목조목 기록했다. 다윈이 그 고민에 맞닥뜨렸을 때는 꼭 30세였다.

> 결혼할 경우 : 아이들(신이 허락하시는 한). 한 사람에게만 관심을 갖는 고정적인 동반자(이자 나이 들어서의 여자친구). 적어도 개보다는 낫다. 집안 살림을 이끌어갈 누군가. 음악과 여성의 수다가 주는 매력. 이것들은 건강에 좋다. 하지만 끔찍한 시간 낭비.
>
> 결혼하지 않을 경우 : 원할 때 자유롭게 떠난다. 사교모임을 선택하고 덜 가질 수 있다. 억지로 친척을 방문하거나 사소한 일에 얽매일 필요 없다. 저녁에 독서하지 않는다. 게으르고 뚱뚱해진다. 두려움과 책임감. 책에 돈을 덜 쓸 수 있다 등등.

결국 그는 시민적 목가의 방식으로 결혼의 필수성을 증명한다. "상상해 보라, 온종일 혼자 담배연기로 가득 찬 런던의 집 안에서 보내는 것을. 반대로 사랑스럽고 부드러운 여성이 벽난로 곁 소파에 앉아 있는 모습을 생각해 보라." 그리고 수학적 증명이 끝날 때 쓰는 세 문자 QED로 단락을 끝마친다. 다윈은 이미 결정을 내렸다. 그것도 자신의 사촌과, 정확히 말해 웨지우드 가문의 엠마라는 여성과 결혼하기로 결심했다. 나중에야 그는 친척과의 결혼이 2세에게 부정적인 영향을 미칠 수도 있다는 걱정을 했다. 다윈은 아이들이 무언가를 배우는 데 느리다는 사실을 깨닫고 심각하게 고민했는데, 예컨대 색을 나타내는 단어들을 올바로 배열하는 데 왜 그렇게 오랜 시간이 필요한지를 걱정했다. 특히 사랑하는 딸 애니가 메스꺼움을 하소연하기 시작했을 때에는 두려움에 빠졌다. 그는 자신의 고통이 — 오늘날 말로 하자면 — 유전적인 조건 때문이며 이 요인이 애니에게도 발현된 것일지 모른다고 우려했다. 1851년 딸이 고작 10살에 세상을 떠나자, 다윈은 너무 큰 충격 때문에 장례식에 참석할 수 없을 정도였다. 그런 다음 깊은 상실감에서 깨어난 그는 마침내 기독교와 신앙으로부터 완전히 해방되었다고 한다. 이제 종교는 그에게 더 이상 어떤 것도 제공할 수 없었다. 자연적인 확실성도 인간적인 위안도 말이다.

종교와의 단절을 선언한 지 몇 년 후에 그는 서서히 은둔처에서 나오기 시작했다. 10여 년 동안 그는 현재 '진화'라고 불리는 사유와 함께 홀로 은둔했다. 이제 비단 과학과 사상뿐만 아니라 온세계를 획기적으로 변화시키게 될 그의 이념들이 하나 둘 종이로 옮겨졌다. 살아 있는 종들의 변화 가능성을 입증하기 시작하면서 다윈은 끔찍한 느낌을 지울 수 없었다. 한 친구에게 토로했듯 "살인을 고백하는 기분"이었다. 그의 새로운 구상은 빅토리아 시대 영국이 의지하는, 영원한 안정이라는 사상에 대한 살인을 의미했기 때문이다. 당시대에 진화사상은 무신론적이며 비도덕적으로 보일 것이 확실했다. 실제로 영국 비평가들은 《종의 기원》에 대해 "도덕적 감성을 조잡하게 훼손했다"고 평가했다. 다윈이 이 자연도태 개념으로 야기한 모든 것은 '신의 의지'라는 관점에서 벗어났다는 등의 이유였다.[29]

다윈은 '변화하는 종'이라는 사상에 어떻게 도달했을까? 그때 가장 어려운 점은 무엇이었을까? 우선 그는 약 20명 이상의 대학생들을 지휘하여 '비글(Beagle)'이라는 이름의 측량선을 타고 대규모 항해를 감행했다. 원래의 탐험 목적은 남아메리카의 지리를 더 정확히 측정해 지도를 그리는 것이었다. 항해의 왕 윌리엄 4세가 통치하는 영국에서는, 상업 루트와 원자재 수송로를 결정하기 위해 꼭 필요한 일이었다. 1831년 비글호의 항해가 시작되었다. 다윈은 특히 갈라파고스 섬, 타히티, 호주, 남아프리카까지 세계를 돌아다녔는데, 대부분의 시간을 뱃멀미로 고생했다.

세계 여행은 다윈을 변화시켰다. 영국을 떠날 때 그는 아직 질서에 집착하는 자연애호가였다. 당대사상에 확고한 뿌리를 두고 많은 생물 종들을 신의 영원한 (따라서 불변의) 창조물로 간주했었다. 그러나 다시 돌아온 다윈은 성숙하고 성장한 자연과학자가 되어 있었다. 지리적 특수화(종의 형성)가 무엇을 의미하는지에 기술적인 관심을 쏟았고, 동물 종들은 생활공간의 차이에 따라 구분된다고 단정지을 수 있었다. 그것이야말로 다윈이 《종의 기원》 서두에 언급한 화두였다.

비글호의 갑판 위에서 나는 자연과학자임을 자각했다. 이미 남아메리카에서부터 동식물 유포에 약간의 이상한 점을 발견하고 지극히 놀란 상태였다. 이것이 내게 종의 기원, 모든 비밀들 중 가장 큰 비밀에 관해 한 줄기 빛을 던져주는 것 같았다.

더 정확히 말하자면 갈라파고스 섬에서 얻은 관찰과 발견들이 그로 하여금 종의 불변성이라는 독단론에 회의를 품게 했다. 1836년 비글호를 타고 고향으로 돌아오는 중에 그는 이렇게 단정했다.

모든 것을 한눈에 조망할 수 있으며 동물 수도 별로 없는 이 섬들에 거주하는 새들은 구조적으로 미미한 형태 차이만을 보이며 자연 속에 같은 위치를 차지한다. 이 사실을 관찰하고 나는 그 새들이 변종[30]이 아닌지 의심했다. 비록 이렇게 언급하기에는 근거가 미미하다 할지라도, 군도의 동물학은 분명 연구할 만한 가치가 있다. 종들의 견고성이 허물어질 계기가 될지도 모르기 때문이다.

종의 불변성에 대한 확신은 어디에서 왔을까? 또 다윈의 직관을 다른 방향으로 인도한 결정적인 생각은 무엇이었을까?

종의 영원성이라는 사상은 신의 창조를 주장한 기독교 신앙과 조합되어 있다. 신의 창조는 당연히 완전하고 지속적이어야 한다는 믿음이다. 모든 사상이 이런 도식 안에서 이루어진 사회는 비단 빅토리아 왕조뿐만이 아니었다. 철학자 플라톤에 따르면 본질적인 것은 가시적 현상들이 아니라 불변의 이데아이다. 확실히 다윈이 목표로 하는 발전사상을 독려할 만한 내용은 아니다. 19세기 초 처음으로 자연과학 분야에서 종이 환경에 의해 바뀌고 변모할 수 있다는 주장이 제기되었을 때조차도, 진화의 이념 저변에는 아직 근소한 시간차가 걸림돌로 있었다. 앞서 언급한, 자연신학자들이 추정한 지구의 나이로는 진화를 설명하기 어려웠던 것이다. 비록 임마누엘 칸트가 이미 1755년 《보편적 자연사와 우주 이론》[31]에서 우리가 거주하는 행성에 50만 년이라는 나이를 부과했음에도 불구하고 말이다.

칸트 이후 지질학적 성과에 의해 지구의 나이는 점점 더 늘어났다. 예를 들어 사화산을 분석하고 많은 층을 이룬 생물 화석을 발굴하여 연대를 측정할 수 있었기 때문이다. 이런 방식을 통해 사람들은 매우 오랜 세월을 거쳐 생명체의 변화가 일어날 수 있다고 생각했다. 다윈의 동시대인 찰스 리엘(Charles Lyell)의 《지질학 원칙들》은 진화에 필요한 긴 시공을 지구 역사에 입증해 준 대표적 저서였다. 다윈 자신도 이 책 1권을 여행 중 항상 지니고 다녔다고 한다.[32]

진화의 이념은 다윈이 태어났을 때 이미 존재했다. 프랑스인 장 밥티스트 라마르크는 종들의 변천을 아주 명확하게 인지하고 또 글로도 남긴 최초의 학자였다. "연달아 이어지는 수많은 세대들을 거쳐, 원래 하나의 종에 속하던 개체들은 처음과는 다른 새로운 종으로 변모한다." 1826년 에든버러 출신 생물학자 라마르크는 지극히 단순한 벌레들이 어떻게 해서 복잡한 동물로 '진화(evolve)'했는지(발전했는지)가 해명되었다고 생각했다. 과학 문헌에 최초로 '진화'라는 단어가 쓰인 순간이었다. 사실 다윈은 1871년까지는 그 단어를 의도적으로 피했다. 자신도 라마르크도 위에서 말한 내용을 '해명'하지 못했음을 잘 알고 있었고, 진화에 관해 무엇인가를 주장하려면 훨씬 더 신중해야 한다고 생각했기 때문이다. 너무 많은 것들이 아직 불분명했고 미결정 상태였다.

아직 젊은 다윈은 생명 형태의 변천 가능성에 관한 생각을 머릿속에 가득 담고 세계 여행에서 돌아왔다. 그러나 일단은 생활의 나머지 부분을 정비해야 했다. 우선 그는 켄트 주의 다운으로 이주했고, 런던에 잠깐씩 다녀오는 일을 제외하고는 다시는 멀리 떠나지 않았다.[33] 1837년 드디어 종의 변천에 관해 메모를 시작했다. 조류학자 존 굴드의 방문을 받은 직후였다. 굴드는 다윈이 갈라파고스 군도의 세 섬에서 수집한 앵무새들을 정리하는 데 도움을 주고자 그를 찾았다. 굴드의 도움으로 앞서 지리학적 특수성이라고 언급한 전개 과정이 분명해졌다. 1859년 다윈은《종의 기원》에서 이렇게 말한다.

"개개 섬의 새들을 서로 비교하고 그것들을 미국 대륙의 새와 비교하면서, 나는 변종과 종의 차이가 두루뭉술하고 자의적인 데 놀랐다."

다른 말로 하자면, 다윈은 개체들을 비교하고 분류할 때 또다른 형태의 구분이 필요하다는 점을 깨달았다. 오늘날 우리가 군집(群集)이라는 용어를 사용해서 하는 구분 말이다. 그리고 수집물들을 관찰한 결과, 그는 모든 상이한 군집들을 이해하려면 변이가 서서히 이루어져야만 한다는 점을 명확하게 인식했다.

그렇다면 이 변이는 어떻게 발생하는가? 다윈이 종의 적응 내지 진화라고 생각한 해결책은 1800년 영국 경제학자 토머스 맬서스가 발표한 《군집의 원칙들에 관한 에세이(Essay on the Principle of Population)》에서 나왔다. 이 책에서 맬서스는 주거집단(즉 군집)은 모두를 먹여 살릴 수단보다 구성원의 수를 더 빨리 증식시키려는 경향을 가진다고 말했다. 다윈은 자서전에서 이렇게 인용했다.

> 1838년 10월, 그러니까 체계적인 연구를 시작한 지 15개월째에 우연히 맬서스의 주거집단 이야기를 읽었다. 또 그 동안 동식물의 생활방식을 오랫동안 관찰한 결과, 나는 실존을 둘러싼 싸움이 도처에서 발생할 수 있음을 충분히 인식했다. 따라서 그런 다툼의 상황에서 유리한 변화는 보존될 경향을 띠며, 불리한 변화는 파괴될 경향을 띤다는 생각을 곧바로 해냈다. 그렇다면 새로운 종이 형성될 수 있을 것이다. 여기서 마침내 나는 앞으로 연구해야 할 이론을 세우게 되었다.

훗날 생물학자 에른스트 마이어는 다윈이 개진한 진화 이론을 8개의 구성요소로 조합해 설명했다. 다음에서 이를 간략하게 서술해 보겠다. 자연도태의 논리가 다섯 개의 사실로 주어지고, 이에 의거한 세 개의 결론이 이어진다.[34]

첫번째 사실 : 모든 종은 큰 번식력을 가지고 있다. 모든 개체들이 성공적으로 번식했을 때, 군집의 크기는 기하급수적으로 늘어난다.

두 번째 사실 : 사소한 움직임을 제외하면 대부분의 군집은 안정적으로 나타난다.

세 번째 사실 : 사용할 수 있는 자원은 무한하지 않으며, 안정적인 환경 속에 항상 남아 있다.

자연 속에서는 먹여 살릴 수 있는 것보다 더 많은 개체들이 생산되기 때문에, 여기서 첫번째 결론이 도출된다. 즉 군집의 구성원들 사이에 생존을 둘러싼 투쟁이 발생하는데, 이 투쟁을 끝까지 이겨내는 것은 일부 개체들뿐이다.

네 번째 사실 : 완전히 똑같은 두 개의 개체는 존재하지 않는다. 각각의 군집에는 수많은 변이들이 나타난다.

다섯 번째 사실 : 이 변이들 중 현저한 부분이 유전된다.

이로부터 두 개의 결론이 계속해서 도출된다. 첫째로 하나의 개체는 실존투쟁에서 우연히 살아남지 않는다. 성공이냐 실패냐는 유전적인 구조와 연관된다. 이 불균등한 생존은 선별(도태)의 과정이다. 둘째로, 따라서 몇몇 세대를 거쳐 군집의 변화가 생기며 결국 새로운 종의 진화가 이루어진다.

다윈은 1840년경 이런 생각에 몰두했지만, 출판물로 알릴 의도는 전혀 없었다. 1842년까지 꾸준히 집필한 개요도 호기심 어린 시선들 앞에 공개하지 않았다. 왜 이렇게 오랫동안 망설였는지 많은 사람들이 궁금해 했고, 또 여러 가지로 추측했다. 이유는 곧 밝혀졌다. 인간이 신의 창조 계획의 결과물이라 믿은 동시대인들에게 그들이 기만의 희생양일 뿐이라고 주장하기가 두려웠기 때문이다. 모든 생명체는 — 인간 역시 — 신의 의도와 확실한 목적을 위해서 세상에 존재하는 것이 아니라 아마도 진화라는 이름의 우연한 과정의 결과로 나타났다는 것이다. 한 가지 더 환기해야 할 것은, 당시의 지배적인 세계관이 다윈의 생각을 흔들었을지도 모른다는 점이다. 결정주의 법칙의 덕분으로 확실성과 예측 가능성을 갖춘, 뉴턴의 코스모스 이론이 당시 세상을 지배했다. 반면 다윈의 계통 이론은, 과거는 설명할 수 있지만 미래는 예언할 수 없는 이론이었다. 미래에 진화가 어떻게 진행될 것인지는 아무도 말할 수 없다. 오늘날까지도 그렇다.[35]

다윈을 주저하게 만든 이 두 가지 논거로는 부족한, 가장 개연성 높은 이유가 아직 남아 있다. 그가 정말 조심스럽게 행동한 이유는, 자신이 이해한 일반적 현상들보다 아직 해명되지 않은 개별적 현상들이 훨씬 더 많이 존재한다는 사실을 알고 있었기 때문이다. 그는 자연도태 개념으로 광범위한 원칙을 찾았다고 생각했지만, 물리학과 달리 생물학에서는 일반적인 것이 아니라 개별적인 것이 중요하다는 점을 묵과할 수 없었다. 자신은 사람들이 가야만 하는 방향을 찾았지만 모든 방해물을 극복할 수단을 아직 모른다는 사실을 정확히 인식하고 있었다. '진정한 어려움'은 예컨대 이런 문제를 해결할 때 나타났다. 진화에 의해 계속 고수되고 발전하려면, 반쪽 날개나 부분적으로만 완성된 눈이 어떤 장점을 가져야 하는가? 또 아직 세포가 분열하는 단계에서도 폐가 숨을 쉴 수 있고 손이 무엇인가를 잡을 수 있을까? 하나의 종을 환경에 적응하도록 만드는 자연도태는 어디서 어떻게 시작하는가?

그러므로 다윈이 자기 사상을 잠시 멈춰두고 묵혀둔 이유는 빅토리아 왕조 후기의 시대적 특수성이나 기독교적 동기 때문만은 아니었다. 진화에서 중요한 것은 교회와 과학의 대립만이 아니었다. 중요한 것은, 진화 이론과 함께 완전히 새로운 사유 방식이 과학 연구의 무대

위로 등장했다는 점이다. 이 새로운 방식은 오늘날까지도 여전히 참신하며 많은 수수께끼를 던져주고 있다. 다윈은 자기가 관찰한 것을 완전히 설명할 수는 없음을 확실히 짐작하고 있었다. 하지만 비판가들에게 공격받을 만한 점을 가능한 한 적게 남겨두고 싶었고, 그래서 출판을 최대한 미루었다.[36] 그리고 우선 대중에게 《발칸 반도에 관한 지질학적 관찰들》(1844년)과 따개비(Barnacle)라는 아주 작은 게의 놀라운 세계에 관한 두 권짜리 책(1854년)을 선보였다. 다윈은 종의 변천에 관한 메모들을 진지하게 차근차근 에세이 내지 유명 저서로 바꾸어 놓기 시작했다. 경쟁자가 선수를 칠지도 모를 상황이었다.

따개비 이야기는 짤막하게 소개할 만하다. 다윈이 비글호를 타고 세계를 돌아다니며 거의 모든 생물을 채집하고, 이제 마지막으로 하나의 종만이 남아 있었다. 1835년 칠레 남부 해안에서 주운 작은 게의 일종으로, '기형의 작은 괴물'이라 불린 따개비였다. 따개비는 연체동물의 껍데기에 구멍을 뚫고 기생하며 살고 있었다. 다윈은 이 동물을 어떻게 분류해야 하는지 알 수 없어 고민하다 1846년 다시 이 문제를 들추어냈다. 당시 누군가가 다윈에게 이제부터 8년 동안 따개비에 매달려서 1,000페이지가 넘는 글을 쓰게 될 것이라고 말했다면, 그는 절대 믿지 않았으리라. 고된 연구 끝(1854년)에 그는 '종과 종의 변이 가능성'이라는 주제에 관해 의견을 피력할 만한 자신감을 얻었고, 그제야 《종의 기원》에 손을 댈 수 있었다. 여기서 따개비에 대한 다윈의 열정과 진화 개념에서 따개비가 갖는 의미를 확인해 줄 몇 가지 예를 들어보겠다.

따개비는 자웅동체로 여겨졌지만(다시 말해 각각의 개체는 수컷 생식기와 암컷 생식기를 함께 가지고 있었다) 다윈은 연구를 해나가면서 약간의 예외를 발견했다. 어떤 따개비는 암수가 확실히 구별되었을 뿐만 아니라 그 차이가 심해서 거의 같은 종으로 보이지 않을 정도였다. 다윈은 이렇게 묘사했다.

> 암컷은 통상적인 외모를 지니는 반면, 작은 머리를 가진 수컷은 암컷과 비슷한 모양이지만 현미경으로 봐야 될 정도로 작다. 그런데 이상한 점이 있다. 한두 마리의 수컷이 성충이 되는 순간 움직임을 멈추고 암컷의 껍데기에 구멍을 뚫어 기생하기 시작하는 것이다. 그렇게 수컷은 배우자의 몸에 단단히 달라붙어 반쯤은 거기 파묻혀 살고 전 생애를 거기서 보내며 다시는 움직일 수 없게 된다.

인간의 경우와는 너무도 다른, 기이한 번식 메커니즘이다. 암컷은 작은 수컷을 붙들고 지배하며, 수컷은 단순한 정충주머니로 축소하는 것이다. 자연의 이런 묘안이 얼마나 멋지냐는 중요하지 않았다. 다윈은 따개비가 양성간의 소원해짐을 보여주는 훌륭한 예라는 점에 주목했다. 진정한 자웅동체로부터 위축된 남성기관을 거쳐, 남성기관을 퇴화시키고 배우자를 덧붙인 암컷에 이르기까지 여러 과정을 보여주고 있다는 점 말이다. 다윈은 친구에게 다음과 같이 말했다.

> 어떤 자웅동체 종이 양성의 종으로 알아차리지 못할 만큼 서서히 이행한다는 사실을 확신하지 않았더라면, 나는 종 이론에 매진하지 못했을 것이네. 이제 우리는 해냈어. 자웅동체의 남성기관이 퇴화하고, 독립적인 수컷이 생겨났지. 물론 나는 입장을 밝히기가 어렵다네. 자네는 아마도 내 따개비나 종 이론이 영원히 사라지길 바랄 거야. 하지만 이렇게 말해도 좋아, 종 이론은 내 복음과도 같다고.

이 확신을 무기삼아 다윈은 세계 여행에서 마지막으로 수집한 따개비로 다시 돌아올 수 있었다. 이제 다윈은 수컷이 "눈 하나, 더듬이 하나, 거대한 성기 하나만을 가지고 근육의 껍질을 벗은 한낱 주머니"라는 점을 알아냈다. 다윈이 보기에 수컷이라기보다는 성기일 뿐이었다. 통상 14마디를 가진 정상적인 따개비의 자취는 전혀 남아 있지 않았다.

따개비는 분절 상태로 보아 게와 유사한 혈통임이 확실했다. 다윈은 따개비와 다른 갑각류의 마디가 진화적 관계를 가지고 있음을 인식했다. 따개비의 생활양식 역시 중요한 문제였다. 게의 수란관은 따개비의 경우 점착선(粘着腺)으로 변형되었고, 이 점착선이 따개비의 정주생활을 가능하게 해주었다. 또 게의 발에서 변형된 만각(蔓脚)을 이용해 물속의 플랑크톤을 잡아먹을 수 있었다. 이로써 다윈은 어떤 생명체에게 새로운 환경이 주어졌을 때 기관들의 기능이 변화할 수 있다는 확증을 얻었다. 알프레드 월리스(Alfred Wallace)가 등장해서 진화에 대한 입장을 세상에 알리기 전까지, 따개비에 기울인 다윈의 애정은 식지 않았다.

알프레드 월리스는 누구인가? 그는 부유한 탐험가로 세계를 여행했고, 특히 보르네오 섬에서 이국의 나비들을 비롯한 곤충에 열중했다. 이때 종이 발전하고 변화한다는 생각에 이른 월리스는 1854년경 자신의 고찰을 담아 《원래 유형으로부터 무한히 이탈하려는 변종들의 경향에 관해》라는 책을 내놓았다. 다윈은 이제 은둔을 그만두지 않는 한 자기 이론의 독창성을 입증하지 못할 위기에 처했다. 드디어 그는 '악마의 사제'가 된 듯한 기분으로 "굼뜨고 소모적이며 서투르고 저열하며 끔찍하게 잔혹한 자연의 작용에 관해서" 책을 쓰겠다고 결심했다.

월리스 역시 맬서스의 책을 읽고 그의 인구 이론을 동물에 적용한 다음, 1858년 다윈에게 편지를 보냈다. 1842년 나온 다윈의 책 《자연 도태》의 견해와 똑같은, 변종과 자연적인 생존투쟁을 다룬 내용이었다. 다윈의 친구들은 경악했고 즉각적으로 반응했다. 1858년 6월 30일 린네협회는 여름휴가 전 마지막 회의에서 월리스와 다윈의 에세이 두 편을 의사목록에 올려 참석한 회원들 앞에서 낭독했다. 종이 자연 도태에 의해 변화하고 적응할 수 있다는 이론이 공공에 알려진 것이다. 그러나 청중은 지루해했을 뿐 머릿속으로는 다른 문제(여행)를 생각하는 듯했다. 다윈은 용기 있게 사람들 앞에 나서면서 어쩌면 지옥문이 열릴지 모른다고 근심했지만 쓸데없는 걱정이었다. 일단은 예상과 다른 반응이었다. 회원들은 아무 말 없이 서둘러 휴가를 떠났다. 심지어 의장은 연구로 보낸 지난 몇 년 동안 "우리 전문분야를 혁명적으로 전복시킬 저 획기적 발견들이 부각되지 않았다"는 한탄과 함께 동료들과 작별인사를 나누기까지 했다.

다윈은 영혼의 평화를 지킬 수 있는 듯해 보였다. 그러나 아직 위대한 도전이 남아 있었다. 《종의 기원》이 아직 인간을 다루지 않았기 때문이다. 엄밀히 말한다면 단 하나의 문장에서 암시적으로 표현하기는 했다. "인류와 인류 역사의 기원에 많은 빛을 던져주게 될 것"이라고 말이다. 그 이후로 우리는 인간이 역동적으로 발전하는 세계 속에 살고 있으며 인간사회 역시 진화의 노정을 따라 움직인다는 사실을 알고 있다. 그러나 그 노정이 더 나은 방향으로 진행될지 그렇지 않을지에 답할 수 있는 사람은 아무도 없다.

제임스 클라크 맥스웰

힘들의 통일

James Clerk Maxwell

제임스 클라크 맥스웰은 상당히 작은 사람이었다. 이 스코틀랜드 출신 물리학자의 키는 기껏해야 5피트 4인치(약 160센티미터)였다. 하지만 그는 네 개의 방정식을 발견하고 수립함으로써 위대한 업적을 남겼다. 오늘날 그의 이름을 따라 맥스웰 방정식[37]이라 불리는 이것들은 (전자기) 파동의 존재를 예견한 것으로, 현재 우리가 라디오를 듣고 TV를 볼 수 있는 것도 그 덕분이다.[38] 그러나 찰스 다윈이 종의 적응 내지 진화 이론을 서술하기 시작한 즈음 최종적인 형태를 찾은 이 방정식들의 유익함은 비단 암시적인 형태로만 펼쳐지지 않았다. 물리학자들은 맥스웰 방정식을 마치 기적인 양 받아들였고, 괴테의 '파우스트'처럼 질문하고 싶어했다.

이 기호를 쓴 것은 신이었을까?
내 마음 속 광분을 잠재우고
가련한 심장을 기쁨으로 채우며

비밀스러운 충동으로
내 주변 자연의 힘들을 벗겨낸 그 기호를?

실제로 맥스웰 방정식은 경이로운 방식으로 전기현상과 자기현상의 관계를 수립했다. 예를 들어 전류가 자기장의 원천이 될 수 있음을 정확히 표명했고, 나아가 변화하는 자기장 역시 전류에 자극을 줄 수 있으며 변화하는 전기장은 자기장(자류가 아니다)을 유발할 수 있다고 설명했다. 물론 전기와 자기가 완전히 교환 가능한 것은 아니다. 그러나 전기와 자기가 깊은 연관을 지닌 것은 사실이다. 맥스웰은 방정식을 통해 물리학자들이 완전히 다른 것으로 간주한 이 두 힘을 하나의 유일한 힘으로 통일시켰다. 맥스웰의 성공 이후로 전자기력 내지 전기역학 이론이라는 개념이 등장했다. 그의 성공은 20세기 이론물리학의 위대한 모범이 되었고, 자연력의 통일 혹은 우주의 근원적 힘 탐구는 이전에나 이후에나 모든 회의를 떨치고 과학자들의 목표로 자리잡았다. 이 분야에서 최후의 업적은 1970년대에 달성되었다. 그때 마침내 맥스웰의 전자기력은 소위 약한 핵력(核力)과 함께 '약전(弱電)' 상호작용으로 통일되었다.

물리학자들이 시종일관 힘의 통일을 추구한 데는 두 가지 이유가 있다. 첫째로 태초에는 오로지 하나의 원초적 힘만이 존재했고 우주 역사가 진행되는 과정에 그 힘이 점점 널리 펼쳐지고 분배되어 지금의 다양한 세계상에 도달했다는 가정 때문이다. 둘째로 더 통일되고 새로운 힘을 발견한다면 기본적인 물리학적 현상들을 더 나은 방식으로, 아니 그저 제대로 해명할 수 있으리라는 희망 때문이다. 19세기 후반 맥스웰의 연구 이후로 ─ 즉 맥스웰 방정식의 도움으로 ─ 빛은 전자기파의 확대임이 밝혀졌고, 따라서 어떻게 빛이 텅 빈 우주를 통과해 우리에게 올 수 있는지가 설명되었다.

그럼으로써 단신의 스코틀랜드 물리학자는 거인 뉴턴과 불멸의 아인슈타인 사이에 우뚝 서게 되었다. 한편으로 맥스웰은 빛의 입자들이 움직이고 흩어진다는 뉴턴의 역학적 표상들을 철회하고, 상호 구축하고 해체하는 장(場)들로 대체했다. 다른 한편으로 아인슈타인은 물체의 역학적 운동방정식들을 변형시켜야 했고(혹은 변형시키고자 했고), 변형된 방정식들에 의해 맥스웰의 유명한 4중주와 똑같은 대칭을 성취했다. 1905년 아인슈타인이 '운동하는 물체의 전기역학'을 세웠을 때, 드디어 '상대성'이라는 핵심어로 새로운 세계상을 불러올, 고전물리학의 위대한 혁명이 완성되었다.

맥스웰이 어떻게 방정식을 발견할 수 있었는지는 커다란 수수께끼이다. 그가 스스로에게 제시한 과제는 상당히 구체적이었다. 마이클 패러데이가 ─ 해당 장에서 설명했듯이 ─ 전기장과 자기장에 관해 발전시킨 직관적 표상들에 수학적 옷을 입힌다는 과제였다. 언제 어떤 식이었는지는 모르지만, 패러데이가 입증한 전자기의 특별한 대칭관계를 심도 있게 숙고하는 과정에서 맥스웰의 머릿속에는 하나의 상이 떠올랐다. 두 개의 고리가 서로를 휘감거나 서로에게 얽혀 있는 모습이었다. 자기와 전기가 서로를 껴안고, 하나의 장이 다른 장을 유발하는 것을 의미했다. 이 역동적인 과정은 공기를 비롯해 다른 어떤 물질이 없는 곳에서도 전개된다. 결국 빛이 어떻게 진공을 가로질러 갈 수 있는지가 밝혀졌고, 맥스웰은 머릿속에 펼쳐진 상들을 수학적 공식의 언어로 옮겨놓은 후에 진공에서 빛이 움직이는 속도도 지적할 수 있었다. 맥스웰은 1862년 그 유명한 빛의 속도를 초속 314,858,000,000

밀리미터라고 말했는데, 실제에 상당히 근접한 추정이었다.[39]

당시 그는 30세였고, 신문 '따위'를 읽는 습관을 완전히 버렸다. 그렇다고 해서 아무 성과 없이 시간을 '분산'(물리학자들은 '흘려보내다'라는 의미로 이 전문용어를 즐겨 사용한다)시키지는 않았다. 우리들 중에서 아침식사 중에나 식사 후에 맥스웰의 책을 읽는 사람이 얼마나 있겠는가. 하지만 그는 아침 시간이면 항상 그리스어와 라틴어 원어로 된 고전작품을 읽었고, 그런 다음 온종일 물리학에 매진했다. 하나의 주제에 눈을 돌릴 때마다 매번 그 분야를 완전히 뒤집고 새로운 방향을 부여했다. 맥스웰의 자취는 오늘날 물리학의 거의 모든 분야에서 발견된다.

덧붙여 잡지나 책을 읽는 일에 관해 언급하면서 맥스웰은 수학적 언어로 쓰인 갈릴레이의 자연의 책 이념을 적용한다.

> 아마도 소위 '자연의 책'은 모든 페이지가 질서정연하게 만들어졌을 것이다. 그렇다면 서론은 틀림없이 뒤따르는 부분들을 예시할 것이고, 1장에서 우리에게 전달되는 방법론은 앞으로 전개될 과정의 전제이자 지도의 역할을 할 수 있다. 그러나 어떤 '책'도 존재하지 않는다면, 자연이 그저 잡지 같은 것이라면, 한 부분이 다른 부분에 빛을 던져준다는 가정보다 더 멍청한 생각은 없을 것이다.

배경

1831년 맥스웰이 에든버러의 어느 부유한 부모의 외동아들로 태어났을 때, 다윈은 비글호를 타고 세계 여행을 떠났고, 패러데이는 전자기 유도의 법칙을 발견했으며, 미국에서는 최초의 벌초 기계가 가동

되었다. 1832년 괴테가 사망했고, 독일 화학자 리비히가 《약학 연보》를 창간했다. 1년 후에는 파리에서 과학자들의 회의가 처음으로 열렸고, 그 1년 후에는 스페인에서 종교재판소가 철폐되었다. 1835년 뉘른베르크와 퓌르트 사이 구간에서 최초의 철도가 개통되었고, 과학계에서는 수치뿐만이 아니라 방향을 중요하게 생각하는 단위인 '벡터' 개념이 등장했다. 1839년 독일에서는 16세 이하 아동 대상으로 하루 10시간 노동법이 도입되었고 프랑스에서는 루이 다게르가 동판으로 은화(銀畵)를 형상화하는 데 성공함으로써 근대 사진기술을 발명했다. 1844년에는 실레지아에서 직조공 봉기가 일어났고, 1846년에는 가정용 재봉틀이 처음으로 판매되기 시작했다.

맥스웰의 짧은 생이 끝날 즈음, 독일에서는 혼인법이 도입되었고 (1875년) 미국에서는 전화기가 발명되었으며 최초의 냉장고가 탄생했다(1876년). 프랑스의 화학자 루이 파스퇴르가 병원균 이론을 발표했고, 영국에서는 구세군이 창설되었다(1878년). 1879년 맥스웰이 케임브리지에서 사망했을 때, 울름에서는 아인슈타인이 탄생했다.

초상

맥스웰은 물리학의 거의 모든 분야에서 활동했지만 이 영역 밖에서는 거의 알려지지 않은 사람이다. 고향 스코틀랜드에서도, 심지어는 젊은 시절 한동안 마리셜 칼리지 '자연철학' 교수로 재직한[40] 애버딘에서도 그다지 유명한 사람은 아니었다. 1857년 애버딘 시민들은 콘서트와 회의를 위한 공간으로 시민회관을 건립할 계획을 세웠다. 이 목적으로 돈을 모으면서 스폰서들 중 하나로 꼽혔던 사람이 제임스 클라크 맥스웰이었다. 패러데이와는 달리 그는 부유한 집안 출신으로 평생 일하지 않고도 살 수 있을 만큼 돈이 많았다.

오늘날까지도 주로 음악홀로 이용되고 있는 이 회관에 기부금을 낸 사람들은 일종의 지분을 얻을 수 있었다. 건물을 영업적으로 사용해 얻은 이익금이 그들에게 배분되었다. 이와 관련해서 재미있는 에피소드가 있다. 1920년 애버딘 신문에는 제임스 클라크 맥스웰이라는 사람을 수소문하는 광고가 실렸다. 회관 측에서 배당금을 완전히 지불하려고 그를 찾는 중인데, 몇 년 전부터 대학 주소로 보낸 편지들이 '수취인 불명'으로 돌아왔다는 것이다.

맥스웰은 살면서 거의 인정을 받지 못했고, 엄청나게 풍부한 아이디어들을 내놓았음에도 불구하고 사람들의 이해를 받지 못했다. 한 가지 확실한 이유가 있다. 맥스웰은 이론물리학자였지만 당시의 주된 관심사는 산업 발전이었고, 맥스웰은 실제 산업과는 동떨어진 곳에서 연구했다는 점이다. 맥스웰이 죽기 3년 전인 1876년, 미국에서 알렉산더 벨이 전화기를 발명했다. 2년 뒤 처음으로 전화기를 손에 넣은 맥스웰은 무엇보다 수학적인 특성에 관심을 보였다고 한다. 양끝이 똑같은 대칭구조였기 때문이다.

맥스웰이 노동계와 관계한 유일한 사건은, 노동자들을 위한 물리학 강의를 계획한 것이다. 게다가 이 의무도 쉽게 마치지 못했다. 평소 생활은 지독하게 조용하고 은둔적이었다. 맥스웰과 아내 캐서린은 아이가 없었고, 저녁 시간은 대부분 단둘이 셰익스피어의 작품이나 시를 읽으면서 보냈다. 때로는 맥스웰이 직접 지은 시를 낭독하기도 했다. 그 중 〈꿈나라의 회상〉이라는 시가 있다.

우리 안에 존재하는 힘과 생각들, 솟아나오지 않으면 알 수 없으리.
자아가 비밀을 지키는 곳에서부터 의식의 흐름을 따라 나오네.
그러나 의지와 감각이 입을 다물 때, 우리는 오고가는 생각을 통해
숨겨진 심연 아래 바위와 소용돌이의 자취를 찾으리라.

맥스웰이 이 시로 이해하고자 했던 것은 무엇보다, 교차되고 연결된 고리라는 상이다. 이 상은 오랫동안 그를 따라다녔고, 결국 네 개의 유명한 맥스웰 방정식을 종이 위에 남기게 했으며, 20세기 물리학의 가장 큰 업적 중 하나로 커다란 영향을 미치게 했다. 그는 이 상이 무의식적 심연으로부터 솟아나왔다는 사실을 직관적으로 느꼈다. 위대한 발견을 가능하게 만든 것은 비합리적인 과정들이라는 것이다. 이런 입장 때문에 그는 동시대 과학자들로부터 고립되었고, 그의 사회적 은둔생활은 점점 더 심해졌다.

이와는 무관하게 맥스웰은 약간의 오만한 태도도 보여주었다. 그는 물리학자로서 자신이 일반인보다 더 훌륭하다고 생각했을 뿐만 아니라, 파티를 즐기는 귀족계급에도 거부감을 표했다. 심지어는 빅토리아 여왕 앞에서도 어려워하지 않았다. 언젠가는 여왕에게 진공이 무엇인지를 설명해 드리라는 지시를 받았다.[41] 여왕은 특별한 관심을 보이지 않았고, 맥스웰은 "아무것도 아닌 것에 대한 큰 소란(much ado about nothing)"이라고 생각했다. 물리학자들이 만들어낸 것 중에 여왕의 관심을 받기에 마땅한 것은 아무것도 없다고 말이다.

맥스웰의 삶은 물리학 그 자체였다. 그의 아내는 이를 충분히 이해했을 뿐만 아니라 기회가 있을 때마다 실험조수 역할을 하기도 했다. 때로 맥스웰은 이론적으로 얻은 통찰들 ─ 예컨대 색의 물리학에 관

한 것들 ― 에 놀라 직접 실험할 생각을 하기도 했다. 덧붙여 아내에 대한 맥스웰의 행동은 "유례없는 헌신(unexampled devotion)"으로 묘사되곤 한다. 그는 혼자 여행할 때면 적어도 하루에 한 번(!) 아내에게 편지를 썼고, 자신의 활동을 아주 상세히 알렸다. 캐서린 맥스웰이 심하게 아팠을 때에는 몇 주 내내 침대 옆에 앉아 눈을 떼지 않고 간호했다.

맥스웰의 외적인 삶은 특별히 흥미로운 부분이 없다. 예를 들어 그가 영국 섬을 떠난 것은 일생 동안 단 한 번뿐이었다. 독일, 프랑스, 이탈리아로의 여행이었다. 유럽 대륙에서의 체류는 언어 지식을 개선하기 위해서였는데,[42] 결국 그는 네덜란드어를 제외하고 다른 모든 유럽 언어를 정복했다. 삶의 정거장들, 즉 에든버러, 애버딘, 런던, 케임브리지와 글렌레어 중에서 스코틀랜드 미들비 지방 글렌레어만이 특별히 언급할 가치가 있다. 맥스웰 일가는 글렌레어에 광활한 부동산과 거대한 별장을 소유하고 있었는데, 맥스웰은 항상 그곳을 그리워했다. 아버지는 제임스가 세상에 태어나기 몇 해 전에 미들비 지역 땅들을 상속받았다. 당시 가족의 성은 그냥 클라크였다. 상속받은 후 에든버러에서 글렌레어로 이사한 다음에야 부동산의 이전 소유주 이름을 따라 맥스웰이라는 이름을 성에 덧붙였다.

제임스 클라크 맥스웰은 1870년대에 그곳으로 돌아가 그 유명한 《전자기론》을 썼다. 이 저서의 결과는 앞에서 약간 언급한 바 있다. 이어서 맥스웰은 과학 연구에 새로운 방향을 제시한 몇 개의 다른 주제들에 몰두했다. 연구 목록은 믿을 수 없을 만큼 다양했다. 그는 색의 이론을 탐구했고 최초의 컬러 사진술 시범을 보였다. 또 토성 고리의 안정성을 이해했고,[43] 기체의 동력학 이론을 수립했으며, 그때 소위 '맥스웰 분포'라고 불리는 통계물리학의 기초를 설명했다. 또 '맥스웰 도깨비'라는 이름으로 많은 사람들에게 수년 동안 상당한 생각거리를 던져준 장치를 개발했고, 부정적인 피드백(negative feedback)이라는 개념을 도입했다. 마지막으로 그가 주목한 문제는 외관상 아주 사소해 보였지만 그 자신에게는 물론 엄청나게 큰 것으로 여겨졌다. 맥스웰이 제기한 문제는 다음 세기에 와서야 중대한 파장을 낳으며 완전히 해결되었다. 양자 이론이라는 혁명을 겪은 후에야 비로소 물리학자들은 그 문제를 해결할 수 있었다.

맥스웰이 몇 가지 주제들을 고찰한 후 모순을 깨달았을 때로 돌아가 보자. 기체 특유의 열에 관한 문제였다. 맥스웰은 통계적 분포의 도움으로 기체의 열이 얼마나 큰지 계산했다. 그의 이론은 1.33이라는 수치를 예상했지만, 실제로 측정한 결과 몇몇 경우에는 1.408라는 값이 나왔다. 동료들은 별 걱정을 하지 않았고, 외부인들이 보기에도 중요한 의미는 없는 것 같았지만, 맥스웰 자신은 심한 혼란을 느꼈다. 그는 친구에게 이렇게 말했다. "우리는 지금까지 분자 이론이 맞닥뜨린 최대의 난관 앞에 서 있는 걸세."

분자 이론의 의미는, 즉 맥스웰을 비롯한 물리학자들이 물질 내지 물체들은 원자 또는 분자로 구성되어 있다는 가정 하에서 기체와 액체에 관한 이론을 전개시켰다는 말이다. 오늘날에는 자명한 교육적 자산이지만 당시에는 아직 알려지거나 입증되지 않은 이론이었다. 그런데 만약 계산에서 잘못된 수치가 나온다면, 가정 자체가 그릇되었을 가능성이 매우 높다는 결론에 이르는 것이다.[44] 그렇다면 맥스웰이 심하게 동요하는 것도 당연했다. 그는 분자 개념에 매우 깊이 몰두했고, 그 개념을 통해 예를 들어 열이란 무엇인지, 즉 분자운동이란 무엇인지를 이해하려 했기 때문이다. 어떤 기체를 가열하면 기체의 구성성분들이 더 빨리 움직인다. 맥스웰은 기체의 모든 분자가 똑같이 빠른 것은 아니며 분자들에는 속도의 분포를 가정할 수 있다고 생각했다. 또 이에 관해 수학적 설명을 첨가함으로써 주어진 분자가 특정 속도를 가질 개연성을 파악할 수 있었다. 그럼으로써 물리학에서 가장 많이 사용되는 공식 중 하나인 맥스웰 분포가 등장했다.

맥스웰은 이와 같은 통계물리학의 토대를 1859년에 완성했다. 다윈 역시 같은 해에 종의 적응에 관한 개요를 제시했는데, 이는 분명 우연 이상의 것이다. 두 사람은 원칙적으로 같은 일을 했기 때문이다. 그들은 개별 대상으로부터 시선을 거두어 전체를 파악하고자 했고, 그때 중요한 도구가 바로 개연성이었다. 맥스웰은 주어진 상황에서 장기적으로 보아 기체분자의 특정 부분이 특정한 속도에 이른다는 사실을 분포를 통해 예측했고, 다윈은 장기적으로 봤을 때 특정 상황에서 일부 생물이 변화하여 새로운 상황에 적응할 개연성이 있다고 주장했다.

1859년 이후 맥스웰의 도움으로 달성된 사물의 통계적 관점은 오늘날 우리 일상생활에 둥지를 틀었고, 더 이상 그런 관점 없이 살아가는 것이 불가능할 정도가 되었다. 만약 사람들의 의견을 묻는 설문이 주어지고 선택결과의 신뢰성이 높다면, 우리는 통계적 특성을 아주 자명한 것으로 받아들이고 논의와 계획에 반영하게 마련이다. 그러나 이런 관점을 성취한 것은 맥스웰이 최초였다. 이전의 물리학자들은 기체의 분자들이 모두 같은 속도를 가진다고 생각했다. 맥스웰에 와서야 비로소 분자들 각각에 교체 불가능한 몫이 주어지게 되었다.

물리적 과정들이 제시하는 방향은 개연성 개념을 통해 확실히 이해된다. 만약 물이 가득 찬 잔 안에 잉크 한 방울을 떨어뜨리면 잉크는 금방 물에 퍼진다. 그러나 퍼졌던 잉크 분자들이 갑자기 다시 모이는 반대 과정을 관찰한다는 것은 지극히 개연성이 없는 일이다. 하지만 모든 개개의 분자에 적용되는 뉴턴의 운동방정식은 왜 모든 입자가 서로에게서 떨어져나가는 것을 더 좋아하며 항상 멀리 퍼질 뿐 모이지는 않는지를 설명해 주지는 않는다.

개연성 개념을 통해 자연은 더 개연성 있는 상태 − 더 개연성 있는 분포 − 를 받아들이는 경향이 있다고 말할 수 있다. 모든 잉크 분자들이 한 장소를 고집하는 것보다는 분산되는 것이 훨씬 더 개연적이다. 물리적 과정의 이런 경향은 열역학 제2법칙[45]에 의해 더 정확하게 표현된다. 이 법칙에 따르면, 엔트로피라고 불리는 물리학 단위는 최대치에 이르기까지 계속 증가할 뿐 감소하지는 않는다. 이런 경우 관찰된 시스템의 평형(조화)이라는 용어가 쓰인다.

맥스웰은 이 법칙의 심오한 진리를 확신했고 모든 우발성에 맞서 그것을 입증하고자 했다. 그는 이 법칙에 따른 과정이 다른 물리학 법칙들에 위배된다고 밝혀질 모든 경우의 수를 머릿속에 그려보았다. 이 일은 1871년의 한 실험에 이르러 마침내 성공적인 결과를 낳았다. 그는 오늘날 '맥스웰 도깨비'라고 불리는 장치를 떠올렸다. 가운데 벽이 있어 절반으로 나뉘어 있는 상자로, 상자 안은 기체로 가득 차 있다. 분리벽에는 구멍이 하나 있고, 거기서 도깨비가 상자 안을 감시한다. 도깨비는 왼쪽으로부터 빠른 분자 하나가 오면 벽을 통과해 오른쪽으로 가고, 오른쪽으로부터 느린 분자가 오면 왼쪽으로 간다. 평소에는 작은 구멍을 막고 있다.

도깨비는 그런 방식으로 분자를 분류한다. 이전에는 상자의 모든 부분이 같은 온도를 보였다면, 이제 오른쪽 절반은 빠른 분자들로 인해 따뜻해지고, 왼쪽 절반은 느린 분자들로 인해 차가워져야 한다. 하지만 그런 과정은 관찰되지 않았다. 또 열역학 제2법칙 역시 그렇게 규정했다. 그럼에도 불구하고 맥스웰은 왜 그런 도깨비가 존재할 수 없는지 자문했다. 왜 자연은 그런 장치를 개발하지 못하는가? 아니면 왜 기술자는 그런 기계를 만들지 못하는가? 만들 수만 있다면 엄청난 효과를 낼 텐데 말이다. 만약 실제로 이런 식의 도깨비를 만들 수만 있다면, 열의 차이가 쉽게 발생하고 또 그 차이가 운동으로 변화할 수 있을 것이다. 이보다 더 환경 친화적인 기계는 없으리라.

맥스웰은 열역학과 통계물리학이 도깨비의 존재 불가능성을 입증할 만큼 완전하지는 않다고 생각했다. 또 도깨비가 있을 수 없음을 증명하는, 아직 발명되거나 발견되지 않은 양(量)이 어딘가에 분명히 존재할 것이라고 추측했다. 옳은 생각이었다. 오늘날은 그런 식의 도깨비가 작동한다면(물론 그렇게 커서는 안되겠지만) 무슨 문제가 생길지 잘 알려져 있다. 해결의 열쇠는 엔트로피 및 열역학 제2법칙과 관련한 '정보' 개념이 제공한다. 도깨비가 분리 과제를 수행하려면 수많은 정보가 필요하다. 또 도깨비는 각각의 분자를 측정해서 그 결과를 저장함으로써 끊임없이 데이터를 수집해야 한다. 언젠가 저장 용량이 부족한 상황이 오면 도깨비는 무엇인가를 지워야만 하는데, 그렇게 되면 모든 것이 뒤죽박죽이 되고 원래의 과제를 더 이상 수행할 수 없게 된다.

도깨비 장치는 맥스웰이 죽기 전 마지막으로 매달린 주제였다. 학자로서의 초기 연구들 중 색에 관한 것이 있었다. 전기작가들의 주장에 따르면, 맥스웰은 색을 측정하는 비색계(比色計)를 고안했다고 한다.[46] 그러나 비색계보다는 컬러 사진술 시범 이야기를 여기서 짤막하게 해보겠다. 재미있는 것은, 그때 맥스웰의 능력보다 행운이 더 큰 작용을 했다는 점이다.

　연구의 출발점은 토머스 영(Thomas Young)에게서 나온 삼원색 이론이었다. 1810년 영은 빨강, 파랑, 초록 삼색을 혼합하면 눈이 구별할 수 있는 다른 모든 색조를 충분히 만들 수 있다고 말했다. 맥스웰은 곧바로 영의 이론을 수정했다. 구별만 가능하다면 영이 말한 삼원색뿐만 아니라 어떤 식으로든 트리오를 얻을 수 있다는 것이다. 이로부터 그는 눈 역시 세 가지의 색만을 지각할 수 있다는 가정을 끌어냈고, 이 추측은 오늘날 사실로 입증되었다. 우리가 지각하는 다른 모든 미묘한 차이는 삼원색의 혼합으로 이루어진다는 것이다.

　이어서 맥스웰은 동일한 장면을 세 가지 컬러 필터로 찍고 그때 얻은 사진들을 조합하면 컬러 사진을 얻을 수 있다고 추론했다. 1861년 드디어 그는 런던의 한 강연회에서 최초의 컬러 사진을 세상에 내놓았다. 스코틀랜드 전통 체크무늬 스커트 사진이었다. 그러나 그의 성공은 사실 수수께끼 같은 일이다. 그가 사용한 감광유화제는 붉은 빛을 받아들일 수 없었기 때문이다. 그렇다면 체크무늬 치마의 붉은 선들은 어떻게 해서 사진에 찍혔을까?

　현대적 기구들을 이용해서 더 정확하게 실험한 결과 맥스웰의 사진은 유능한 자의 행운이었음을 알게 되었다. 첫째로 맥스웰이 사용한 적색 필터는 자외선도 통과시켰고, 둘째로 치마의 붉은색은 바로 자외선을 많이 반사했던 것이다.

　이 강연이 끝나고 맥스웰과 패러데이는 함께 레스토랑에 갔다. 누군가 내게 과거로 돌아가 어떤 사건을 체험해 보고 싶냐 묻는다면, 나는 이 두 사람과 함께 식사하고 그들의 대화를 직접 듣고 싶다고 답할 것이다. 모든 것을 수학 없이 이해한 패러데이, 그리고 모든 것을 수학으로 이해한 맥스웰. 전기와 자기의 장을 예감하고 가시적인 것으로 만든, 위대한 통찰력을 지닌 실험가, 그리고 그것들을 전자기장에서 통합하고 그럼으로써 빛을 이해한, 위대한 통찰력을 지닌 이론가. 나중에 자세히 소개될 물리학자 리처드 P. 파인만이 언젠가 주장했듯이 서기 10000년의 인간은 이 19세기를 그저 맥스웰이 살았던 시대라고만 회고할 것이다. 그렇다면 맥스웰에 관해서 아는 것이 없는 사람은 마땅히 부끄러워해야 하지 않을까?

1 결혼식 때 마리 안은 고작 14세였다. 결혼생활은 지속되었지만 아이는 태어나지 않았다. 그녀는 영어를 공부해서 라부아지에가 당시 영국과 미국의 위대한 과학자들 — 프리스틀리, 제퍼슨, 프랭클린 — 과 친분을 쌓도록 도움을 주었다. 그들은 라부아지에의 실험실도 방문했다.

2 라부아지에는 세금징수와 과학적인 야심을 능숙하게 연결했다. 수금하기 위해 도시에 갈 때면, 미리 그곳에 전문 강의를 신청하거나 강연 초청을 받아두었다.

3 욕조에서 마라의 죽음 — 그는 욕조에서 한 여인에게 살해당했다 — 은 자주 예술작품의 모티프로 쓰였다. 예를 들어 18세기 자크 루이 다비드의 그림과 20세기 페터 바이스의 현대희곡 등이 있다.

4 물리학의 에너지원칙은 19세기에야 수립되었는데, 누구보다 헬름홀츠가 큰 역할을 했다. 그는 에너지가 생성될 수도 없어질 수도 없다고 말했다. 에너지는 하나의 형태(운동)로부터 다른 형태(열)로 이행할 뿐이다. 즉 세계의 에너지는 불변이다.

5 라부아지에는 처음에 준회원이었지만 곧바로 정회원으로 승격되었다. 이른 나이에 아카데미에 입성한 이유는 무엇보다 23세에 대도시 조명 기획연구로 프랑스 국왕 루이 15세로부터 상금을 받았기 때문이다.

6 이것은 막스 델브뤼크, 살바도르 루리아와 함께 1969년 노벨의학상을 공동수상한 생물학자 알프레드 허쉬(Alfred Hershey)의 생각이다. 여기서부터 '허쉬 헤븐(Hershey Heaven)'이라는 관용어가 나오기도 했다.

7 '산소(Oxygnène)'라는 이름은 라부아지에가 만든 것이다. 그는 이 원소가 '산(酸)의 원리'라고 여겼다. '산소'는 '산을 산출하는 기체'라는 뜻이며, 라부아지에는 예컨대 황산처럼 산이라고 간주되는 모든 물질에 이 기체가 나온다고 주장했다. 나중에 밝혀졌듯이 옳은 주장은 아니었다. 그러나 산소라는 이름만은 현재까지 계속 사용되고 있다.

8 플로지스톤은 과학자들의 머릿속에 들어 있는 편협한 생각들이 얼마나 깨지기 어려운지의 예를 제공하기도 한다. 어떤 물질이 불에 타면 더 무거워진다는 사실이 실제 측정을 통해 입증되자, 사람들은 플로지스톤 이론에 회의를 갖기보다는 열소의 무게가 마이너스라는 새로운 가정을 만들어냈다!

9 이때 라부아지에가 한 실험은 로버트 보일의 모범에 따른 것이다. 예컨대 그는 외부로부터 열을 공급해 그릇 내부를 가열했다.

10 라부아지에 시대 이후로 우리는 가열 소실 과정을 산화, 그리고 환원(화합물)으로부터 산소가 유리되는 것이라고 부른다. 나아가 라부아지에는 연소가 항상 불꽃과 함께 일어날 필요는 없다고 분명히 했다. '산소'를 포함한 물질의 화학적 화합은 또한 그 자체로는, 특히 유기체에서는 덜 눈에 띈다. 라부아지에

는 호흡이 신체에 산소를 가져다주고, 그런 다음 신체는 연소 과정을 거쳐야 한다는 사실을 매우 일찍 이해했다.

11 라부아지에의 방식은 철학 분야의 지성인들로부터도 인정을 받았다. 예를 들어 프리드리히 엥겔스는 칼 마르크스의 《자본론》 2부 서문에서 마르크스의 성과를 라부아지에와 비교하면서 드높이고자 했다. "라부아지에와 프리스틀리의 관계는 (……) 잉여가치론을 세운 마르크스와 이전의 학자들의 관계와 같다. 우리가 잉여가치라고 부르는 상품가격의 존재는 마르크스가 말하기 훨씬 전부터 알려져 있었다. (……) 이렇게 해서 그는 기존의 범주 전체를 연구했다. 마치 라부아지에가 산소의 도움으로 플로지스톤 화학의 기존 범주들을 연구했던 것처럼 말이다."

12 거대한 렌즈 덕분에 라부아지에는 다이아몬드가 바로 탄소 덩어리라는 사실을 입증했다. 그러나 구성 성분과는 별개로 중요한 의미를 가지고 있는 화학구조는 20세기에 와서야 발견되고 이해된다.

13 라부아지에의 새로운 전문용어 체계는 화학 용어를 개선하려는 노력에서 그치지 않았다. 그와 그의 동료들은 화학적 상징과 같은 어떤 것을 개발하는 일도 했다. 이 일은 특히 장 앙리 하센프란츠, 피에르 오귀스트 아데가 함께 작업했다. 예를 들어 원소는 직선으로, 금속은 원으로, 알칼리용액은 세모 모양으로 표기하는 식이었다. 라부아지에는 이 아이디어가 "어떤 용액 속에 있는 어떤 금속에 무슨 일이 벌어지는지를 종이 위에 그리는 것"을 목적으로 한다고 밝혔다. 당시 이미 그의 머릿속에는 '화학의 대수학'이 들어 있었다. 그러나 화학자들이 화학반응과 결합을 상징적 방정식과 기호를 써서 표현하기 시작한 것은 1830년 이후이다.

14 패러데이 상자란 한정된 공간(예를 들어 자동차 내부)을 외부의 자기장(예를 들어 번개가 칠 때)으로부터 가리기 위해 금속으로 둘러싼 장치를 말한다. 하지만 이것은 패러데이가 고안해 낸 것이 아니라 그에게 경의를 표하기 위해 이름만 그렇게 붙인 것이다. 패러데이는 금속(예를 들어 자동차의 자체)에 의해 자기장의 방향을 돌릴 수 있다는 사실을 발견했다.

15 1994년 여성 최초의 크리스마스 강연이 있었다. 옥스퍼드 출신의 수전 그린필드의 강의였다. 그녀는 인간의 뇌와 그 발전에 대해 이야기하면서, 두개골 안의 기관이 컴퓨터와 유사한지 아니면 화학 공장과 유사한지의 문제를 제기했다.

16 라이덴 병은 전기를 저장할 수 있는 콘덴서(축전기)의 원형이다. 실린더 모양의 유리병으로 만들어진 기구인데, 이 병의 내부와 외부 벽은 은박지로 발라져 있다.

17 작은 예외로서 프랑스, 스위스, 이탈리아를 가로지른 강연여행을 언급할 수 있다. 1813에서 1815년

사이에 보스인 데이비 경이 기획한 이 여행에 패러데이는 조수로 참여했다. 덧붙여 그는 레이디 데이비의 심부름까지 담당했지만 아무 불평 없이 일을 해냈다.

18 패러데이는 무엇보다 변화가 중요하다는 이유로 전기에 관심을 가졌다. 그는 아주 처음부터 변화의 법칙을 알아내고자 했다. 현재 물리학에서 그의 이름을 따라 만들어진 두 개의 법칙 역시 물질의 변화에 관한 것들이다. 제1법칙 : 전류가 통과할 때 전해질을 통해 분리된 물질의 양은 전류의 강도나 시간에 비례한다. 제2법칙 : 같은 양의 전류로 인해 상이한 전해질들로부터 분리된 물질의 양은 등가중량에 비례한다. 비례의 인수(因數)는 패러데이 상수(F)라고 불리는데, 아보가드로 수(數)와 전하량에서 산출되었다. 전문적인 내용을 원하는 독자를 위해 여기서 두 법칙을 거론하였으나, 자세한 설명은 생략하기로 한다.

19 현재는 이런 경우 벡터(vector)라는 용어를 쓴다. 방향과 상관없는 양은 스칼라(scalar)라고 부른다.

20 우리는 자기장을 인식할 수 있는 감각기관을 가지고 있지 않다. 그렇게 보면 자기력 내지 자기장은 우리에게 아무런 작용도 하지 않으며 따라서 말 그대로 비현실적인 것이다. 자기라는 물리량은 눈에 보이지 않는 동시에 비현실적이기에 더 비밀스럽게 여겨진다. 더 이상의 상술은 생략하겠다.

21 더 정확히 말하자면 19세기 후반, 물리학에서 엔트로피 개념이 생기고 생물학에서 진화 개념이 생겨, 두 개념이 서로 연관되어 고찰될 때까지 기다려야 했다.

22 패러데이는 1831년 친구 리처드 필립스에게 보낸 편지에서 이렇게 쓴다. "실험할 때 수학 앞에서 겁낼 필요가 없고 오히려 충분히 수학과 겨루어 발견을 성취할 수 있다고 생각하니, 나는 상당히 만족스럽다네."

23 현재는 전통적으로 강연 시작 30분 전에 연설자를 특별 대기실에 가둔다.

24 On the Origin of Species by Means of Natural Selection, 1859년 초판 발행. 아마도 생물학 역사상 가장 중요한 이 저서의 주제는 이미 제목에 들어 있다. 종의 근원이나 발생이 아니라 종의 적응이 중요한 문제였다.

25 종(Art, Species)이라는 생물학적 개념은 생명과학의 어려운 구상들 중 하나이며, 여러 가지 이유에서 엄밀한 정의를 내리기가 불가능하다. 단순하게 말하자면, 두 생명체가 생식행위를 거쳐 종자를 가진 후손을 낳을 때 그 둘은 하나의 종이라고 단정할 수 있다.

26 자율신경체계 문제로 발생한 다윈의 병에 관해서는 추측들이 무성하다. 심리학자들은 그것이 심리적 장애에서 비롯한 고통이라고 주장한다. 어쨌든 신의 창조를 부정하는 듯 해보이고 거기에 대적할 수 있

는 저서를 썼다는 점에서 그럴 듯한 해석이다. 한편 기생충학자들은 1832년부터 1836년까지의 대규모 세계 여행에서 병원체(트리파노소마)에 감염되었기 때문이라고 추측한다. 그밖에도 여러 가설이 존재하지만 여기서는 이만 생략하기로 한다.

27 '다위니즘'이라는 표현은 줄리안 헉슬리가《진화 — 현대의 종합》에서 처음으로 제안했다. 그는 다윈의 이념을 분자생물학과 연관시키고자 했다. 다위니즘은 이데올로기와 상관없이 "다윈이 진화를 연구하며 최초로 사용한, 귀납과 연역의 혼합"이라고 정의되었다. 그러나 유감스럽게도 현재 '다위니즘'은 "가장 유능한 것이 살아남는다"는 금언을 사회적으로 이해하여 "나는 살아 있기에 유능하다"는 결론을 끌어 내는 사람들의 세계관으로 이해된다.

28 다윈의 분석에 따르면, 부처꽃이 세 가지 형태로 나타나는 데서 타가수분(他家受粉)의 원칙을 이해할 수 있다. 만약 자가수분이 행해졌더라면 암수의 성적 특성에서 야기된 이점이 다시 사라졌을지도 모른다. 다윈의 견해에서 우리가 주목해야 할 점은, 진화의 차원에서 볼 때 생식에서 성적 분화가 이루어지는 이유는 후손에게 더 큰 변이를 낳을 수 있기 때문이라는 사실이다.

29 당시 윌버포스 주교와 토머스 헉슬리 사이에 진화론을 둘러싼 논쟁이 발생했다. 다윈은 이 논쟁에 끼어들지 않았다. 진화 문제를 두고 교회와 과학이 공개적으로 싸우고 있다는 인상을 받았기 때문이다. 다윈은 그들의 논쟁이 사적인 영역에서 이루어져야 한다고 생각했다. 윌버포스 주교가 헉슬리에게 한 아주 유명한 질문이 있다. "그렇다면 당신의 할아버지나 할머니의 조상도 원숭이였습니까?" 헉슬리는 주교에게 이렇게 대답했다. "내 조상이 가련한 원숭이인지, 아니면 위대한 영향력과 재능을 가졌지만 진지한 과학적 대화를 우스꽝스럽게 만들기 위해 그런 재능과 영향력을 사용하는 인간인지 질문하신다면, 나는 주저 없이 원숭이를 택하겠습니다."

30 '변종'은 '종'처럼 부정확하게 정의된 개념이다. '개체군'이라는 단어가 당연히 어떤 것을 두루뭉술하게 칭하는 것처럼, 변종 역시 종의 하위집단 비슷한 어떤 것을 의미한다.

31 진화를 허용하는 듯하면서도 성서의 역사와 결합하는, 경이적으로 탁월한 문장이 이 책에 등장한다. "창조는 결코 완성되지 않았다."

32 《지질학 원칙들》 제2권은 나중에 몬테비데오에서 입수하게 된다.

33 다윈은 사촌 여동생 엠마 웨지우드와 1839년 결혼했다.

34 이 8개의 포인트는 또한 '다위니즘'이 무엇인지를 정의할 수 있게 해준다.

35 다윈이 자신의 이념을 발전시켰을 때, 물리학에서도 옛 뉴턴의 결정주의를 탈피한 정역학 법칙들이 부

상했다. 19세기 중반 사람들이 개연성에 기반을 둔 진술에 막 익숙해지기 시작했던 것을 생각해 보면, 오늘날까지도 진화 이론의 비판자들이 존재한다는 사실이 놀랍기만 하다. 그들은 진화 이론이 정확한 예언을 할 수 없다고 비난한다.

36 다윈은 자칭 '종 이론'을 어떤 식으로든 출판하고 싶어했다. 1844년 7월 5일 그는 (서면으로) 아내에게 개요를 완성했다고 전하면서 자신이 "갑작스럽게 죽을 경우 출판에 400파운드를 사용할 것"을 부탁했다. 그는 출판사를 어떻게 구해야 하는지까지 아내에게 지시했다.

37 물리학자들은 맥스웰 방정식에 여전히 열광하고 있다. 예를 들어 노벨상 수상자 머리 겔만(Murray Gell-Mann)은 1994년 나온 책 《쿼크와 재규어》에서 이 수학적 기적의 작품들을 명시적으로 인용했을 뿐만 아니라 서로 다른 세 가지 서술방식으로 열거하기까지 했다.

38 그런 전자기파가 예측된 것처럼 실제로 존재한다는 증거는 독일 물리학자 하인리히 헤르츠가 맥스웰의 이론이 나온 지 30년 후에 실제로 얻어냈다.

39 현재는 초속 약 300,000킬로미터로 알려져 있다.

40 오늘날이라면 맥스웰은 이론물리학과 교수일 것이다. 그러나 이론물리학이라는 분과는 당시에는 아직 없었고, 닐스 보어와 알베르트 아인슈타인 같은 위대한 과학자들의 등장과 함께 창설되었다.

41 영국 과학자 윌리엄 크룩스 경은 당시 진공관으로 이루어진 광선 측정 도구를 개발했다. 어떤 이유에서 인지 모르나 사람들은 빅토리아 여왕에게 진공관의 원리를 설명해야 한다고 생각했다. 맥스웰이 적임자로 선택된 이유는 높은 계급 출신으로 물리학을 이해하고 있었기 때문이다.

42 맥스웰은 과학 원서를 읽고 싶어했고 게다가 경이로운 기억력의 소유자였기 때문에 상대적으로 쉽게 많은 외국어를 배울 수 있었다.

43 맥스웰은 토성의 '고리'가 실제 고리가 아니라 많은 조각들로 구성되어 있다는 사실을 이론적으로 증명한 최초의 물리학자이다. 그렇지 않다면 회전운동의 안정성이 불가능하다는 것이다.

44 분명히 현재는 물질계가 원자로 구성되었다는 가정을 참으로 간주한다. 과거나 지금이나 그릇된 것은 원자가 사물이라는 가정이다. 원자는 빙글빙글 돌고 있는 작은 공과는 다르다.

45 열역학 제1법칙은 에너지보존의 법칙이다. 세계의 에너지는 항상 일정하며, 변화할 수는 있지만 생성되거나 파괴될 수는 없다. 이 내용은 헤르만 헬름홀츠 장에서 더 상세히 살펴보기로 하자.

46 덧붙여 맥스웰은 색맹이란 눈에 하나 이상의 색을 받아들이는 능력이 결여되어 있음을 의미한다고 생각한 최초의 학자이기도 하다.

6장

구대륙으로부터

헤르만 폰 헬름홀츠

그레고르 멘델

루트비히 볼츠만

19세기 후반의 중심 사상은 흔히 변화의 이념이라고 말한다. 다윈은 종의 적응과 그에 따른 생물학적 진화를 기술했고, 물리학에서는 기계가 실행하는 에너지의 변화를 포착했다. 이때 중요한 문제는 오늘날까지도 논란이 되는 엔트로피라는 이름의 질(質)이었다. 대문자 E로 시작하는 세 개념 — 에너지(Energie), 엔트로피(Entropie), 진화(Evolution) — 은 세기말 과학사상 전체를 장악했다. 변화를 설명하기 위해 과학자들은 영원한 법칙을 확립하고자 했고, 이는 실제로 물리학과 생물학에서 실현되었다. 앞으로 소개할 세 학자 중 두 명은 수도 베를린과 빈에서 유명한 열역학 법칙들을 수립했고, 한 명은 조용한 수도원 정원에서 그보다 더 유명한 유전의 법칙을 발견했다.

헤르만 폰 헬름홀츠

물리학의 제국수상

Hermann von Helmholtz

헤르만 폰 헬름홀츠는 당대(19세기 후반) 자연과학을 그 누구보다도 지배한 사람이다. 그는 여러 관점에서, 내적으로나 외적으로 과학계를 장악했다. 내용적인 측면에서 말하자면 그는 거의 모든 분야에 정통했다. 보편적인 학식을 갖추었고, 많은 영역에서 본질적인 통찰과 발전을 이루어냈다. 예를 들어 1847년 26세의 나이로 에너지 보존의 원칙을 작성했고,[1] 얼마 후 검안경을 발명했으며, 40세에 광범위한 생리학적 광학을 구상했다. 그후 '음성지각 이론'에 착수해 하모니론(論)의 자연과학적 근거를 세웠다. 이것들은 헬름홀츠의 선구적인 지성의 일부일 뿐이다.

사상적인 측면에 대해 말한다면, 그는 당대 과학 연구 프로그램을 규정지었고, 오늘날 우리가 '물리학주의'라고 부르는 것을 구상했다. 1869년 인스부르크에서 열린 독일 자연과학회 강연에서 그는 이렇게 말했다. "자연과학의 최종 목표는 그 토대에 놓인 운동과 원동력의 모든 변화를 발견하는 것이다. 즉 역학을 통해 그 변화를 해결하는 것이다." 그리고 마침내 정치적, 조직적 측면에서 말하자면 헬름홀츠는 실로 당대 과학계를 장악할 만한 지위에 올랐다. 그로 인해 그는 오토 폰 비스마르크에 빗대어 학자공화국을 통치하는 '물리학의 제국수상'이라는 별명을 얻었다.

그가 마지막으로 앉은 자리는 1888년 베를린 샤를로텐부르크에 창설된 물리기술 제국성 최초 장관직이었다. 이 부처는 '정확한 자연 연구와 정밀기술의 실험적 장려를 위한 기구'로 헬름홀츠 자신이 제안했고 그 자신의 펜으로 각서를 씀으로써 지원했다(베르너 폰 지멘스와 같은 몇몇 친구들의 협력이 있었다). 또 그는 장관에게 매년 2만 4,000마르크의 봉급을 지불할 것을 추천했다. 프로이센 과학아카데미에서 받는 6,900마르크는 별도였다. 터무니없이 많은 금액이었지만 실제로 프로이센 국가는 이를 승인했다.[2]

헬름홀츠는 사람들을 감동시킨 프로이센의 스타였다. 그를 그린 많은 초상화가 있는데, 그 중 화가 프란츠 폰 렌바흐가 그린 유화가 가장 유명하다. 여기서 헬름홀츠는 지적인 눈매와 넓은 이마를 자랑하는 근엄한 군주와 같은 이미지로 그려졌다. 1891년 70회 생일을 기념한 연설에서 그는 자신의 모든 인식이 어디에서 출발했는지를 공개했다. 그것은 "개념을 통해 현실을 지배하려는 충동"이었다고 한다. 헬름홀츠와 다른 과학자들은 자연 연구에서 점점 더 많은 진보를, 그리고 자연에 대한 점점 더 많은 인간의 권력을 약속했다. 모두가 그들의 말을 신뢰했다. 일개 대학교수가 살아생전 이토록 큰 명성을 얻고 이토록 존경을 받은 경우는 다시 없을 것이다. 헬름홀츠는 프로이센에서 물리학을 가르치는 모든 선생들 중에서 가장 높은 지위를 차지하고 있었다. 수도 베를린의 대학 정교수였다.

그럴수록 만년에 들어서 찾아온 고독은 더 뼈아프게 느껴졌다. 아들 중 한 명이 세상을 떠났고, 절친한 친구 지멘스와 천재적인 제자 하인리히 헤르츠, 그리고 대중의 숭배를 한 몸에 받은 동료 아우구스트 쿤트와도 작별해야 했다. 1894년 늦여름 죽기 직전 헬름홀츠는 정신적으로 매우 혼란한 상태였다. 아내 안나는 여동생에게 보내는 편지에서 남편의 상황을 이렇게 알렸다.

"그 사람 생각은 혼란스럽고 뒤죽박죽이야. 현실과 꿈, 소망과 실제 사건, 장소와 시간이 안개 속에서 움직이는 것 같아. 자신이 지금 어디에 있는지도 모를 정도야. 여행 중이라고도 생각하고, 미국에 있다고도, 배 위에 있다고도 생각하지. 항상 영혼이 먼 곳, 아주 먼 곳에 있는 것처럼 행동해. 과학과 영원한 법칙만이 지배하는 아름답고 고귀한 세상 말이야. 실제로 그를 둘러싼 것들과는 어울릴 수가 없지. 그런 식으로 그는 몽롱하고 넋이 나간 사람이 되어버려."

배경

1821년 헬름홀츠가 태어나기 직전, 20세의 메리 셸리는 유명한 공상과학소설 《프랑켄슈타인》을 썼다. 헬름홀츠가 탄생한 해에 가톨릭 교회는 코페르니쿠스 체계에 대한 파문을 중지했고, 미국의 인구는 약 1,000만 명이었다. 1822년 샹폴리옹이 이집트 상형문자를 해독했고, 니에프스는 세계 최초로 사진기를 발명했다. 독일에서는 자연과학자와 의사들의 협회가 창립되었고, 프랑스 사회학자 오귀스트 콩트는 《사회 재조직을 위한 과학적 작업 계획》을 발표했다. 1년 후에는 비누가 산업적으로 제조되기 시작했다. 베토벤은 9번 교향곡을 작곡했고, 미국 대통령은 자신의 이름을 따 지어진 먼로 독트린 '미국인들에게 미국'을 공표했다. 1826년 슈베르트는 〈죽음과 소녀〉를, 멘델스존은 〈한여름 밤의 꿈〉을 작곡했다. 1828년 화학자 뵐러는 신장 없이 시험관에서 요소를 합성하는 데 성공했다.

40년 후 대서양을 횡단하는 전보가 생겼고(1866년), 다이너마이트가 개발되었으며(1866년), 교류발전기가 만들어졌고(1867년), 독불전쟁이 발발했다(1870년). 독불전쟁은 1871년 베르사유에서 독일제국의 창설 선언 및 황제 포고와 함께 끝이 났다. 프로이센의 정치가이자 제국수상인 비스마르크는 외부로는 평화를 수립하고 내부로는 사회주의자들과 맞서 싸우며 문화전쟁을 벌였다. 1878년 그가 제정한 사회주의자법은 1890년에야 철폐되었다. 이 위대한 '창업시대'에 독일은 전면적으로 현대화되었고 과학산업은 대부흥기를 맞이했다.

1884년 셀룰로오스로 만든 인조견이 나왔고, 영사막의 전신인 니브코프 원판이 개발되었으며, 롤필름과 만년필이 발명되었다. 헬름홀츠가 사망하기 얼마 전 시베리아철도가 개통되었고(1891년), 디젤기관이 발명되었으며(1893년), 프랑스는 '드레퓌스 사건'(1894년)으로 떠들썩했다. 독일 물리학자 뢴트겐은 방사선의 존재를 발견했고, 스웨덴의 화학자 알프레드 노벨은 상을 제정했다. 뢴트겐은 첫 노벨상 수상자가 되었다. 그리고 이제 20세기가 시작되었다.

초상

제임스 클라크 맥스웰의 견해에 따르면 헤르만 폰 헬름홀츠[3]는 "거인과도 같은 지성"을 갖춘 사람이었다. 무엇보다 스코틀랜드 학자 맥스웰은 과학의 수많은 분야에 족적을 남긴 독일(프로이센) 학자 헬름홀츠의 '철저함'에 경탄했다. 이제 헬름홀츠 일생의 몇몇 전환점들을 중심으로 그가 의사로서, 물리학자로서, 생리학자로서, 그리고 철학자로서 활동하는 모습을 돌아보자.

헬름홀츠는 1821년 포츠담에서 김나지움 교사와 프로이센 장교의 딸 사이에 장남으로 태어났다. 어린 헤르만은 인문주의적 훈련을 받으며 자랐다. 라틴어와 그리스어를 비롯해서 히브리어, 이탈리아어, 아랍어, 프랑스어와 영어를 배웠다. 그러나 머릿속에 온갖 교양을 쌓았음에도 불구하고 그는 물리학을 공부하고 싶어했다. 아버지는 돈이 너무 많이 드는데다가 "빵을 얻을 수 없는 기예"라고 반대했지만, 타협안으로 의학 공부를 권유했다. 아비투어에 합격한 17세의 헬름홀츠는 1838년 베를린 페피니에르[4]에 들어갔고, 1842년 해부학(!) 학위를 받아 졸업했다. 그후 자선병원에서 일종의 조수로 봉사하고 그런 다음 프로이센 군의관으로 2년의 복무를 완수했다.[5]

헬름홀츠는 의료행위와 업무를 지루해했다. 그러나 결과적으로 보아 당시 의학에 열중한 것은 이익이 되었다. 자연과학의 한 분야를 확실하게 붙들고 그 변모 과정을 직접 눈으로 보았기 때문이다. 그리고 그의 구상이 결정적으로 발전하게 된 동기는 이런 질문이었다. 어떤 물질을 '생명'이라고 부르게 하는 자율적인 생명력이 존재하는가, 아니면 오로지 물리적 법칙들만이 작용할 뿐인가? 즉 생물에 관한 모든 것은 자연법칙만으로 해명할 수 없는 어떤 원리에 의한 것인가, 아니면 결국 물리학 내지 역학으로 환원될 수 있는가? 헬름홀츠의 스승들 대부분은 — 유명한 생리학자 요하네스 뮐러를 예로 들 수 있는데, 1840년 나온 그의《인간생리학 교본》은 당시 압도적인 권위가 있었다

— 아직 생기론(生氣論) 입장에 머물러 있었다. 그들은 생명 과정을 역학적으로만 설명하는 행위를 역겹게 여겼다.[6]

반면 화학자들은 이미 10여 년 전에, 영원한 원칙처럼 보이던 장벽을 허물었다. 죽은 물질의 비유기적 부분과 살아 있는 몸의 유기적인 성분 사이의 장벽 말이다. 요소(尿素)와 같은 유기적인 물질은 단순한 기교(가열)와 단순한 과정을 거쳐 시험관에서 생산될 수 있었다. 그러기 위해 신장, 선(腺) 혹은 유사한 생명장치들이 더 이상 필요하지 않았다.

생명의 분자들이 하나의 문제라면 생명의 힘들은 다른 문제였다. 헬름홀츠는 젊은 군의관 시절 생명력의 생성과 사용이 무엇인지 깊이 고찰했다. 1845년 친구인 에밀 뒤부아 레몽에게 쓴 편지를 보면 이런 말이 나온다. "다음 4분기 동안은 군병원에서 근무할 예정이야. 그때 주로 힘들의 불변성을 연구해 볼까 해." 여기서 결정적인 단어[7]는 '불변성'이다. 칸트의 저서에서 차용한 이 개념은 헬름홀츠의 철학적 기본 자세를 환기시켜 준다. 헬름홀츠는 칸트의 저서를 열심히 읽었고 많은 영향을 받았다. 무엇보다 과학을 추진하고 과학 법칙을 찾기 위해서는 모든 자연 변화가 원칙적인 불변성에 상응한다고 가정해야 한다는 견해를 추종했다. 어떤 사물이건 일정하게 보존되고 머물러야 한다는 것이다. 칸트에 따르면 이 원리는 오성(悟性)에 의해 인식될 수 있고, 그런 전제에서만 과학적 통찰이 가능하다.

헬름홀츠는 바로 그 토대에 놓인 불변의 양(量)을 추구했다. 이 양은 모든 생리학적 현상 뒤에 숨어 있을 터였다. 그는 모든 운동과 변화를 가능하게 하는 힘 또는 에너지가 무엇일지 이미 짐작하고 있었다. 헬름홀츠는 실험실 설비를 갖추고 우리 몸속에서 일어나는 열 현상을 연구했다.[8] 예컨대 심한 육체적 노동을 할 때 나오는 땀 같은 것이 연구대상이었다. 1845년 나온 그의 첫번째 출판물은 《근육운동에서의 신진대사 사용에 관해》였는데, 여기서 헬름홀츠는 여전히 신체의 특수한 생명력이라는 항간의 생각을 비판했다. 그가 관찰한 바에 따르면 신체에 고유한 열을 공급하는 것은 근육의 운동이었다. 그는 부패와 발효를 분석하여 결정적인 통찰에 이르렀다. 오늘날 에너지법칙 내지 열역학 제1법칙이라 알려진 그 통찰은 1847년 '힘의 불변성에 관하여'라는 강연과 《힘의 보존에 관하여》라는 논문에서 소개 내지 공표되었다.

이 지점에서 두 가지 이상한 문제가 떠오른다. 하나는 독창성 문제이다. 헬름홀츠는 에너지 파괴 불가능성을 관찰하고 발표한 최초의 학자가 아니었다. 하일브론에서 태어난 의사 율리우스 로베르트 마이어가 이미 1845년 에너지의 변화 불가능성을 주장했고 심지어 '역학적 열 등가성'을 탐구하기도 했다. 마이어의 이론은 역학적 작업(운동)이 어떻게 열(땀)로 변화하는지를 말해주었다. 그럼에도 불구하고 헬름홀츠의 작업에는 마이어를 언급한 부분이 전혀 없었다. 30세도 채 안된 헬름홀츠가 의식적으로 마이어를 표절했다는 비난이 제기되기까지는 오랜 시간이 걸리지 않았다. 하지만 그의 고결한 인격을 생각해 보면 그런 의혹은 부당해 보이고, 따라서 이 점을 더 추적하지는 않겠다. 무엇보다 그 문제는 역사적으로 훨씬 더 긴장감 넘치는 두 번째 사실을 환기시켜 주기 때문이다. 즉 당시에는 별로 주목받지 못했지만 논란의 여지없이 명확한 에너지 법칙이 같은 시기에 두 사람에 의해 작성되었고 곧 물리학의 기초로 자리잡았다는 점이다. 더욱이 두 사람은 애초에 물리학과 아무 상관이 없던 의사들이었다.

두 학자는 인간 신체에서 열이 발생하는 현상에 집착했고,[9] 오늘날 에너지라고 불리는 불변의 양이 존재해야 한다는 결론에 도달했다. 18세기에 처음으로 사용된 이 개념은 자연에 작용하는 여러 가지 힘들을 총칭하는 용어였다.

에너지보존법칙의 부상(浮上)은 인간의 영혼 안에서 작동하는 더 심오한 과정을 보여주는 것 같다. 이 과정은 다른 어떤 분야보다 더 강력한 변화를 체험한 과학계에서 비로소 의식의 수면 위로 떠올랐다. 영혼의 인식은 '자연의 부정적인 면'과 연관될 수 있다. 낭만주의 철학에서 지적한, 모든 사물 뒤편에 숨겨진 것처럼 보이는 제2의 현실처럼 말이다. 마이어는 자연철학 사상의 신봉자였다. 그리고 헬름홀츠가 칸트를 읽고 지적한 것은 칸트가 유명한 계몽주의자였기 때문이 아니라 불변의 자연적 배경을 강조한 자연철학자였기 때문이다. 칸트는 과학의 보편타당한 법칙을 형상화할 수 있는 유일한 철학자였다.

사변적인 이야기는 이만 하고 젊은 의사 헬름홀츠로 돌아가 보자. 그는 에너지 보존에 관한 연구의 의미를 확실히 알고 있었고, 약혼녀 올가 폰 펠텐에게 말했듯이 한두 번의 실험을 거치면 자신의 저서로 "문헌시장에 홍수를 이루게 할" 수 있다고 자부했다. 실제로 헬름홀츠는 소망하던 과학계의 인정을 금세 획득했고, 베를린 아카데미 미술대학 해부학 강사 자리를 얻었다. 군복무에서 해방되고 의학실습이 점점 줄어든 1848년 9월 이후에는 거의 대부분의 시간을 과학적 문제에 쏟아부을 수 있었다. 물론 온 삶을 물리학에 바친다는 원래의 꿈을 이루기까지는 아직도 20년 이상이 — 정확히 말해 1871년 부활절까지 — 필요했다. 1871년 제국 설립의 해에야 헬름홀츠는 베를린 대학 물리학과 정교수가 되었다. 쾨니히스베르크, 본, 그리고 하이델베르크에서 생리학자이자 해부학자로서 연구 및 교육활동이라는 우회로를 거쳐 마침내 목적지에 도달한 것이다.

쾨니히스베르크에서 그가 특히 노력을 기울인 작업은, 신경을 타고 자극이 퍼져 근육을 활동시키는 속도를 측정하는 일이었다. 이 목적에 필요한 도구들 ― 근육 긴장을 조사하는 기구와 미세한 시간단위를 측정하는 시계 ― 은 직접 설계해서 만들었다. 쾨니히스베르크에서의 연구 활동은 성공적이었지만, 헬름홀츠의 아내는 동프로이센의 기후를 참아내지 못했다. 아내가 결핵에 걸려 고통을 겪자, 헬름홀츠는 더 남쪽에 위치한 대학을 찾아야 했다. 그들은 본에 잠시 머무른 후 하이델베르크에 정착하게 되었다. 1857년 바덴 주에 도착했지만 때는 너무 늦었다. 아내는 얼마 후 아직 어린 두 아이를 남겨놓고 세상을 떠났다. 1861년 헬름홀츠는 교수의 딸 안나 폰 몰과 재혼했다.

과학에 관해 말하자면, 하이델베르크 시절 헬름홀츠는 무엇보다 시각 과정에 몰두했고, 3권으로 구성된 방대한 저서 《생리학적 광학 교본》을 발표했다.[10] 색 이론을 포괄적으로 다룬 이 책에서 저자는 오늘날까지도 색을 특성화하는 데 사용되는 세 개의 변수, 즉 색조, 포화도, 그리고 명도 개념을 도입했다. 또 그는 최초로 여러 형태의 색 혼합을 정확하게 구별했다. 예를 들어 황색 빛과 청색 빛을 조합하면(가색법) 황색 수채화물감과 청색 수채화물감을 덧칠할 때(감색법)와는 다른 결과가 나온다는 사실을 지적했다. 혼합 자체에 관해서 말하자면, 헬름홀츠는 19세기 초 이후 동료학자들과 마찬가지로 3원색이 존재하며 그 기본색들로부터 다른 모든 색이 조합될 수 있다고 가정했다. 그가 기본색으로 선택한 것은 적, 녹, 보라 3색이었다.[11]

헬름홀츠의 시각 연구는 항상 눈과 귀의 비교분석이 수반되었다.

언급한 색 지각의 세 변수는 음성의 세 매개변수(음량, 음의 고저, 음색)와 상응한다. 청각과 색 지각의 차이는 무엇보다, 눈이 혼합색의 구성요소들을 구분할 수 없는 반면 귀는 개개 음성의 성분들을 아주 잘 판별할 수 있다는 점에 있다. 1857년 헬름홀츠는 이렇게 말했다.

"눈은 조합된 색들을 각각 분리해 낼 수 없다. 혼합색을 구성하는 기본색들이 단순한 진동으로 조합되었는지, 아니면 단순하지 않은 진동으로 조합되었는지는 상관없다. 귀와 마찬가지로 눈의 감각 안에는 조화가 없다. 눈에는 음악도 없다."

헬름홀츠가 생리학적 광학에 관해 묘사한 내용이 포괄적인 만큼, 그의 교과서들은 교육 및 연구에 결정적인 역할을 했다(특히 영어로 된 번역서는 엄청난 효과를 발휘했다). 모든 광학 현상의 인과관계는 단순히 물리학적 합법칙성이나 화학적 규칙성을 지적한다고 이해할 수는 없다는 사실이 점차 분명해졌다. 착시, 심층지각의 문제 혹은 색의 불변성 문제에서 헬름홀츠는 확실히 심리적 내지 심리학적 요인들을 이용해야만 했고, 비물리학적 해석이 필수적이라는 이런 통찰은 인과성을 맹신해 온 헬름홀츠를 경악시켰다. 이런 이유에서 그는 몇몇 심리학자들의 색 이론에도 거부감을 표시했다. 예를 들어 에발트 헤링은 어떤 물리학자가 황색을 혼합할 수 있는지 없는지는 아무 의미 없는 문제라고 주장했다. 개개인에게 황색은 '순수한 감각적 수용'이기 때문이다. 황색은 다른 색들의 혼합으로 지각될 수 없으며, 이런 이유에서 자연과학자는 삼원색이 아니라 적, 녹, 청, 황 4색을 기본색으로 가정해 연구해야 한다는 것이다.[12]

얼마 지나지 않아 헬름홀츠는 생리학과 생물리학에 관심을 잃고 고전물리학에 더 열중하게 되었다. 50세에 마침내 수도 베를린에 둥지를 튼 그는 제국을 설립한 조국을 자랑스러워했다. 과거 전쟁에서 군병원 감독과 군의관으로(뵈르트 전투에서) 적극 참여한 경력이 있었고, 이런 종류의 정치적 관심은 1848년 혁명에 대한 명백한 무관심과 극명한 대조를 이루었다. 진보 개념은 헬름홀츠에게 자연과학의 테두리 안에서만 의미를 가졌고, 정치적으로 보자면 이 위대한 과학자는 확실히 덜 자유주의적이며 오히려 보수적이라고 평가할 수 있다. 어쨌든 헬름홀츠는 장엄한 것과 품위 있는 것을, 그리고 숭고한 연설을 사랑했다.

독일의 수도에는 수많은 물리학자들이 진지한 주제들을 놓고 골머리를 앓고 있었다. 헬름홀츠는 인과성이 어디서나 무제한적으로 통용된다는 증거를 대기 위해 새롭게 노력을 기울였다. 음성의 하모니와 색의 미학은 더 이상 중요하지 않았다. 그 대신에 유체역학 문제들, 그리고 빛이 퍼질 때의 전기역학적 주제들이 더 중요했다. 베를린 시절 헬름홀츠는 실로 명성의 정점에 있었고, 새로운 분야를 새로운 이념과 통찰로써 장악하려는 노력은 항상 합당한 인정을 받았다. 그리고 '전기화학 원소들에 의한 전기모터'나 '농도 차이에 의한 직류전기'처럼 전문가를 자극할 세부사항들을 다룬 수많은 연구로 성과를 거두었고, 나이가 들어갈수록 더 큰 성공을 목표로 했다.

1886년 베를린·프로이센 과학아카데미에서 헬름홀츠는 공모 과제를 제시했다. 전자기 현상이 비전도(절연) 물질도 극화할 수 있는지, 즉 절연물질에서도 전하들을 분리시킬 수 있는지의 문제였다. 1887년 12월, 헬름홀츠의 가장 재능 있는 제자 중 한 명인 하인리히 헤르츠는 비록 공모 과제의 답은 아니었지만 전자기파를 생성하는 데 성공했다. 오늘날 라디오 수신에 이용되는 바로 그 전자기파였다. 헤르츠는 앞서 보았듯이 원래 맥스웰에 의해 만들어졌고 헬름홀츠가 변형시킨 전자기장 이론을 적용해서 이 일을 해냈다.

헤르츠의 흥분되는 실험적 연구가 진행되고 있을 무렵, 헬름홀츠 자신은 철학적 주제에 더 열심히 매달렸다. 특히 '의학적 관점에서 본 사유', '연역과 귀납', 그리고 '지각의 실제'에 관해 숙고하고 글을 썼다. 무엇보다 그가 관심을 가진 것은 자연과학적 경험과 개념이 어떻게 형성되느냐는 문제였다. 그는 모든 감각적 지각이 뇌 안의 신경자극으로서 발생하고 지각되며 '의식을 위한 뉴스'로 해석된다는 멋진 생각을 해냈다. 감각적 지각은 일종의 상징이 된다. 헬름홀츠에 따르면 지각에 의해 상징들의 세계가 형성되며, 이 세계 안에서 관찰하는 인간은 실제 세계의 구조를 재발견한다.

'철학하기'를 그토록 좋아했음에도 불구하고 헬름홀츠는 자신과 동료들에게 연구의 그런 부분을 과장하지 말라고 경고했다. 1869년 지적했듯이 "사상을 느슨하고 모호하게 만드는 풍기문란이 결국" 발생할 수 있기 때문이다. "나는 우선 한동안 실험과 수학을 통해 풍기문란을 단속하고 그런 다음 다시 지각 이론으로 가고자 한다."

만약 헬름홀츠가 그 시대 과학을 장악했다고 말한다면, 그것은 동전의 한 면에 불과하다. 그의 시대도 마찬가지로 그를 장악했다. 물리학의 세부사항을 다룬 텍스트들에서 드러나는 그의 모습은, 과학의 질과 정확성을 완전히 확신하며 과학의 정밀함을 내세우는 19세기의 한 인간의 모습이다. 헬름홀츠는 모든 것을 잘게 부수어 물리학에 되돌렸고 광범위한 인과성을 세상에 선사하고자 했다. 그는 분명히, 그 자신과 다른 사람들을 위해 옳은 길에 서 있었다. 그의 자의식은 과학자들의 보편적인 자의식을 일깨웠고, 19세기 후반의 과학 연구는 전문적인 프로젝트가 되었다. 바로 이런 프로젝트로부터 점점 더 나은 전문가들과 점점 더 많은 특수한 영역이 나왔고, 이들이 사회적으로 수용되기 시작했다. 산업혁명이 발발했으며 수많은 화학자, 물리학자, 의학자들이 지도적인 지위를 획득했고 심지어는 기업가가 될 수 있었다.

이 시대 과학이 사회적으로 얼마나 크게 인정받았는지는 누구보다 헬름홀츠가 잘 알고 있다. 하이델베르크를 떠나 베를린으로 온 그를 위해 대규모의 환영회가 열렸다. 그 자리에 있던 한 사람은 행사를 이렇게 회고한다.

"참석한 모든 사람들은 거기서 그가 한 말들을 평생 잊지 못하고 간직할 것이다. 그러나 또 모두를 지배한 생각이 있었으니, 독일의 가장 위대한 사상가이자 과학자가 속한 자리는 독일제국의 설립자, 가장 유력한 정치인과 가장 천재적인 사령관이 서 있는 바로 그곳이라는 점이다."

다시 말해 베를린 대학 물리학과 신임 정교수는 황제 빌헬름 1세, 제국수상 비스마르크, 그리고 총사령관 몰트케와 같은 줄에 앉은 것이다. 농담이 아니다.

그레고르 멘델

정원 안의 물리학 선생

Gregor Mendel

　그레고르 멘델은 생명과학의 혁명을 가능하게 한 유명한 유전법칙을 담은 저서《식물 잡종에 관한 실험》을 수년 동안 방치해 두다 1866년에야 출판했다. 그러나 사람들이 멘델의 결과를 알고 적용하기까지는 또 수십 년의 세월이 흘러야 했다. 유전 이론(혹은 유전학)은 실제로 20세기에 와서야 번창했다. 멘델에서 유래했고 그 때문에 그의 이름을 달고 있는 유전의 법칙들이 30년이나 뒤늦은 1901년 재발견되면서[13] 비로소 유전학의 역사가 시작되었다. 멘델의 유전법칙[14]은 변함없이 존재하고, 그렇기에 정당하게 학교 교과과정에 포함되어 있으며, 우리 모두가 적어도 단순한 형태로나마 그것을 숙지하고 있어야 한다.

　그러나 만약 자신이 유전 연구의 아버지로 칭송받는다는 사실을 안다면 멘델은 무척 당황해할 것이다. 본래 그에게는 유전이 중요한 주제가 아니었기 때문이다. 적어도 겉보기에는 그랬다. 유전이라는 단어는《식물 잡종에 관한 실험》에서 단 한 번 등장했다. "녹색 인자는 유전되지 않는다"(!)라고 말하는 136번째 명제에서이다.[15] 수도원 정원에서 행한 실험으로 깨달은 것들은 1865년 2월 9일자 《브뤼너 타게블라트》에 실렸고, 그 하루 전날 브르노에서 열린 자연과학협회 회의에서 발표되었다.

멘델은 기회를 놓치지 않았다. "특히 식물학자들에게 흥미로운 긴 강연"에서 자신이 무엇에 특별한 가치를 두었는지를 신문 독자들에게 명확히 알렸다. "식물 잡종들은 (……) 항상 조상종(祖上種)으로 회귀하려는 경향이 있다"는 것이 가장 중요한 대목이다. 다른 말로 하자면, 교배(이형접합)에 의해 탄생한 식물은 세대가 흐르면서 그 겉모습 형태를 항상 불변으로 유지하지 않으며 다시 출발점의 형태로 회귀하는 경향이 있다는 것이다.

그렇다면 어떤 사람들은 여기서 멘델이 발전(진화) 가능성을 반박하려는 것 아니냐고 의심할 수도 있을 것이다. 그러나 설사 멘델이 그런 의도를 염두에 두었다 하더라도, 그를 추종하는 모든 생물학자들은 그렇게 이해하지 않았다. 그들은 멘델의 연구가 식물 내부에 숨어 있는 메커니즘을 실험을 통해 양적으로 이용할 수 있게 만들었다는 점에 경탄했다. 이 메커니즘은 특질들의 재생산, 즉 특질들의 유전으로 이어진다. 그리고 여기서 출발한 다음 세대는 그 메커니즘을 점차 개선하고 유전에 관한 과학을 구축해서 오늘날 가장 긴장감 넘치는 분야 중 하나로 만들었다.

우리 시대 유전학은 실제로 엄청나게 분주히 작동하는 학문이다. 이 분야에서 활동하는 과학자들 사이에는 일종의 골드러시가 일어날 정도이다. 멘델이라는 이름의 꼼꼼한 수도사가 아주 묵묵히 식물들을 교배하던 수도원 정원의 깊은 고요로부터 너무 멀리 와 있는 느낌이다. 상업적인 국면에 들어선 현대 유전학에 종사하는 사람들은 지나치게 적극적이고 신랄하게 열심히 뛰어다니고 있다. 과학적, 경제적 욕망의 핵심 대상은 오늘날 '유전자(gene)'라는 용어로 알려져 있다.[16] 멘델은 유전요인(유전자)이 존재한다는 사실을 발견 내지는 예상할 수 있었음에도 불구하고 아직 그런 단어를 사용하지는 않았다. 그가 — 아마도 자기 의도와는 달리 — 우리에게 의미 있게 전달해 준 것을 하나의 문장으로 표현한다면, 이렇게 말해도 무방할 것이다. 유전은 개별적으로(부분적으로) 일어나서 부모로부터 후손으로 전이되며, 이때 자유롭게 분리되고 독립적으로 혼합될 수 있는, 부분적인 유전의 '요소들'이 존재한다고 말이다. 여기서 유명한 멘델의 법칙은 양적인 진행 과정을 말해준다.

'요소들', 수도사 멘델은 자신이 이해하고 추적한 유전의 단위를 그렇게 불렀다. 이 요소들을 오늘날 우리는 유전자라고 칭하며, 과거 물리학에서 원자가 했던 역할을 생물학에서 담당하는 물질이라 규정한다. 원자는 공격할 수도 없고 볼 수도 없으며 분리할 수도 없는, 물질 내부에 존재하는 기본적 구성성분을 뜻했다. 마찬가지로 유전자는 공격할 수도 없고 보이지도 않으며 분리할 수 없는 형태로 유기체 내부에 머물러 있는, 생명의 기본 요소이다.

물론 오늘날의 과학은 원자에 관해서도 유전자에 관해서도 위의 견해와는 아주 멀어졌지만, 당시 멘델에게 물리학과 생물학의 연결은 큰 역할을 했다. 1865년 멘델로부터 유전학이 탄생한 것은 오로지 물리학의 정신으로만, 즉 그가 공부해 온 학문의 정신으로만 가능했기 때문이다. 원자가 물리학의 임의적인 가설이 아니라 실제로 존재하며 물질을 실제로 구성하는 것이라는 사상은 당시 점차 통용되고 만개하고 있었고, 멘델에게도 깊은 인상을 주며 그의 연구를 주도했다.

멘델은 철저한 물리학 교육을 받았다. 아우구스티누스회 수도승에게서 기대할 수 있는 것 이상의 훨씬 포괄적인 교육이었다. 1843년 21세의 나이로 브르노 수도원에 들어갔을 때, 수도원장은 그를 물리학 선생으로 선발하여 일단 빈의 대학으로 보냈다. 추측건대 멘델은 시험공포증에 시달렸던 것 같다. 그는 두 번이나 교사시험에 떨어졌고 실의에 차 있었다. 그러자 수도원은 두번째로 과학에 열정을 품을 기회를 주었다. 이번에는 고향집에서부터 친숙했던 정원 재배였다. 브르노 수도원 정원에서 몇 년 동안 멘델은 떠돌이 행상에게 식물 종자들을 구입해 심기 시작했다. 머릿속에 떠오른 실험에 적합한 품종을 얻을 때까지 재배활동은 계속되었다. 그렇다고 그가 외부세계와 완전히 단절된 생활을 했다고 상상해서는 안된다. 그는 종종 수도원 담벼락 밖으로 나가 외국을 둘러보기도 했다. 예를 들어 1862년에는 산업 전시물(!)을 구경하기 위해 파리와 런던에 갔고, 여러 번 '독일 양봉업자 순회 집회'에 참석했다. 양봉은 멘델이 열정을 기울인 또다른 일이기도 했다.

수도원 정원에서 몇 년 동안 식물 실험을 한 결과를 그레고르 멘델 신부는 1865년 2월 8일과 3월 8일, 그 자신이 설립한 브르노 자연과학 협회의 두 차례 회의에서 처음으로 소개했다. 1866년 마침내 이 협회의 논문집 중 하나로 그의《식물 잡종에 관한 실험》이 출판되었다. 이 저서는 오늘날 과학 문헌의 고전으로 손꼽히지만, 사람들이 이해하고 그 의의를 평가하기까지는 30년 이상이 걸렸다. 20세기에 와서야 학계는 멘델을 재발견했다.

배경

1822년은 위대한 과학자들이 탄생한 연도로 유명하다. 멘델 외에도 프랑스 세균학자 루이 파스퇴르, 독일 화학자 루돌프 클라우지우스, 프랑스의 수학자 아돌프 에르미트가 세상에 태어났다. 독일에서 《천문학 소식》이 창간되었고, 요제프 폰 프라운호퍼는 태양과 다른 항성들의 스펙트럼 선이 다르다는 사실을 발견했다. 1824년 영국 정부는 법령을 내려 1야드라는 단위를 추 운동에 1초가 걸리는 진자의 길이로 확정했다. 1년 후에는 조지 스티븐슨의 '기관차 1호(Locomotion No.1)'가 처음으로 승객과 화물을 운송했다. 같은 해 프랑스의 동물학자 퀴비에는 진화론에 반대하고 천변지이설(天變地異說)을 주장했다. 1826년 독일 천문학자 하인리히 올베르스는 자기 이름을 딴 패러독스를 작성했다. 올베르스는 모든 별들이 무한한 우주에 한결같이 분포되어 있는데도 왜 밤하늘이 어두운지를 문제삼았다. 1827년에는 빌헬름 폰 훔볼트 남작이 천문학에 관한 일련의 대중강연회를 열었고, 2년 후에는 그의 형제 알렉산더가 시베리아로 연구여행을 떠났다.

1838년 생명체가 세포로 구성되었다는 사상이 처음으로 대두되었고, 천문학자 베셀은 태양계 밖에 위치한 별들이 얼마나 멀리 떨어져 있는지를 계산했다. 수학자 푸아송은 개연성 이론을 소개했고, 유스투스 폰 리비히는 농업화학의 토대를 세우고 발효 이론을 정리했다. 멘델이 강연을 통해 연구결과를 발표했을 때(1865년), 리하르트 바그너는 〈트리스탄과 이졸데〉를 작곡했고, 마네는 〈올랭피아〉를 그렸으며, 루이스 캐럴은 《이상한 나라의 앨리스》를 썼고, 클라우지우스는 엔트로피 개념을 창안하면서 열역학 제2법칙을 작성했다. 멘델이 죽었을 때, 프랑스에서는 노동조합이 합법이 되었고, 조류학자들은 최초의 국제회의를 개최했으며, 테슬라는 교류발전기를 발명했고, 바이스만은 체세포를 배아세포와 구분했다. 허버트 스펜서는 사회가 적자생존의 원칙을 진지하게 받아들여 사회에 불필요한 인간을 없애야 한다고 주장했다. 같은 해 미국은 영국 그리니치 천문대의 자오선 시스템을 쓰기로 결정했다.

초상

멘델은 세상에 태어났을 때 그냥 요한이라고 불렸다. 그레고르라는 이름은 사제로 책봉되었을 때 얻었다. 요한 멘델은 1822년 오스트리아 실레지아 지방 하이첸도르프(현재는 체코의 힌치체)에서 소농의 아들로 태어났다. 부모는 지극히 궁핍하게 살았지만 아들에게는 고등교육을 시켰다. 1843년 젊은 멘델은 브르노의 아우구스티누스회 수도원[17]에 들어가기로 결심했다. 이런 행보의 동기가 된 인물은 하이첸도르프의 사제 J. 슈라이버였던 것으로 보인다. 슈라이버는 교단회원들의 영혼뿐만 아니라 지역경제의 발전도 중요하게 생각했다.

몇 가지 신학 주제를 연구한 후 멘델은 1847년 사제 직분을 받았고, 조용하면서도 학문에 매진하는 방식으로 수도원장 프란츠 시릴 나프의 신임을 받았다. 나프 원장은 수도원 일과 함께 메렌 실레지아 지역 사회에서 농업장려활동에 중요한 역할을 했으며 특히 유전 문제에 관심이 있었다. 나프는 멘델에게 학자로서 교육받을 기회를 주었다. 수도원장의 도움으로 멘델은 수도 빈의 대학에서 물리학을 공부할 수 있게 되었다.[18] 그러나 유감스럽게도 앞서 말했듯이 멘델은 필수적인 국가시험을 통과하지 못했고, 1868년까지 공식적으로는 '조교' 신분에 머물렀다. 그러고 나서 수도원장으로 선출되었고, 업무에 쫓겨 학문 연구는 거의 엄두를 낼 수 없었다. 《식물 잡종에 관한 실험》이후에 멘델은 특히 콩의 재배에 열중했지만 앞으로의 진로에 분명한 윤곽을 그릴 수 없었다. 더욱이 1865년의 강연들도 별 반향도 인정도 받지 못했기 때문에 그는 얼마간 좌절한 상태였다. 그러나 멘델은 자신의 실험이 아주 중요한 사실을 밝혀냈다고 생각했다. 죽기 1년 전인 1883년 후임 수도원장에게 옷을 입혀주며 이렇게 말했다고 한다.

"과학적 작업들은 내게 큰 만족을 주었다네. 이 작업의 결과를 전 세계가 인정할 날이 그리 멀지 않으리라 확신하네."

알다시피 그렇게 되기까지는 30년의 세월이 소요되었다. 동시대인들은 왜 그의 성과를 인정하기를 주저했을까? 20세기 초 멘델 법칙은 어떻게 해서 세 차례나 '재발견' 되었을까? 그러나 이 문제를 추적하기 전에 우선 멘델 자신이 무엇을 했고, 어떤 근거에서 노력을 기울였는지를 살펴보자.

무엇보다 중요하고 답을 구해야 할 세 가지 질문이 있다. 교배를 시작하면서 멘델이 알고자 했던 것은 무엇이었을까? 실험의 단초들은 무엇 때문에 성공적인 결과를 맺었을까? 또 그가 동시대 과학자들과 구별되는 점은 무엇인가?

마지막 질문으로 시작해 보자. 학제적 개념[19]이라는 최신 개념으로 설명할 수 있는 질문이다. 멘델은 물리학자도 식물학자도 생물리학자도 아니었다. 그는 무엇보다 자연연구가[20]였다. 다시 말해 그는 단지 한 학과만을 대표하는 학자가 아니라 그저 여러 문제들에 관심을 가진 학자로, 그 시대 물리학의 엄격한 방법론과 풍부한 가설들을 이용해 생물학적 주제를 연구했다.[21] 그는 물리학자들에게서 많은 것을 배웠다. 예를 들어 눈에 보이지 않는 기본 요소(원자)가 존재하는데, 이것은 물질에 입자 모양의 기본 구조를 부여한다는 것, 그리고 이 원자들의 수는 매우 많아서 그것들의 특성을 개별적으로 파악할 수 없으며 커다란 덩어리로 관찰해야 한다는 것, 관찰의 결과는 통계적 수단을 통해 평가해야 한다는 것 등을 배웠다.

오늘날 사람들의 눈에는 빤하게 보일 수도 있지만 당시의 기준으로는 아주 독창적인 단초였다. 멘델의 천재성은 무엇보다 이 일견 단순해 보이는 사상의 의의를 알고 이용했다는 점에 있었다. 그는 또한 '많은' 실험 결과들을 통계적으로 파악하기 위해서는 실험에 기껏해야 '하나의' 매개변수 혹은 '하나의' 변수만을 변화시키면 된다는 사실도 깨달았다. 동료 식물학자들이 몇 가지 식물종과 한두 세대의 후손을 분석했던 반면, 멘델은 '단 한 종의' 식물(완두콩)만을 기르고 가능한 한 '많은' 세대의 후손을 연구했다. 현대적으로 표현하자면 그렇게 해서 의미 있는 결과를 얻을 수 있다고 생각했기 때문이다. 언제나 편차가 존재하는 법이고 실험자는 개개치가 아니라 중간치를 분석할 때에만 정확한 결과를 얻는다는 사실을 그는 잘 알고 있었다.

그렇다면 멘델이 '어떻게' 목표로 가는 길을 찾았는지가 설명된다. 그러나 그는 '무엇을' 찾고자 했을까? 그리고 왜 동시대인들은 그를 따라 할 수 없었을까?

총 8년이 소요된 '식물 잡종에 관한 실험'을 시작할 때 멘델이 무엇에 관심을 가졌는지를 알고자 한다면,[22] 우리는 그의 연구 전반을 살펴보고 무엇보다 저서의 제목을 이해할 필요가 있다. 제목에서 그가 하고자 하는 일이 무엇인지 정확하게 드러난다. 즉 그는 식물 잡종으로 몇 가지 실험을 할 생각이었다. 그리고 첫 페이지에서 그는 왜 이렇게 시간을 잡아먹는 일을 계획했는지를 밝힌다. 실험을 통해서 "결국 유기적 형태들의 발전사에서 무시할 수 없는 의미를 가지고 있는 것이 무엇이냐는 문제를 해결할 수 있기" 때문이었다. 다시 말해 이 문제는 자연에서 관찰되는 많은 변이 내지 변종이 어떻게 발생하느냐는 것이다. 생명체의 형태들이 갖는 다양성은 어디에서 오는 것일까?

오늘날 독자들에게는 모든 것이 진화 사상처럼 보인다. 멘델이 여기서 개별 유기체의 개개 발전을 말하고 있는지 아니면 다윈의 계통사를 의도했는지를 정확히 알아보면,[23] 그가 밝히고자 한 것은 새로운 동식물 형태를 생산해 낸 정원사와 사육사의 성과였다고 쉽게 추정할 수 있을 것이다. 정원사와 사육사들은 인위적인 선별을 행하고, 멘델은 그들의 실제 성과를 이론적으로 설명하고자 했다.

멘델은 이 '진화' 사상을 이미 대학에서부터 준비했다. 1852년 빈 대학에서 그는 식물학자 프란츠 웅거의 강의를 들었다. 당시 웅거는 위에서 언급한 문제에 열중해 있었고, 자신만의 소박한 진화 이론을 갖고 있었다. 개체군들 안에 변종으로 이어질 변이가 나타날 수 있고, 그 변이들이 아종(亞種)이 되며 결국 새로운 종으로 발전한다는 이론이었다. 웅거의 이론을 세부적으로 이해할 필요는 없다. 거기서 다루어진 개념들은 모호한 생각들로 이어졌고, 이런 사정은 이론을 처음으로 제기한 웅거 자신조차 피할 수 없었기 때문이다. 그러나 웅거가 중요한 문제 하나를 제시했다는 점은 주목할 만하다. 예컨대 과일품종과 같은 형태들이 어떻게 발전하는지 혹은 발전 가능한지를 이해하는 문제 말이다. 바로 여기서 멘델은 자신의 실험이 가야 할 길을 보았다. 이제 필요한 것은 올바른 연구 자료뿐이었다. 오랫동안의 고민과 정원 재배 끝에 그는 식물학자들이 '피숨 사티붐(Pisum sativum)'이라고 부르는 완두콩으로 실험할 것을 결정했다. 다음과 같은 이유에서였다.

1866년 멘델은 실험에 적합한 식물의 조건을 이렇게 설명했다.

첫째, 지속적으로 차별되는 특질들을 가지고 있어야 한다.
둘째, 같은 잡종은 개화 시기 동안 다른 종 꽃가루가 작용하지 않도록 쉽게 보호받을 수 있어야 한다.
셋째, 잡종과 연이어 생산되는 그 후손 세대들은 생식능력에 어떤 현저한 방해도 받아서는 안된다.

그래서 완두콩이 적합한 종자로 선택되었다.

"처음에는 특유의 꽃 구조 때문에 콩과 식물에 특별한 주의를 기울였다. 수많은 개체들로 실험을 계속한 결과 완두콩 종(種)이 요구사항에 충분히 부합한다는 결론을 얻었다."

그 동안 역사가들은 멘델이 나중에 실험 결과를 발표하기 전에 이미 완두콩의 유전적인 토대에 관한 이론을 가지고 있었다는 데, 그리고 멘델의 고전적인 실험들은 단지 이 이론을 입증하기 위한 것이라는 데 의견 일치를 보였다.[24] 그때 그가 언제나 지니고 있던 생각을 아마도 동시대인들이 이해하기는 어려웠을 것이다. 20세기가 되어서야 그의 아이디어는 사회적으로 실현 가능한 것이 되었다. 우선 《식물 잡종에 관한 실험》을 간략하게 요약해 보도록 하자.

완두콩을 선택한 후에 멘델은 메렌 지방에서 종자를 파는 행상으로부터 34개의 완두콩 변종 종자를 얻어 2년 동안 재배했다. 그리고 이 변종들 중 상호간의 교배에도 변함이 없는 22개의 종자를 골라, 이것들을 실험 기간 내내 매년 심었다. 그리고 이 22개의 변종에서 선별한

7쌍의 특질들이 한 세대에서 다음 세대로 어떻게 재생산되는지를 연구했다. 그가 정리한 완두콩의 특질들은 숙성한 씨앗의 형태(둥글거나 모났거나 주름진), 소위 배유(胚乳)의 색(노란색 혹은 녹색), 씨앗껍질의 색(흰색 혹은 회색), 숙성한 깍지의 형태(단순히 궁형이거나 씨앗들 깍지 사이가 죄어져 있는 형태), 덜 자란 깍지의 색(녹색 혹은 노란색), 꽃의 위치(줄기에 있는지 끝에 있는지), 그리고 줄기의 길이(길거나 짧거나)이다.

멘델은 물론 완두콩에 더 많은 특질들이 있음을 알고 있었지만 실험 연구에 '부적합'하다고 판단했다. 그것들은 그가 원하는 식으로 분배되지 않았기 때문이다. 여기서 알 수 있듯이 그는 적어도 자신이 무엇을 추구하는지 인식하고 있었다. 즉 오늘날의 말로 하자면 멘델이 선별한 특질들은 상이한 염색체에 자리하는 요인들(유전자들)에 의해 결정되는 것이다. 완두콩은 7개의 염색체만 가지고 있기 때문에 7개 이상의 특질은 선택할 수 없었고, 여타 속성들의 경우는 오늘날 재조합 내지 크로스오버라고 알려진 과정에 방해가 되었을 것이다.

멘델은 "이런 광범위한 과제를 떠맡기 위해서는 용기가 필요했다"고 말했다. 이 용기는 8년 동안 2만 8,000개의 식물을 교배하고 그 특질을 집계하는 노력만을 의미한 것이 아니었다. 그것은 나아가 자신의 결함을 인정할 용기이기도 했다. 과학자라면 누구나, 자신의 호기심을 길들이고 제한해서 마침내 실제로 무엇인가를 산출하기 위해 그런 용기가 꼭 필요한 법이다. 멘델이 좋은 사례였다. 모든 집계와 실험 끝에 그는 완두콩 종이 고유한 질을 어떻게 얻었는지를 설명하는 하나의 '가설'을 세웠다.

"두 식물을 구별하는 특질들은 결국, 기본 세포들 안에서 상호작용하는 요소들의 상태와 배열의 차이에서 발생한다."

오늘날 우리가 배발생(胚發生)이라고 부르는 '기본 세포들'을 제외하면, 위 문장에서 특히 눈에 띄는 것은 멘델이 제대로 파악한 유전자(요소들)의 논리이다. 어떤 유전자가 어떤 특질로 이어진다고 말할 수는 없다. 단지 유전자들의 차이가 특질들의 차이로 이어질 뿐이다. 유전자에 관한 멘델의 논리에서 깍지의 색이나 줄기 길이에 해당하는 유전자는 존재하지 않는다. 다만 깍지 색깔이나 줄기 길이의 변이를 불러오는 유전자들의 변이가 있을 뿐이다.

멘델은 올바른 논리와 더불어 유전자의 대수(代數) 구조도 우리에게 가르쳐준다. 숫자로 된 많은 자료 속에 담겨 있는 대수 구조에서 멘델은 단순한 조합을 통해 법칙을 발견했다. 그 법칙에 관해 자세한 내용은 생략하기로 하고, 왜 동시대인들이 그토록 멘델을 이해하기 어려웠는가 하는 문제에 접근해 보자. 이미 언급했듯이 발견의 핵심은 한 문장으로 요약할 수 있다. 유전은 부분적으로 발생한다는 것, 세포 내부에 아주 작은 입자들이 존재하는데 그것들이 유기체의 외양을 규정(내지는 외양 형성에 기여)한다는 것이다.[25] 그런 통찰이 현재 우리에게는 쉽게 와닿지만 19세기 동료 과학자들에게는 너무 어려웠고, 결국 20세기가 되어서야 멘델의 유전과 유전자에 관한 상이 확고한 지위를 획득했다.

마지막 걸림돌이 된 것은, 멘델과 마찬가지로 '유기적 형태들의 발전사'를 추적한 배아학자들이었다. 그들은 수정된 난세포로부터 완전한 생명체가 생성될 때 눈앞에 나타나는 무한한 다양함과 믿을 수 없는 풍부함이 지극히 작은 한 쌍의 공 모양 유전물질에서 나온다는 사실을 도저히 상상할 수 없었다. 유기체를 구성하는 물질들, 당시 사람들이 생각한 신체의 분자들, 이것들은 자연과학자들이 도처에서 충격적으로 마주친 복잡한 현상을 설명하기에는 너무 단순해 보였다. 더 정교한 해결책이 존재해야만 했다. 자연스럽게 학자들의 시선은 흐르는 존재, 플라스마 내지 피를 향했다. 전반적으로 생물학자들은 수백 년 이상 견고한 것보다는 흐르는 것을 집중적으로 사유했다. 질병의 원인은 균형을 잃은 신체의 즙들에 있다고 설명했고, 치료로 권장한 것은 사혈과 관장이었다.

연속적인 것이 가장 중요했고, 유전에 있어서도 그러했다. 그리고 연속적인 것이란 무엇보다 피와 같은 액체들이었다. 멘델이 성장하던 무렵 물리학계도 연속성의 측면을 강조했다. 마이클 패러데이와 제임스 클라크 맥스웰은 ─ 해당 장에서 기술했듯이 ─ 전기와 자기의 장들을 발견했고, 그럼으로써 공간은 역선(力線)들에 의해 균형 있게 유지되며 어떤 불안정성도 기대할 수 없다는 사실이 밝혀졌다. 이런 이유에서도 원자 사상은 많은 학자들에게 받아들여지기 어려웠다. 물리학자들, 특히 에른스트 마흐는 세기 전환기까지 이산(離散)하는 원자들이 존재하느냐는 질문에 답하기 위해 신고의 투쟁을 벌였다.

그러므로 멘델의 시대는 오로지 연속성 속에서 사유했고, 분리된 것들이 차지할 자리가 없었다. 반면 멘델이 강연에서 제시하고 요구한 요소들은 바로 그렇게 분리된 존재들이었다. 따라서 청중은 완두콩에 대한 그의 보고를 일종의 지식으로 삼기는 했지만 그 자체로 진지하게 받아들이지 않았을 것이다. 아마도 그의 강연을 머리로는 이해했지만 거기에 마음이 움직이거나 적극적으로 참여할 수는 없었을 것이다.

분리된 것, 불연속적인 것이 과학에서 근본적인 역할을 한다는 사유는 20세기의 시작과 함께 우여곡절 끝에 등장했다. 물리학에서는 작용의 일정량이라는 근본적인 불안정성을 통해 고전적인 물리학의 물리적 세계상을 전복시킨 양자 이론[26]이 출현했다. 같은 시기에 생물학자들의 눈앞에도 역시 분리되고 불연속적인 양(量)이 사유되기 시작했다. 이 양의 도움으로 유전법칙들은 이제 갑자기 모두에게 일목요연하게 드러났다. 유전자의 변이인 돌연변이를 말하는 것이다. 예를 들어 어떤 식물이나 파리[27]의 외모에 비약적인 변화가 일어나는 현상이 관찰되었고, 이 변화의 추이는 멘델이 1866년 저서에서 이미 지적한 상황과 같았다.

"유전자들은 부분적이다." 이 단순하고도 명백한 원칙은 유전자가 모든 시대에 걸쳐 확고부동하지는 않다는 것을 뜻한다. 유전자를 파악하고자 노력한 과학자들처럼 유전자 자체도 계속 움직여야 한다. 만약 멘델이 인생의 중반기에 가졌던 용기를 말년에도 발휘했더라면, 다윈의 사상을 받아들여 ― 처음에는 역설적으로 들릴지는 모르나 ― 유전자가 확고한 동시에 유동적인 존재라고 생각할 수 있었을지 모르겠다. 개체가 세상에서 제자리를 찾는 데 필요한 특성을 부여하려면 유전자는 확고한 존재여야 한다. 그러나 다른 한편 개체가 환경에 적응해 생존하기 위해서라면 유전자는 유동적이어야 한다.

P.S. 멘델에 관심이 있는 사람들은 브르노의 아우구스티누스회 수도원 정원에 서 있는 그의 동상을 찾아가곤 한다. 동상은 1912년 만들어졌고, 80년 후 보수작업을 거쳐 원래의 모습으로 복원되었다. 1992년까지 동상과 정원은 폐허 상태였다. 제2차 세계대전이 끝날 무렵 계획적으로 벌어진 한 사건 때문이었다. 1945년 5월 약 3만 명의 브르노 거주 독일인들이 수도원의 멘델 정원에 몰아넣어져 끔찍한 '브르노

죽음의 행진'을 해야 했다. 아마도 수천 명이 포렐리츠를 거쳐 오스트리아 방향의 지방도로 위에서 목숨을 잃었다. 현재 멘델 정원에는 제2차 세계대전의 이 재앙 같은 사건에 대한 기억은 남아 있지 않다. 오직 보수된 수도원 앞에, 찬란한 흰 빛을 띠고 서 있는 멘델의 동상만을 볼 수 있다. 수도원에는 멘델기념관도 자리잡고 있는데, 방문객들은 그곳에서 유전학에 관한 많은 정보를 얻을 수 있다. 오늘날 전세계를 불안에 떨게 하는 것 같아 보이는 이 학문이 실은 얼마나 평안하게 출발했는지를 느낄 수 있으리라 생각한다.

루트비히 볼츠만

엔트로피를 둘러싼 싸움

Ludwig Boltzmann

루트비히 볼츠만은 1906년 자살로 생을 마감했다. 같은 오스트리아 출신 칼 포퍼는 막 60세를 지난 남자의 이런 절망적 행위 뒤에 매우 깊은 이유가 숨어 있다고 추측했다. 볼츠만은 어떤 종류의 육체적 장애도 없었고, 그가 종사한 물리학은 새롭고 흥미진진한 국면에 들어서고 있었다. 알베르트 아인슈타인이 시공에 관한 특수 상대성 이론을 펴내고 원자의 양자 이론이 부상하던 시기였다. 그러나 트리스트 근교 두이노에서 휴가를 보내던 볼츠만은 심각한 우울증으로 고통을 겪었다.[28] 포퍼는 볼츠만이 집약적인 노력을 기울였음에도 불구하고 기대하던 소위 제2열역학 법칙[29]을 도출하지 못했기 때문이라고 지적했다. 이 법칙은 시간의 방향에 관한 것이었다. 그는 시간이 한 방향, 즉 앞으로만 진행한다고 확신했다. 고전물리학 차원에서 증거를 얻어내고자 하는 사람이라면, 시간의 화살이 왜 뒤로 날아가지 않는지 객관적인 근거를 제시해야 했다.

19세기 말 볼츠만은 오로지 수학적 수단과 논쟁의 여지없는 가정으로 그런 증거를 얻을 수 있다고 믿었지만, 그의 연구는 격렬한 비판을 받았다. 볼츠만은 자신을 변호해야만 했다. 그의 연구에 수많은 이의가 제기되었는데, 그 중 하나에 대해 1896년 볼츠만은 유명한 반론을 펼쳤다. "전체로서의 우주에는 시간의 '후진'과 '전진' 사이에 어떤 차이도 존재하지 않는다"며 그런 차이는 오직 "생명체가 실존하는 세계에서만" 존재한다는 것이다. 그렇게 주장하면서 그는 원래 예상했던 객관적인 증명을 포기했고 주관적인 가정으로 도피한 셈이 되었다. 이렇게 해서 볼츠만은 주관적 물리학으로의 문을 한걸음 열어놓았다. 오늘날 우리는 ― 우선 양자 이론에 따라, 그리고 최종적으로 엔트로피 법칙[30]에 따라 ― 그런 사상에 익숙하지만, 볼츠만은 견딜 수 없어했다. 그리고 말년의 칼 포퍼가 추측했듯이 "이런 통찰이 우울증과 자살에 관련되었을 것이다."

이런 분석과 일맥상통하게, 어쨌든 볼츠만이 통계역학의 기본 문제들을 풀 수 없었다는 주장이 지배적이다.[31] 그러나 그 분야는 이미 많은 사람들이 실패를 겪은 바 있었다. 통계역학에 기초한 물리학을 다룬 미국의 한 대중 교과서[32]는 다음과 같은 경고로 시작한다.

"생애의 대부분을 통계역학에 헌신한 루트비히 볼츠만은 1906년 스스로 목숨을 끊었다. 그의 연구를 이어받은 파울 에렌페스트 역시 1933년 비슷한 상황에서 세상을 떠났다. 이제 우리가 통계역학을 마주할 차례이다. 아마도 신중하게 접근하는 것이 좋을 것이다."

배경

1844년 빈에서 볼츠만이 탄생했을 때, 파리에서는 오귀스트 콩트가

《실증주의 정신에 관한 담론》에 매달려 있었고, 실레지아에서는 직조공의 봉기가 일어났으며, 미국에서는 워싱턴과 볼티모어 사이에 전신라인이 개설되었다. 1년 후에 대중과학지 《사이언티픽 아메리칸》이 창설되었고, 아일랜드의 감자 흉작으로 인해 200만 명의 아일랜드인이 미국으로 이주했다. 1848년 마르크스와 엥겔스는 《공산당 선언》을 썼고, 많은 유럽 국가들에서 혁명이 일어났다. 생물학자 베이츠는 11년 전부터 아마존 지역에 거주하며 곤충의 위장술에 관해 연구한 결과를 발표했다.

1850년에는 지구의 인구가 약 12억이었고, 클라우지우스는 전설적인 열역학 제2법칙을 만들었다. 몇 년 후에는 '저온으로 인한 우주의 종말'을 단정하는 말도 안되는 이론이 등장했다. 1856년 네안데르탈인이 발견되었고, 다윈은 '종의 기원'에 관한 성과를 책으로 냈다. 당시에는 지구상에 2만 종의 척추동물과 1만 2,000여 종의 연체동물, 그리고 그 절반 정도의 절지동물이 존재한다고 추정되었다.

19세기 말 합스부르크 군주제가 붕괴했고, 거의 700년 동안의 구질서가 종말을 고했다. 빈은 근대화의 물결 속에 있었다. 커피하우스 문학과 심리분석이 등장했고, 루트비히 비트겐슈타인이 철학하고 에곤 실레가 그림을 그리던 시대였다. 시오니즘 작가 테오도르 헤르츨은 '유태인국가'를 선전했다. 지성인들은 현실의 두 번째 차원을 발견해서 '이중적 현실'을 논의했고, 물리학자들은 원자의 실재성을 두고 논쟁을 벌이기 시작했다. 뢴트겐선(1895년)과 방사능(1896년)이 발견된 후, 원자의 크기와 무게를 측정하고 그럼으로써 원자를 파악할 가능성이 생겨났다. 볼츠만이 스스로 목숨을 끊었을 때(1906년), 샌프란시스코에 대지진이 발생했고, 마리 퀴리는 여성으로서는 처음으로 소르본 대학에 교수직을 얻었으며, 영국인 윌리엄 베이트슨은 어느 서평에서 유전에 관한 학문에 바람직한 이름을 ― 예컨대 '유전학'이라고 ― 붙이자고 제안했다.

초상

볼츠만은 중산계급 출신이었다. 어머니를 비롯해서 가족 모두가 그를 위해 최선을 다했기 때문에 그는 편안하게 학업에 몰두할 수 있었다. 당시 조세 담당 공무원이던 아버지는 아들이 언제나 가장 훌륭한 상황에서 자라나기를 바랐다. 그에 부응하듯 중학생 시절 볼츠만은 "열심히 노력하고 경건"했으며 정규적으로 고해성사를 받으러 갔다. 김나지움 시절에는 유명한 안톤 브루크너에게서 피아노 수업을 받았다. 브루크너는 제자가 무엇보다 베토벤 음악에 친숙해지도록 가르쳤고, 베토벤의 음악은 볼츠만에게 일생의 보물이 되었다. 이에 관해 그가 1905년 캘리포니아를 여행할 때의 에피소드가 있다.

볼츠만이 어느 부유한 가정에 초대를 받고 방문했는데, 유감스럽게도 저녁식사는 썩 유쾌하지 못했다.[33] 식사 후 손님들은 "증권거래소 홀처럼 거대한" 음악실로 들어갔다. "참석자들 중에는 밀워키에서 온 음악 교수가 있었다. 그 역시 피아노 연주를 했는데, 능숙한 솜씨는 아니었다. 그는 베토벤이 9개의 교향곡을 썼고 그 중 9번째가 마지막이라는 사실을 알고 있었다. 음악에도 유머가 있냐는 논쟁을 벌이던 중 갑자기 그는 내게 9번 교향곡의 스케르초를 시연해 달라는 불쾌한 청을 했다. 나는 농담을 생각해 내 이렇게 대답했다. 기꺼이요. 다만 당신이 팀파니를 연주해 준다면 말입니다. 팀파니를 두 명이 연주한다면 훨씬 더 멋진 효과가 날 겁니다."

덧붙여 말하자면 베토벤 9번 교향곡은 볼츠만에게 특별한 의미를 지녔다. 《대중 선집》의 서문에서도 말했지만, 베토벤은 "그의 가장 위대한 마지막 작품에서 현란한 색채를 내뿜고, 성숙한 색채가 아니라 청년의 열광 속에 솟아나오는 색채에 언어를 베풀어주기" 때문이었다. 이는 그의 삶에서도 중요했다. "지금의 나를 만든 것은 그런 색채이다. 어차피 나와 똑같은 수염과 똑같은 모양의 코를 가진 누군가가 있다 하더라도 그가 나일 수는 없기" 때문이다.

고전적인 교양을 갖춘 동시에 위트도 구사할 줄 아는 청년은 빈 대학에서 물리학을 공부했다. 1866년 박사학위를 받으며 인생의 한 페이지를 정리했을 때, 최초의 저서 역시 세상에 나왔다. 그가 일생 동안 몰두하고 죽는 순간까지 매달린 주제를 다룬 책이었다. 볼츠만은 '열역학 제2법칙의 역학적 의미'에 관해 자신의 견해를 피력했다.

1년 후 벌써 볼츠만은 교수자격논문을 통과했고, 1869년 25세의 젊은 나이로 그라츠대학의 수리물리학과 정교수직을 얻었다. 4년 후에는 잠시 빈에 체류했는데, 무엇보다 결혼하기 위해서였다. 이 시기에 관해서는 특별히 언급할 내용이 많지 않다. 14년 동안 실험물리학(놀랍게도) 교수생활을 했던 그라츠와 ― 뮌헨을 거쳐 잠깐 라이프치히에 객원으로 머물던 것을 제외하면 ― 1876년 정착해 드디어 여생을 보내게 될 빈 사이를 왕래한 시기였다.

볼츠만의 과학적 사유와 탐구를 지배한 것은 두 가지 주제였다. 이미 언급한 열역학 제2법칙이 그 하나요, 눈을 비롯해 어떤 감각기관으로도 직접 지각할 수 없지만 원자는 실제로 존재한다는 증거를 찾는 일이 다른 하나였다.[34] 곧 알게 되겠지만, 이 두 주제는 물리학적으로 아주 밀접하게 관련되어 있었고, 근본적으로는 서로에게서 분리할 수 없는 것이었다.

열역학 제2법칙은 볼츠만이 박사학위를 받기 전 해에 처음으로 보편적 형태로 세상에 등장했다. 물리학자 루돌프 클라우지우스에 의해서였다. 그는 악명과 명성을 함께 가진 엔트로피[35]라는 새로운 양(量)을 이 법칙을 위해 고안해 내기도 했다. 엔트로피는 그리스어로 '변화, 발전, 변모'를 뜻하는 단어에서 왔으며 '에너지'라는 말과도 유사하게 들린다. 클라우지우스는 이렇게 단정했다. "세계의 엔트로피는 최고치를 향해 달려간다."[36] 그리고 이 최고치에 도달하면 엔트로피는 열역학적 균형상태로 존재한다.

이 어려운 개념에 대해서는 앞으로 더 상세히 언급하기로 하겠다. 어쨌든 엔트로피가 무엇인지를 이해하지 못하는 사람조차 제2법칙이 특별한 내용을 담고 있다는 점만은 감지할 것이다. 이 법칙은 시간의 화살이라는 개념을 도입해서, 화살이 하나의 방향으로만, 즉 균형에 이르는(그럼으로써 죽음에 이르는) 방향으로만 날아갈 수 있다고 주장한다. 더욱이 중요한 것은, 물리학의 모든 법칙들 중에서 '오직' 열역학 제2법칙만이 이처럼 (물리적) 시간에 방향성을 부여한다는 사실이다. 역학의 법칙이거나 전기역학의 법칙이거나 상관없이 다른 모든 법칙들은 시간이 거꾸로 간다 해도 변하지 않는다. 다른 법칙들은 모두 '시간 역행 불변'이며, 오로지 열역학 제2법칙만이 예외이다. 그것은 자연적 과정들이 역행 불가하게 펼쳐지는 방향을 규정하는데, 바로 엔트로피라는 이름의 불가사의한 양에 의해서이다.

엔트로피는 무엇인가? 볼츠만에게만이 아니라 현재에 이르기까지 아주 중요한 질문이다. 오늘날 통용되는 정답은 빈 중앙묘지의 볼츠만 묘비에 쓰여 있다. 막스 플랑크의 글씨체로 다음과 같은 수학방정식의 형태로 말이다.

$$S = k \cdot \ln W$$

볼츠만 묘를 찾아온 사람이 있다 하고 그가 만약 물리학을 공부한 사람이라면, 그는 같이 온 사람에게 이렇게 설명할 것이다. 어떤 체계의 엔트로피(S)는 주어진 물리학적 상태에서 개연성(W)으로부터 추정되는데, 이 개연성을 통해 물리학적 상태(상태의 특성)가 발생하거나 실현될 수 있다. 단지 이 개연성의 로가리즘(ln)을 만들고 거기서 나온 수치를, 볼츠만을 기리기 위해 '볼츠만 상수'라고 불리는 불변의 요인(k)에 곱하기만 하면 된다.[37]

물론 일반인은 설명을 듣지 않고서는 이해할 수 없을 것이다. 무엇보다 불분명한 것은 여기서 말하는 개연성이 무엇이냐는 것이다. 개연성은 물리학 체계들 ― 기체, 액체 혹은 고체 ― 을 구성하는 원자들 내지 분자들과 관련되며, 과학자로 하여금 예컨대 기체 속에 발견되는 물을 묘사할 때 거기 속하고 머물러 있는 모든 분자들이 어떻게 움직이는지를 언급하게 해준다. 물리학자들은 매우 세부적인 이런 묘사를, 관찰된 체계의 미세상태 ― 이 경우에는 유리관 안 물의 미세상태 ― 라고 부르며 예컨대 물의 온도나 용적의 측정치를 통해 확인되는 거대상태와 구분한다.

상이한 개연성을 갖는 미세상태들이 분명히 존재한다. 그리고 모든 분자들이 같은 방향으로 나아가기보다는 서로 뒤섞여 다투는 일이 훨씬 더 자주 발생한다. 분자들이 같은 방향으로 운동하는 경우는 유리잔 안 물의 비개연적인 거대상태를 재현하기도 한다. 그 경우는 오직 단 하나의 미세상태를 통해서만 실현될 수 있기 때문에 비개연적이다. 자연은 어떤 상태도 특별히 선호하지 않으므로, 모든 개개의 미세 상태는 그 자체로 개연적으로 주어질 수 있다. 그러나 어떤 체계가 안정을 취하려면, 그 체계는 대부분의 미세상태들에 의해 도달 가능한 상태 속에 있어야 한다. 이때 바로 최고의 개연성을 가진 상태가 되는 것이다. 볼츠만은 이런 연관관계를 인식해서 수학적으로 표현했고, 묘비명에까지 새기게 된 것이다. 그렇게 해서 그는 엔트로피의 증가를 분자의 질서 감소로, 더 정확히 말하자면 한 체계가 보유한 우연성 비축량의 감소로 해석했다.[38]

이런 사유 전개가 1900년 이전에 관철되기란 몹시 어려웠다. 오늘날 우리에게 자명해 보이는 원자와 분자의 실제 존재가 당시에는 격렬한 논란의 대상이었기에 더욱 그랬다. 논쟁은 특히 빈에서 활발히 일어났다. 물리학자 볼츠만은 원자의 도움으로 많은 현상을 질적으로 이해하고 양적으로 예견할 수 있었기 때문에(기체 법칙들, 광선의 특성들) 원자의 현실을 확신하고 있었다. 따라서 원자의 존재를 부인한 철학 자들(에른스트 마흐 등)이나 화학자들(빌헬름 오스트발트 등)과 싸우지 않을 수 없었다. 논쟁의 강도가 얼마나 셌던지 참여한 과학자들은 영혼을 다 바친 것처럼 보였다. 다시 말해, 논쟁을 지켜본 사람은 원자 개념이 수많은 과학적 가설들 중 하나 이상이라는 점을 분명히 알았다. 원자 개념은 집단 내에서 영적인 역할을 행했고 — 요하네스 케플러 장에서 상세히 보았듯이 — 원형적인 형상들과 고전적인 인류 이념을 불러왔다.

볼츠만은 "시대의 조류가 원자주의 이론과 모순"이라고 생각하기는 했지만, 그렇다고 열정을 다해 원자 사상을 대변하지 않을 수 없었다. 물리학자 아놀드 좀머펠트는 1897년 자연과학자 회의에서 벌어진 논쟁을 이렇게 묘사했다. "외적으로나 내적으로나, 볼츠만과 오스트발트의 싸움은 황소와 노련한 투우사의 싸움과 비슷했다. 그러나 이번에는 황소(볼츠만)가 능숙한 기술을 갖춘 투우사를 이겼다. 볼츠만의 논거들이 먹혀들기 시작했다."

볼츠만은 비록 이 싸움에서 이기기는 했지만 본래의 시련은 아직 이겨내지 못했다. 즉 원자론의 정신에서 나온 제2법칙의 증명 말이다. 예를 들어 어떤 유리잔 안의 물이 원자들로 구성되어 있다면 물잔의 엔트로피가 증가한다는 사실을 어떻게 입증할 수 있을까? 언급했듯이 원자의 운동에는 시간적 역행 불가의 역학법칙들이 통용된다는 것이 중요하다. 다시 말해 개개 원자를 카메라로 추적해서 필름을 상영해 본다면, 테이프가 전방으로 움직이는지 후방으로 움직이는지 결정할 수 있는 사람은 아무도 없다. 개개의 원자가 하는 일은 역행이 가능하다. 그러나 많은 원자들을 한눈에 보거나 모든 원자들을 함께 촬영해 본다면, 그것이 올바른 과정인지 아니면 무엇인가가 잘못 진행되고 있는지 아주 잘 인식할 수 있다. 수많은 원자들이 하는 일은 역행 불가하다.

이와 같은 시간의 방향은 어디에서 오는가? 토대에 놓인 미시적인 운동들이 역행 가능한 반면 거시적인(눈에 보이는) 현상들이 역행 불가한 이유는 무엇인가? 시간의 화살을 포함하지 않은 가정에서 출발해 고찰한다면, 도대체 어떤 지점에서 시간의 화살이 수면 위로 부상하는가?

볼츠만은 이 문제를 무엇보다 수학적으로 해결하고자 노력했고, 불가역성이 원자들 내지 분자들의 상호작용과 관련되어 있으며 어떤 식으로든 그것들이 상호 충돌할 때 나타난다고 가정했다. 기술적으로 이것은 학교에서 '볼츠만의 H-정리'라고 가르치는 충돌횟수방정식으로 나타났다. 볼츠만이 수학적 무기로 공박하던 와중에, 반대쪽 학자들 역시 같은 무기를 사용해 공격했다. 프랑스 과학자 앙리 푸앵카레는 열역학 제2법칙에서 완전히 탈피하기 위해 유명한 '회귀반증(回歸反證)'을 제시했다.

"쉽게 증명할 수 있는 명제 하나를 말하자면, 역학의 그 '가역적인' 법칙만이 지배하는 제한된 세계는 출발상태와 매우 유사한 상태를 항상 반복해서 지나갈 것이다."

이 정리는 독일 수학자 에른스트 체르멜로로 하여금 볼츠만에 대한 통렬한 논쟁적 공격을 행사할 용기를 갖게 만들었다. 볼츠만은 원하든 원하지 않든 대응해야만 했다. 볼츠만은 처음에는 상대할 생각이 없었지만 결국 "물론 처음 상태가 간혹 회귀하겠지만, 회귀 시간이 너무 길어서 그 현상을 관찰할 기회가 없다"고 대꾸했다.

체르멜로는 전혀 물러서지 않았다. 볼츠만의 주장은 "불합리하고" 자의적인 가정이라고 비판하며, 볼츠만에게 불만스럽게 숨어 있지 말고 앞으로 나오라고 요구했다. 1896년 볼츠만은 칼 포퍼가 "대담성과 아름다움에서 숨을 멈추게 만든다"고 묘사한 가설을 내놓았다. 그 가설을 글자 그대로 언급하기 전에 한번 무엇을 다루고 있는지를 요약해 보기로 하겠다. 볼츠만이 증명하고자 한 것은 무엇이었을까? 앞서 말했듯이 그는 엔트로피를 체계의 무질서(우연성)와 연관지었고, 예컨대 어떤 기체의 무질서한 상태는 질서정연한 상태보다 더 개연성이 있다고 설명했다. 이로부터 그는 보편적인 역학법칙이 존재하며, 완결된 체계들이 점점 더 개연성 있는 상태를 취한다는 사실을 밝혀냈다. 또 질서를 갖춘 체계들은 그들의 질서를 더 작게 하고 따라서 그들의 엔트로피를 더 크게 만드는 경향이 있다고 추론했다. 시간이 흐르면서 엔트로피는 증가하는 법이고, 따라서 시간의 화살이 어떤 방향으로 날아가는지가 정해진다.

체르멜로의 반증과 회귀 논거에 맞서 볼츠만은 다음과 같이 제안했다.

> 열역학 제2법칙은 역학 이론으로부터 증명될 수 있다. 우리를 둘러싼 우주 혹은 적어도 그 일부의 현재 모습이 비개연적인 상태로 발전을 시작했고 여전히 상대적으로 비개연적인 상태에 있다고 가정한다면 말이다. 이것은 우리의 경험 사실을 설명해 주는, 충분히 이해할 수 있는 가정이다. 그렇다면 사람들은 우주 전체가 열적인 균형상태이며 따라서 죽어 있는지 혹은 그렇지 않은지 숱한 공론을 제기할지도 모르겠다. 그러나 균형으로부터 국지적인 이탈들이 나타나게 될 것이고, 이 이탈들은 영겁 속에서 상대적으로 짧은 시간 동안 지속될 것이다. 전체로서의 우주에는 시간의 '후진'과 '전진'에 어떤 구별도 없다. 생명체가 실존하고 따라서 상대적으로 비개연적인 상태 속에 생명체가 살아가는 세계에서는, 덜 개연적인 것으로부터 더 개연적인 것을 향하는 방향, 즉 엔트로피가 성장하는 방향으로 시간의 흐름이 규정된다.

이것이 이 주제에 관해 볼츠만이 발표한 마지막 말이었다. 상대편 학자들은 볼츠만이 죽을 때까지 더 이상 나서지 않았다. 이제 결국 논쟁의 승자가 갈린 것일까? 그렇다면 승자는 누구였을까? 원자 이론을 거부할 수 없는 현대물리학은 볼츠만의 편을 들어준다. 시간 방향이 변화한다는 생각은 수용되지 못했지만 제2법칙의 통계학적 의미는 인정받았다. 그러나 이런 해결에 완전히 만족한 사람은 아무도 없다. 문제는 주관성 속에 들어 있는 것으로 보인다. 주관성에 의해 우리는 시간의 화살이 엔트로피 증가 방향을 지시하는 것처럼 시간을 체험한다. 한 체계의 엔트로피는 우리가 체계에 대해 가지고 있거나 가지고 있지 않은 정보와 유사하기에, 주관적 요소가 더 강력한 영향을 미친다. 어떤 대상의 엔트로피는 주체의 잘못된 정보와 비교될 수 있으며 어느 정도까지는 심지어 동일시될 수도 있다.

어쨌든 우리는 시종일관 한 체계의 발전(엔트로피)에 관해 말하고 그럼으로써 한 체계의 과거와 미래를 구분하는데, 이것은 통계적 고찰로 귀결된다. 과거는 알다시피 확정되어 있다. 따라서 여기에서 개연성을 이야기하는 것은 의미가 없다. 개연성은 오직 미래를 위한 것이며, 그때 시간의 대칭이 상실된다.

그렇게 보면 여기서 새로운 상황이 등장한다. 우리는 지금 경험에 기초하는 자연과학 분야를 다루고 있다. 경험은 과거에 만들어지고 미래에 적용된다. 따라서 자연법칙의 형식들 각각은 시간적 구조를 얻는다. 이런 조건들에서 갖가지 자연법칙이 등장한다. 그러나 볼츠만이 주관성의 오류에 빠졌다는 포퍼의 비난은 근거가 부족하다. 모든 현실의 객관적인 묘사란, 무엇인가를 '검증'한 사람이 발견하는 것을 '예견'하는 일이기 때문이다. 그러나 검증이란, 일단 예견을 거친 후에야 이루어질 수 있다. 의심의 여지없는 시간의 방향, 그리고 과거와 미래 간 차이의 주관성은 오로지 시간 구조가 자연과학의 모든 형태의 토대이기 때문일 뿐이다. 개연성을 '예언된 상대적 빈도'로 이해한다면, 시간의 주관적 화살이 어떻게 시간대칭적 현실로부터 설명되느냐는 문제에서 벗어날 수 있을 것이다.

물론 볼츠만은 물리학자였으므로, 우리는 내내 유리잔 안의 물, 용기 안의 기체 등 물리학 체계에 관해서만 말하고 있다. 그러나 언제나 볼츠만은 이 좁은 울타리 너머를 조망했고, 자신이 사랑하는 제2법칙이 생체현상과 어떻게 조화를 이룰 것인지를 탐구했다. 물리학에서는 질서로부터 무질서가 자발적으로 발생하지만, 유기적 생명체들은 질서를 보유하고(진화의 차원에서) 상승시키기까지 한다. 생물은 어떻게 엔트로피 증가의 계명을 무시할까? 어떻게 제2법칙을 기만할까?

엔트로피가 국지적으로 감소하는(제2법칙은 지구적 내지 우주적 진술이다) 과정이 진행될 때에도 생명체는 분명히 현존할 수 있다. 오늘날 우리는 어떻게 이것이 가능한지를 잘 이해하고 있다. 예를 들어 지구는 태양으로부터 나오는 에너지의 도움으로 엔트로피를 감소시킨다. 그러나 이때 태양의 엔트로피는 지구의 엔트로피보다 더 심하게 줄어든다. 이런 차원에서 제2법칙이 효력을 유지한다. 살아 있는 유기체들은 음식을 섭취하고 소화함으로써 엔트로피를 떨어뜨린다. 생명체란 에너지의 지속적인 흐름을 전제하고 있으며 이 흐름을 통해 엔트로피를 작게 유지한다는 사실을 볼츠만은 분명히 알고 있었다. 1886년에 이미 그는 다음과 같은 생각을 피력했다.

"생명체 일반의 실존 투쟁은 원료를 얻기 위한 것도, 에너지를 얻기 위한 것도 아니다. 뜨거운 태양으로부터 차가운 지구로 에너지가 이행함으로써 자유롭게 사용할 수 있는 엔트로피를 둘러싼 투쟁이다."

여기서 물리학의 지평 뒤에 놓인 볼츠만의 목표를 알아챌 수 있다. 그는 생명에 해당하는 시간의 방향성을 우주의 물리학적 이해에 접목시키고자 했다. 그는 다윈의 진화 개념과 클라우지우스의 엔트로피 개념(과 제2법칙)이 옳다는 사실을 직관적으로 인식했고, 살아 있는 자연의 생물학적 발전이라는 이념이 스코틀랜드 학자 맥스웰이 세웠던 기체 또는 액체의 법칙과 유사하게 통계적 방식으로 파악될 수 있다고 이해했다. 이제 물리학 분야에서 생명체란 원칙적으로 더 이상 낯선 것이 아니었다. 만약 볼츠만이 엔트로피 증가를 역학적으로 증명해냈더라면, 그는 자신을 물리학계의 다윈이라 생각했을지도 모른다.

볼츠만은 실제로 다윈을 경외했고, 언젠가는 19세기를 다윈의 시대라고 부를 날이 올 것이라고 추측했다. 진화 사상에 대한 이 같은 극단적인 신뢰, 그리고 살아 있는 것이나 죽어 있는 것이나 모두 자연은 통계적 분석과 역학적 법칙이라는 단일한 토대 위에서 이해될 수 있다는 확신은 볼츠만으로 하여금 새로운 인식 이론의 윤곽을 그리게 해주었다. 마찬가지로 빈 출신의 생물학자 콘라트 로렌츠가 세운 이 '진화적 인식론'의 기본사상을 볼츠만은 이미 1900년 11월 라이프치히에서 다음과 같은 구상으로 내놓았다.

"확신건대 대상에 관해 그려진 내적인 이념들의 연관성이 점점 더 대상들 자체의 연관성에 적응함으로써 사유법칙들이 발생했다. 경험과 모순인 연관법칙들은 모두 버려졌고, 반면에 전(全)시대에 걸쳐 올바른 것으로 귀결될 법칙들은 그런 에너지를 고수하고 있다. 그리고 이 확고한 고집은 후손에게로 철저히 유전되어, 우리는 그런 법칙들을 결국 공리 혹은 타고난 사고방식이라 간주하게 되었다. 그 사유법칙들은 선험적인 것이라 명명될 수 있다. 하나의 종이 수천 년 동안 쌓아온 경험을 통해 그 종의 모든 개체들이 선천적으로 가진 것이기 때문이다."

1 열역학 제1법칙에 따르면 세계의 에너지는 불변이다. 에너지는 파괴될 수도 생성될 수도 없고, 단지 하나의 형태에서 다른 형태로, 예를 들어 마찰에 의해 운동에너지에서 열에너지로 변화할 수만 있다. 제1법칙이 존재한다면 제2법칙도 존재해야 한다. 역시 맞는 말이다. 맥스웰 장에서 이미 언급했듯이, 열역학 제2법칙에는 밖으로 드러나지 않는 특징이 있다. 루트비히 볼츠만을 소개할 때 더 자세히 살펴보기로 한다.

2 1850년 헬름홀츠가 최초로 직장을 얻었을 때 연봉은 500탈러에 불과했다(마르크 화폐는 1871년 제국이 창설된 후에야 쓰이기 시작했다). 약혼녀와 결혼하고 가족을 부양하기에는 부족한 액수였다.

3 귀족계급으로의 신분상승은 황제 빌헬름 1세가 1883년 결정했다.

4 페피니에르는 프로이센국에서 군의관을 양성하는 학교로, 공식적인 이름은 의학-외과학 프리드리히-빌헬름-학교였다. 이곳에서 헬름홀츠는 엄격하게 생활했고, 순수하게 강의만 1주일에 12과목 42시간을 들었다.

5 군의관에 복무하면 학비를 내지 않고 공부할 수 있었다.

6 '역학적'이라는 표현은 물론 이해하기 쉬운 말은 아니다. 당시 사람들은 역학이라는 단어에서 기계와 같은 어떤 것을 생각했는데, 그때 기계는 세련된 조립물이라기보다는 무언가를 때려박는 괴물의 이미지였다.

7 헬름홀츠에게 '힘'과 '에너지' 개념은 같은 의미를 갖는다. 오늘날 물리학에서 말하는 정확한 분리(에너지 = 힘 × 거리)는 아직 없던 시절이었다.

8 헬름홀츠는 물론 동물 실험도 했고 과학을 위해 무수히 많은 개구리들을 희생시켰다.

9 율리우스 로베르트 마이어는 선의(船醫)로 활동하며 이름을 알렸다. 사혈을 하던 중 그는 통상 어두운 유럽인의 정맥피(적은 산소)가 따뜻한 열대지방에서는 동맥피(많은 산소)와 유사한 밝은 적색으로 바뀐다는 사실을 알아차렸다.

10 젊은 의사 헬름홀츠는 이미 눈에 관해 많은 연구를 했고, 알다시피 안과의사에게 필수불가결한 검안경을 발명했다. 검안경은 유리가 빛을 반사하는 동시에 투과하는 현상을 이용해 만들어졌다. 최초의 검안경은 촛불을 광원으로 이용했다.

11 맥스웰 장에서 보았듯이 삼원색 이론은 영국인 의사 토머스 영이 주창한 것이다. 오늘날은 가색법(첨가)의 기본색인 적, 녹, 청과 감색법(소거)의 기본색인 적, 황, 청을 구분한다. 예를 들어 컬러복사를 할 때 이용되는 것은 후자의 3색이다.

12 현재 눈에는 3개의 색 수신체가 자리하고 있지만 뇌에는 4개의 신경세포가 색 지각을 규정한다고 알려져 있다. 헬름홀츠도 헤링도, 즉 물리학적 생리학도 심리학적 생리학도 색에 있어서만큼은 모두 옳은 답을 내놓은 것이다.

13 1900년 직후 멘델의 법칙들(다음 주 참조)은 3명의 생물학자들에 의해 '재발견' 되었다. 그 동안 역사가들은 텍스트를 '정밀분석' 한 결과, 세 명의 유전 연구자들(위고 드 브리스, 에리히 체르마크, 칼 에리히 코렌스)이 멘델을 지적한 부분을 나중에야 삽입했다는 사실을 알아냈다. 아마도 서로간의 특허 분쟁을 피하기 위해서였을 것이다. 그러나 여기서 본질적인 문제는, 멘델이 족히 30년 전에 분명히 밝힌 사안을 사람들은 왜 1900년에야 갑자기 이해할 수 있었느냐는 것이다. 누구도 1866년에 행한 멘델의 연구결과를 읽지 않았던 것이 아니라 — 멘델의 연구는 1900년 이전에 10여 번이나 인용되었다 — 단지 이해하지 못했을 뿐이다. 하지만 이해되지 않은 것은 무엇이었을까? 앞으로 그 답을 찾아보기로 하겠다.

14 멘델의 유전법칙은 다음과 같다. 1)유전요인이 다른 순수혈통 개체 둘을 교배하면, 이어지는 첫 후손 세대의 개체들은 해당 유전요인에 대해 이형접합이며, 개체들의 유전자형이 동일하게 나타난다. 2)이 첫 후손 세대의 이형접합을 서로 교배한다면, 상이한 유전자형이 분열되어 나온다. 빈도관계는 1:2:1 조합의 법칙에 따른다. 3)한 가지 요인 이상이 서로 다른 변종들을 교배한다면, 각각의 개별 요인쌍이 분열법칙에 따라 유전된다.

멘델의 법칙은 유전자라고 불리는 유전요인을 중심에 두면 더 단순하게 표현할 수 있다. 유전자는 부모로부터 나온 것이고, 씨앗(정자)과 난세포가 형성될 때 비로소 분리되며, 그 다음 수정이 발생할 때 새롭게 혼합된다. 멘델은 유전자가 첫째로 다소 자유롭게 분열 내지 분리될 수 있으며(독립적인 형질분리의 원칙 혹은 분열 법칙), 둘째로 유전자는 다시 임의적으로 혼합될 수 있다고(독립성 법칙) 역설했다. 나머지는 조합의 원리에 따른다.

15 이 놀라운 사실은 《식물 잡종에 관한 실험》을 엄밀하게 분석한 마르틴 에글리가 지적했다.

16 유전과학에 처음으로 '유전자' 라는 용어를 도입한 사람은 1909년 덴마크 생물학자 빌헬름 요한센이었다. 요한센은 콩 교배 실험에 관한 책을 쓰는 데 도움을 줄 일종의 계산단위로 그 말을 만들어냈다. 현재 '유전자' 는 완전히 다른 것을, 즉 DNS로 구성된 분자구조를 의미한다. 옛날의 유전자와 현재의 유전자가 어떻게 연관되는지 명료하게 말하기는 어렵다. 질문은 열린 상태로 그냥 두겠다. 멘델과는 별상관없는 문제이니 말이다.

17 아우구스티누스 교단은 성(聖)아우구스티누스(354~430년)의 저서에서 영감을 받아 1256년 창립되었다. 아우구스티누스회에서는 꼭 격리생활을 할 필요는 없었지만 지적인 활동을 할 의무는 있었다. 1802년 황제의 칙령에 따라 브르노의 아우구스티누스회는 지역의 교육기관에서 교사로 일할 임무를 받았다.

18 그는 크리스티안 도플러에게서 물리학을 공부했다. 오늘날까지 '도플러 효과'라는 말로 많은 사람들에게 잘 알려진 바로 그 물리학자이다.

19 학제적 연구(분과 협력)는 예컨대 환경오염과 같은 문제들이 이제 더 이상 하나의 전공학과에 의해 해결될 수 없다는 단순한 사실을 의미한다. 문제를 해결하기 위해서는 여러 학과가 함께 일해야 한다.

20 물론 그는 무엇보다 아우구스티누스회 수도승이자 신부였다. 그러나 이 책에서는 과학적 성과에만 집중하기로 하자.

21 20세기 중반 물리학자로 교육받은 막스 델브뤼크가 생물학의 문제를 쉽게 해결하고 분자생물학의 토대를 세운 것도 같은 경우이다. 고전적 유전학과 마찬가지로 분자유전학도 물리학자가 자신의 방법론을 생물학 문제에 적용함으로써 탄생했다.

22 두덴 사전에는 잡종(Hybrid)을 사생아(Bastard), 즉 유전적 특질이 서로 다른 부모의 교배에 의해 생성된 식물 또는 동물 개체를 말하는 단어라고 설명한다.

23 멘델은 다윈의 저서를 알고 있었고, 1869년에는 명시적으로 '다윈의 이론'에 관해 글을 썼다. 물론 그 때 그는 우리가 현재 '진화'라고 부르는 사안을 '변형'이라는 개념으로 묘사했다. 덧붙여 멘델은 1886년 자신의 작업 샘플을 다윈에게 보내기도 했다. 다윈은 독일어를 약간 할 수 있었지만 멘델의 원고를 읽지는 않았다. 원고는 멘델이 보낸 그대로 다윈의 유품 속에 들어 있었다.

24 1935년 개체군유전학자 로널드 A. 피셔는, 멘델의 데이터가 참이라고 보기에는 너무 멋지다고 지적했다. 실제로 멘델의 무작위추출검사의 크기로 보았을 때, 그가 발견한 비율을 찾을 기회는 5퍼센트에 불과했다는 것이다. 하지만 멘델이 속임수를 썼을 가능성은 거의 없다. 또 예컨대 덜 자란 깍지의 색을 활용하는 와중에 맨눈으로 녹색과 노란색을 구분해야 했던 그로서는 충분히 융통성을 가지고 있었음이 분명하다. 그러나 멘델이 유전요인들을 분명히 알고 있었다는 점에는 논란의 여지가 없다. 문제는 다만 그가 어디서 이런 지식과 그 지식에 의거한 확고한 입장을 갖게 되었느냐는 것이다.

25 멘델은 각각의 신체 세포에 하나의 유전소질(유전자)로부터 나온 두 가지 형(복제본)이 존재한다는 사실도 알고 있었다. 즉 외부로 돌진하는(우성) 형태와 소극적인(열성) 형태를 구분한 것이다. 이것은 현

재까지도 사용되는 방법이다.

26 닐스 보어와 알베르트 아인슈타인 장에서 양자 이론에 대해 더 언급할 것이다.

27 특히 '초파리'에게서 자연발생적으로 등장하는 돌연변이들이다. 이것을 관찰함으로써 드디어 20세기 초 유전학자들은 멘델의 제자가 될 기회를 얻었다.

28 볼츠만의 정서는 일생 동안 불안정했던 것으로 보인다. 자유분방하고 명랑한 상태와 심각한 우울 사이를 오락가락하는 식이었다. 볼츠만은 자신이 사육제 화요일과 성회(聖灰)수요일 사이의 밤에 태어났기 때문이라고 진단한 적이 있다.

29 에너지의 불변성을 표명한 열역학 제1법칙은 헤르만 폰 헬름홀츠 장에서 이미 언급했다. 두 번째 법칙과 함께 종종 열역학 제3법칙도 거론된다. 제3법칙에 따르면 온도의 절대적 영점에 도달하는 것은 불가능하다. 대학생들 사이에는 이 법칙들을 재미있게 패러디한 버전이 돌고 있다. 1. 너는 인생의 게임에서 이길 수 없다. 2. 너는 잃을 수 있을 뿐이다. 3. 너는 절대 그 게임을 끝낼 수 없다.

30 양자 이론에 관한 문제들은 알베르트 아인슈타인과 닐스 보어의 토론에서 논의되었다. 엔트로피 법칙은 생명체가 가능한 세계가 생성되도록 불변의 상수들이 주어져야 한다는 생각으로 이해된다. 세계를 관찰하면서 우리는 세계의 힘들이 임의적으로 크거나 작을 수 없다는 사실을 알게 된다. 우리의 실존이 조건들을 창출한다.

31 오늘날의 관점에서 보면 볼츠만의 시대에는 예컨대 수학적 장비조차 불충분했다. 물론 볼츠만은 베른하르트 리만에서 시작한 적분을 사용할 수는 있지만, 자신의 가정을 증명하기 위해서는 더 정교한 형태의 수학을 필요로 했다. 이것은 프랑스의 수학자 앙리 르베그가 20세기 초에 비로소 제시했다.

32 D. L. Goodstein, States of Matter, New York 1974

33 볼츠만은 《대중 선집》에서 밝혔듯이 미국식 식사를 고역으로 여겼다. "그런 다음 빈에서라면 아마도 거위 먹이로 쓸 법한 풀죽이 하나 나왔다. 아니, 빈의 거위라도 절대 먹지 않을 것 같은 음식이었다." 특히 그는 미국의 금주령을 괴로워했다. 식사할 때 물을 마시면 위가 상했기 때문이다.

34 빈에는 원자 가설을 반대하는 아주 저명한 학자가 있었다. 물리학자 에른스트 마흐였다. 누군가 그의 옆에서 원자 이야기를 하면, 그는 빈 억양으로 거칠게 소리치곤 했다. "대체 그걸 본 사람이 어디 있단 말인가?"

35 이 개념은 지극히 조심스럽게 다루어져야 한다. 물리학 용어 중에서 이보다 더 오해받고 오용된 말은 아마 없을 것이다.

36 엔트로피의 오용에 관한 유명한 사례는 엔트로피와 무질서를 너무 단순하게 동일시할 때 발생한다. 그렇다면 우주는 최대치의 무질서 상태에 도달하려고 애쓸 것이다. 그래서 당시 사람들은 저온으로 인해 우주가 멸망할 것이라는 납득할 수 없는 주장에 동조했다. 어리석은 일이기는 하나, 이런 식으로 열역학 제2법칙은 19세기 말 지성인 세계에 강한 인상을 주었다. 그들은 열역학적 성찰로부터 일종의 '메멘토 모리(memento mori)'를 증류해 내려 노력했고, 문화의 붕괴라는 퇴폐적 체험 뒤의 숨은 원인이 바로 엔트로피라고 주장했다.

37 볼츠만 상수 k의 값은 $1.38 \cdot 10^{-23} \, \mathrm{JK^{-1}}$으로 통용된다(여기서 J는 줄, K는 켈빈을 뜻한다).

38 여기서 확실히 해야 할 것은, 엔트로피는 하나의 체계(예를 들어 기계)가 수행할 수 있는 일과 관련된 측정 가능한 양이지 결코 자의적인 양은 아니라는 점이다. 어떤 기구가 다루는 모든 에너지가 일로 변형되거나 일로 방출될 수 있는 것은 아니다. 전체 에너지와 자유로운 에너지의 차이는 엔트로피에 의해 규정된다.

7장

세 여인

마리 퀴리
리제 마이트너
바바라 매클린턱

여성들이 과학사에 독립적인 업적을 남기기까지는 오랜 세월이 필요했다. 20세기에 와서야 몇몇 여성들이 과학에 기여할 기회를 얻었다. 무엇보다 역사가들의 이목을 집중시킨 것은, 유럽의 두 여성 물리학자가 방사능이라는 똑같은 현상에 헌신했다는 사실이다. 방사능이 무엇을 의미하는지를 아는 사람, 즉 원자핵의 변화를 탐구하는 사람이라면, 여기서 소개할 세 번째 여성인 미국 출신 생물학자가 원칙적으로 같은 문제에 매달렸다는 점에 주목할 것이다. 그녀는 유전자 변환에 특히 관심을 가졌고, 남성 동료들이 유전자 자체가 어떻게 만들어지는지조차 이해하지 못하던 시기에 벌써 유전자의 역학을 분석했다. 앞의 두 물리학자의 경우도 마찬가지였다. 그들은 이미 원자의 변화를 알고 있었지만, 남성들은 아직 원자의 안정성을 이해하는 수준이었다.

마리 퀴리

방사능에 대한 열정

Marie Curie

    1867년 바르샤바에서 태어난 마리 퀴리의 원래 이름은 마리아 스쿼도프스카였다. 그녀에 관한 최초의 전기는 '마담 퀴리'라는 제목을 달고 있다. 일견 폴란드 여성에 대한 시각이 상실되고 오직 프랑스 물리학자 피에르 퀴리의 아내만을 다루고 있는 것처럼 보일지도 모르겠다. 하지만 책을 읽어나갈수록 독자들은, 자매들이 '마니아'라고 부른 이 위대한 여성 과학자에게 깊이 경탄해 마지않을 것이다. '마담 퀴리' ― 대부분의 동료들은 그녀를 마담 퀴리라고 칭했다 ― 에 관해 알베르트 아인슈타인은 이렇게 말했다. "마담 퀴리는 모든 유명인들 중에서 유일하게 명성을 더럽히지 않은 사람이다." 우리 시대 많은 과학자들은 마리 퀴리[1]를 이상형으로 선택하더라도 후회가 없을 것이다. 예를 들어 이런 자세는 충분히 본받을 만하다.

    피에르 퀴리는 나와 같은 의견이었다. 우리 둘 다 '라듐과 방사능' 발견에서 금전적인 이익을 끌어낼 수 있다는 데 부정적인 입장이었다. 따라서 우리는 특허도 따지 않았고, 라듐 생산방식을 비롯한 연구결과를 아무 제한 없이 공표했다. 또 우리는 관심 있는 모든 사람들에게 그들이 원하는 모든 정보를 허용해 주었다. 라듐산업에 커다란 혜택을 준 셈이다. 그들은 자유롭게 상품을 개발해서 학자와 의사들에게 필요한 물건을 공급할 수 있었다.

마담 퀴리는 어떤 재정적인 보답도 필요로 하지 않았다.[2] 상당한 기간 동안 아주 궁핍하게 살았음에도 불구하고 그녀는 다른 방향으로 시선을 돌렸다. 그녀가 추구한 것은 다른 종류의 행복이었다. 25세가 안된 나이에 마담 퀴리는 폴란드를 떠나 파리라는 이름의 '작은 우주'에 도착했다. 그곳에서 물리학과 다른 과학에 관한 강의를 들었을 때 그녀는 놀라움을 감추지 못했다.

어떻게 과학을 무미건조하다고 생각할 수 있을까? 세계를 지배하는 불변의 규칙들보다 더 아름다운 것이, 그 규칙들을 발견해 내는 인간의 정신보다 더 놀라운 것이 어디 있단 말인가? 조화로운 법칙들에 의해 서로 연결되어 있는 수많은 비범한 현상에 비하면 소설과 동화는 얼마나 공허하고 얼마나 빈곤한 상상력의 산물인가!

결국 세계적으로 유명해진 마담 퀴리가 죽기 1년 전인 1933년, 마드리드에서 폴 발레리가 발제한 '우리 문화의 미래'에 관한 토론에서 그녀는 이 동화 이야기를 다시 한 번 언급해서 참석자들에게 깊은 인상을 남겼다.

저는 과학 연구의 특별한 아름다움을 이해한 사람들 중 한 명입니다. 실험실 안의 학자는 그저 기술자가 아닙니다. 어린아이가 동화의 나라 앞에 서 있는 것처럼 자연법칙들 앞에 서 있는 것입니다. 우리는 사람들이 과학적 진보를 일종의 메커니즘처럼, 기계처럼, 전동장치에 맞물려 들어간 톱니바퀴처럼 이해하게 해서는 안됩니다. 저는 과학적 모험의 정신이 우리 세계에서 사라질 위기에 처했다고 믿지 않습니다. 제가 주변에서 인식하는 모든 것들 중에서 가장 생명력 있는 것은 바로, 호기심과 결부되어 있으며 결코 근절할 수 없는 이 모험정신일 것입니다.

그녀의 말을 경청한 남성들은 혼란을 느꼈다. 그들은 이미 스스로를 "풍차에 맞서 싸우는 돈키호테"라고 느끼고 있었다. 그리고 자신들이 경험하고 있는 문화 위기에 공동 책임을 가지고 과학계의 문화 전체를 한탄했다. 그런데 이 여성이 일어서서 연구에 대한 사랑을, 자신의 정신적 자식인 방사능에 대한 열정을, 사회적 참여를 이야기한 것이다.[3] 그냥 여성 과학자가 아니다. 얼마나 많은 업적을 이룬 대학자인가. 두 개의 노벨상을 받았고, 두 아이를 위대하게 키웠으며, 여성 최초로 소르본 대학 교수 자리를 얻은 학자, 제1차 세계대전에서 200여 개의 뢴트겐 시설을 세워 소속 인력을 교육시켰고, 바르샤바 시에 라듐연구소가 들어서게 도왔으며, 기타 수많은 일을 해낸 학자이다. 모두가 그녀의 말을 그저 귀기울여 들을 수밖에 없었다.

우리 역시 정말 마담 퀴리의 말에 더 주목해야 할 것이다. 그녀의 겸손함을 본받고자 노력해야 하고, 과학의 정신적 영향력을 세상에 더 깊이 확실하게 투여하는 일은 충분히 투쟁할 만한 가치가 있다는 그녀의 제안을 진지하게 수용해야 할 것이다. 마담 퀴리는 일생을 연구에 몰두했고 마침내 목숨까지 바쳤다. 그녀는 백혈병으로 사망했는데, 이는 분명 연구하는 와중에 방사능 제재에 자주 접촉했기 때문에 발생한 병이었다.[4] 세상을 떠나기 전 아주 적절한 시기에 그녀는 젊은 물리학자들을 위한 책을 완성했다. 제목에는 오늘날 우리에게 종종 공포를 야기하는 말이 들어 있다. 바로 '방사능'이라는 단어이다.[5]

배경

마리아 스쿼도프스카가 태어난 1867년, 칼 마르크스는 《자본론》 제 1권을 출간했다. 헤겔은 (그의 표현대로라면) 머리로 먹고 살았고, 심리학자 빌헬름 분트는 '생리학적 심리학'이라는 제목으로 최초의 강연을 했으며, 윌리엄 톰슨(훗날 켈빈 경)은 처음으로 원자 모델을 제시했다. 1868년 프랑스의 거리 노동자들은 오늘날 크로마뇽인이라고 알려진, 3만 5,000년 전 살았던 인간의 해골을 발견했다. 1년 후 런던에서는 유명한 과학지 《네이처》가 창간되었고, 멘델레예프가 아직은 불완전한 '원소의 주기체계'를 제안했다. 같은 해 폴란드 그다니스크에서는 또 한 명의 위대한 과학자가 세상에 태어났다. 화학자 리하르트 아벡이었다. 마리 퀴리처럼 고향을 떠나 서방 독일에서 경력을 쌓은 그는 원자의 화학적 특성이 핵 속의 중량이 아니라 외부 껍질의 전자들에 달려 있다는 점에 처음으로 주목했다.

마리 퀴리가 사는 동안 원자에 대한 상이 중대하게 변화했다. 원자들은 하위단위를 얻었고, 더 이상 단순하게 물질의 기초라고 부를 수 없게 되었다. 특히 원자가 갖고 있는 구조를 밝히는 일이 문제였다. 그러기 위해서는 퀴리 부부의 연구와 훗날 방사능이라 불릴 현상이 중요한 전제조건이었다. 이 현상을 밝혀낸 것은 1896년 앙리 베크렐이었다. 1896년은 또한 근대 올림픽이 처음으로 개최된 해이기도 하다. 한 해 전에는 세계 최초로 영화가 공식적으로 상영되어 세간의 관심을 끌었다.

1911년 마담 퀴리가 두 번째 노벨상(화학 부문)을 받았을 때, 뉴질랜드의 물리학자 어네스트 루더포드가 원자의 행성 모델을 구상했다. 1년 후에는 타이타닉호가 처음이자 마지막이 될 항해를 개시했고, 1913년에는 미국인 기술자 헨리 포드가 컨베이어 벨트를 개발해서 자동차 조립 시간을 12시간 반에서 1시간 반으로 단축했다. 다음해 발발한 제1차 세계대전은 화학무기를 사용한 최초의 전쟁이었다. 1918년은 독일의 여성 수학자 에미 뇌터가 심오한 연관관계를 발견한 해이다. 물리학 영역에서 모든 대칭현상은 (질량)보존법칙을 함축하며 그역도 성립한다는 것이다. 같은 해 대영제국은 일반 선거제도를 도입했다(그러나 여성의 경우는 30세 이상에만 해당되었다). 1934년 마리 퀴리가 사망했을 때, 토마스 만은 장편소설 《요셉과 그 형제들》을 집필하기 시작했고, 히틀러는 이미 제국수상이 되었으며, 과학자들이 유럽에서 추방되기 시작했다.

초상

마리 퀴리는 30세와 37세 때 파리에서 두 딸을 낳았다. 장녀 이렌은 대를 이어 과학자가 되었고[6] 그것도 어머니가 창시한 분야에서 활동했다. 이렌은 물리학자 프레데릭 졸리오[7]와 결혼했다. 마리 퀴리가 죽은 해(1934년) 그녀는 남편과 함께, 오늘날 원자핵구조를 밝히는 데 사용되는 '인공방사능'을 만들어냈다.[8] 이로 인해 졸리오와 퀴리 부부는 노벨화학상을 받았다. 반면 마담 퀴리의 차녀 이브는 과학 연구와 전혀 상관없는 삶을 살았다. 그녀는 어머니의 인생사를 책으로 펴냈는데, 1938년 출간된 이 전기는 다음과 같은 서문으로 시작한다.

그녀는 한 명의 여성이었다. 억압받은 국가의 국민이었고 가난했지만 아름다웠다. 내적인 사명감이 그녀로 하여금 고향 폴란드를 떠나 파리에서 공부하며 고독과 난관의 세월을 감내하게 했다. 그녀는 자신과 마찬가지로 천재적 재능을 타고난 한 남자(피에르 퀴리)를 만났다. 그들은 결혼했고, 유일무이한 행복을 누렸다. 그녀는 지극히 가혹하고 지독한 노력을 거쳐 마술적인 물질인 라듐을 발견할 수 있었다. 이 발견은 새로운 과학 뿐 아니라 새로운 인생철학을 선사해 주었다. 인류에게 끔찍한 질병[9]과 맞서 싸울 능력을 선사한 것이다. 두 학자의 명성이 세계로 널리 퍼지는 순간, 검은 그림자가 마리를 덮친다. 죽음의 여신이 그녀에게서 훌륭한 동반자를 빼앗아갔다. 그러나 비참한 심정과 육체적인 고통에도 불구하고 그녀는 연구를 계속했고, 남편과 함께 만들어낸 학문을 찬란하게 발전시켰다. 여생은 부단한 헌신에 다름 아니었다. 전쟁 부상자들에게 희생적 힘과 자신의 건강을 다 바쳤다. 언젠가 그녀는 자신의 조언과 지식을, 매순간을 전세계에서 일하는 미래의 과학자들에게 주게 될 것이다. 하지만 그녀는 유명해진다는 것이 무엇인지 알지 못했다.

언급할 만한 가치가 충분한 주제들이다. 이 서문은 마담 퀴리의 과학에 대한 관심이 어떻게 성장했으며 왜 폴란드와 작별해 프랑스로 갔는지, 피에르와의 결혼생활과 연구에 대한 열정은 어떠했는지를 알려준다. 연구에 대한 열정이 있었기에 마담 퀴리는 방사능 현상을 발견하고 원자를 이해했다. 그 열정만으로도 우리는 그녀가 믿을 수 없는 일생의 역작을 어떻게 완성했는지를 납득할 수 있다.

마리아 스쿼도프스카는 교사 부부의 다섯째 아이로 세상에 태어났다. 그녀는 비교적 평탄한 유년기와 학창시절을 보냈다. '아이들을 위한 김나지움' 입학에 선발된 소수의 소녀들 중 하나였다는 점을 제외하면 특별한 점이 없었다. 그녀는 모든 학과시험을 빛나는 성적으로 통과해 금메달을 받고 김나지움을 졸업했다. 졸업 후에는 학교선생이나 가정교사로 돈을 벌 생각이었다. 아직 바르샤바에 살던 때, 그녀는 "손님들 앞에서 프랑스어를 — 비참한 프랑스어를 — 쓰는 부유한 가정에" 일자리를 얻었고, "반년 동안 봉급을 받지 못했지만 돈을 포기하고 등유를 아꼈다. 집에는 다섯 명의 고용인이 있었다. 집안사람들은 자유사상가인 양 행동했지만 사실은 지극히 음침하고 어리석었다."

마리 퀴리가 사촌 헨리에테에게 위 편지를 쓴 것은 18세 때였다. 그녀는 하루 7시간을 일해야 했고, 일이 끝나면 많은 시간을 독서로 보냈다. 그녀는 "책에 의지했고", "한꺼번에 점점 더 많은 것을"(폴란드어로 물리학을, 프랑스어로 사회학을, 러시아어로 해부학과 생리학을) 읽었다. "계속해서 똑같은 대상에 몰두했더라면 이미 지나치게 곤두선 뇌를 더 피로하게 만들었을 것이다. 책을 읽으며 무엇인가 이익을 얻기가 절대 불가능하다고 느낄 때면 대수와 삼각함수 문제를 풀곤 했다. 그러면 다시 집중력이 향상되고 바른 길을 찾을 수 있었다."

그녀가 몸담은 사회는 분노를 일으키기에 충분했지만('실증주의'와 '노동자 문제' 같은 단어들은 모두에게 진정한 공포의 대상이다) 미래에 대한 장대한 설계가 천천히 구상되기 시작했다. 폴란드 대학에서 공부한다는 것은 비단 여성들에게만 어려운 일이 아니었다. 알렉산드르 3세의 러시아화화 정책에 따라 모든 대학이 문을 닫았다. 그러나 폴란드인들은 러시아 당국의 눈을 피해 장소를 옮겨 다니는 '이동 대학'을 설립했다. '산업과 농업 박물관'이 있던 거리 뒤에 실제로 실험실이 숨어 있었다. 실험실의 감독은 마리아의 사촌이었다. 훗날 고백했듯이 여기서 그녀는 "실험적 자연 연구의 의미를 세웠다." 이제 23세가 된 마리 퀴리는 교과서에서 배운 실험을 처음으로 반복할 수 있게 되었고, 잠을 잘 수 없을 정도로 큰 자극을 받았다. 그녀는 열정이라는 완전히 새로운 감정을 체험하고 그럼으로써 삶의 실마리를 붙잡았다. 과학에 대해 더 공부하고 싶었던 그녀는 파리로 떠날 결심을 했다. 파리에는 여동생 브로니아가 남편과 함께 살고 있었기에 그곳에 잠시 신세질 수 있었다. 1891년 마리아 스쿼도프스카는 서방세계로 떠났다.

그녀는 2년 후 물리학 석사를, 또 1년 후에는 화학 석사학위를 받았고, 앞서나갈 수 있다는 자신감을 얻었다. "우리는 스스로가 특정한 일에 재능이 있다고 믿어야 한다. 그리고 어떤 값을 치르든 그 일을 이루어야만 한다." 1894년 '이동 대학'의 사촌에게 쓴 편지의 한 대목이다. 이 시기에 그녀를 알고 지낸 사람이라면, 그녀가 인생설계에서 사랑과 결혼을 치워버렸다고 생각했을 것이다.

하지만 얼마 후 그녀는 피에르 퀴리 박사[10]를 만난다. "그는 35세의 나이치고는 매우 젊은 외모를 지니고 있었다. 우리는 과학 문제에 관해 대화를 나누곤 했는데, 그와 토론하는 것은 항상 행복했다." 그는 《물리학적 현상에 나타난 대칭에 관하여》라는 최근 연구논문 별쇄본을 그녀에게 주었다. 논문 한쪽에는 "스쿼도프스카 양에게 존경과 우정의 마음을 담아. P. 퀴리"라는 작은 헌사가 쓰여 있었다. 그리고 두 사람은 천천히 가까워지기 시작했다.

피에르가 그녀에게 청혼하기까지는 2년의 시간이 소요되었다. 피에르가 청혼할 당시 그녀는 바르샤바에 있었다. 고향에서 가족과 상의해 결정을 내리고 싶었기 때문이다. 피에르 퀴리는 아직 유명한 물리학자가 아니었다. 단지 파리의 물리산업화학학교의 일개 교사였을 뿐이다. 마리는 빈약한 설비를 갖춘 피에르의 작은 실험실에서 (돈을 내지 않고) 함께 일하기 위해 특별허가를 얻어야 했다. 그러나 젊은 부부는 "휴머니즘과 과학에 대한 꿈"을 가지고 있었고, 그 꿈을 실현하기 위해 매우 혹독하게 연구했다. 그들의 주제는 프랑스 물리학자 앙리 베크렐의 1896년 발견과 관련되어 있었다. 베크렐은 우라늄 내지 우라늄을 함유한 미네랄을 다루면서 이 물질의 엄청나게 강한 방사에 주목했다. 눈에 보이지 않는 우라늄 방사는 학계에서 완전히 미개척 분야였다. 어디서 온 것일까? 본성은 어떠할까? 얼마나 오랫동안 지속될까? 에너지는 어디에서 끌어올까? 열은 어떤 식으로 발생하는가? 방사할 수 있는 것은, 즉 마리 퀴리가 제안한 용어로 '방사능'이 있는 것은 우라늄뿐일까? 아니면 다른 원소에도 방사 가능성이 있을까? 만약 그렇다면 이런 방사능 원소들은 어떤 특징을 가지고 있을까?

질문이 꼬리를 물고 계속 이어졌다. 마침 박사논문 주제를 찾고 있던, 호기심 많고 야심 있는 여성 과학자에게는 적절한 단초였다. 마리 퀴리는 우라늄 방사를 측정하기 시작했고,[11] 곧 활성적으로 방사하는 물질은 실제로 우라늄 자체였을 뿐, 온도나 습도 혹은 다른 어떤 외적인 변수도 거기에 관여하거나 영향을 주지 않는다는 사실을 알게 되었다. 그녀는 방사선 내지 방사능을 통해 어떤 물질들의 특성을 연구하는 대신 물질의 깊은 내부로부터 무엇인가가 나온다는 사실을 예견한 최초의 인물이었다. 마리 퀴리는 원자 자체의 질을 추적할 줄 알았다. 오늘날 시각에서는 뻔하게 보일지 모르지만 당시는 충격적인 인식이었을 것이다. 즉 그녀는 방사선을 통해 원자를 연구할 수 있었고,

이제 비로소 물질의 초석들로 가는 실험적 입구가 열린 것이다.

그뿐만이 아니다. 인류의 모든 역사상 분리 불가능하고 변화 불가능하다고 간주되어 온 원자가 명백히 외부로 에너지를 내놓을 수 있고 무엇인가를 분비한다는 사실이 밝혀졌다. 원자는 고대 이후로 사람들이 생각한 것과는 달리 변화 가능한 것이다. 퀴리 부부는 우라늄 외에도 토리움과 여러 화학원소들이 방사능을 가진다는 점을 곧 확인했다.[12] 또 오스트리아 정부의 선물로 얻은 소위 피치블렌드(역청 우라늄 원석)에, 우라늄 원소보다 더 강력하게 방사하는 방사능 물질이 함유되어 있음을 알았다. 이 시점에서 마리 스쿼도프스카 퀴리는 대담한 가설을 하나 세웠다. 1898년 4월 12일 그녀는 피치블렌드를 비롯한 몇몇 화합물들이 새로운 원소를 함유하고 있는데, 이 원소는 우라늄보다 더 활성이 있으며 아직 과학계에 알려지지 않은 것이라고 주장했다.

이제 외부인은 거의 이해할 수 없는, 어렵고 고통스러우며 지루한 분리 작업이 시작되었다. 끝없는 휘젓기, 계속되는 흔들기, 몇 년에 걸친 나누기, 매번 섞기, 분리하기, 용해시키기, 기타 등등. 이 모든 일이 겨울에는 너무 춥고 여름에는 너무 더우며 동물 우리처럼 허름하고 좁고 냄새나는 실험실에서 이루어졌다. 그들은 매일 최대한 집중해서 일했고, 언제나 정화한 물질을 잃어버릴지 모른다는 걱정 속에 살았다. 또 다른 사람들이 결국 무엇인가를 손에 넣고, 과학적으로 값어치 있고 인정받는 어떤 주제를 추적하지 않을까 하는 불확실성 속에서 전전긍긍했다. 그러나 퀴리 부부의 노력은 보답을 받았다. 각고의 연구 끝에 그들은 과학계에 두 개의 새로운 원소를 제시할 수 있었다. 마리의 고국을 기리는 이름을 가진 '폴로니움(Polonium)', 그리고 1899

년 12월 26일 마리 퀴리가 처음으로 발표한 논문에서 그 방사능력이 엄청나다는 이유로 단순히 이름붙인 '라듐(Radium)'[13]이 그것이다. 이 논문 원고는 매일의 메모에서 발췌된 그대로 편집되었다.

정말 힘든 작업은 라듐을 발견한 후 비로소 시작되었다. 새로운 원소를 순수한 형태로 얻어내는 일이 중요했고, 퀴리 부부는 말로 표현할 수 없는 비인간적인 조건들 속에서 45개월을 더 일했다. 1902년 결국 만족스러운 성과가 나왔다. 우라늄을 함유한 500킬로그램의 피치블렌드로부터 라듐을 분리해 내서 0.1그램의 순수 라듐염화물을 얻어낸 것이다. 그로 인해 그들은 다음해 물리학 노벨상을 받았다.[14] 오늘날이라면 대사건이었겠지만, 당시 사람들은 별반 주목하지 않았다. 노벨상이 생긴 지 얼마 안된 때라서, 상을 받는 일이 오늘날처럼 그렇게 공공의 떠들썩한 사건은 아니었다. 퀴리 부부는 상금을 받아 기뻐했을 뿐, 통례적으로 노벨의 생일인 12월 10일 열리는 대규모 행사에는 "너무 어려운 살림 때문에" 참석할 수 없었다. 게다가 그들이 보기에 "북쪽 나라로 떠나는 그렇게 긴 여행"은 너무 많은 시간을 빼앗기는 일이었다. 그들은 부활절이 되어 날씨가 더 따뜻해지자 스톡홀름으로 갔다.

노벨상 수상은 두 가지 중요한 결과를 낳았다. 첫째로 파리 대학이 피에르 퀴리를 물리학 교수로 초빙하기로 결정했고, 피에르 역시 이를 수락했다. 또 그에게 세 명의 직원, 즉 어시스턴트와 조수와 하인을 붙여주었다. 어시스턴트로 일한 사람은 바로 그의 아내였다. 사실상 마리 퀴리는 처음으로 일자리를 얻은 셈이다. 그때까지 그녀의 실험실 활동은 묵인되기는 했지만, 라듐을 추출하고 원자 무게를 결정하는 고된 작업에도 불구하고 직함도 봉급도 받지 못했었다. 1904년

11월에 상황은 달라졌다. 이제 마리 퀴리는 — 둘째 딸 이브가 태어난 기쁨 속에 — 임금이 지불되는 일자리를 얻었고, 남편의 실험실에 출입할 공식적인 권리를 가지게 되었다. 피에르는 1906년 4월 14일 이렇게 묘사했다.

"마담 퀴리와 나는 라듐에서 나오는 방사선의 도움으로 라듐의 정확한 용량을 얻어내는 작업을 하고 있다. 아무것도 아닌 것처럼 보이지만 벌써 몇 달 동안 매달린 일이고, 이제야 비로소 가시적인 성과를 목표로 하기 시작했다."

피에르 퀴리가 이 편지를 쓴 후 닷새밖에 더 살지 못할 것이라고 예상한 사람은 아무도 없었다. 파리 시내 한복판에서 마차 한 대가 그를 짓밟고 지나갔고, 이 불의의 사고로 마리 퀴리의 인생은 갑자기 아주 고통스러운 국면에 처하게 되었다. 그녀는 어찌할 바를 모른 채 얼이 빠진 것처럼("최면에 걸린 듯") 이리저리 뛰어다녔다. 말로 표현할 수 없는 감정이었을 것이다. 일기에서는 아직 남편이 살아 있다는 듯 여전히 그와 대화하고 그에게 조언을 구했지만, 내적인 안정을 다시 찾을 수 없었다.

절망의 시기를 보내던 중 파리 대학이 남편의 후임으로 교수직을 맡아줄 것을 요청했다. 마리 퀴리는 망설임 없이 이를 수락했고, 1906년 11월 5일 여성 최초로 소르본 대학 강단 위에서 취임강연을 했다.[15] 대학 내 광고판은 "마담 퀴리가 오후 1시 반에 기체의 이온 이론과 방사능에 대해 말할 것"이라고 짤막하게 언급했다.

강연장은 청중으로 가득 찼다. 마담 퀴리는 정시에 도착해 첫번째 강의를 시작했다. 처음으로 꺼낸 말은 피에르가 죽기 전 중단한 마지막 지점과 이어졌다.

"물리학이 10년 전부터 성취한 진보를 살펴보면, 전기와 물질에 대한 우리의 이해가 얼마나 혁명적으로 진보했는지 놀라지 않을 수 없습니다."

　10년, 그것은 방사능과 뢴트겐선의 발견 이후 흐른 시간을 의미하는 것이다. 실제로 19세기의 마지막 10년 이래로 물리학적 세계상에 일종의 변혁이 있었는데, 이를 가능케 한 것은 무엇보다 마리 퀴리의 연구들이었다. 다음 몇 년 간 그녀는 라듐의 순수석출에 열중했고, 1910년 이 작업에 성공해서 라듐의 모든 물리학적, 화학적 특성을 규정할 수 있었다. 같은 해 그녀는 파리 과학기준사무소에 22밀리그램의 순수 라듐염화물을 제공했고, 이로써 국제적으로 통용될 방사능 및 방사선 단위(퀴리)가 확정되었다. 1911년 마담 퀴리는 라듐 석출과 분석의 성과로 두 번째 노벨상을 ― 이번에는 화학 부문에서 ― 받았다. 그녀에게 필적할 만한 업적을 남길 누군가가 등장하려면 매우 긴 시간을 기다려야 할 것이라는 평가가 지배적이었다.[16]

　마지막 몇 해 동안 마리 퀴리는 많은 여행을 했다. 특히 미국과 브라질을 방문해 명예박사학위와 상을 받았다. 그러나 세간의 인정을 받았다고 해서 과학적 작업을 멀리 하지는 않았다. 그녀는 마지막 순간까지 실험실에서 연구에 몰두했다. 예컨대 폴로늄 원소에서 나오는 방사선의 작용 범위를 알아냈고, 혹시 어떤 외적인 요인이 원자의 방사능 물질 분열에 영향을 주지 않을까 걱정하며 끊임없이 실험했다. 다행히 아무 요인도 발견할 수 없었다.

리제 마이트너

힘의 출처 이해하기

Lise Meitner

리제 마이트너는 1907년부터 1938년까지 30년 동안 베를린에서 일했음에도 불구하고 한 번도 독일 여권을 소유한 적이 없었다. 1938년 3월 오스트리아 위원회의 결정에 따라 ― 나치 은어로 '빈 유대녀'[17]라는 이유로 ― 독일에서 추방된 그녀는 스웨덴을 새로운 고향으로 선택했다. 1946년 그녀는 스웨덴 국적을 얻었지만, 스웨덴어를 완벽하게 배우지는 못했다. 그녀는 독일로도, 자신의 고향도시로도 돌아가지 않았고 1968년 90세에 가까운 나이로 영국 케임브리지에서 사망했다.

무엇보다 리제 마이트너에게는 독일로 돌아올 이유가 전혀 없었다. 독일에서 그녀는 (나치는 말할 것도 없고) 주변의 거의 모든 사람에게 모욕을 받았고, 이후에도 어떤 종류의 사과도 받지 못했다. 1991년에야(!) 많은 사람들의 항의 끝에 독일박물관 명예의전당에, 막스 플랑크와 오토 한 옆에 자리를 얻었다. 여성을 차별하지 않는다는 사실을 시위하는 듯한, 마지못한 조치였다. 너무 늦은 이 복권의 제스처를 제외하면, 일반적으로 리제 마이트너를 언급하는 일은 독일 남자들에게 무능함의 증표로 여겨졌다. 위대한 자연과학자들을 소개하는 어느 인물사전에서는 선원 하인리히와 마르코 폴로에게조차 지면을 허락하는 반면 리제 마이트너에 관해서는 단 한 줄의 언급도 없다.

독일의 신사들이 이 위대한 여성을 부당하게 취급한 예는 무수히 많다. 1907년 그녀가 막 박사학위를 받고[18] 베를린에 도착해 대학에서 막스 플랑크의 강의를 수강하려고 신청하자, 유명한 물리학자[19]는 이렇게 질문했다. "벌써 박사 직함을 가지고 있는데 뭘 더 바라는 거요?" 또 오토 한과 함께 일했을 때는, 그녀에게 연구소 후문으로만 들어오라는 소장의 분명한 지시가 있었다. 그녀는 지하 목공소에서만 실험할 수 있을 뿐 그 외의 장소에 나타나서는 안되었다. 1926년 교수자격시험에 합격한 후 '우주(kosmisch) 물리학에 관하여'라는 발제강연을 했을 때, 베를린의 한 언론은 '마이트너 양'이 '화장품(kosmetisch) 물리학에 관하여'(!) 얘기했다는 기사를 싣기도 했다.

이런 형태의 차별대우가 제2차 세계대전 이후로 끝났다고 생각하는 사람이 있다면, 독일 엘리트 상류층의 편견을 과소평가한 것이다.[20] 1950년대 초 그녀가 오로지 물리학 주제만 다룬 강연을 한 적이 있었다. 그때 오토 한이 수장으로 있는 막스플랑크협회는 연사의 이름을 소개하는 대신 "우리 협회장과 오랫동안 공동연구한 학자"라고 칭했고, 이후로도 이 수식어를 절대 수정하지 않았다.

그러나 가장 심한 것은 1953년 베르너 하이젠베르크의 논문 〈지난 75년 동안 물리학과 화학의 관계〉이다. 이 논문에서 "마이트너 양"은 다시 한 번 "한의 오랫동안의 공동연구자"라고 치욕적으로 불렸다. 뿐만 아니라 하이젠베르크는 리제 마이트너가 1939년 우라늄의 핵분열 현상을 밝히고 엄청난 원자핵 에너지가 어떻게 분출되는지를 이해한 최초의 과학자라는 사실을 은폐했다. 분명히 하이젠베르크는 감히 여성이 물리학에 관해 무엇인가를 이해한다고 상상할 수 없었다. 따라서 그녀가 "한의 편지를 받아 알게 된 정확한 결과들을 전보를 통해 곧바로 워싱턴에 위치한 물리학자회의에 전달했을 뿐"이라고 말했다.[21]

1980년대 말까지도 뮌헨 독일박물관은 리제 마이트너를 오토 한의 한낱 조수로만 소개했다. 그녀 자신이 오래전부터 물리학 교수였을 뿐만 아니라 (1926년 이후로는) 할레의 레오폴디나 아카데미 회원이자 괴팅겐 과학협회 회원이었음에도 불구하고, 또 미국의 엔리코 페르미상[22]을 수상했고 라이프니츠 메달을 받았음에도 불구하고, 또 외국에서 수많은 명예박사학위와 수많은 다른 명예를 얻었음에도 불구하고, 또 유명한 '한·마이트너' 팀에서 실은 그녀가 정신적인 지도자였다는 사실을 내막을 아는 사람이라면 누구나 알고 있음에도 불구하고 말이다.

이런 이유에서 두 사람과 함께 일한 연구자들은 지시사항 아래 붙는 '오토 한, 리제 마이트너(Otto Hahn, Lise Meitner)'라는 서명에 장난을 치곤했다. 'Lise'의 's'와 'e'의 철자 위에 기호(∞)를 그려 "오토 한, 마이트너를 읽어라(Otto Hahn, Lies Meitner)"로 바꾸어 놓은 것이다. 또 이런 농담도 떠돌아 다녔다. "햇병아리야(Hähnchen), 날 좀 내버려둬라, 물리학에 대해 아무것도 모르면서." 일리가 없는 말은 아니다. 그녀는 실제로 물리학을 이해한 과학자였지만 또한 여성이었고, 따라서 언제나 뒤에 서 있거나 아니면 숨어 있어야 했다.

배경

1878년 리제 마이트너가 오스트리아 빈에서 태어났을 때, 1,600만 명이 파리 국제박람회를 방문했고 미국의 뉴헤이번에서는 최초의 상업적 전화망이 설치되었다. 1879년 알베르트 아인슈타인과 오토 한이 태어났고, 생화학자 알브레히트 코셀이 세포핵 연구를 시작했다. 빌헬름 분트는 라이프치히에 최초의 심리학 실험실을 열었고, 베를린에서는 지멘스사(社)가 전동기관차를 소개했다. 1년 후 도스토예프스키의 《카라마조프의 형제들》이 출간되었고, 로베르트 코흐는 미생물학에 한천배지를 도입했으며, 루이 파스퇴르는 병원균이 질병을 유발할 수 있다는 생각을 전개시켰다. 1881년 실제로 에드빈 클레프스가 (장)티푸스를 유발하는 '세균'을 발견했고, 1882년 코흐는 백혈병 병원체를 찾았다. 베를린 시내에는 전동차가 달리고 있었고, 얼룩말의 진화적 선조로 여겨진 최후의 야생마가 암스테르담 동물원에서 죽었으며, 요하네스 브람스가 3번 교향곡을 작곡했다.

리제 마이트너가 교수직을 얻은 해(1926년), 하이젠베르크와 슈뢰딩거가 각각 원자의 양자 이론을 세웠고, 하이데거는 《존재와 시간》 원고를 완성했다. 2년 후 페니실린이 발견되었고(그러나 20년 후에야 의학적으로 사용되기 시작했다), D. H. 로렌스가 《채털리 부인의 사랑》으로 스캔들을 일으켰다. 1932년 중성자가 발견되었고, 사람들은 핵물리학의 등장에 흥분했다. 6년 후 리제 마이트너는 인생의 절정기에 독일을 떠나 스웨덴으로 이주해야 했다. 같은 해(1938년) 볼펜 생산에 특허권이 주어졌고, 포르셰사가 '캐퍼'의 시제품을 소개했으며, 장 폴 사르트르가 《구토》를 발표했다.

곧 제2차 세계대전이 발발했다. 전쟁 후 독일이 둘로 나뉘고 연방

공화국이 설립되었으며, 아데나우어의 시대가 열렸다. 11차 바티칸 공의회가 열렸고, 스탈린주의가 종식했으며, 쿠바가 위기를 맞이했다. 미국에서는 존 F. 케네디가 대통령이 되었고, 1960년대의 보편적인 낙관주의가 세상을 지배했다. 1967년 최초로 인간의 심장이 이식되었다. 리제 마이트너가 사망한 해(1968년)에 전세계적으로 대학생들의 혁명이 일어났고, 특히 베를린과 파리의 운동이 거셌다. 록 음악, 경구피임약, 마약 등이 등장했고, 진보와 성장의 시대가 화려하게 펼쳐졌으며, 아직 누구도 환경에 대해 이야기하지 않았다. 단지 루르 지방 위의 하늘이 다시 파래지기를 바라는 사람들만이 있었다.

초상

20세기가 되기 직전(1899년) 마침내 오스트리아의 대학이 여성에게도 개방되었다. 1901년 리제 마이트너는 빈에서 물리학 공부를 시작했다. 그녀는 루트비히 볼츠만의 강의를 들으리라는 기대에 부풀었고, 열역학 분야를 장악한 볼츠만의 대가다운 능력에 고무되었다. 그 영향으로 1906년 완성된 박사논문의 주제는 '동질적 물체들 안의 열전도'였다. 28세의 리제 마이트너는 남성들이 장악한 과학계에 들어오기까지 몇 차례 우회로를 감수해야 했다. 고등교육기관에 입학하는 것조차 쉽지 않았다. 당연하게도, 빈의 유태인 변호사인 그녀의 아버지는 리제가 과학자로서 자리를 잡을 가능성이 없다고 생각했다. 아버지는 그녀가 일찍부터 물리학에 관심을 보인 것을 기뻐하며 격려하기는 했지만, 바람직한 직업 공부도 병행하기를 원했다. 딸은 아버지의 기대를 저버리지 않았다. 그녀는 프랑스어 교사가 되기 위한 필수

시험을 통과했고 이어서 빈 대학에 등록했다. 1958년 직접 회고했듯이 그녀는 '볼츠만의 학생'이라는 자부심을 가졌고, 첫 스승에게 열렬한 신뢰를 보냈다. "그는 자연법칙의 경이로움에 열광했고, 인간의 사고력을 통해 자연법칙을 파악할 수 있다는 믿음에 충만해 있었다."

그녀는 볼츠만의 활력에 "휩쓸렸다." 반면 1907년 가을 베를린에서 막스 플랑크의 이론물리학 강의를 들었을 때는 비개성적이고 냉정한 스타일의 강의라고 실망하기도 했다. 덧붙여 말하자면 그때 리제 마이트너는 아무렇지도 않게 어슬렁거리며 강의실로 들어갈 수는 없었다. 프로이센 대학들은 아직 여성들에게 수강을 허락하지 않았기 때문이다. 그러기 위해서는 대학교원의 개인적인 허락이 필요했다. 또 앞에서 언급했듯이 대학자 플랑크와의 첫 만남은 그녀를 불쾌하게 만들었다. 그럼에도 불구하고 리제 마이트너는 시간이 갈수록 그의 인격을 점점 더 존경하게 되었다. 그녀는 막스 플랑크가 "인간으로서 경이로웠고 그가 방 안에 들어오면 방의 공기가 더 나아진 느낌이 들었다"고 말하기도 했다.[23]

플랑크는 곧 리제 마이트너의 재능을 알아차리고 어시스턴트로 채용했다. 그녀는 제1차 세계대전 때까지 이 자리를 지키다가 1915년 오스트리아 전선의 어느 군병원에 뢴트겐선과 간호사로 자원했다. 간호를 하기 위해 특별히 코스를 밟아 준비하기도 했다.

과학의 입장에서 보면 제1차 세계대전은 화학자와 물리학자들이 최초로 전쟁에 직접 개입했다는 점에서 결정적인 이정표를 제시했다. 가장 잘 알려진 것은 독일뿐 아니라 모든 전쟁국가가 사용한 화학무기이다. 프리츠 하버의 지휘 아래 독일군은 최대의 '성공'을 ─ 무수한 인간을 살인한 것을 성공이라 불러도 된다면 ─ 거두었다. 리제 마이트너는 과학의 이런 위험한 측면과 직접적으로 관계하지는 않았지만, 화학무기를 투입하기 위한 동료들의 노력을 이해했다. 1915년 3월 그녀가 말했듯이 "무엇보다 이 끔찍한 전쟁을 단축하는 데 도움을 준다면 어떤 수단도 자비롭기" 때문이었다. 만약 이런 생각 때문에 그녀를 탓하는 사람이 있다면 이렇게 물어보고 싶다. 30년 후 미국 측에서 히로시마에 최초의 원자폭탄을 투여한 것은 어떻게 설명하겠느냐고. 그녀의 예에서 알 수 있듯이, 어떤 사람의 행위를 도덕적으로 판단하거나 유죄로 판결내릴 때에는 시대상황을 고려해 복합적으로 평가해야 한다.

언급한 리제 마이트너의 말은 당시 전쟁에 개입한 동료 오토 한을 위로하기 위한 것이었다. 그보다 8년 전 한은 그녀에게 실험에 참여할 수 있는 큰 기회를 주었다. 오토 한은 1907년 초 교수자격시험에 통과하면서 방사능화학이라 불리는 새로운 분야를 개척했다. 문제는 예를 들어 퀴리 부부가 파리에서 열중했던 방사능 물질[24]들을 화학적으로 더 정확하게 특성화하는 일이었다. 한은 ─ 현대적으로 표현해서 ─ 팀워크가 중요하다는 사실을 알고 있었고, 자신이 화학자였기 때문에 자신을 도와줄 물리학자를 구했다. 미국에서 체류하던 시절 같은 연배의 젊은 여성 과학자들과 함께 연구한 경험이 있었고, 더욱이 어느 전기작가가 매우 관습적으로 표현했듯이 "여성에게 특별히 약한" 성향이었기 때문에, 그에게 도움을 줄 물리학자는 여성이라도 상관없었다. 그렇게 해서 리제 마이트너에게 기회가 찾아온 것이다.

앞서 말했듯이 그녀는 지하 목공소 밖을 나갈 수는 없었지만, 그럼에도 불구하고 베를린 달렘에서의 생활은 일생 동안 "가장 근심 없이 일한 시절"이었다.

그 당시 방사능과 원자물리학은 믿을 수 없이 급속한 발전을 이룩했다. 이 분야와 관련한 실험들에서는 거의 매달 경이로운 성과가 새로 나왔다. 일이 잘 되어갈 때면 우리는 합창을 불렀다. 대개는 브람스의 노래였다. 나는 그저 흥얼거리기만 했지만 한은 매우 멋진 목소리로 노래했다. 물리학연구소의 젊은 동료들과 우리는 인간적으로나 학문적으로 좋은 관계였다. 그들은 종종 우리를 찾아왔는데, 때로는 정상적인 통로를 지나지 않고 목공소 창문을 넘어 기어들어왔다. 간단히 말해, 우리는 젊었고 만족스러웠으며 걱정이 없었다. 아마도 정치적으로도 너무 걱정이 없었다.

목공소에서 보낸 날들은 곧 효과를 발휘했다. 1911년 창설된 카이저빌헬름협회[25]가 달렘에 '카이저빌헬름 화학아카데미'를 열었다. 1913년 '한·마이트너' 연구팀이 그곳으로 실험실을 옮겼고, 1917년 리제 마이트너는 '물리학·방사능' 분과를 담당하는 교수직함을 달 수 있었다. 이 시기 이후로 '마이트너 양'은 더 이상 오토 한의 어시스턴트가 아니었지만, 독일 과학계의 남성들이 그 사실을 알게 되기까지는 거의 80년(!)의 세월이 소요되었다.

1917년 그녀가 베를린으로 돌아오기는 쉽지 않았다. 아직 전쟁이 끝나지 않았고, 그녀는 여전히 오스트리아 전선 군병원에서 일하고 있었다. 그러나 그녀가 받은 한의 편지는 지극히 고무된 상태에서 쓴 글이었다. "내(리제 마이트너)가 그곳으로 돌아가지 않는다면, 우리 분과의 연구시설이 군사 목적으로 사용될지도 모른다는 것이다. 악티늄의 모체인 프로트악티늄(화학원소)에 대한 우리 연구는 나사로 꽉 조인 기구 등을 통해 아주 정확히 측정할 필요가 있었기 때문에, 우리 분과가 없어지면 몇 년 동안에 걸친 작업이 무위로 돌아갈지도 모른다. 그래서 나는 연구를 마치기 위해 1917년 9월 기한 없이 달렘으로 돌아갔다." 군의 고위층이 그녀를 괴롭히지 못하도록 막스 플랑크가 도움을 주었다.

프로트악티늄과 악티늄, '한·마이트너' 팀이 몰두한 연구 주제가 무엇인지 구체적으로 밝혀지는 대목이다. 1908년 두 사람은 공동연구의 결과를 처음으로 출판했는데, 이것은 프랑스의 퀴리 팀이 발견한 라듐보다 약간 더 무거운 악티늄이라는 방사능 화학원소에 관한 것이었다. 당시 이미 원소의 주기율체계가 통용되고 있었고, 그때까지 알려진 원자들이 '서수(序數)'로 등재되어 있었다. 수소가 첫번째, 라듐은 88번째, 악티늄은 89번째 원소였다. 1908년 당시 이 숫자가 무엇을 의미하는지 알고 있는 사람은 아무도 없었다. 리제 마이트너는 악티늄의 '모체'가 존재한다는 사실만 알고 있었다. 그녀는 이 모체가 그 자체로 방사능을 가지며, 분열하면 악티늄을 생성한다고 생각했다. 리제 마이트너와 오토 한은 프로트악티늄이라 불린 이 원소를 1917년 드디어 발견해서 주기율표 91번째 자리에 올렸다. 그 다음, 92번째 원소는 우라늄이었다.

리제 마이트너의 연구는 β방사선원이라 알려진 원소들에 집중되었다. 그들은 세 개의 방사선원을 알고 있었고, 각각 그리스 철자 α, β, γ를 붙여 그 이름을 지었다. 오늘날 사람들이 알고 있듯이 세 가지 방사선원에서는 전자가 중요한 역할을 한다. 리제 마이트너는 전자들이 첫째로 원자핵으로부터 뿜어져 나오며 둘째로 그때의 가능한 속도를 전부 추정할 수 있다고 확신했다(더 정확하게 말하자면 전자들은 '연속적인 에너지 스펙트럼'을 가지고 있다).

그녀의 깨달음은 실로 센세이션을 일으켰다. 회고해 보자면 당시 물리학자들은 세계가 오로지 두 개의 요소로, 즉 무겁고 양전기를 띠는 양자와 가볍고 음전기를 띠는 전자로 구성되어 있다는 가정 속에 살았다. 1912년 즈음 뉴질랜드의 물리학자 어네스트 루더포드는 산포 실험을 통해 원자들이 핵과 껍질(외피)로 구성되어 있음을 밝혀냈다. 그 모델에 따르면 원자핵 안에는 모든 양자들이 하나로 뭉쳐 있고, 전자들이 이 중심 주위를 돌고 있다. 덴마크의 과학자 닐스 보어는 곧바로, 뉴턴과 맥스웰이 만든 고전물리학이 종말을 맞이했다고 고지했다. 그들의 이론으로는 이런 미니어처 행성 체계의 안정성을 설명할 수 없기 때문이었다. 하지만 고전물리학의 자리에 어떤 새로운 이론이 등장해야 하는지 아는 사람은 아직 없었다. 이 새로운 이론이 수립된 것은 10여 년 후인 1925년이었다. 혁명적인 '양자 이론'이 등장하기 전 이론물리학자들은 전반적으로 혼란스러워했다. 그저 실험에 매달리며 거기서 방향을 찾을 뿐이었다. 이 분야에서 리제 마이트너가 선구적인 역할을 했다. 신뢰할 만한 정밀한 측정으로 고전물리학의 방향을 바꾸어 놓았고, 훌륭한 자료들로 생각의 전환을 유도하는 새로운 차원을 제시했다.

그녀가 제시한 결과들은 물리학계에 커다란 문제를 제기했다. 프로트악티늄 같은 β방사선원에서 전자들은 어떻게 원자의 핵으로 들어가고 또다시 밖으로 나오는가? 여기에 중대한 특수성이 들어 있었다. 즉 β방사선원의 전자들은 가능한 모든 에너지들을 받아들일 수 있었고, 기존의 원자 모델에서 완전히 벗어났다.[26]

1930년대 초가 되어 양자, 전자와 함께 중성적인 제3의 요소가 존재한다는 사실이 입증되자, 사안은 비로소 좀더 분명해졌다. 물리학자들은 이 세 번째 요소를 '중성자(Neutron)'라고 불렀다. 중성자가 등장함으로써 리제 마이트너는 새로운 작업을 시작할 수 있었다. 비단 그녀뿐만이 아니었다. 세계 모든 곳에서 과학자들은 중성자라는 원천을 탐구하기 시작했다. 전기적으로 중성적인 이 입자들이 어떤 식으로든 원자핵에 침투해서 거기 붙어 있을 수 있다는 기대가 널리 퍼졌다. 분명히 그 뒤에는 비천한 물질을 고귀한 금속으로 변화시키겠다는 옛날 연금술사들의 꿈이 어느 정도 남아 있었다. 그러나 무엇보다 앞선 것은 원자핵의 안정성을 어떻게 이해할 수 있느냐는 호기심이었다. 만약 원자핵이 순수한 양자로만 되어 있다면, 같은 전하의 요소들은 서로 부딪치지 않게 밀어내야 하는데 실제로는 붙어 있는 것이다. 그것들을 핵 안에 고정시키는 것은 무엇인가? 거기에는 어떤 힘이 존재하는가? 이렇게 많은 질문이 생겨났고, 중성자 발견으로 사람들은 문제 해결의 실마리를 찾고자 했다.

1930년대 중반, 핵에는 양자만이 아니라 중성자도 들어 있다는 사실이 밝혀졌다. 가장 무겁다고 알려진 원소, 즉 주기율표 92번째의 우라늄을 중성자로 조사(照射)해서 완전히 새로운 '인공 원소'를 만들 가능성이 부상했다. 만약 우라늄 핵이 중성자를 한 개 내지 두 개 포획한다면, 핵은 분명히 더 크고 무거워질 것이다. 마침내 사람들이 원하는 바로 그것, 즉 '초(超)우라늄'이 생성되었다. 실제로 곧 과학계 모든 곳에서 초우라늄을 경쟁적으로 만들기 시작했다.[27]

그러나 돌연 무자비한 방해가 과학계를 덮쳤다. 특히 리제 마이트너가 심각한 어려움에 처했다. 나치가 독일에서 이미 권력을 쥐었고, 오스트리아도 비슷한 상황이었다. 그녀는 체포의 위험에서 벗어나기 위해 1938년 스웨덴으로 피신했다. 과학 연구가 한창 절정에 이른 시점에 예기치 않게 일을 잃은 셈이었다. 미래는 전혀 예상할 수 없었다. 스웨덴 사람들은 그녀에게 아주 친절했고 봉급과 살림도구도 상당량 보장해 주었지만, 어쨌든 그녀는 갑자기 혼자가 되었고 세상으로부터 단절되었다. "내 나이(리제 마이트너는 벌써 60세가 되었다)의 사람에게 9개월 전부터 작은 호텔방 안에 처박혀서 시간을 들여 (베를린에 두고 온) 내 일감을 진척시켜 줄 사람이 아무도 없다는 걱정만 하고 있는 상황이 무엇을 의미하는지 당신들은 상상할 수 없을 것이다. 이곳 연구소에서는 아무 도움도 주지 않는다." 1939년 3월에 쓴 글이다. 얼마 후 그녀는 이렇게 덧붙였다. "내 삶은 텅 비어 있다. 어떻다고 할 말이 없을 정도이다."

사실 '일감' 중 몇 가지는 계속 진행 중이었다. 오토 한과 그의 새로운 공동연구자 프리츠 슈트라스만은 중성자를 우라늄에 전사했을 때 무슨 일이 벌어지는지 열심히 연구했고, 무엇보다 파리에서 온 최신 뉴스에 귀기울였다. 뉴스는 마리 퀴리의 딸 이렌 졸리오 퀴리로부터 나온 것이었다. 그녀는 우라늄에 중성자를 전사하면 우라늄보다 더 높은 주기율을 가진 원소(초우라늄)가 아니라 더 작은 주기율을 가진 원소가 나타난다는 결과를 얻었다. 주기율표 88번인 라듐을 말하는 것이었다. 한과 슈트라스만은 이를 실험하고 놀라움에서 벗어나지 못했다. 그들이 보기에 '라듐원자'로 추정했던 물질이 꼭 바륨원자처럼 움직였는데, 주기율표 56번째인 바륨은 우라늄과 비교도 안되게 가벼운 원자였기 때문이다. 우라늄 원자의 핵이 파열했다는 결론을 피할 수 없었다.

스웨덴에서 아무 일 없이 틀어박혀 베를린의 소식만을 기다리던 리제 마이트너는 한과 슈트라스만의 1938년 12월 실험 결과를 전해들었다. 훨씬 뒤인 1963년 그녀는 이렇게 회고했다.

정체를 확인하기에는 표본의 방사선 강도가 아주 작았음에도 불구하고 이렇게 (바륨이) 입증된 것은 실로 방사능화학의 걸작이 아닐 수 없다. 당시 한과 슈트라스만 외에는 누구도 성공할 수 없었을 일이다.

1938년 크리스마스 시즌 한은 내게 편지를 보내, 그들의 놀라운 최근 실험 결과를 알렸다. 나는 코펜하겐에서 온 (조카) O. R. 프리쉬와 함께 스웨덴 서부 해안에서 크리스마스 휴가를 보내고 있었다. 당연하게도 한의 편지는 흥분으로 가득했다. 그는 내게 물리학자로서 이 결과를 어떻게 생각하느냐고 질문했다. 나 역시 편지를 읽으며 매우 놀라고 격앙되었으며 — 진심을 말하자면 — 불안하기도 했다. 한과 슈트라스만의 비범한 화학 지식과 능력을 너무나 잘 알고 있었기에, 그들의 놀라운 성과를 일순간도 의심하지 않았다. 나는 이 발견이 과학계에 아주 새로운 길을 열어줄 것임을 깨달았다. 그러나 (초우라늄을 찾는) 이전의 작업들에서 우리가 얼마나 많은 오류를 범했었는지도 알고 있었다.

리제 마이트너는 고요한 크리스마스 날 스웨덴의 겨울풍경 속을 산책하며, 중성자를 만나 우라늄핵이 파열해서 무슨 일이 벌어졌을지 조카와 토론했다. 그들은 (오늘날에는 부족한 이해라고 하겠지만 당시에는 매우 유용했던) 닐스 보어의 원자핵 모델을 근거로 상상의 나래를 펼쳤다. 보어는 원자의 핵을 작은 방울로 가정했는데, 그 모양은 소위 표면장력에 의해 고정된 물방울과 같은 것이었다.

우리는 대화 중에 다음과 같은 상에 도달했다. 고도로 충전된 우라늄핵 안에서 — 양자들의 상호 충돌에 의해 표면장력이 심하게 줄어든 상태에서 — 포획된 중성자에 의해 핵의 집단적인 운동이 충분히 격렬해진다면, 핵은 길게 늘어날 수 있다. 새로운 종류의 '허리'가 형성된 후 결국 거의 같은 크기의 두 개의 핵으로 분리가 일어나며, 그 둘은 서로 충돌해서 격렬하게 양방향으로 날아가게 된다. 그렇다면 이런 과정에서 자유롭게 풀린 에너지를 충분히 어림잡아볼 수 있다.

그녀가 얘기했듯이, 너무 대단한 장면이었기 때문에 두 물리학자는 충격을 받은 채 말없이 남은 길을 걸어갔다. 이 대화의 성과는 1939년 초 출판되었다. '핵분열(fission)'에 관해 영어로 쓰인 논문이었다.

핵분열은 그렇게 해서 발견되었다. 그리고 제2차 세계대전 발발 전야, 미국은 핵분열 과정에서 방출되는 거대한 에너지에 열렬한 관심을 가지지 않을 수 없었다. 이미 1939년 1월 코펜하겐에서 워싱턴으로 정보가 전달되었고, 리제 마이트너가 1963년 짤막하게 회고했듯이 "진척상황이 계속 보고되었다." 전쟁이 끝을 향해 가고 원폭이 투하되자, 그녀는 한에게 편지를 보냈다(하지만 한은 편지를 받지 못했다). 그는 누구보다 양심을 규명해야 할 사람으로 보였지만, 그녀는 핵분열과 관련해서 그를 비난하지 않았다.[28] 대신 리제 마이트너는 많은 남성들이 수십 년 동안 터부시해 온 주제와 관련해서 나치의 잔혹행위를 언급했다.

당신들 모두가 법과 공평이라는 기준을 잃어버린 것은 정말이지 독일의 불행입니다. 1938년 3월 당신(오토 한)은 유태인에게 끔찍한 일들이 벌어질 것이라는 말들이 돌아다닌다고 했었지요. (……) 당신들은 모두 나치 독일을 위해 일했습니다. 수동적인 저항조차 하지 않았지요. (……) 아마 기억하고 있을 겁니다. 내가 아직 독일에 있을 때 종종 당신에게 이렇게 말했어요. 당신들이 아니라 우리만이 불면의 밤들을 보내는 한, 독일은 더 나아지지 않을 거라고. 당신들은 불면의 밤을 보낸 적이 없습니다. 그렇게 하려고 하지도 않았습니다. 너무 불편했으니까요.

이 사건이 있은 후, 그리고 그녀의 이전 동료가 나치의 테러에 대해 "베일에 싸인 듯한 시선"을 보낸 후, 그녀에게 독일 생활은 '불가능' 해졌다. 충분히 이해할 수 있는 일이다. 1945년 말 리제 마이트너는 스톡홀름에서 오토 한의 노벨화학상 수상식에 참석했다. 그녀 자신의 손에는 아무것도 없었다.

바바라 매클린턱

오로지 유기체에 대한 감정

Barbara McClintock

　바바라 매클린턱은 언젠가 이런 질문을 받았다. 왜 (대개 남성인) 동료들보다 더 먼저, 더 훌륭하게 자연의 심오한 유전 수수께끼를 깨닫고 파악할 수 있었냐고. 그녀는 대답했다. 자신이 연구한 식물들에 귀기울일 시간을 가졌다고, 그렇지 않았다면 자신의 실험과 질문에 대해 식물들이 준 답을 이해할 수 없었으리라고. 유기체들이 인간에게 문을 열려면, 인간이 먼저 그것들에 문을 열어야 한다는 것이다. 좋은 생물학자 혹은 유전학자가 되고자 하는 사람이라면, 연구를 위해 선택한 '유기체에 대해 감정(a feeling for the organism)'을 가져야 한다고 말이다. 그리고 유기체란 하나의 식물 혹은 하나의 동물에서 그치지 않는다. "유기체를 이루는 모든 구성요소는 하나의 유기체 자체와도 같고, 다른 모든 부분들과도 같다."

　바바라 매클린턱이 이 말을 한 때는 1983년 초, 이미 80세가 넘은 나이였다. 미국 동부 해안의 좁은 과학계 밖에서 그녀를 알아보는 사람은 별로 없었고, 유전 기술이 점점 더 발전하는 이 시대에 그녀의 이름을 지적하는 유전학자도 드물었다. 생물학 교과서에서도 그녀의 이름은 사라진 것처럼 보였다. 그러다 1983년 가을 그녀에게 노벨생리의학상[29]이 돌아가자 상황이 급변했다. 그녀는 메달(과 상금[30])을 누구와도 공유하지 않고 단독으로 수상했다. 스웨덴 아카데미는 빛나는 결정을 내렸고, 분자학계의 너무나도 야심적인 후임 과학자들은 위대한 여인 앞에 머리를 숙일 수밖에 없었다.

30년 전의 대우는 달랐다. 당시 바바라 매클린턱이 옥수수나무를 실험해 유전학적 성과를 냈을 때(이로 인해 1983년 노벨상을 받았다), 누구도 그녀의 말을 제대로 듣지 않았다. 1950년대 초 생물학, 특히 유전학은 새로운 목표를 향해 달려가고 있었지만, 그녀는 거기 참여하지 않았다. 그 시대의 마법주문은 '분자생물학'이었다. 많은 연구자들이 유기체로부터 관심을 돌리고 오로지 세포의 구성성분(유전적 분자들)만을 탐구하려는 유혹에 빠졌다. 유전물질의 구조인 유명한 DNA 분자구조[31]가 발견되었고, 보편적인 유전적 코드를 정복해야 한다는 주장이 부상했다. 박테리아나 바이러스 같은 미생물이 연구의 중심이 되었고, 누구도 더 이상 옥수수나무에 관심을 갖지 않았다.

바바라 매클린턱은 바로 그 옥수수나무를 수년 동안 관찰하고 정확히 이해해서 어떤 분자생물학자도 뒤따를 수 없는 업적을 낸 것이다.[32] 얼마 전 미국 유전학협회장으로 선출되고 유명한 미국 과학아카데미에 가입한 그녀는 갑자기 다시 혼자가 되었다. 그녀는 거의 전 생애 동안 언제나 혼자였다. 수십 년 후 스톡홀름에서 돌연 여론의 현란한 스포트라이트를 받을 때에도 마찬가지였다. 흔히 말하듯 '고독'이 위대한 예술가의 특질이라면, 바바라 매클린턱은 유전학의 위대한 예술가라 칭해도 무방할 것이다.

배경

바바라 매클린턱은 — 그레고르 멘델을 제외하면 — 언제나 유전학 자체와 같은 나이였다. 1902년 그녀가 미국 코네티컷 주 하트포드에서 출생했을 때 유전법칙이 막 재발견되었고, 젊은 미국인 생물학자 월터 서턴이 처음으로 (메뚜기를 관찰한 후) 염색체라는 이름의 세포구조가 존재한다고 주장했다. 같은 해 트로츠키가 유배지 시베리아에서 런던으로 망명했고, 오스트리아에서는 세계 최초로 여성에게 일반선거권을 허락했다(독일은 1918년, 미국은 1920년에 뒤를 이었다).

1903년 파울 에얼리히는 '측쇄 이론'을 통해 화학치료가 작용하는 근거를 세우려 했고, 미국에서는 라이트 형제가 최초의 동력비행을 시도했다. 레닌은 망명 중에 전위정당 볼셰비키를 조련했다. 1년 후에 막스 베버는 《프로테스탄트 윤리학》을 썼고, 1905년 알베르트 아인슈타인은 '기적의 해'를 맞이하며 수많은 전설적인 업적을 발표했다. 1910년 이후 인조견으로 만든 여성용 양말이 나왔고, 전기세탁기가 생산되었다. 카를 폰 프리쉬는 색을 알아보는 벌의 능력에 관한 연구에 성공했고, 토머스 H. 모건과 공동연구자들이 처음으로 초파리의 염색체 카드를 제시했다.

바바라 매클린턱이 1930년대 초에 첫 성과를 발표했을 때, 물리학자들은 반물질을 발견했고, 일본은 만주를 정복했으며, 하일레 셀라시에는 에티오피아 황제가 되었고, 독일의 실업자는 600만 명 이상이었다. 1932년에는 음극선브라운관이 달린 텔레비전이 등장해 사람들을 놀라게 했다. 아직 과학 언어는 독일어였지만, 사정은 곧 달라졌다. 20년 후 바바라 매클린턱이 결정적인 발견을 발표했을 때 과학자들 사이에 통용되는 언어는 미국식 영어였다. 1952년 독일에서 최초로 임산부보호법이 발효되었고, 알베르트 슈바이처는 독일서적연합이 주는 평화상을 받았고 1년 후 노벨평화상도 수상했다. 1953년 분자구조가 발견되었고, 미국에서는 최초의 컬러텔레비전 방송이 시작되었으며, 스탈린이 사망했다. 영국 여왕 엘리자베스 2세가 왕위에 올랐는데, 이 의식을 중계한 텔레비전 매체는 큰 이목을 끌었다. 같은 해 에드문드 힐러리와 텐징 노르가이가 세계 최초로 지구 최고의 봉우리인 히말라야 산맥 에베레스트산을 등정했다.

바바라 매클린턱이 사망한 1992년, 유전자 치료법은 막 2살을 맞이했고, 유전자 기업이 존재했으며, 완전한 인간게놈을 반복하려는 실험이 행해졌다. 이 '인간게놈 프로젝트'는 새로운 의학, 즉 예언적 의학을 목표로 했지만, 바바라 매클린턱에게는 회의적으로 보였다. 유전자가 그렇게 단순하지 않은 것처럼, 그녀가 보기에 삶은 '더 복잡하고 더 아름다웠다.'

초상

바바라 매클린턱은 거의 전 생애를 홀로 지냈다. 사람들과의 교류, 신체적이고 감정적이며 지적인 교류가 거의 없었다. 물론 이해심 많은 가족이 있었지만 ― 그녀는 코네티컷 주 출신의 의사 아버지와 대화하기 좋아하는 어머니의 4남매 중 한 명으로 자랐다 ― 아주 어렸을 때부터 '혼자 있는 능력'을 가지고 있었다. "어머니는 바닥 위에 상자를 하나 놓고 그 앞에 나를 앉혀 장난감을 가지고 놀게 했다. 나는 한 번도 소리를 지르거나 뭔가를 요구하지 않았다고 한다." 80세의 바바라 매클린턱은 어린 시절을 이렇게 회고했다.

그녀의 원래 이름은 엘레노어였다. 하지만 네 번째 생일을 맞이해서 부모는 딸에게 섬세하고 여성적으로 들리는 이 이름 대신 남성적인 느낌을 주는 '바바라'라는 거친 세 음절 이름을 붙이기로 결정했다. 어머니와의 관계에 약간 거리가 생겼고, 이름을 바꾼 직후 바바라에게 남동생이 태어나자 그녀는 매사추세츠의 삼촌 집에 보내졌다. 어린 바바라가 집을 그리워했는지 아닌지는 알 수 없다.

그러나 전체적으로 보아 바바라의 가정은 편안한 분위기를 유지했다. 부모는 바바라의 기질을 수용하고 그녀에게 좋은 교육을 받을 기회를 아낌없이 제공했다. 가족이 뉴욕으로 이사한 후 1919년 그녀는 코넬 대학 농과대학에 입학했다. 개인 재산으로 세워진 코넬 대학은 여성들에게 기회를 준다는 점에서 매우 진보적이었다. 처음부터 '누구나 학문할 자유'라는 모토로 교육을 제공했고, 남성과 마찬가지로 여성도 대학 시설을 광범위하게 이용해야 한다는 조항이 창립 정관에 명시적으로 표명되어 있었다.[33]

바바라 매클린턱은 거의 17년 동안 코넬 대학에서 기분 좋은 시간을 보내고 1936년에야 대학을 떠났다. 식물학 분야에서 박사모를 쓴 후 10년 동안이나 대학에 머무른 것이다. 이 시기에 그녀는 많은 친구를 만났고, 다른 사람들처럼 학우들과 외출하곤 했다. 자연과학 분야에 어울리지 않는 사람들과도 인사를 나누었지만, 계속 연락을 하고 지내는 관계는 아니었다. "누군가와 사적으로 친교를 맺을 필요가 없었다. 그저 그럴 마음이 없었던 것뿐이다. 또 결혼이 무엇인지 이해할 수 없었다. 지금도 마찬가지이다. (……) 나는 그렇게 무엇인가가 꼭 필요하다는 생각을 해본 적이 없다."

1927년 바바라 매클린턱이 자연과학 박사학위를 받을 무렵, 유전학은 막 첨단과학이라는 지위를 얻은 참이었다. 그렇게 된 데에는 무엇보다 미국의 기여가 컸다. 유전 연구의 정점에는 뉴욕 콜롬비아 대학의 전설적인 실험실, '파리방(fly room)'이 있었다. 그곳에서는 배아학자 토머스 H. 모건의 지휘 아래 1910년 시작된 초파리 연구가 놀라운 결과를 내 사람들을 열광케 했다. 이미 1920년 이전에 《멘델식 유전의 메커니즘》이라는 책이 나왔다.[34] 초파리 연구자들은, 이 책을 멘델식 유전요소의 물리학적 토대를 입증했다고 평가했다. 더 정확히 말하자면, 그때까지 추상적으로만 언급되던 유전자의 구체적인 담지자를 세포 속에서 찾았다는 것이다. 세포의 초석을 이루는 이 구조들은 우연히 색소를 써서 선택적으로 염색되었고, 따라서 세포의 나머지와 구분되어 광현미경을 통해 관찰이 가능했다. 유전자의 담지자로 관찰된 그 요소는 '색을 가진 몸'이라는 뜻의 그리스어를 써서 '염색체(Chromosome)'라는 이름을 얻었고, 이 개념을 통해 모건 초파리연구소의 첫 성과는 다음과 같은 무난한 문장으로 요약되었다. "멘델식 유전법칙에는 분명히 염색체라는 토대가 존재한다."

염색체를 현미경으로 관찰함으로써 완전히 새로운 유전 연구방법이 등장했다. 이후로 유전학 연구는 과거 멘델처럼 식물(혹은 동물)을 교배하고 어떤 특성이 언제 어디서 다시 나타나는지를 맨눈으로 실험하며 계산하고 결과를 기록하는 데서 그치지 않았다. 현미경을 이용한 새로운 유전 연구는 세포유전학이라 불렸고, 이 분야의 초창기에 대가의 경지에 이른 사람이 바로 바바라 매클린턱이었다. 그녀는 30세의 나이에 대표적인 미국 '세포유전학자'로 우뚝 섰다. 유기체로서 그녀가 선택한 것은 파리가 아니었다.[35] 식물, 더 정확히 말해서 미국인들이 'maize'라고 부르며 학자들이 'Zea mays'라고 분류하는 옥수수나무였다.

옥수수로 연구한 사람이 그녀가 처음은 아니었다. 코넬 대학 유전학자 R. A. 에머슨이 이미 옥수수를 실험한 적이 있었다. 에머슨 역시 옥수수 알맹이가 다양한 색과 무늬를 가지고 있어 유전법칙을 추적하는 데 매우 적합하다는 사실을 알고 있었다. 유전학의 관점에서 옥수수나무를 관찰한 적이 없는 사람도 인디언 옥수수나무가 대개 적·황 얼룩무늬(반점)를 띤 매우 장식적인 색채를 보여준다는 점만은 알았다. 미국 서부를 여행하는 사람들에게 수집품으로 팔리기도 했다.

바바라 매클린턱이 옥수수나무를 연구하기 시작했을 때, 염색체 분석 내지 세포유전학적 분석을 시도한 사람은 아무도 없었다. 그녀는 박사과정에 있을 때부터 식물을 심고 그 성장을 매년 추적하는 법을 배웠다. 이제 옥수수나무를 연구 테마로 잡은 그녀는 옥수수 염색체들을 신중하게 파악하고 특징을 잡아 분류했으며, 곧 교배실험의 결과들을 현미경 연구와 결합할 수 있었다. 즉 실험 결과와 현미경 관찰 내용의 소위 '상관관계'를 찾을 수 있었다. 1931년 그녀는 해리엇 크레이튼(Harriet Creighton)과 함께 염색체들의 교차(crossing-over)를 입증해 발표했다. 유기체가 그 배아세포를 생성할 때, 유전물질 교환에 수반하여 자연이 예정한 유전 정보 교환이 일어난다는 것이다.

물론 바바라 매클린턱이 똑같은 표현을 쓴 것은 아니다. '정보'라는 개념은 제2차 세계대전 전까지는 과학적으로 사용되지 않았기 때문이다. 그러나 그녀는 '세포학적 교차와 유전학적 교차 사이의 상관관계'가 존재한다는 사실을 인식했다. 여기서 교차(크로스오버)란 나란히 놓여 있는 몇몇 염색체 조각들이 서로 교환되는 과정을 칭하는 용어이다.[36] 이 과정은 숙련된 기술을 충분히 갖춘 사람이라면 누구나 현미경으로 관찰할 수 있었다. 바바라 매클린턱은 현미경을 멋지게 잘 다루었을 뿐만 아니라, 1931년 부가적으로 새로운 사실을 밝혀냈다. 옥수수가 이삭의 알과 색, 무늬에 관한 몇 가지 특성을 서로 교환할 때는 언제나 염색체 교차가 발생한다는 것이다. 현재는 이미 유전학의 고전이 된 작업이었다. 이로써 파리 유전학자들이 잠정적으로 추론한, 염색체라는 유전학의 토대가 최종적인 사실이 되었고, 유전연구는 새로운 목표를 갖게 되었다.

이 목표로 들어가기 전에 알아야 할 것이 있다. 색에 관한 최고의 기술자들조차 개개 염색체를 구분하기는 매우 어렵다는 점이다. 또 염색체가 한 세대에서 다음 세대로 가면서 변화한다고 입증하는 일은 한층 더 어렵다. 능숙한 표본작업과 많은 인내가 필요할 뿐만 아니라 염색체 자체에 대한 본질적인 이해가 필요하다. 바바라 매클린턱이 유기체의 각 부분 역시 유기체이며 따라서 그것들에 대한 감정을 진전시켜야 한다고 말했을 때, 유기체의 각 부분이란 바로 이 염색체들을 말하는 것인지도 모르겠다. 그녀는 옥수수 자체만이 아니라 옥수수의 염색체들도 감정을 가지고 다루었고, 그때 비로소 거기서 벌어지는 현상을 이해할 수 있었다. 즉 그녀는 식물이 무엇을 만드는지를 알았고, 식물은 그녀가 안 것을 만들었다.

수많은 파리 유전학자들과 한 명의 옥수수 유전학자가 염색체의 특성은 유전이라고 이해하자, 이제 유전자가 어디에 있느냐는 새로운 질문이 제기되었다. 눈에 보이지 않는 유전자는 눈에 보이는 염색체와 무슨 관계에 있는가? 유전자의 수가 염색체의 수보다 훨씬 더 많다는 점은 명백했다. 색을 가진 세포의 구조들은 한 손으로(파리의 경우) 또는 두 손으로(옥수수의 경우) 꼽을 수 있을 만큼 제한되어 있었지만,

유전자들은 분명 훨씬 더 많이 존재했다. 곧 유전자가 염색체 위에 있다는 사실이 밝혀졌다. 언제나 하나가 다른 하나 뒤에, 옆으로 가지를 치지 않고 얌전히 놓여 있다는 것이다. 그러나 '염색체라는 사슬 위의 진주'(혹은 케이크 위의 초콜릿 알이라 말해도 좋다) 같은 이 인상적인 유전자 상으로 인해 갑작스럽게 고전적 유전학이 종말을 맞이했다. 이 문제에 관해서 그녀는 더 많은 연구를 할 수도, 할 필요도 없었다. 1930년대가 지나는 동안 완전히 새로운 경향이 나타났고, 그로 인해 갑자기 생화학과 물리학 분야 학자들이 독자적으로 유전학을 연구하고 유전자의 본성을 탐구했기 때문이다.[37]

결정적인 전환은 1940년대 중반, 즉 제2차 세계대전 시기에 이루어졌다. 예를 들어 유전자를 구성하는 물질의 화학적 본성이 처음으로 확인되었다. 뉴욕에서 오스월드 에이버리와 공동연구자들이 DNA의 역할을 연구하고 새로운 분자유전학에 박차를 가했다. 같은 시기에 바바라 매클린턱은 그리 멀지 않은 곳에서 유전자의 또다른 자취를 추적하고 있었다. 그녀는 1941년 이후 롱아일랜드의 소도시 콜드스프링하버 근교에 자리한 실험실에서 일했다. 실험실은 맨해튼에서 자동차로 한 시간밖에 걸리지 않았지만 세상과는 완전히 동떨어진 곳이었다.[38] 1941년 바바라 매클린턱은 카네기연구소의 일원으로 이 거대한 과학의 사랑방에 안착했고, 죽는 날까지 그곳을 떠나지 않았다. 코넬 대학에서 바로 온 것이 아니라 미주리 대학을 거치기는 했지만, 어쨌든 이제 그녀는 다시 동부 해안에서 옥수수나무에 집중할 수 있게 되었다.

과학적 작업들이 처음으로 인정을 받았고 — 그녀는 이미 유전학회 부회장이었고 곧 회장직을 넘겨받을 예정이었다 — 쭉 뻗은 미래가 보장된 것처럼 보였다. 그녀는 콜드스프링하버에서 옥수수를 심어 유전자 가족 내지 집단이 세대를 거치며 어떻게 변모하는지를 추적했다. 관찰 결과 옥수수알의 착색에 변화가 일어나는 것을 알 수 있었다. 옥수수 유전자들 중에, 불규칙적으로 이상한 행동을 하는 몇 개의 변이체(혹은 돌연변이)가 있었다. 그 동안 유전자는 염색체의 일부라는 것이 기정사실이었다. 다시 말해 각각의 유전자는 종류를 막론하고 하나의 염색체 위에 자리한다는 것이다. 유전학자들은 염색체에서 유전자가 차지하는 자리를 '유전자좌(Gen-Loci)'라고 불렀다. 바바라 매클린틱이 연구 목표로 삼은 것은 '옥수수에서 변화 가능한 유전자좌의 기원과 행태'였다. 이 주제로 거의 10년 동안 옥수수를 심고 교배하며 분석한 후 ― 물론 현미경으로 염색체를 관찰하는 작업이 가장 중요했다 ― 드디어 그녀는 연구 성과를 선보일 자신감을 얻었다. 1951년 여름, 마침 그녀가 살고 있던 콜드스프링하버에서 심포지엄이 열렸다.

그러나 전혀 예기치 못한 충격이 그녀를 덮쳤다. '옥수수의 염색체 조직과 유전자 활동'이라는 제목의 바바라 매클린틱의 강연이 끝날 무렵, 강연장을 지배한 것은 몰이해와 고집스러운 침묵뿐이었다. 무엇인가를 이해한 사람도, 알고 싶어한 사람도 없었다. 다음 연설자가 호명되었고, 바바라 매클린틱은 다시 혼자가 되었다.

당시 그녀의 발견은 상대적으로 쉽게 설명할 수 있다. 옥수수알의 착색에 관여하는 '정상적' 유전자들과 함께 '조절 요소(controlling elements)'라고 불리는 다른 유전자들도 존재한다는 것이다. 거기서 간과해서는 안될 것이 있다. 바바라 매클린틱은 오래된 멘델의 용어를 사용했고, 그럼으로써 자신처럼 홀로 연구했던 ― 그리고 거의 30년 동안 이해받지 못했던 ― 유전학의 설립자에게 경의를 표했다는 사실이다.

그녀는 이 조절 유전자 중 두 조각을 발견했다. 하나는 착색을 담당하는 유전자 바로 옆에서 발견한 것으로, 세포를 켜고 끌 수 있는 일종의 스위치 기능을 하는 것 같았다. 두 번째 조절 요소는 '색소 유전자'에서 좀더 멀리 떨어져 있지만 동일한 염색체 위에 있었다. 이 유전자는 스위치 기능의 빈도 내지 비율을 담당하는 것으로 여겨졌다.

그것이 전부가 아니었다. 조절 요소의 존재 여부를 뛰어넘어 바바라 매클린턱은 이 새로운 유전자들이 염색체에 확고한 자리(Loci)를 차지하지 않는다는 사실을 알아냈다. 즉 그것들은 움직이면서 자리를 바꿀 수 있으며, 그런 다음 다른 '정상적인' 유전자에 비슷한 방식으로 영향을 미칠 수 있다. 위치 변경은 한 염색체 안에서뿐만 아니라 하나의 염색체에서 다른 염색체로도 일어날 수 있다.

이 혁명적인 통찰은, 분자생물학자들이 무엇인가를 발견한 이후에야 비로소 그들에게 유전자 조직과 기능으로 받아들여졌다. 문제는 그들이 연구해 온 박테리아였다. 그러나 그들의 통찰은 단번에 성취된 것이 아니라 조각조각 이어 붙여진 것이었다. 우선 프랑스의 자크 모노와 프랑수아 자콥이 1960년대 중반 조절 기능을 하는 '조절 유전자'가 존재한다는 사실을 발견하고 이로 인해 노벨상을 받았다. 곧 바바라 매클린턱은 자신이 말한 요소들과 프랑스의 조절 유전자 사이의 연관관계를 여러 논문에서 환기시켰지만, 분자생물학자들은 여전히 관심을 두지 않았다. 변화하는 유전자 요소들이 그녀의 시험관 안에 포획되어 이제 전문어로 '트랜스포슨(Transposon)'이라 사유되기까지는 아직 10년의 세월이 더 필요했다. 그때야 비로소 분자학계 남성학자들은 한 여성이 이 모든 것을 오래전부터 말해왔다는 사실을 마침내 떠올렸다.

고독한 바바라 매클린턱과 수많은 다른 유전학자들 사이에 의사소통이 어려웠던 이유 중 하나는 그들이 그 동안 서로 다른 용어를 사용했기 때문이다. '핵산', '박테리오파지', '플라크 검사' 같은 개념들과 함께 성장한 과학자들은 바바라 매클린턱의 '염색분체교환', '염색체 변이' 등을 이해할 수 없었을 것이다. 그리고 박테리아 또는 세포들을 배양하고 바이러스 감염을 다루는 사람이 옥수수 숲을 산책하고 과학적 의도 이상의 마음을 가진다면, 그것은 아주 드물고 예외적인 경우이리라.

그러나 이런 차이는 동전의 한 면일 뿐이다. 언어적 빗장과 함께 구상 자체의 빗장도 존재했다. 1940년대와 50년대에 꽃피운 박테리아 유전학의 오만함은 무엇보다도, 유전자의 돌연변이가 순수하게 우연히 등장해야 한다고 주장하는 데 있었다. 돌연변이는 결코 어떤 조절에 의해 나타날 수 없다는 것이다. 그러나 바바라 매클린턱은 옥수수의 사례를 통해 원칙적으로 다른 것을 관찰했다. 콜드스프링하버 심포지엄에서 열린 그녀의 강연은 유전학자들에게 세포 내지 유기체의 조절을 받는 돌연변이를 환기시켰다. 그리고 이 자리에 참석한 모든 청중은 순식간에 귀를 닫아버리고 다음 연설자의 말을 기다렸다. 누구도 자신의 도그마적인 잠에서 깨어나지 못했다.

물론 바바라 매클린턱은 '조절 요소들'을 일종의 가정으로만 제시했다. 또 그녀가 긴 생애 동안 내놓은 모든 가설들이 입증된 것은 아니다. 많은 가설이 분자유전학에 의해 불충분한 것으로 인식되었다. 그럼에도 불구하고 바바라 매클린턱의 훌륭한 성과가 1940에서 1950

년대에 탄생했다는 점을 상기해 보라. 그 결과로 그녀는 다양한 형태로 움직이는 유전 인자의 역동적인 상을 최초로 묘사할 수 있었고, 이상은 오늘날까지도 부족함 없이 수용되고 있다. 옥수수열매 색 변화의 유일한 고정요소가 유전자들의 불안정성이라는 사실을 깨달았을 때 어떤 느낌이었는지 1980년대 초 그녀가 이야기한 적이 있다.

개개 효과에 휘둘리지 않고 전체를 눈으로 본다면 옥수수나무에서 벌어지는 일을 이해할 수 있다고 자신했습니다. 물론 국부적인 현상도 관찰해야 했지요. 모든 곳에서 수많은 돌연변이가 나타났습니다. 무엇보다옥수수 이삭 부분이 눈에 띄었지요. 나무 전체에서보다 더 많은 돌연변이가 나타났기 때문입니다. 이 각각의 부분들은 개별 세포 속에 기원을가지고 있다는 점이 해결의 열쇠였어요. 세포분열 초기에 무슨 일인가벌어진 게 분명했습니다. 하나의 세포가 잃어버린 것을 다른 세포가 얻은 것입니다. 하나의 세포에서 떨어져 나온 것을 다른 세포가 받아들인것이지요. 그렇게 해서 저는 갑자기 해답을 찾았습니다.

그녀의 기억은 틀리지 않았다.

1 이 책에서는 그냥 '퀴리'가 아니라 '마리 퀴리' 혹은 '마담 퀴리'라는 칭호를 쓸 것이다. 여러 가지 이유에서이다. 첫째로 현재 '퀴리'라는 단어는 방사능 단위(즉 1초에 $3.7 \cdot 10^{10}$의 원자핵이 파괴되는 방사능물질의 양)로 쓰이고 있다. 또 둘째로 퀴리라는 성을 가진 유명인은 피에르, 이렌, 이브 등 많기 때문에 혼동의 여지가 있다. 셋째로 여성들은 아직까지 자연과학에서 특별한 존재이며, 따라서 일반적으로 남성과는 다른 식으로 불리고 있다. 게다가 '마리 퀴리'는 '퀴리'보다 더 좋은 느낌을 주기도 한다. 어쩌면 다른 남성들에게도 성 앞에 이름을 쓰는 편이 나았을지도 모르겠다.

2 그녀는 두 번(!)의 노벨상 수상으로 받은 상금을 개인적인 용도로 사용하는 대신 재단을 설립해서 공공복지를 위해 쓸 수 있게 했다.

3 마리 퀴리는 종종 "사회적 방사선학의 창조자"라고 불렸다. 방사선을 의학 분야에 폭넓게 도입하는 데 일조했기 때문이다.

4 오늘날 우리는 단 한 번의 방사능 사고만으로도 암세포 성장을 유발하기에 충분하다는 내용의 글을 읽곤 한다. 하지만 그럴 가능성은 지극히 낮다. 또 방사능과 암의 연관관계를 알고 싶은 사람이 있다면, 우선 인간의 몸 안에 1초당 약 4,000회 방사능물질이 분열한다는 — 대부분 방사능 칼륨에 의해 일어나는 — 사실을 고려해야 한다. 따라서 50세의 인간은 이미 몸 안에 10^{12}회의 방사능 자연분열을 겪고도 살아남은 셈이다.

5 오늘날 방사능이라는 개념은 선 내지 입자를 내보내는 원자들이 존재한다는 사실을 의미한다. 이때 소위 α선, β선, γ선이 구분된다. α선은 헬륨 핵이고 β선은 전자, 그리고 γ선은 고주파 전자기 선이다. 연구자들이 방사능이라는 주제에 무의식적으로 끌리는 이유는 아마도 원자의 핵 안에서 이런 변화 과정이 발생한다는 점 때문일 것이다.

6 이렌 퀴리는 1956년 어머니처럼 백혈병으로 사망했다.

7 F. 졸리오는 단독으로 다룰 만한 인물이다. 프랑스 공산당원인 그는 핵에너지를 사용하는 데 결정적으로 기여했으며 이어서 평화운동 국민회의를 설립했다.

8 이에 관해서는 리제 마이트너 장에서 더 자세히 살펴보기로 한다. 마이트너는 방사능 분야에서 위대한 진보를 이룩한 세 번째 여성이다.

9 암을 말하는 것이다. 라듐의 도움으로 방사선요법이라는 치료기술이 처음으로 등장했다.

10 고체가 자기화할 때의 온도 의존성을 파악한 퀴리 법칙을 세운 사람이 피에르이다. '퀴리 온도'라는 용어 역시 그의 이름을 따 만들어졌다.

11 예를 들어 그녀는 방사의 전리 가능성 혹은 방사의 산포(散布) 횡단면을 연구했다. 이는 그녀의 일상을 포괄적으로 규정한 중요한 연구과제였지만, 여기서 그 까다로운 세부사항을 열거하지는 않겠다.

12 앞에서 언급했듯이, 방사능에 대한 열광은 심리학적 근거를 가지며 원자의 변천 과정과 관련된다. 즉 능동적 중심(나)이 변화하고, 우리의 지각이 접근할 수 없는 현실의 영역(예컨대 무의식)에서 모든 것이 작동한다.

13 1그램의 라듐은 약 1퀴리에 해당한다.

14 베크렐과 공동수상이었다.

15 마리 퀴리는 소르본 대학의 교수직을 얻은 최초의 여성일 뿐 아니라 파리 팡테옹에 유해를 남긴 최초의 여성이기도 하다. 그녀의 시신은 팡테옹으로 이송되어 볼테르와 빅토르 위고 근처에 안치되었다. 안장 의식은 1995년 4월, 프랑스와 폴란드 양국 대통령(미테랑과 바웬사)이 참석한 자리에서 거행되었다. 퀴리 가족의 요청으로 피에르의 유골분도 팡테옹으로 옮겨졌다.

16 두 번째 노벨상을 받기 직전 마리 퀴리는 프랑스 물리학자 폴 랑주뱅과의 불륜으로 여론의 관심을 받았다. 노벨상위원회는 사생활이 깨끗한 사람만 스톡홀름의 환영을 받을 것이라는 서한을 보냈다. 마리 퀴리는 사생활에 개입하는 일은 용납할 수 없지만 자신의 과학적 성과에 대한 정당한 평가는 받아들이겠다고 답했다. 결국 그녀는 스웨덴으로 갔고, 랑주뱅을 이혼하게 만들겠다는 희망은 묻어야 했다.

17 리제 마이트너는 오래된 유태인 가문 출신이다. 그녀는 기독교 세례를 받고 프로테스탄트로 교육받았지만, 나치가 그런 섬세한 부분을 고려할 리 없었다.

18 1906년 리제 마이트너는 여성으로는 두번째로 빈 대학에서 물리학 박사학위를 받았다.

19 보수 성향을 가진 플랑크는 여성들의 수강을 "시험삼아 행하고, 항상 철회할 수 있어야"만 한다고 못박았다. 전반적으로 그는 "자연 자체가 여성에게 어머니와 주부의 직업을 예정했다"는 입장이었다.

20 리제 마이트너가 받아야 할 노벨상이 오토 한에게 돌아갔다는 설이 있다. 충분히 수긍할 수 있는 이야기이다.

21 하이젠베르크의 파렴치한 행태를 하나 더 언급해 보겠다. 그는 리제 마이트너가 오토 한의 신뢰를 오용하거나 배반했다고 비난했다. 독일 정치계가 전쟁을 준비하던 시기에, 분명히 그녀는 오토 한의 편지를 가지고 있기는 했다. 또 당시 워싱턴 정부는 독일과 친교를 맺고 있지 않았다. 그러나 실제로 리제 마이트너는 워싱턴으로 어떤 정보도 유출하지 않았다!

22 리제 마이트너는 여성 최초로, 그리고 '비(非)미국인 최초로' 엔리코 페르미 상을 수상했다.

23 이것은 언젠가 막스 플랑크가 그녀에게 한 말을 떠올리게 한다. 그는 바이올리니스트 요제프 요아힘이 자신의 존재만으로도 방 안의 공기를 더 낫게 만든다고 말한 적이 있었다.

24 더 자세한 내용은 마리 퀴리에 대한 장에서 볼 수 있다.

25 이 단체는 제2차 세계대전 이후에 막스플랑크협회가 되었다.

26 β-방사선을 내뿜는 방사능 원소에서 전자들의 연속적인 에너지 스펙트럼을 고찰한 닐스 보어는 한동안 이 과정에서 에너지보존법칙이 깨졌다고 생각했다. 이 문제는 나중에 물리학자 볼프강 파울리에 의해 해결된다. 파울리는 어떤 원자가 β-분열을 하면 전자들뿐만 아니라 중성자(당시에는 아직 알려지지 않은 입자였다) 역시 해방시킨다고 설명했다.

27 그 동안 실제로 주기율표에서 높은 숫자를 가진 새로운 '초중량' 원소들이 생성되었고, 1992년 109번째 원소가 만들어졌다. 이 원소에는 리제 마이트너를 기려 '마이트너리움(Meitnerium)'이라는 이름이 붙었다.

28 독일 나치 과학자들의 책임에 관한 토론은 언제나 이처럼 순수하게 과학적인 점에만 집중되었고, 리제 마이트너가 거론한 문제는 도외시되었다.

29 노벨상은 설립자 알프레드 노벨의 의사에 따라 자연과학 세 분야, 즉 물리학, 화학, 그리고 생리의학에 주어진다. 1901년 노벨상이 처음으로 생겼을 때 유전학 분야는 아직 존재하지 않았다. 따라서 유전학자들은 생리학자 내지 의학자로 분류되고 있다.

30 노벨상은 명예와 영광 외에도 엄청난 금액의 상금을 수여한다. 바바라 매클린턱이 그 돈으로 무엇을 했는지는 모르지만, 자기 자신을 위해서라면 기껏해야 안경 하나를 새로 샀을 것이다.

31 유전자를 구성하는 화학물질인 디옥시리보누핵산의 약자이다.

32 바바라 매클린턱은 현재 '전위(轉位)하는 유전자' 내지 '트랜스포슨(Transposon)'이라고 불리는 인자가 존재한다는 사실을 발견했다. 뒤에서 더 자세히 설명하겠다.

33 이 말이 듣기 좋은 만큼, 남녀평등이 대학공부에만 해당한다는 사실은 더 가혹하게 느껴진다. 여성들이 남성과 똑같이 교수가 될 수 있다는 말은 어디에도 없었다. 1947년에야 코넬 대학에 변화가 일어났다.

34 T. H. 모건과 함께 A. H. 스터트반트, H. J. 뮬러, C. B. 브리지스가 연구를 이끌어갔다.

35 T. H. 모건은 세 가지 이유에서 초파리를 선택했다. 첫째로 실험실에서 파리를 키울 수 있었고, 둘째로 10일마다 새로운 세대가 유전학자들에게 제공되었기 때문이다. 셋째로는 처음부터 많은 돌연변이가 자발적으로 발생했기 때문이다. 가장 유명한 것이 흰 눈을 가진 파리이다.

36 모든 염색체가 교차를 할 수 있는 것은 아니다. 교차가 일어나는 것은 상동염색체여야 한다. 그러나 이 책에서 염색체들이 추는 복잡한 발레 안무를 그대로 반복할 필요는 없을 듯하다.

37 이런 변화에 결정적인 역할을 한 인물은 막스 델브뤼크이다. 그에 관해서는 앞으로 상세히 소개할 것이다.

38 필자는 1973년과 1977년 사이 몇 개월 동안 콜드스프링하버에 머물 기회가 있었다. 그때 바바라 매클 린턱과 개인적으로 알게 되었는데, 주변 자연환경을 대하는 그녀의 태도에 깊은 인상을 받았다. 그녀는 산책할 때 한 걸음도 아무렇게나 떼지 않았고, 풀이나 땅을 밟아야 하는 일이 유감스럽다는 듯 보였다. 그녀의 집은 실험실이었고 대부분의 시간을 혼자 보냈다. 나는 바바라 매클린턱보다 더 원만하고 욕심 없는 느낌을 주는 사람을 본 적이 없다.

8장

두거인

알베르트 아인슈타인

닐스 보어

20세기의 가장 긴장감 넘치고 철학적으로 가장 유용한 논의는 위대한 두 물리학자 사이에 일어났다. 같은 시기에 노벨상을 받은, 스위스 시민 알베르트 아인슈타인과 덴마크인 닐스 보어였다. 한 명 ― 아인슈타인 ― 은 이전의 어떤 인간보다도 더 멀리 거대우주까지 나아갔고, 다른 한 명 ― 보어 ― 은 사상적 희생을 대가로 원자의 소우주 깊은 곳까지 도달할 수 있었다. 보어는 일견 관습적으로 행동하고 항상 빈틈없이 무장했지만 사상에 있어서만큼은 아인슈타인보다 훨씬 더 급진적이었다. 아인슈타인 역시 자신이 분명 최고라고 평가한 '자유'가 인간 인식능력의 한계로 인해 사라질 위기에 처했을 때, 그런 한계를 결코 인정하지 않았다.

알베르트 아인슈타인

편안한 사유활동

Albert Einstein

알베르트 아인슈타인은 항상 기자들의 성가신 압박을 받았다. 언젠가 한 기자가 특수 상대성과 일반 상대성이라는 복잡한 이름의 이론에서 가장 특별한 점이 무엇이냐고 질문했다. 아인슈타인의 대답은 이랬다.

"예전 사람들은 세상에서 모든 사물이 사라져도 공간과 시간은 남는다고 믿었습니다. 그러나 상대성 이론에 따르면 사물과 함께 시간과 공간도 사라집니다."

쉬우면서도 어려운 문장이다. 누구나 쉽게 읽을 수 있는 평이한 문장이지만, 아인슈타인의 의도를 정확하게 이해하기란 쉽지 않다. "사물과 함께 시간과 공간도" 사라질 수 있다는 말은, 사물이 공간과 시간에 묶여 있고 따라서 사물은 공간과 시간에 영향을 줄 수 있다는 뜻이다. 실제로 아인슈타인이 탐구하고 실험으로 확인한 것처럼, 물질이 있을 때 공간은 구부러지고 시간은 다르게 흐른다.[1]

공간, 시간 그리고 물질, 이것들은 서로 단단히 얽혀 있다. 결코 단독으로 다룰 수 없으며, 각각의 양은 다른 것들에 대한 관점에서만 파악할 수 있다. 이런 관계(Relation)가 결국 아인슈타인의 이론에 '상대성'이라는 이름을 붙여주었다. 젊은 아인슈타인은 "두 사건이 동시에 발생한다"라는 문장의 의미를 숙고하며 그와 같은 통일적 연관성을 발견했다. 두 관찰자가 다른 장소에서 더욱이 상이한 속도로 걸어가고 있다면, 즉 예를 들어 한 명은 달리는 기차 안에 있고 다른 한 명은 기차역에서 걸어다니고 있다면, 그 둘의 동시성은 무엇을 의미하는가? 도대체 그들은 어떻게 서로 동시에 같은 신문의 같은 기사를 읽고 그에 대해 화를 내는지 아닌지를 확인하고 이해할 수 있을까?

이 주제는 많은 아인슈타인 전기에서 자주 상세히 논의되었기에 여기서 상술하지는 않겠다. 그 대신 현재 이론의 끝에 서 있으며 세계의 시작을 설명하고자 하는, 상대성의 또다른 관점을 제시하기로 하자. 아인슈타인의 이론에서 공간, 시간과 물질은 서로 밀접하게 관련되어 있고, 항상 함께 발생한다. 또 실제로 상대성 이론은 오늘날 '대폭발' 혹은 '빅뱅'이라는 대중적 우주 모델을 조립할 수 있게 해준다.[2] 아인슈타인 자신은 대폭발이라는 표현을 쓰지도 들어보지도 못했다. 이 이야기가 진지하게 회자된 1960년대,[3] 그는 이미 이 세상 사람이 아니었다. 아인슈타인은 1915년 — 그러니까 그보다 약 50년 전에 — 눈앞에 보이는 정(역학)적인 우주가 아니라 발전하는 우주를 묘사한 방정식을 도출했지만, 이를 자신 있게 발표할 수는 없었다.[4]

"그렇다면 어디에서 어디로 발전하는가?" 아인슈타인은 스스로에게 질문했다. 그는 발전하는 우주라는 구상이 너무 지나치다고 생각해서 자신의 이론을 표준척도에 의거했고, 숙련된 수학 기술로 간단히 끌어온 '우주론적 지체(肢體)'를 그 방정식에 덧붙였다. 나중에 그는 이런 보충을 "내 일생의 가장 큰 어리석음"이라고 칭하며 철회했다. 그러나 그가 보충을 철회할 수밖에 없도록 만든 관찰 — 소위 '적색편이'를 통해 멀리 떨어진 은하계의 발견 — 은 오늘날 많은 대폭발 이론가들이 생각하는 것처럼 그렇게 명백하지는 않았다.[5] 어떤 경우에도 아인슈타인을 빅뱅 이론의 증인으로 소환할 수는 없다. 또 망각해서는 안될 사실은, 모든 우주수학의 창시자인 아인슈타인이 실제로는 우주가 '시간적 시초'를 가지고 있었다는 생각에 어려움을 느꼈다는 점이다.

반면 그는 '우주공간의 시초' 문제에는 어려움을 겪지 않았다. 심지어는 이와 관련해서 자신의 물리학이 철학의 오래된 숙제를 해결했다고 주장하기까지 했다. 그의 답은 복잡하게 들리기는 하지만 멋진 것이었고, 각고의 노력을 기울인 보람이 충분했다. "우리 우주의 공간에는 시작도 끝도 없다. 우리 우주는 4차원 우주의 3차원 표면이기 때문이다. 시간적으로는 유한하지만 공간적으로는 무한하다."

이것을 더 잘 소개하기 위해 차원 개념으로 돌아가서 3차원적(공간적인) 구(球)의 2차원 표면(평면)을 생각해 보자. 표면 위에 손가락을 대고 임의적으로 빙 둘러보면, 끝에 이르지 않고 길게 선을 그릴 수 있다. 즉 우리는 이 유한한 공간에서 끝에 도달하지 않고(또한 시작 지점도 없이) 무제한적으로 움직일 수 있다. 물론 현실 속에서 우리가 살고 있는 곳은 3차원 공간이다. 즉 앞으로나 뒤로, 왼쪽이나 오른쪽으로, 위나 아래로 움직일 수 있다. 그러나 아인슈타인 이론에 따르면 이 공간적인 좌표는 네 번째 차원인 시간과 분리할 수 없다. 물리학적 연관관계에 의해 4차원적 구조물이 생성되고(물리학자들은 이것을 공간 - 시간 - 연속체라고 말한다) 우리는 그 구조물의 공간적인 '표면'에서 머무르는 것이다.

분명 아인슈타인의 사상은 실제로 한계에 부딪히지 않았다. 물론 절대 외적, 기하학적인 면에서 그렇다는 것은 아니다. 그의 사상이 한계에 부딪히지 않은 이유는 내부로부터 온 것이다. 순수한 사유에서 즐거움을 찾고, 그 즐거움으로 인해 우주까지 사유를 뻗어나가는 것은 아인슈타인의 놀라운 재능이기도 했다. 그는 자신에게 가장 큰 기쁨을 주는 것이 무엇이냐는 질문에 이렇게 답했다.

"사유는 그 자체로 음악과 같습니다! 무엇인가를 깊이 생각하는 데 문제가 없을 때면 나는 오래전부터 알고 있던 수학적 명제와 물리학적 명제를 다시 꺼내들어 숙고하곤 합니다. 거기에는 어떤 목적도 없습니다. 단지 사유의 편안한 활동에 몰두할 계기만 있으면 됩니다."

일생 동안 아인슈타인이 했던 일이 바로 그것이다.

배경

1879년 아인슈타인이 유태인 소기업가의 아들로 울름에서 출생했을 때, 탁월한 두 과학자 오토 한과 막스 폰 라우에, 그리고 스탈린 역시 세상의 빛을 보았다. 그해 물리학자 앨버트 마이컬슨은 빛의 속도를 초속 29만 9,850킬로미터라고 규정했다. 1년 뒤 베르너 폰 지멘스가 최초의 전기승강기를 선보였고, 에밀 뒤부아 레몽은 풀리지 않는 세계 7대 수수께끼를 언급했다. 힘의 본질, 운동의 원천, 감정의 발생, 의지의 자유, 생명의 탄생, 자연의 합목적성, 그리고 사유와 언어의 기원이었다. 1881년 마이컬슨은 '에테르'를 빛의 매체로 입증할 수 없다고 주장했고 ― 25년 후 아인슈타인은 에테르 구조를 완전히 철폐했다 — 독일 뵈리스호펜에서 제바스티안 크나이프 신부가 최초의 수중 치료시설을 만들었다.

1905년은 아인슈타인의 위대한 해였다. 그해 피카소는 소위 장미시대의 걸작들을 그렸고, 독일 작가 하인리히 만은 《운라트 교수》를 발표했으며, 오스트리아 평화주의자 베르타 폰 수트너가 노벨평화상을 받았다. 1915년 아인슈타인의 일반 상대성 이론이 완성되었을 때, 하인리히 만은 《충복》을 출간했고, 독일군은 독가스를 도입해 성공했으며, 유럽 어디에선가는 최초의 대륙횡단 전화가 개통되었다. 1920년 에른스트 융거는 《철의 폭풍 속에서》를 썼고, 1921년 루트비히 비트겐슈타인의 《논리철학 논고》가 출간되었다. 1922년에는 영국 고고학자 하워드 카터가 투탕카멘의 무덤을 발견했고, 1924년에는 프란츠 카프카가 사망했다.

1955년에는 아인슈타인이 미국 프린스턴에서 세상을 떠났다. 같은 해 독일연방공화국이 나토(NATO)에 가입했고, 서구 열강은 서독의 재군비에 동의했다. 아데나우어는 독일 전쟁포로 석방을 위해 모스크바를 방문했고, 헤르만 헤세는 독일 서적연합이 주는 평화상을 받았다. 영국 잉글랜드 북서부 콜더홀에서는 세계 최초의 원자력발전소가 가동되었다. 원자의 시대가 서서히 궤도에 올랐다.

초상

원자시대로의 길은 1905년 26세의 아인슈타인이 전문잡지 《물리학 연보》에 부록으로 보낸 작은 공식 하나와 함께 시작되었다. 9월 27일 자에 실린 이 부록은 "물체의 관성은 그 에너지 함량에 달려 있는가?"

라는 이상한 제목을 달고 있었다. 아인슈타인은 그해 여름에 '동체의 전기역학에 관해', 즉 방사에너지에 관해 논문을 썼는데, 이것은 그 논문의 부록이었다. 그는 자신의 공식을 다시 한 번 보다가 그것이 물체의 질량, 그리고 관성과 연관된다는 사실을 갑자기 깨달았다. 즉 "어떤 물체가 에너지 E를 방사의 형태로 방출한다면, 그 질량은 E/c^2로 축소된다"는 것이었다. 여기서 알파벳 c는 빛의 속도였다. 아인슈타인은 여기에 일반적인 소견을 덧붙였다. "어떤 물체의 질량은 그 에너지 함량에 대한 일종의 척도이다."

다른 말로 하자면, 아인슈타인은 그때까지 분리되어 고찰된 에너지와 질량을, 세계에서 가장 유명한 방정식으로 연결시켰다.

$$E = m \cdot c^2$$

오늘날 이 방정식이 유명해진 것은 물론 모든 원자폭탄과 핵에너지 프로젝트의 기초가 되었기 때문이다. 그러나 아인슈타인이 처음으로 공식을 썼을 때에는 그런 문제를 전혀 예상할 수 없었다. 30년 후만 해도 전문가들은 핵에너지를 이용할 수 있냐는 질문에 핵에너지는 샴페인과 같다는 답을 내렸다. 즉 그 안에서 목욕하는 것이 불가능하지는 않지만 너무 비싸다는 것이다.

앞서 말했듯이, 에너지와 질량의 등가성은 아인슈타인이 '기적의 해'에 제공한 총 네 편의 논문 중 하나의 부록에 불과했다. 그리고 무엇보다 사람들은 이것을 알 겨를이 없었다. 먼저 소화해야 할 아인슈타인의 다른 텍스트들이 충분히 있었다. 실제 1905년의 기적이라고 칭해진 것은 그가 이전에 내놓은 네 편의 논문이 있었기 때문이다. 각각 광자 가설, 원자의 크기, 소위 브라운 운동, 그리고 동체의 전기역학에 관한 논문들이었다.

첫번째 발표된 논문은 16년 후(1921년) 아인슈타인에게 노벨상을 가져다주었다. 1906년 취리히 대학 박사논문으로 제출한 두 번째 논문은 세 번째와 마찬가지로 금세기에 가장 많이 인용되는 출판물로 꼽히며, 이 둘은 그를 통계물리학의 창시자로 만들었다. 네 번째 논문 ─ 여기에 '특수 상대성 이론'이 들어 있다 ─ 은 공간과 시간에 대한 우리의 생각에 혼란을 야기했고(내지 시간과 공간을 더 밀접하게 연결시켰고), 부록은 ─ 요주의! ─ 아직 쓰지 않은 상태였다.

질문할 여지가 없다. 여기서 발생한 창조성의 기적으로부터 세계는 아직까지도 회복하지 못하고 있다. 이 자리에서 그 기적을 설명하는 것은 불가능하다. 우리는 그저 받아들일 수 있을 뿐이다. 이 기적을 완수한 사람이 명망 있는 대학의 부유한 교수가 아니라 베른의 특허청 직원(3급 기술전문가)으로 일하며 그 직위에 만족한 누군가였다는 사실을 받아들이듯이 말이다. 그리고 우리가 우선 대답해야만 하는 질문이 있다. 어떻게 그는 여기까지 이르게 되었을까?

아인슈타인은 울름 출생으로, 죽는 날까지 슈바벤 악센트로 말했다. 그의 부모는 곧 뮌헨으로 이주했고 이어서 이탈리아로 진출했다. 매번 좀더 나은 사업을 찾기 위해서였는데, 이주는 성공적이었다. 소문은 많지만 좋은 학생이던 아인슈타인이, 다니던 김나지움을 졸업하지 못한 이유는 밀라노의 부모에게 가려 했기 때문일 뿐이다. 더욱이 스위스에서는 아비투어 없이 물리학 대학과정을 시작할 수 없었다. 그는 스위스연방 기술대학(ETH) 입학시험에서 처음에 좌초를 겪었지만, 그때 고작 16세의 어린 나이였음을 감안해야 한다. 또 수학과 물리학 성적만 말한다면 그해 최고였다.

확실히 아인슈타인은 수학과 물리학 과제를 항상 잘 해냈고, 이 분야에 관한 육감은 유년시절까지 거슬러올라가도 발견할 수 있다. 아인슈타인이 어렸을 때로부터 몇몇 작은 '기적'이 전해진다. 아주 어릴 적 컴퍼스를 보고 놀란 것, 사춘기 시절 '성스러운 기하학 서적'을 숭배한 것, 그리고 "사람이 광선을 타고 갈 수 있다면 세상이 어떤 모습으로 보일까?"라는 무(無)에서 떠오른 듯한 질문. 이와 더불어 천재의 모범에서는 벗어난 듯 보이는 관찰들이 있었다. 예컨대 아인슈타인은 어렸을 때 말 배우는 능력이 더뎠다.[6] 이 분야는 심리학자들[7]에게 위임하자. 물론 빼놓지 말고 언급해야 할 사항이 있다. 수많은 전기가 쏟아져 나왔음에도 불구하고 아인슈타인 일생의 업적은 이전에나 이후에나 우리에게 불가사의한 것으로 남았다는 사실이다.

앞서 묘사한 대로 취리히에서 대학입학에 실패한 이후에 그는 1년 동안 스위스 아라우에서 지내면서 고등학교 졸업시험에 통과하고 이어서 마침내 스위스연방 기술대학에 들어갔다. 대학생활은 — 나머지 삶과 비교해서 상대적으로 — 조용하게 흘러갔다.[8] 여기서 첫 아내인 밀레바 마리크를 만난 사실을 제외하면 그렇다. 그는 밀레바에게 첫눈에 반해 깊은 사랑에 빠졌고 — 나중에 이 시절 그의 연애편지가 발견되고 출간되었다 — 결혼하기 전까지 오랫동안 그녀를 쫓아다녔다. 그러나 이때 이미, 결혼생활을 어렵게 만들 어떤 개인적인 특성이 나타났다. 근본적으로 그는 자신의 학문을 위해 살았고 혼자 있는 것('곰의 동굴'에서)을 가장 좋아했다. 그는 보살핌 받기만을 원했고 사적인 영역에서는 다소 무분별하게 행동했다. 예를 들어 밀레바는 결혼 전에 아이를 가졌지만, 그는 아이를 절대 보지 않았고 그녀는 (그의 고갯

짓 한 번만으로) 아이를 포기해야만 했다. 나중에 아인슈타인은 베를린에서 사촌누이 엘자에게 눈을 돌렸고, 아내의 간청에도 불구하고 결혼 후 낳은 두 (병든) 아이와 아내를 버렸다. 그는 나중에 엘자와 결혼했다. 물론 그가 심한 간질환을 앓은 후 엘자가 희생적으로 그를 간호했으며, 그가 잘 씻지도 이를 닦지도 않는 것을 간섭하지 않겠다고 약속했기 때문일 뿐이다.

아인슈타인이 첫번째 아내에게 신경 쓰던 시기가 있었다면, 그후에는 그가 학업을 마치고 자리를 찾을 수 없었던 시기가 있었다. 1901년 어시스턴트 직을 찾으려는 노력이 실패하자, 아인슈타인은 돈을 벌고 밀레바를 부양하기 위해 가리지 않고 학생들을 가르쳤다. 1902년 6월 특허청에 자리를 얻었을 때 그는 진심으로 기뻐했다. 이제 가족을 먹여 살릴 수 있게 된 것이다. 1903년 아인슈타인은 밀레바와 결혼했고 1904년에 첫 아들이 태어났다. 아인슈타인의 생활은 더 안정된 궤도에 접어들었다. 다시 말해 그는 일과가 끝난 후에 물리학에 몰두하는 일이 어렵지 않다는 사실을 깨닫고 다시 과학의 바다에 편류했다. 그는 두 명의 친구들 — 모리스 솔로빈과 콘라트 하비히트 — 과 '아카데미 올림피아'를 세우고 세 개의 물리학과 철학 텍스트를 비평하기도 했다.

바야흐로 아인슈타인의 머릿속에 기적이 준비되고 있는 시기였다. 그는 이 소식을 1905년 5월 친구에게 보내는 편지에서 전했다. 이 '아마도 과학사상 가장 놀라운 편지'를 이제 길게 인용해 보겠다. 거기서 목격되는 폭발적인 인식을 명확히 하기 위해서, 그리고 그가 다른 모든 약점에도 불구하고 사람들에게 공감을 준 이유를 알기 위해서, 거의 항상 그가 얼굴에 머금고 있던 미소를 이해하기 위해서 비범한 언어의 예를 살펴보려 함이다.

친애하는 하비히트! 우리 사이에 엄중한 침묵이 지배하고 있어, 내가 지금 약간은 중요한 잡담으로 그 침묵을 중단한다면 신성모독이 아닐까 생각이 들기도 하네. 하지만 세상의 모든 숭고한 것은 항상 그렇지 않은가? 뭐하고 지내나? 이 냉동고래 같은 사람아, 잘 말려 통조림에 들어간 듯한 영혼아. 70퍼센트의 분노와 30퍼센트의 연민으로 채워진 나는 왜 자네와 머리를 맞대고 대화하고 싶은 걸까? 그저 30퍼센트 덕분이겠지. 최근 자네가 부활절에 소리도 없이 모습을 보이지 않은 이후에 난 자네에게 잘게 썬 양파와 마늘 한 캔도 보내지 않았지.

하지만 자네는 왜 아직 박사논문을 보내주지 않은 건가? 내가 자네의 논문을 신중하고 꼼꼼하게 읽고 만족해하는 1.5명 중 1명일 것이라는 사실을 아직 모른단 말인가, 이 불쌍한 친구야? 약속하지. 자네에게 논문 네 편을 보내주기로. 가능한 한 빨리 증정본을 얻어 한 권을 먼저 보내주겠네. 빛의 방사와 에너지적 특성을 다룬 논문인데 매우 혁명적인 내용이지. 나한테 자네 논문을 먼저 보내준다면 사실을 알게 될 거야. 두 번째 논문은 중성 물질을 희석시킨 용액의 용해와 내부 마찰로부터 원자의 순수 크기를 규정하고 있네. 세번째는 열의 분자 이론을 전제로, 액체 속에서 부유하는 1,000분의 1밀리미터 크기의 미립자들이 열운동에 의해 생성된, 지각 가능한 무작위 운동을 실행한다는 사실을 증명하고 있어. 생리학자들은 실제로 부유하는 작은 무생물의 운동을 관찰했고, 그것들의 운동을 '브라운 분자운동' 이라고 불렀지. 네 번째 논문은 공간과 시간 이론을 변형시켜, 움직이는 물체의 전기역학을 다루고 있네. 아직 구상단계이기는 하나 말이야. 이 논문의 순수하게 운동학적 부분은 자네도 분명히 흥미로워할 걸세. 알베르트 아인슈타인의 인사를 담아.

아인슈타인이 "매우 혁명적"이라 부른 이유가 있다. 그는 물리학자들이 100년 전부터 확신을 갖고 관찰한 빛의 파동성에 의문을 제기하고, 우리가 눈앞에 존재하고 따라서 우리가 보고 있는 것들이 미립자 성격도 가지고 있음을 인정하자고 제안했다. 빛의 에너지는 아주 작은 뭉치로 — 소위 양자로 — 다가오는데, 여기서 그는 이 에너지양자의 개별적인 담지자를 광자(光子)라고 불렀다. 이 가설로 아인슈타인은 뉴턴 이래 극에 달한 물리학자들의 논쟁을 새롭게 야기했다. 그뿐만 아니라 그는 빛의 이중적 본성이 존재하며 이것이냐 저것이냐를 선택하기는 불가능하다는 사실을 처음으로 만천하에 알렸다. 아인슈타인은 물리학적 관찰들(소위 광전기 효과)을 설명하기 위해 이런 구조를 세워야 했고, 그럼으로써 자신이 오래된(고전적) 물리학의 기반을 빼앗았다는 사실을 아주 정확하게 알고 있었다.[9] 그럼에도 불구하고 이 특허청 공무원은 "매우 혁명적"인 생각으로 용감하게 전진했고, 나중에 노벨상으로 감사의 인사를 받았다.

주의해야 할 것은, 아인슈타인이 스톡홀름으로부터 큰 인정을 받은 것은 특수 상대성 이론 — 기적의 해에 나온 네 번째 논문 — 때문이 아니라는 점이다. 아무튼 이제 우리는 공공에 가장 큰 여파를 남긴 그 이론의 자취를 따라가 보기로 하겠다. 아인슈타인은 거기서 실행된 '공간과 시간 이론의 변형'을 다음 10년 후에 일반 상대성 이론(이것은 때로 단순히 중력 이론이라고 불리기도 한다)으로 확대시킨다. 그가 '특수하게'는 공간과 시간만을 연결시켰다면, '일반적으로'는 공간과 물질 역시 — 따라서 그 셋 모두가 — 고립상태에서 해방되어 서로 연결된다. 이 해방의 길은 훗날 회고했듯 1907년 아인슈타인이 "내 일생 최고로 행복한 생각"을 가지고 있었을 때 열리기 시작했다. 아주 생생하고 극명한 아이디어였다. "자기 집 지붕에서 자유낙하하는 관찰자가 있다면, 그에게는 — 적어도 바로 그의 주변에서는 — 어떤 중력장도 존재하지 않는다."

아인슈타인은 이 아이디어를 받아들여 수년 동안 그 논리적 결과를 곰곰이 사유했고, 자신의 물리학적 표상들을 표현하기 위해 많은 새로운 수학 공식들과 씨름했다. 때로는 고통스러운 사유의 과정이었으리라. 어쨌든 그는 해냈다. 드디어 1915년, 현재 우리로 하여금 우주를 이해하려고 노력할 수 있게 해준 그 이론이 완성되었다.[10] 그의 '중력방정식'은 특이한 예언을 했는데, 이 예언은 1919년 일식에서 입증되었다. 이후 아인슈타인은 단숨에 세계적인 유명인사가 되었다.

그 예언은 공간과 시간과 물질의 관계에 관한 것이다. 질량은 (적어도 아주 약간은) 공간을 구부릴 수 있다는 것이다. 태양은 이를 입증하기에 충분했다. 가장 좋은 방법은 임의의 별을 선택해 그 위치와 방향을 두 번 살펴보는 것이다. 한 번은 일상적인 경우에, 다른 한 번은 태양 옆을 지나갈 때 보는 것(바로 일식의 경우에 그렇게 할 수 있다)이다. 태양의 질량이 공간을 구부린다면, 목표로 한 별을 지구에서 관찰할 수 있게 하는 빛은 태양 옆을 지나갈 때 구부러진 궤도를 따라가야 할 것이다. 그리고 그 결과로 이런 상황에서 별은 다른 위치에서 관찰되어야 한다.

바로 이 현상이 1919년에 관찰되었다. 모두가 놀라고 흥분했다. 신문의 헤드라인은 "별들은 우리가 추측한 자리에 있다"고 전했다. 거기 아인슈타인 씨가 있었다고, — 그는 이제 베를린 대학 물리학 교수였다 — 그는 뉴턴보다 더 잘 하늘을 알고 있으며 사유를 통해 우주를 파악했다고 기타 등등.

제1차 세계대전은 막 끝이 났고, 세상은 긍정적이고 평화적인 영웅을 찾고 있었다. 아인슈타인은 매체가 의지할 수 있는 해결책이었다. 그는 독일인이 아니었고, 그의 이론은 무엇보다 독일이 전쟁에서 패배한 이후 영국과 프랑스에서 사실로 입증되었으며, 결국 모두 함께 전세계, 곧 우주에 대한 (과학의) 승리를 축하할 수 있었다. 아인슈타인의 명예는 혜성처럼 상승했다. 그는 매체에 이상적인 인물이었다. 헝클어진 머리카락과 멍한 표정으로 바이올린을 연주했으며, 이 이해할 수 없는 공식을 개발해서[11] 그것으로 전세계를 이해했다. 그는 노골적인 언어를 구사하기 좋아했다. 그런 방식으로 그는 당국의 "먹물 골통"이나 "대학을 지배하는 늙다리들"을 거침없이 거론했다. 또 무엇보다 누구든지 곧바로 이해할 수 있도록, 신의 형상을 순박하고도 탁월하게 표현했다. 예를 들어 아인슈타인은 "주님이 (내 착상들에 대해) 웃지 않고 나를 속이시는지" 아니면 "옛것들에 달린 나사 하나를 돌리면 모든 것을 성취할 수 있는지", 세계가 창조될 때 "영원한 수수께끼를 낸 자"의 어떤 선택이 있지 않았는지 등등을 말했다.

이렇게 해서 아인슈타인은 ─ 오늘날 몇몇 동료들이 따라하고자 하는 것처럼 ─ 인기를 얻을 수는 있었다. 하지만 신에 관한 문제에서 그가 좀더 진지했더라면, 그리고 "주님은 노련하지만 악의적이지는 않다"라던가 "신은 주사위놀이를 하지 않는다" 따위의 경솔한 미사여구로 세상을 즐겁게 해주지 않았더라면 더 좋았을지 모르겠다. 아인슈타인은 끊임없는 농담과 어수룩한 태도로 신에 관한 문제를 피해갔고, 이런 점은 그를 다룬 전기들이 낱낱이 다루고 있다.

"신은 실제로 주사위놀이를 하느냐"라는 아인슈타인의 "걱정스런 질문"은 1949년 자신의 70회 생일을 닐스 보어가 축하한 것에 감사하며 보어에게 보낸 편지에 나온다. 아인슈타인의 미사여구보다 보어의 답이 훨씬 더 중요하다. 1949년 6월 보어는 "걱정스런 질문에 대해 말하는" 것을 피할 수 없노라고 썼다. "누구도 — 사랑하는 신 자신조차도 — '주사위를 던지다' 같은 단어가 이 맥락에서 무엇을 의미하는지 알 수 없다"고 말이다. 그에 대해 아인슈타인은 더 이상 대꾸하지 않았다. 마치 무엇인가를 이해했지만 자기 후배들이 이 문제에서 자신을 모범으로 삼아야 한다(즉 자신과 마찬가지로 침묵해야 한다)는 듯 보였다.

이 짧은 편지 교환은 물리학적 현실에 관한(그리고 신에 관한) 보어와 아인슈타인 간 토론에 종지부를 찍었다. 이 위대한 논쟁의 한 지점을 말하기 전에, 우리는 1919년과 1949년 사이에 벌어진 일들을 윤곽만이라도 서술해야겠다. 아인슈타인의 '유태 이론'을 거부하는 '독일 물리학'이 출현했고, 국가사회주의자들이 권력을 잡았을 때 아인슈타인은 미국 프린스턴으로 이주했으며, 나치 테러에 직면해 그의 평화주의는 약화되었다. 또 그는 루즈벨트 대통령에게 원자폭탄을 만들라고 권유했고, 이스라엘 대통령이 되라는 제안을 받았으며, 전세계로 수많은 강연여행을 떠났다. 또 오늘날까지 많은 물리학자들에게 꿈처럼 존재하는 소위 통일된 장(場) 이론을 오랜 기간 고독하게 연구했지만, 결국 성공을 거두지는 못했다.

왜 아인슈타인은 포괄적인 물리학 이론을 추구했을까? 이유 중 하나는 무엇에도 흔들리지 않은 그의 확신 때문이다. 원자의 양자 이론에는 무엇인가 오류가 있다는 확신 말이다.[12] 그리고 이를 증명하려는 그의 장대한 시도는 보리스 포돌스키, 나탄 로젠과의 공동연구로 1935년 나타났다. 그들이 제기한 질문은 이러했다. "물리학적 현실을 양자역학적으로 묘사한 것이 완전하다고 볼 수 있는가?" 그리고 그들은 강력하게 "No"라고 답했다. 그들은 하나의 실험을 묘사했다. 원자의 구성성분들 사이에 물리학적 상호작용을 뛰어넘는(그리고 예컨대 성립하기 위해 시간을 필요로 하지 않는) 상관관계가 존재할 때에만 양자역학을 옳다고 이해할 수 있는 실험이었다. 오늘날에는 이런 맥락에서 'EPR 상관관계'라는 말을 쓴다(EPR은 아인슈타인, 포돌스키, 로젠의 약자이다). 실험을 통해 본 결과 EPR 상관관계는 어떤 상황에서도 존재할 수 없었다.

그러나 그것은 엄연히 존재하고 있다. 1980년대 실험물리학자들이 EPR 상관관계를 발견했다. 질적으로뿐만이 아니라 양적으로도 정확하게, 보어의 양자 이론이 예언한 그대로였다. 이 발견으로 인해 이제, 일견 매우 비현실적으로 보이던 원자의 실제 상이 산출되었다. 사람들은 여기서 ─ 단순히 말해서 ─ 부분들로 구성되지 않은 전체를 발견했다. 즉 우리가 계속 말해온 미립자(전자, 광자)들로 구성되지 않은 전체 말이다. 그리고 아인슈타인이 여기에 대해 말한 것은 영원히 답을 얻지 못한 질문으로 남았다. 그가 말한 상관관계들은 단지 양자 이론의 전체성을 달리 표현한 것에 다름 아니고, 마이크로 세계의 교차성은 본질적으로 새로운 것으로, 고전물리학에서 말하는 원자의 교차성과는 다른 것이다.

1905년 이 방향으로 첫 걸음을 내딛은 아인슈타인은 그런 완전한 개조가 과학에 이루어졌다고 예감했다. 그렇다면 왜 그는 이 조류에 참여하지 않고 다시 고전적 방식의 결정주의적 물리학으로 돌아가는 길을 찾았을까? 정통한 학자들은 아인슈타인의 그런 행동을 "강박적인 오해"[13]라고 부르며 오로지 영적인 차원에서만 분석하고 설명할 수 있다고 말했다.

지금까지 어떤 전기작가도 이 문제를 감히 다루지 않았다. 그렇게 해서 아인슈타인의 인생은 과학의 진보 과정을 파악하기 위해 과학의 진보를 탐구하는 사람들에게 여전히 거대한 장을 제공한다. 덧붙여 현실에 관해 말하자면, 사람들이 진지하게 받아들이고 이해해야 하는 아인슈타인의 문장이 하나 있다. 누구보다도 오늘날 그의 이름으로 여기저기 떠들고 다니는 사람들은 꼭 이해해야 하는 문장이다.

"수학의 명제들이 현실에 관계하는 한, 그것들은 확실하지 않다. 그 명제들이 확실한 한, 그것들은 현실에 관계하지 않는다."

아인슈타인의 이 문장을 이해한 사람이라면 아마도, 그가 자신의 공식들로부터 사랑하는 신을 발견하지 않았다고 해서 신이 결코 존재하지 않는다는 식의 결론을 끌어내지는 않을 것이다. 신은 다른 길을 통해 접근해야 한다. 어쨌든 아인슈타인의 경우에, 확실히 그는 신을 찾으려 애쓰지는 않았다.

닐스 보어

코펜하겐의 좋은 사람

Niels Bohr

닐스 보어는 유명한 보어 가문의 아들들 중 한 명이다. 그의 아버지 크리스티안 보어는 위대한 생리학자로, 그의 이름을 따서 소위 보어 효과[14]라는 용어가 생겼다. 동생 하랄 보어는 위대한 수학자인데, 1908년에 덴마크 풋볼팀 소속으로 올림픽 은메달을 받기도 했다.[15] 닐스의 아들 아게는 위대한 물리학자로 아버지보다 50년 늦게 마찬가지로 노벨물리학상을 받았다. 원자핵 이론에 공로를 남겼기 때문이었다. 그리고 손자들에 관해 말하자면, 그들 중 한 명은 할아버지처럼 과학사에 큰 자취를 남길 가능성이 농후하다.

그러나 아직까지 닐스는 보어가에서 가장 위대한 사람이다. 보어의 원자 모델을 부단히 연구하는 사람이라면, 수소의 보어 반경을 공부하는 사람이라면, 코펜하겐의 보어연구소에 관심을 가진 사람이라면, 그런 사람이 말하는 보어는 언제나 닐스 보어를 뜻한다. 그러나 닐스 보어의 가장 중요한 공로는 아직 언급하지 않았다. 하나는 그가 과학에 도입한(그리고 우리가 아직 더 알아가야 하는) 코펜하겐의 정신이다. 또 하나는 그가 1927년 베르너 하이젠베르크와 함께 싸워 얻은 코펜하겐식 양자 이론 해석이다. 나중에 말했듯이 닐스는 그 해석을 통해 "원자 과목을 공부하고자" 노력했다. 1920년대 중반 물리학자들은 갑자기 인식이론적 난관에 처했다. 어떤 철학자가 제기한 문제가 아니었다. 그때 상황을 가장 분명하게 인식하고 출구를 찾은 사람이 닐스 보어이다. 그는 당시 40세였고 막 노벨물리학상의 영예를 안았었다. 당시 물리학자들은 많은 현상들을 설명했지만, 그들이 발견한 원자 이론은 그 자체로 문제가 있었다. 예를 들어 전자가 무엇인지 혹은 빛이 어떻게 퍼지는지 같은 명백한 개념들을 더 이상 묘사할 수 없었다. 과학자들은 원자와 원자의 구성요소들이 어떤 상태에 있는지 알아낼 수 있었지만 그것을 더 이상 말하지는 못했다. 적어도 명료하게는 말할 수 없었다. 한 실험에서 빛 혹은 전자들은 서로 부딪치고 서로에게서 방향을 돌리는 미립자처럼 행동했다. 그러나 다른 실험에서 그것들은 상호간에 강화할 뿐만 아니라 끌 수도 있는(간섭[16]) 파동[17]처럼 행동했다. 이 '파동, 미립자'라는 이중성을 어떻게 다루어야 할까? 그리고 그것은 어떤 개념적 차원에 편입될 수 있을까?

이 이중성을 매우 진지하게 받아들여야 했던 이유는, 새로운 원자물리학에 두 가지 수학적 표현양식이 존재했기 때문이다. 이 둘은 파동과 미립자 형상이 그렇듯 서로 낯설게 대치하기는 했지만 둘 다 동일한 예언을 하고 그렇기에 옳은 것으로 간주되었다.[18] 어떻게 해서 물리학적 현실을 묘사하는 두 개의 완전히 상이하고 동시에 완전히 등가인 이론이 존재하는가? 이중성을 인정하지 않을 경우 구체성을 얻을 수 없는 이유는 무엇인가?

코펜하겐의 물리학자들 ─ 특히 베르너 하이젠베르크와 닐스 보어

— 은 1927년 초 이 문제에 대해 지치도록 심도 있는 토론을 했다. 그러다가 보어는 휴가를 갖기로 결정했다. 그것도 일생 동안 가장 긴 휴가였다. 그는 4주간 노르웨이로 스키여행을 떠났고, 긴 활강 중에 갑자기 눈앞이 번쩍 뜨이는 듯한 생각을 떠올렸다. 물리학은 자연을 다루는 것이 아니라 자연에 대한 우리의 앎을 다룬다는 생각이었다. 서로 모순인 두 상 — 파동과 입자 — 으로 우리는 물리학적 세계의 동일한 현상들을 묘사하고 있다. 더욱이 우리는 이 개념들의 도움으로 상이한 실험조건 하에서 겪은 경험들만을 전달한다. 서로를 배제하는, 그러니까 결코 동시에 일어날 수 없는 그런 지시들 하에서 말이다. 그 두 상들은 서로 모순적이기는 하지만 또한 서로 짝을 이루고 있다. 그 둘만이 공동으로 전체적인 이해를 만들기 때문이다.

'보완하고 짜맞추다'를 라틴어로 'compleo'라고 하는데, 보어는 이 단어를 떠올려 자신의 사상을 '보완성(Komplementarität)' 이론이라 부르기로 결심했다.[19] 이 개념을 쓰면, 일부는 서로 배제하는 것으로 보이는, 실험장치에 의한 관찰들이 확정(정의)될 수 있다는 통찰이었다. 그런 실험들에서 나온 경험들은 서로 보완적인 것이다. 다시 말해 개별적 실험 각각은 얻을 수 있는 완전한 정보의 등가적 측면을 표현한다. 나누어지지 않은 현실 — 전체 — 은 보완적 형상들 안에서만 묘사될 수 있고, 양자 이론은 전체적인 것이므로 양자 이론이 묘사하는 실재는 우리에게 일목요연하지 않을 수밖에 없다.

보완성 이념은 실로 위대한 사상이었다. 보어는 노르웨이에서 스키를 타면서 처음으로 그것을 분명하게 인식했다. 이 개념으로 그가 말하고자 한 바는, 현실 전체는 보완적 자연 묘사를 통해서만 기술될 수 있다는 아주 보편적인 내용이다. 상호를 배제하기는 하지만 동등한 권한을 가진 자연 묘사들을 통해서만 전체를 기술할 수 있다는 것이다. '파동'과 '입자'라는 쌍은 당시 눈앞에 보인 얼음산의 첫번째 꼭대기일 따름이었고, 이 꼭대기에 서서 이제 많은 것을 탐색할 수 있게 된 것이다.[20]

보어가 노르웨이에서 돌아왔을 때, 코펜하겐에 남아 있던 젊은 베르너 하이젠베르크 역시 자기 생각을 계속 발전시키면서 유명한 불특정성[21] 개념을 도출했다. 이 두 구상 ― 보어의 보완성과 하이젠베르크의 불특정성 ― 은 함께 소위 코펜하겐 식 양자역학 해석을 만들었다. 그러나 이 두 학자가 함께 집필하여 이론의 기초를 설명할 만한 공식적인 텍스트는 존재하지 않는다.

이 논쟁이 끝난 후 보어가 오래된 코펜하겐 친구들에게 자기 생각을 이야기했을 때, 친구들은 놀라움을 표했다. "다 좋고 훌륭해, 보어, 하지만 이 모든 것은 네가 20년 전에 벌써 말했던 것이잖아." 그러므로 보완성이라는 사유 모델은 보어가 그 개념을 적용시킨 물리학 모델보다 더 오래된 것이다. 보완성은 분명히 생각으로 만들 수 있는 경험이다. 이 경험은 일상적인 언어의 제한된 가능성들과 관련된다. 보완성은 눈앞에 보이는 것이라는 특징을 가지고 있기 때문에, 눈으로 볼 수 없는 곳, 즉 원자세계에서도 끄떡없이 지탱하리라 기대해서는 안된다. 보어의 말에 따르면, 이 영역에서는 "'존재하다'와 '알다' 같은 단어들조차 명백한 의미를 잃어버린다." "여기서 우리는 보편적인 인식 문제의 기본 특징에 맞닥뜨린다. 분명히 해야 할 것은, 사안의 본질에 따라 결국은 항상 비논리적인 방식으로 사용되는, 그림에 의한 단어들의 표현에 의존해야 한다는 사실이다."

보어는 직접적이고 단순하게 스스로를 표현하는 데 일종의 가책을 가지고 있었다. 그는 언제나 부드러운 표현 뒤에 거친 주장을 숨겼다. 연설을 할 때 보어는 항상 머뭇거리며 진행했으며, 아주 중요한 부분에 다다랐을 때에도 여전히 조심스럽게 말했다. 진리에 접근할 때면 연설의 심리적 압박이 그를 엄습했다. 결국 보어에 따르면, 모든 단어는 일종의 즉석연설이고 위반이며 본질적으로는 거짓말이다. 진리와 명료함은 서로 보완적이다. 우리는 아무것도 정확히 말할 수 없지만 그럼에도 불구하고 이야기해야만 한다.

배경

1885년 보어가 태어났을 때, 루이 파스퇴르는 위험한 광견병 예방접종을 통해 한 소년의 목숨을 구했고, 만네스만 형제는 이음새 없는 관을 만들었으며, 알프레드 플뢰츠는 '인종위생학'이라는 섬뜩한 용어를 만들었다. 1년 후 바이에른 왕 루트비히 2세가 슈타른베르크 호수에서 익사했고, 미국의 약학자 펨버튼은 처음으로 코카콜라를 생산했으며, 하인리히 헤르츠는 전자기파 연구를 시작해 1년 뒤에 성공을 거두었다. 이 시기에 에펠탑 건설도 시작되었다. 1888년 파리에서 파스퇴르 연구소가 창설되었고, 빈센트 반 고흐가 〈귀가 잘린 자화상〉을 그렸으며 세잔은 〈생 빅투아르 산〉을 그렸다.

보어가 제1차 세계대전 직전(1913년) 원자 모델을 구상했을 때(그럼으로써 고전물리학의 종말을 알리는 조종이 울렸을 때), 스트라빈스키는 〈봄의 제전〉을 작곡했고 파블로프는 조건반사를 기술했으며 베를린에서는 독일 제후들이 군주제 몰락 전 최후의 성대한 집회를 개최했다. 보어가 코펜하겐에서 연구소를 세우려는 노력을 기울이고 있을 때, 알프레트 베게너는 '대륙과 대양의 생성'에 관한 새로운 이론을 제안했고(판구조지질학), 알베르트 아인슈타인은 일반 상대성 이론을 완성했다. 1917년 러시아 10월혁명이 발발했고, 미국이 세계대전에 참전했으며, 밸푸어선언이 팔레스타인에 유태인 국가 건설을 허용했다.

1941년 독일 부대가 덴마크로 침입해, 보어는 피난을 가야만 했다. 그는 스웨덴과 영국을 거쳐 미국에 도착했다. 1945년 보어가 돌아왔을 때, 미국군은 일본에 원자폭탄을 투하했다. 1946년 뉴욕에서는 유엔이 첫 총회를 개최했다. 지구상에는 약 25억 인구가 살고 있었다. 1만여 개의 학술신문이 있었는데, 그 가운데 약 200개가 개요를 다룬 것이었다. 1947년 미국은 유럽 재건을 위한 마샬플랜을 내놓았다.

1962년 보어가 죽었을 때, 라이너스 폴링(Linus Pauling)은 마리 퀴리 이후 과학자로서는 두번째로 노벨평화상을 받았다. 같은 해 노벨의학상은 유전물질의 구조원칙인 DNA 구조를 발견한 프랜시스 크리크와 제임스 왓슨에게 돌아갔다. 독일에서는 아데나우어 시대가 끝났다. 그는 1963년 10월 물러났다. 한 달 후에는 미국 대통령 존 F. 케네디가 총격을 받아 숨졌다.

초상

닐스 보어를 떠올리는 사람이라면 최소한 네 가지 큰 특징을 언급해야 한다. 즉 1913년 혁명적인 원자 모델을 제시한 과학자, 전설적인 코펜하겐 정신에 생명을 불어넣은 물리학자들의 수장, 아인슈타인과 인식 이론 문제를 토론하고 양자 이론의 완전성을 널리 설파한 철학자, 그리고 열린 세계라는 자신의 꿈을 추구한 정치가.

보어의 출발은 어떤 야심도 없이 실험으로 일하는 물리학자였다. 그의 첫 연구 — 물의 표면장력의 정확한 측정[22] — 는 덴마크 왕립 아카데미의 금메달을 받았다. 당시(1906년) 21세인 보어는 아무 걱정 없고 호기심이 왕성한 청년이었다. 그의 부모는 재력가였고 — 보어의 어머니 엘렌 아들러는 유태인 은행가 가문 출신이었다 — 그는 자극적인 문제가 가득 들어 있는 물리학을 사랑했다. 그 동안 물리학계는 원자의 존재를 아주 확실히 알고 있었지만 원자의 상은 그리지 못했다. (음성) 전자들과 (양성) 양자들은 어떻게 서로 연관되고 응집해 있는가? 그것들이 내쏘는 빛, 물리학자들이 스펙트럼 선으로 포착하고 측정할 수 있는 그 빛은 어떻게 이루어졌는가?

보어는 이것이 전자들과 연관되어 있다고 추측했고 전자 이론에 골몰하기 시작했다. 그는 이 테마를 박사논문의 주제로 삼아 1911년 완성했다. 원자 세계에 더 깊이 빠지기 전에 그는 마르가레테 뇌르룬트와 약혼했고, 1년 뒤 결혼했다. 50년 후 그들이 금혼식을 축하했을 때는, 5명의 아들들에게서 태어난 수많은 손자, 증손자들뿐만이 아니라 덴마크 전 국가가 거기 함께했다. 그 사이에 보어 가족은 코펜하겐 시내에 폼페이 양식으로 지어진 화려한 저택 '명예의 집'에 살고 있었기 때문이다. 이 저택은 덴마크 정부가 가장 유명한 시민에게 하사한 것이었는데,[23] 그 사람은 의심의 여지없이 닐스 보어였던 것이다.

이런 영광에 이르기까지의 오랜 길은 1912년 시작되었다. 처음에 보어는 영국의 한 산업도시 작은 방에 웅크리고 앉아 있었다. 그가 맨체스터로 간 이유는, 거기에 뉴질랜드 물리학자 어네스트 루더포드가 일하고 있었기 때문이다. 루더포드는 산포실험을 통해 원자에는 양성핵이 존재하며 그 주위를 음성 전자들이 돌고 있다고 생각했다. 이 모델은 매우 명확하고 신뢰할 만했지만 고전물리학의 법칙들과는 일치하지 않았다. 고전물리학에 따르면 회전하는 전자는 방사를 해야 한다. 원자들에서 그런 현상은 물론 나타났지만 항상 안정적이었고, 바로 이것을 루더포드 모델의 물리학은 설명할 수 없었다. 무엇인가를 방사하는 전자라면 에너지를 잃고, 그런 다음 핵에게 끌려들어가서 결국 핵 안으로 떨어지며, 결국 원자가 존재하지 않게 되어야 한다.

보어는 결정을 내려야만 한다고 생각했다. 루더포드의 제안이 옳은지 아니면 고전물리학이 옳은지를 말이다. 제3의 안은 없었다. 경솔하고 미친 생각처럼 보였지만 보어는 루더포드의 모델을 선택했다.[24] 그리고 자신이 그토록 숭배해 온 뉴턴과 맥스웰의 물리학을 어떻게 보완해서 원자를 이해할 수 있을지를 열심히 고심했다. 보어가 발견한 해결책은 사실 제정신에서 나온 것이 아니라고 보았다. 1913년 그가 내놓은 원자 형상 — 유명한 보어식 원자 모델 — 은 분열된 인격의 산물처럼 보였기 때문이다. 비로소 보어 자신 속의 고전물리학자가 모습을 드러냈다. 그는 원자핵 주위를 도는 전자들의 가능한 궤도를 산출하면서 마치 행성이 항성 주위를 공전하는 것 같은 형태를 그렸다. 그후 고전물리학자 보어는 사라졌고, 양자에 관한 그의 개성이 전조를 보였다. 이 두 번째 보어는 바로 그 궤도를 목격하고 자신에게 맞는 (그리고 자연 속에 출현한) 궤도들을 찾아내고자 했다. 그는 여기서 발견한 전자들을, 방해받지 않는 한 고정된 것으로 설명했다.

이 정신분열적 구조가 가능해진 것은, 10여 년 전에 막스 플랑크가 '작용의 양'을 발견했기 때문이다. 작용의 양이란 전자를 수용하거나 방출하는 에너지의 최소량을 규정한 것이다. 전자들은 연속적으로 에너지를 변화시킬 수 없고, 바로 이 불연속성으로 인해 각각의 궤도에 고정될 수 있다. 적어도 에너지의 필수량을 공급받지 못하는 한 말이다. 이 고정된 상태에서 또한 전자는 빛(에너지)을 방출하지 않는다. 전자가 궤도를 바꾸고 양자천이(量子遷移)가 발생했을 때에야 비로소 빛이 방출될 수 있다.

일견 모든 것은 억지로 짜맞춘 일처럼 보인다. 하지만 곧 보어의 출발점은 예를 들어 수소원자 ─ 수소원자의 유일한 전자는 이 시대 이후로 '보어 반지름'의 궤도상에 있다 ─ 에서 일어나는 일을 질적으로뿐만이 아니라 양적으로도 설명할 수 있다는 사실이 분명해졌다. 물론 보어의 모델이 설명을 제공했다기보다는 설명을 필요로 한다는 점은 누구보다도 보어 자신이 잘 알고 있었다. 그러나 원자의 새로운 묘사를 옛(고전) 물리학과 대응시킨 그의 아이디어와 실험으로 당대 물리학자들은 마침내 불변의 원자 이론에 근접할 기회를 얻었다.

그들은 10여 년 후에 목표를 달성했다. 그 길은 수많은 실수와 고통으로 점철되었다. 결과 ─ 오늘날 사람들이 말하는 원자의 양자역학 ─ 는 혼란스러웠기에 해석이 꼭 필요했고, 보어는 앞서 말했듯이 보완성의 철학자가 되었다. 새로운 물리학이 껍질을 벗고 또다른 인물들이 사태의 중심으로 밀려들어오는 중에 보어는 무엇보다 두 가지 주제에 사로잡혀 있었다. 하나는 과학적 주제, 다른 하나는 조직적인 주제였다. 과학적인 측면에서 그는 원소의 주기체계를 설명하고 그 구조원칙을 전자와 전자의 궤도를 통해 이해하려고 시도했다. 그리고 모두가 경탄했듯, 직관적 이해와 비판적 입증을 동원해서 이 일에 성공했다. 보어는 (특정 물질로서 존재하는) 화학적 질을 (원소 안의 전자들의 숫자라는) 물리학적 양으로 환원했다. 이제 사람들은 예컨대 왜 나트륨과 마그네슘 사이에 원소가 존재할 수 없는지를 이해할 수 있었다. 그러나 여전히 그가 제시한 가정들이 어떻게 성공했는지 이해하는 사람은 없었다. 보어조차 예외가 아니었다.

보어는 물리학자들이 정기적으로 함께 일하고 거기다 독립적인 연구소를 가질 때에만 그 일이 성공할 것이라고 예감했다. 그리고 이것은 그가 능력의 많은 부분을 바쳐온 조직적인 테마였다. 보어는 덴마크 최초의 이론물리학 교수로 임명된 후 이 분과를 위한 연구소를 세우겠다는 목표를 세웠고, 수많은 어려운 협의를 거치고 재정 문제[25]를 극복한 끝에 자신의 계획을 실현시킬 수 있었다. 1921년 현재의 닐스 보어 이론물리학연구소가 설립되었다. 그 안에서 보어는 물리학자들의 수장이 되었고 코펜하겐의 정신을 창조했다.

1920년대와 1930년대에 이 연구소에 있지 않았거나 어떤 접촉도 없었던 사람은 ─ 물리학의 발전과 관련해서 ─ 매우 급속하게 뒤처지게 되었다. 모든 연구는 책으로 출판되기 오래전부터 원고상태로 보어의 수중에서 논의되었다. 그러나 대단한 것은 과학적 분위기나 연구원들 서로간의 즐겁고 격식 없는 관계만이 아니었다. 완전히 새로운 국제성의 경험도 중요했다. 연구소를 지배하는 언어의 혼란을 어느 정도 정리하기 위해 ─ 연구소에서는 덴마크어, 독일어, 영어와 프랑스어 외에도 러시아어, 중국어까지 쓰였다 ─ 보어는 세미나에서 누구도 모국어를 고집해서는 안된다는 규칙을 도입했다. 그 자신도 언제나 덴마크어, 독일어, 영어를 섞어 말했다. 연구소 사람들은 물리학뿐만 아니라 서부영화에 이르기까지 모든 주제에 대해 토론했다. 예를 들어 어떻게 항상 선한 주인공이 악당을 쓰러뜨리는지 질문이 제기되기도 했다. 보어는 여기서도 답을 알고 있었다. "선한 사람은 생각할 필요가 없기 때문이다."

한 러시아인 ― 게오르게 가모프 ― 은 이를 실증하고자 했다. 그는 두 개의 장난감 권총을 사서 하나는 보어에게 주고 다른 하나는 자신이 가졌다. 그들이 물리학에 관해 토론하는 동안, 가모프는 보어를 '쏴 갈기는' 시도를 했다. 그러나 실패하고 말았다. 항상 보어가 더 빨리 총을 들었기 때문이다. 보어는 그 이유를 이렇게 설명했다. 어떤 행동을 하려고 계획한 사람은, 그러니까 생각하는 사람은 단지 반응만이 필요한 사람, 즉 깊이 생각할 필요가 없는 사람보다 더 늦게 행동한다는 것이다. 코펜하겐의 선한 사람은 모든 결투에서 이겼다.

1920년대 말 전설적인 코펜하겐 회의가 열렸다. 회의는 고정된 의사일정 없이 단지 아직 이해되지 않은 문제들을 토론했다.[26] 참석자들마다 두 시간씩 여유가 있었고, 따라서 모든 문제에 차분하게 매달릴 수 있었다. 특히 보어의 차례일 때 상황이 특이했다. 그는 종종 이해할 수 없는 연설을 했고, 머리를 기울인 채 불완전한 문장들을 더듬거리며 말했다. 가끔은 중간중간 파이프 담배를 채워넣고 웅얼거리며 손을 입에 대고 계속 말하곤 했다. 때로는 파이프를 내려놓고 오른손으로 칠판에 공식을 쓴 후 왼손으로는 다시 공식을 닦아내기도 해서, 누군가가 그에게서 지우개를 뺏기도 했다.

모든 물리학자들이 보어를 좋아했지만, 한 명이 특히 그랬다. 알베르트 아인슈타인이었다. 두 사람이 1922년 동시에 노벨물리학상에 지명되었을 때 ― 아인슈타인은 1921년 성과까지 포함해서 ― 보어는 매우 당황했다. 그는 서둘러 자신은 이런 명예를 받을 자격이 없다고 전세계에 알렸다. 그에 대해 아인슈타인은 이렇게 답했다. "친애하고 또 친애하는 보어! (……) 나는 당신의 우려를 특히 고무적으로 생각합니다. 정말 보어다운 일입니다. 당신의 (주기율표를 만든) 새로운 연구 때문에 당신의 정신에 대한 내 애정은 더 커졌습니다."

그러나 위대한 두 물리학자의 커다란 사랑도 양자역학에 대해 서로 다른 의견을 갖는 것을 막지는 못했다. 아인슈타인은 한편으로는 보어의 해석이 마음에 들지 않았고 언젠가는 그것을 '안심철학'이라 부르기도 했다. 다른 한편 그는 전자들의 궤도를 가리키는 독일어 단어가 길(Bahnen)에서 궤도(Orbitale) 혹은 체류영역(Aufhaltsbereiche)으로 바뀐 것을 못마땅해했고, 물리학자들이 개연성의 바탕에서 사유하는 것에도 반대했다. 아인슈타인은 원자 이론이 고전물리학처럼 결정주의적이지 않은 것을 불쾌하게 생각했고 다음 몇 해 동안 양자역학이 아직 불완전하다는(그렇다면 완결된 원자 이론은 수백 년 전부터 우리에게 익숙한 대로 다시 결정주의적으로 될 수 있다는 가정이 가능해진다) 사실을 보여주려고 노력했다. 특히 보어와 함께 한 수많은 토론들에서 아인슈타인은 예를 들어 불특정성은 스스로를 기만하며 따라서 보어의 보완성 개념은 효력을 잃는다는 증거를 찾고자 했다.

토론은 1920년대 말 이후에 대개 브뤼셀의 소위 솔베이 회의에서 이루어졌다. 양자역학에 대한 아인슈타인의 가장 유명한 공격은 1930년에 이루어졌다. 그는 한 가지 사고실험을 제시했는데, 그것은 빛 입자 — 소위 광자 — 의 에너지뿐만 아니라 그 입자가 관여하는 시점 역시 정밀하게 결정하는 실험이었다. 그러나 에너지와 시간은 하이젠베르크의 불특정성 원칙에 따르면 동시에 결정될 수 없고, 아인슈타인의 사고 과정에 오류가 없다면 코펜하겐 연구소의 해석은 상당히 낡은 것으로 판명될 터였다. 아인슈타인이 만든 상황은 다음과 같다.

단순하게 생긴 상자가 하나 있다. 상자 안은 밝다. 다시 말해 그 안에 광자(빛 입자)가 있다. 상자 내부에 시계가 하나 있는데, 이 시계는 빗장을 작동시켜 우선 한 쪽 벽에 있는 작은 구멍을 잠그게 만든다. 빗장장치는 구멍이 뚫리면 바로 광자가 상자로부터 벗어날 수 있다는 점을 겨냥한 것이다. 이제 사람들은 — 아인슈타인에 따르면 — 상자를 열기 전후의 무게를 잴 수 있다. 그럼으로써 광자의 무게, 따라서 광자의 에너지[27]를 알게 된다. 그것도 정확하게 예정된 시점에, 즉 시계에 입력된 시점에 아는 것이다. 그러나 이것은 아인슈타인에 의해 불완전하다고 여겨진(그러므로 보충이 필요한) 양자 이론에 따르면 존재해서는 안될 일이다.

"이 논거는 진지한 도전을 의미했다"고 보어는 말한다. "문제 전체를 철저하게 입증할 동기를 부여했다." 보어는 아인슈타인 논거의 약점을 찾기 위해 브뤼셀에서 잠 못 드는 밤을 보냈다. 그리고 만족스러운 해결책을 찾았는데, 이것이 그를 크게 만족시킨 데는 "아인슈타인 자신이 효과적으로 기여" 했다. 즉 아인슈타인이 물리학에 선사한 일반 상대성 이론을 올바로 적용하면 문제가 바로 사라진다는 사실을 밝힌 것이다. 보어가 말한 해결책은 약간 복잡하게 들린다.

"더 자세히 관찰해 보면 시계의 움직임과 그 위치 사이의 관계를 중력장 안에서 고찰하는 일이 필수적이라 입증된다. 이 관계는 태양 스펙트럼 선들의 적색편이로부터 잘 알려진 것으로, 아인슈타인이 말했듯, 가속된 좌표 안에서 관찰되는 현상들과 중력 작용 사이의 등가원칙에 따른 것이다."

따라서 보어는 빛과 원자들의 행태를 해석하기 위해 별들로 손을 뻗었음이 분명하다. 상자를 이해하게 해주는 아인슈타인의 고찰이 어떤 모습인지를 더 단순하게 표현해 보자. 광자의 무게를 결정하기 위해서는 상자를 용수철저울에 매달아 무게를 잰다. 저울 바늘을 읽어

용수철의 상태와 상자의 무게를 알아낸다. 그리고 빗장이 열려 광자가 달아난 순간 용수철이 상승하고, 잠시 후 상자의 무게를 재면 광자의 무게를 알 수 있다. 그런데 용수철의 운동이 정지하기까지 약간의 시간이 소요된다. 그때 시계는 지구의 중력장 안에서 움직인다. 그러나 보어는 이의를 제기했다. 아인슈타인의 일반 상대성 이론에 따르면 중력은 시계의 작동에 변화를 주고, 그렇다면 광자가 상자를 떠난 시점을 결정하는 데 있어 부정확성이 발생한다는 것이다. 그것도 양적인 부정확성이다. 바로 양자물리학의 불특정관계에 의해 주장된 부정확함 말이다.

이것으로 보어는 아인슈타인에게 승리를 거두기는 했지만, 그들의 토론은 오랫동안 끝을 맺지 못했다. 앞서 '세계적 현자' 아인슈타인을 소개할 때 이에 대해 더 자세히 언급했었다. 일견 물리학에 관한 문제처럼 보이지만, 아인슈타인과 보어 사이의 논쟁은 철학적 성격을 띠고 있었다. 그들의 논쟁이 18세기 초의 뉴턴과 라이프니츠의 것과 비교할 만하다는 주장은 일리가 있다. 당시에는 공간, 시간과 물질의 본성이 문제였고, 보어와 아인슈타인 사이에 중요한 것은 양자 이론의 해석과 따라서 물리학적 현실이었다. 더 중요한 것은 인과성 문제, 그럼으로써 현대 물리학자들의 신에 대한 입장 문제였다. 아인슈타인은 신이 노회하기는 하지만 악의적이지 않은 '노인'이라는 어리석은 의견을 발표했다. 보어는 아인슈타인의 농담이 부적절하다고 생각했다. 그는 개인적으로 신에 대한 속박에서 자유로웠다. 그에게 종교는 아무 의미가 없었고, 그의 아들들은 세례도 받지 않았다. 종교를 긍정하는 것은 그에게 나락에 빠지는 것을 의미했다. 그는 진리를 보고자 감행했고, 이 진리가 공적으로 통용되기를 바랐다.

보어는 정치적인 문제에서도 이 공공성 이념을 대변했다. 연합국이 원자폭탄을 만들어 일본에 투하함으로써 정치적 목표를 달성한 후, 그는 미국(과 영국) 정부에게 자신들의 프로젝트를 러시아에 밝히고 비밀로 다루지 말라고 요구했다. 물론 권력층에서는 보어의 요청을 진지하게 받아들이지 않았지만, 그렇다고 그가 자기 의견을 계속 주장하는 것을 막지는 못했다. 나토가 창설되고 바르샤바 조약이 발효된 다음해인 1950년 보어에게 마지막 기회가 찾아왔다. 그는 유엔에 다음과 같은 공개서한을 보냈다.

> 문명이 가진 물질적 상황의 개선 가능성을 원자에너지원으로 파괴하는 것은 인류에게 있을 수 없는 일입니다. 따라서 문명이 계속 생존하려면 분명히 국제사회의 철저한 대응이 필수적입니다. 과학의 진보는 오로지 인류를 위해서만 사용된다는 보증이 있어야 하겠습니다. 하지만 그 전에 더 중요한 것은 모든 문화권에서 국가들 사이의 공동작업을 위해 필수불가결한, 동일한 보편적 자세입니다.
>
> 최고의 목표는 열린 세계입니다. 이 열린 세계는 모든 국가가 오로지 공동의 인류 문화에 공헌함으로써, 그리고 자신들의 경험과 수단으로 다른 국가에 도움을 줌으로써 가능할 것입니다. 완전한 개방만이 서로간의 신뢰를 효과적으로 촉진하고 공동의 안위를 보증할 수 있습니다.

보완성 개념과 친숙해진 사람이라면 쉽게 받아들일 수 있는 내용이다. 보완성을 이해하고 있는 사람이라면 타인이 무엇을 기대하는지도 이해해야 한다. 우리는 모두 동등한 권리를 가지고 있으며 함께 세상을 살아가기 때문이다. 보어가 우리에게 말하고자 한 것이 바로 그것이다. 그의 말에 좀더 많은 사람이 귀를 기울여야 했다.

1 '공간' 이라는 용어는, 우선 유클리드의 법칙이 통용되는 기하학적 양을 뜻한다. 평행선은 결코 만나지 않는다는 원칙을 예로 들 수 있다. 그리고 '시간' 은 일단 고전물리학에서 말하는 양으로, 열역학 제2법 칙이 규정한 방향으로 가차 없이 획일적으로 흘러간다.

2 대폭발 이론은 대중적인 만큼 진위가 불투명한 이론이기도 하다. 이 이론으로 설명할 수 없는 관찰들이 무수히 존재한다. 그러나 이 이론만큼 건전한 상식에 부합하는 대안도 없는 실정이다.

3 당시 소위 우주의 배경복사 현상이 발견되었다. 이것은 1948년 농담처럼 제기된 대폭발 모델에 의해 이해될 수 있었다. '빅뱅' 이라는 이름은 원래 이 모델을 조롱하기 위해 붙여졌지만 의도와는 다르게 사 용되었다.

4 아인슈타인이 방정식을 도출했을 무렵, 은하수 외에도 수많은 은하계가 우주에 존재한다고 생각하는 사람은 없었다. 더 놀라운 것은, 오늘날 시각에서 볼 때는 대단하지 않은 이 세계가 커다란 사상을 허락 했다는 점이다.

5 멀리 떨어진 은하계들의 적색편이가 증가하는 현상은, 은하계들이 점점 더 빠른 속도로 지구에서 멀어 지는 증거로 해석된다. 대강 보면 맞는 말인 것 같다. 하지만 더 정확하게 측정해 보면 불합리한 점들이 많이 나타난다. 우리 우주가 대폭발의 운명을 피해갈 기회는 아직 존재한다.

6 죽기 얼마 전 한 심리학자와의 인터뷰에서 아인슈타인은, 생각할 때 말이 잘 떠오르지 않았고 모든 통 찰이 그림으로 시작되었다고 고백했다. 그러나 그 문제는 여기서 다루기에는 너무 어려운 테마이다.

7 아인슈타인 자신은 장 피아제 같은 심리학자들과 대화를 했다. 어떻게 해서 자신이 정상적인 사람들과 다르게 생각할 수 있는지, 그리고 왜 눈으로 볼 수 없는 것에 더 잘 도달할 수 있는지를 이해하는 데 도 움을 받기 위해서였다.

8 대학시절 아인슈타인은 국적이 없었다. 1901년 그는 스위스 국민이 되었고 죽을 때까지 이 국적을 유 지했다.

9 아인슈타인의 가정은 빛의 에너지를 빛의 주파수에 의해 표현한다. 대략적으로 말해 여기서 충격적인 것은, 매순간 에너지가 존재하고 보존된다는 점, 그러나 주파수는 매순간 정의되지 않는다는 점이다.

10 물론 1905년 이후 전문가들은 아인슈타인을 주목했다. 곧 그는 박사학위를 받고 교수자격을 획득했다. 처음에는 취리히에서, 다음은 프라하에서, 다시 취리히로 돌아와 교수생활을 했고, 결국 막스 플랑크의 지휘 아래 독일 물리학자들의 부름에 따라 베를린으로 와서 카이저빌헬름 연구소에서 물리학을 연구했 다. 여기서는 교수의 의무가 없어 자기 생각에 집중할 수 있었다.

11 찰리 채플린은 아인슈타인에게 이렇게 말한 적이 있다. "모든 사람이 나를 사랑합니다. 그들 모두는 내가 말하는 것을 이해하기 때문입니다. 그리고 모든 사람이 당신을 사랑합니다. 그들은 당신이 말하는 것을 하나도 이해하지 못하기 때문입니다."

12 1911년 아인슈타인이 프라하의 교수가 되었을 때, 그의 연구실은 한 쪽 면이 정신병원 부속 정원을 향해 있었다. 아인슈타인은 방문객들을 그 창문가로 데리고 가서 정원을 산책하는 정신병자들을 가리키며 이렇게 말하곤 했다. "저기 양자 이론에 관심 없는 미친 사람들 일부가 보이네요."

13 이 문구는 아인슈타인이 직접 자신의 정신적 후계자라고 명명한 볼프강 파울리(1900~1958년)가 한 말이다.

14 보어 효과는 산소가 피(내지 헤모글로빈이라는 이름의 분자)와 결합하는 것이 다른 조직보다 폐에서 더 쉽게 이루어진다는 사실을 담고 있다.

15 23세의 닐스도 거기 있었지만 유감스럽게도 그는 골키퍼 후보였다.

16 두 개의 파동이 적합하게(위상에서) 합쳐질 때, 이것이 파동산맥에 첨가되기는 아주 드물다. 대부분의 경우에 파동행렬은 방해를 받는다. 학교에서 설명하는 것처럼 그것들은 간섭작용을 하고, 간섭 때문에 파동의 소멸이 올 수도 있다. 빛 더하기 빛은 실제로 어둠을 산출할 수 있다. 빛이 미립자로 구성되어 있다면 이해하기 힘든 사실이다.

17 빛이 파동으로도 미립자로도 보인다는 사실은 물리학자들을 놀라게 했지만, 그렇다고 그들이 계속 과민한 반응을 보이지는 않았다. 뉴턴 시대 이후로 계속 옥신각신해 왔던 주제였기 때문이다. 그 사안이 엄청난 문제가 된 것은, 전자 역시 파동처럼 행동할 수 있다는 사실이 입증되면서였다. 여기서 극히 놀라웠던 점은, 하나의 전자가 얼마의 질량을 가지고 있는지를 알았기 때문이다. 극소의 질량을 가진 전자에서 어떻게 파동을 생각할 수 있었겠는가?

18 베르너 하이젠베르크에서 유래한 행렬역학과 에르빈 슈뢰딩거가 제창한 파동역학(슈뢰딩거 방정식)을 말한다. 이 두 형태는 짝을 이루어 유효한 물질 이론으로 증명되었다. 이것들과 조화를 이루지 못하는 실험은 아직까지 하나도 없다.

19 역사적으로 보자면 보완성이라는 용어는 오래전부터 있었다. 보완성 개념은 색 이론에서 처음 쓰이기 시작했다. 18세기 이후로 보색 — 예를 들어 빨강과 초록 — 은 가색법에 의해 혼합하면 흰색을 만드는 색을 말한다. 보어의 구상은 이것과 큰 관계가 없다.

20 보완적 쌍의 또다른 예들로는 우리가 속해 있는 '어머니 자연'과 우리가 마주 대하는 '환경'이 있다. 또

우리가 수반하는 기질(nature), 그리고 우리를 형성하는 조건들(nurture)도 서로 보완적이다.

21 불특정성은 예를 들어 어떤 전자의 장소와 자극(임펄스)을 임의적인 정확도로 동시에 측정할 수 없다는 내용을 말한다. 내가 그 전자의 장소를 매우 정확히 안다면, 전자의 자극은 그에 상응해서 불특정해진다. 이것은 전자들이 왜 하나의 원자핵 속에 머무를 수 없는지를 설명해 준다. 만약 그럴 수 있다면 전자들의 위치는 아주 정확히 결정되었으리라.

22 1930년대에 보어는 원자핵의 소위 '방울 모델'을 제안했다. 그 도움으로 리제 마이트너는 핵분열에서 일어나는 일들을 이해할 수 있었다. 이런 모델을 이해하는 데 본질적인 것은 물의 표면장력인데, 이것은 작은 방울이 형성됨으로써 비로소 가능해진다. 보어의 정확한 지적은 분명히 유용한 결과를 낳았다.

23 칼스버그 양조회사의 친절한 후원으로 이루어진 일이다. 이 회사가 저택을 구입해서 덴마크 국가에 양도했다.

24 비합리적인 심중에서 나온 이 결정은 아마도 보어가 보완성에 나타나는 이분법을 애호했던 것과 관련되어 있을 것이다. 루더포드의 모델은 원자의 두 영역, 즉 내부(핵)와 외부(전자)를 그렸다. 이 구조적인 이분법은 기능적인 이분법과 상응한다. 원자들은 물리학적 특성(방사능)뿐만 아니라 화학적 특질(반응할 준비)도 가지고 있다. 이 둘은 한데 어울린다. 원자의 물리학은 핵 속에 들어 있고, 원자의 화학은 껍질로부터 나온다.

25 제1차 세계대전 중에 덴마크 화폐 크로네는 급격히 가치를 잃었고, 전쟁 전의 모든 계획들은 곧 휴지조각이 되었다. 그때 칼스버그 재단이 뛰어들지 않았더라면 보어연구소는 오늘날 존재하지 않았을지도 모른다.

26 토론은 물론 밤에도 계속되었고, 보어는 한 가지 주제에 특별한 관심이 있을 때면 대화 상대를 요트루어나 동부 해안의 자기 별장에 초대하곤 했다. 이 별장 대문 위에는 말편자가 걸려 있었다. 누군가가 보어에게 미신 때문에 걸어놓은 것 아니냐고 묻자 보어는 이렇게 대답했다. "아닙니다. 미신이 아닙니다. 하지만 제가 듣기로는 믿지 않아도 효과를 볼 수는 있다더군요."

27 왜냐하면 아인슈타인에 따르면 "에너지는 질량 곱하기 광속의 제곱"이기 때문이다. $E = m \cdot c^2$

9장

미국인과 이주민들

라이너스 폴링

존 폰 노이만

막스 델브뤼크

리처드 P. 파인만

모든 길은 미국으로 통한다. 적어도 20세기 과학에는 통용되는 말이다. 특히 1945년 이후, 내지 유럽인들이 나치의 횡포를 겪은 이후로는 그렇다. 제2차 세계대전 전까지 과학자들 사이에서 지배적인 언어는 독일어였고 미국은 재능 있는 대학생들을 괴팅겐이나 베를린으로 보냈다. 그러나 그후로 유행이 정반대로 바뀌었다. 오늘날 소통을 가능하게 하는 링구아 프랑카(lingua franca, 모국어가 다른 사람들이 쓰는 공통어 - 옮긴이)는 미국식 영어이며, 과학자로서 어떤 식으로든 체면을 신경 쓰는 사람이라면 몇 년 간은 미국에 체류하곤 한다. 과학계의 위대한 인물들은 뉴욕과 캘리포니아 사이에 거주한다. 그들은 부다페스트와 베를린을 비롯해 전세계에서 이곳으로 이주했다. 미국인들 역시 물론 독자적이고 독창적으로 각자의 분야에서 우세를 떨치고 있다.

라이너스 폴링

화학 결합의 본성

Linus Pauling

라이너스 폴링은 한 번도 자신의 천재성을 의심하지 않았고, 일생 동안 믿을 수 없을 정도로 다방면에 관심을 가지고 활동했다. 63세의 나이로 미국 국립과학재단(National Science Foundation)에 연구자금을 신청하면서, 다음 5년간의 주제로 노화의 메커니즘, 마취제의 효력방식, 반강자성(反強磁性), 정신병의 분자적 토대 등을 열거했고, 더욱이 생물학적 특수성, 금속의 화학적 결합 이론, 과학과 문명의 관계에 대한 책을 쓰고자 했다. 이와 더불어 그는 당시 미국에서 원외 야당과 같은 역할을 하던 조직인 '민주주의 제도의 중심'에도 참여했다.

마이클 패러데이처럼 폴링은 매우 가난한 가정에서 출생했고, 아주 일찍부터 과학에 관심을 가졌다. 고향도시인 오리건 주 포틀랜드에서 이웃에 살던 한 친구 집에 작은 가내 화학실험실이 있었는데, 13세의 라이너스는 여기에 관심을 갖기 시작했다. 여기서부터 그는 우리 세기의 가장 위대한 화학자로 성장했다. 무엇보다 화학적 결합에 대한 그의 전설적인 이론은 한 번이라도 폴링과 만난 적이 있는 사람이라면 누구에게나 강렬한 인상을 주었다. 언제나 사람들은, 근거가 될 과학 이론이 없음에도 불구하고 그가 직관적으로 모든 문제에 답할 줄 안다고 느꼈다.[1]

폴링은 타고나기를 매우 활동적이었던 것 같다. 죽기 1년 전인 1993년, 93세의 폴링은 인터뷰에서 1950년대 초에 열중했던 한 문제에 대해 이야기했다. 1952년 어느 강의에서 폴링은 희(稀)가스 종류인 제논이 인간의 몸에서 마취제로 작용한다는 가설을 듣고 몹시 놀랐다. 제논은 거의 어떤 결합도 하지 않는 불활물질로 알려져 있었기 때문이다. 어떻게 그런 원소가 마취제로 작용할 수 있을까? 폴링은 온종일 의문에 빠져 저녁이 되도록 생각을 멈추지 못했다. 하지만 다음날 아침 그는 문제를 잊어버렸고, 7년 동안 이런 관점에서는 아무 연구도 하지 않았다. 그러다 1959년 어느 날 과학신문 하나를 세세히 살펴보다가 클로로포름과 유사한 어떤 분자와 그 분자의 구조가 묘사된 것을 보았다. 이 물질은 폴링이 예전에 관심을 두었던 제논과는 아무 관계가 없었지만, 그림을 보다가 그의 머리에 번쩍하고 떠오르는 것이 있었다. "나는 책상에서 벌떡 일어나 큰 소리로 외쳤습니다. '이제 알겠어, 마취제가 어떤 기능을 하는지를.'"

폴링은 연구 스타일이 특이했을 뿐만 아니라 강의 스타일도 독특했다. 그는 학생들이나 전문가들 앞에서 지극히 대담한 (그리고 항상 옳지만은 않은) 가설을 매우 자주 선보였다. 또 1950년대 나온 그의 환상적인 제안들이 생물학적으로 효과 있는 분자구조를 갖춘 물질들을 다루고 있었을 때, 그는 강의 초기에 모델을 보여주기는 했지만 한 꺼풀 베일에 싸인 형태로 제시했기 때문에, 적절한 시기가 되면 보란 듯이 우아하고 감동적으로 자신의 이론을 펼칠 수 있었다(그리고 나서 그는 주위를 둘러보며 박수를 기다렸다). 그가 미국 패서디나의 캘리포니아 공과대학(CalTech)의 화학교수로 재직했던 1940년대와 50년대에 폴링의 강의는 우리 시대 과학의 즐거운 전설들 중 하나였다. 당시 그는《일반 화학》교과서를 써서 화학의 기본을 가르치기도 했다.

그는 오늘날 상업적으로 제공된 분자 모델을 세운 최초의 학자였다. 수소, 산소, 질소, 황, 인 원자를 모사해서 색을 입혀 기호화하고 결합 위치를 단 후 더 큰 그림으로 연결하는 폴링의 방식은 오늘날까지도 사용되고 있다. 그의 가장 유명하고도 구체적인 분자구조 안은 1952년에 나왔다. 화학자들이 단백질이라고 부르는 생물학적 분자들의 기본 요소로 소위 알파 나선(Alpha-Helix)[2]을 제시한 것이다.[3] 전철 'Alpha'는 역사적인 의미만 가지고 있을 뿐, 중요한 것은 생명의 구성성분들에는 우아한 형태의 나사 모양 분자가 존재한다는 생각이다. 폴링이 처음에 예감했던 것, 내지 자신의 모델로 추적했던 것이 무엇인지 생각해 볼 필요가 있다. 화학자의 숙련된 눈으로 보았을 때, 알파 나선은 진짜가 아니라기에는 너무 아름다웠다. 폴링은 자신의 제안을 확증할 수 있는 실험적 증거가 아직 충분히 주어지지 않았음에도 불구하고 벌써 공공에 이를 알렸다.

이 사건에서 그가 올바른 의견을 제시했을 뿐만 아니라 이 생물분자에 대한 자연 구조의 기본 원칙을 파악했다는 것이 한 가지 중요한 사안이다. 두 번째 사안은, 그의 나선(Helix) 개념이 곧바로 학파를 만들었고 무엇보다 두 사람에 의해 매우 진지하게 받아들여졌다는 사실이다. 당시 영국 케임브리지에서 생물학적으로 중요한 또다른 구조, 즉 핵산의 구조, 더 정확히 말하자면 DNA라는 이름의 유전물질의 구조를 추적하던 사람들로부터 말이다. 캘리포니아에서 경쟁자 폴링의 작업을 주시하던 제임스 왓슨과 프랜시스 크리크를 말한다. 물론 이두 젊은 소장 학자들은 폴링의 것보다 더 나은 DNA 결정체 뢴트겐 사진을 얻을 수 있었다.[4] 그리고 이 사진들 덕분에 그들은 1953년 단순나선이라는 폴링의 아이디어를 그 유명한 이중나선(Double-Helix)으로 변모시켰다.

왓슨이 훗날 말했지만, 그와 크리크는 한때 경주에서 졌다고 생각했다. 캘리포니아의 폴링이 DNA 구조에 관한 안을 제시한 순간이었다. 두 사람은 폴링의 연구에 덤벼들었고 — 그러나 곧 폴링이 거기서보여준 분자는 화학적으로 보아 전혀 산(酸)이 아니라는 사실만을 깨달았다 — 물론 그렇다고 해서 핵산이 바로 DNA가 될 수는 없었다. '산'은 자연에 의해 주어진 어떤 것이 아니라 과학자들이 만들어내고적용해야 할 개념, 무엇보다 화학자들이 생명으로 채워넣어야 할 개념이었다. 산이 무엇인지 인식한 화학자가 한 명 존재한다면, 그는 다름 아닌 폴링이어야만 했다. 갑자기 왓슨과 크리크는 속이 뒤틀렸다. 이 좋지 않은 느낌은 한동안 떠나지 않았다. 왓슨이 결정적인 착상을해내 속을 진정시키기 전까지 말이다.

폴링의 DNA 모델은 확실히 기존 의미의 산을 보여주지 않았다는것이다. 그 모델이 산과 같은 물질이 되려면, 그 이전에 폴링이 새로운 산 이론을 찾아냈어야만 했다. 하지만 만약 그렇다면 — 왓슨 생각에 — 폴링은 하나가 아닌 두 개의 연구논문을 썼어야 했다. 새로운이론을 소개한 첫번째 논문과 DNA 구조를 적용사례로서 제공한 두번째 논문을 말이다. 그러나 왓슨과 크리크는 케임브리지에서 하나의논문만을 얻었을 뿐이고, 따라서 그 모델이 잘못되었다고 판단해 계속 희망을 가질 수 있었다.

알다시피 왓슨과 크리크는 올바른 해결책을 발견했다. 그 사실을 알아차린 최초의 사람은 폴링의 이웃으로 캘리포니아 공과대학에서 일하던 막스 델브뤼크였다. 왓슨은 편지를 써서 자신들이 발견한 구조를 델브뤼크에게 알려주었고, 델브뤼크는 곧바로 폴링에게 정보를 주러 갔다.[5] 폴링은 환한 표정을 짓고 곧바로 그 모델의 의미를 파악했으며 멋진 구조에 기뻐하며 행운을 빈다는 소식을 케임브리지로 보냈다. 그는 질투할 필요가 없었고, 노벨화학상을 오래 기다릴 필요도 없었다. 그는 다음해에 상을 받았고, 그 이유에 대해서는 아무도 이의를 제기하지 않았다. 폴링에게는 충분한 이유가 있었던 것이다.

배경

1901년 폴링은 미국 오리건 주에서 출생했다. 같은 해 베르너 하이젠베르크와 엔리코 페르미가 태어났고 빌헬름 콘라드 뢴트겐이 첫번째 노벨물리학상을 받았으며 토마스 만은 《부덴부르크가(家)》를 내놓았다. 1년 후에 에밀 피셔는 단백질이 사슬 모양으로 만들어졌으며 아미노산이라고 불리는 더 작은 단위들로 구성되어 있다는 사실을 알아냈다. 1903년 퀴리 부부는 노벨물리학상을 받았다.

1927년 찰스 A. 린드버그는 단엽기 '세인트루이스의 정신(Sprit of St. Louis)'을 타고 대서양을 건너 서쪽에서 동쪽으로 최초의 논스톱 비행을 했다. 이 비행에는 33시간 이상이 필요했다. 같은 해 하이젠베르크는 불특정성을 도출했고, 닐스 보어는 보완성 이념을 작성했다. 미국에서는 무정부주의자 사코와 반제티가 처형되었는데, 훗날 밝혀진 대로 이는 부당한 일이었다. 손톤 와일더는 장편소설 《산 루이스 레이의 다리》를 선보였다.

폴링이 1963년 두 번째 노벨상을 받았을 때 ─ 이번에는 1962년으로 거슬러올라가 주어진 평화상이었다 ─ 미국 우주비행사 글렌은 지구를 세 번 일주했고 아데나우어가 물러났으며 교황 요한 23세가 선종했고 케네디 대통령이 총에 맞아 숨졌다. 하이나르 키프하르트는 《J. 로버트 오펜하이머 사건에서》라는 희곡을 내놓았다. 1980년대에도 폴링은 미국의 중거리 로켓 배치에 항의했지만, 그가 1994년 빅 수르에 있는 자신 소유의 농장에서 사망했을 때 세계가 더 평화롭지는 않았다.

초상

폴링은 1920년대와 30년대에 화학의 천재로 활동을 시작했다. 40년대와 50년대에는 당당하게 직접 의학적 문제를 제기하고 '분자적 질병' 개념을 도입한 화학계의 스타가 되었다. 하지만 60년대에 그는 원자무기실험에 거세게 반대하고 일방적인 군비 중지를 요구하면서 몇몇 동료들로부터 소외당했다. 결국 70년대에는 그의 가장 가까운 친구들조차 더 이상 그를 이해하지 못했다. 비타민 C가 암을 예방해준다는[6] 주제로 그가 점점 더 열심히 계획을 세우면서 직접 매일 10그램 이상을 복용했기 때문이다. 생화학자들은 비타민 C의 90퍼센트 이상이 이용되지 않은 채 다시 배설된다는 반증을 제시했다.[7]

이 모호한 개성과 재능이 어떻게 앙팡테리블로 변화했는지 약간이나마 이해하기 위해서, 우리는 20세기 초, 정확하게 제1차 세계대전이 끝날 무렵 폴링이 포틀랜드에 있는 오리곤 농업대학에서 화학을 공부하던 시기에서 출발해 보겠다. 18세의 나이에 이미 그는 전자 이론에 관심을 가지기 시작했다. 당시 전문가들은 전자 이론을 통해 관찰한 원자가를 설명하고자 했다. 한 원자 또는 원소의 원자가는 그것이 어떤 값을 가지고 있는지, 즉 다른 원자들과 얼마나 많은 결합을 할 수 있는지를 알려주었다. 1920년 이전에는 아직 원자 구성의 최종적인 상이 결정되지 않았지만 ─ 오리건도 전혀 예외는 아니었다 ─ 어떤 식으로든 외부의 전자들이 역할을 한다는 점은 확실해 보였고, 폴링은 그 역할이 어떤 것인지 정확하게 알고 싶었다. 결합을 가능케 하려면 원자 속 전자가 어떻게 활동해야 할까? 이 문제를 제기함으로써 그는 매우 일찍 연구 주제를 찾았고, 1939년 드디어 그 분야를 완전히 장악하고 이해했다. 운명이 좌우된 이 해에 그는 기념비적인 교과서《화학 결합의 본성》을 출판했는데, 이 책은 엄청난 판매부수를 올리며 오늘날까지도 읽히고 있다.

그가 화학 결합에 진지하게 열중한 것은 약 10년 전부터였다. 박사 후 과정으로 유럽(독일, 스위스) 양자역학의 대부들 밑에서 1년을 보낸 후 미국으로 돌아와 패서디나의 캘리포니아 공과대학에서 교수가 된 1920년대 말 무렵이었다. 당시 몇몇 물리학자들은 새로운 원자물리학 ─ 양자역학 ─ 의 도움으로 분자 생성 연구에 착수하기 시작했다. 그들은 두 개의 수소원자의 전자 두 개가 쌍을 이루어 하나가 될 때 어떻게 분자가 되는지를 이해하고 계산할 수 있었다.[8]

폴링은 우선 탄소 원자에 집중했다. 그는 탄소가 4라는 값을 가지고 있다는 사실 ─ 그러니까 4개의 수소 또는 2개의 산소 원자가 하나의 탄소 원자에 결합할 수 있다는 사실 ─ 밝혀냈을 뿐만 아니라 결합의 기하학 내지 결합이 형성하는 각도도 설명했다. 그는 매우 무모하게 연구를 시작했다. 폴링은 독자들에게 자신이 물리학자들보다 훨씬 더 멀리 나아갔음을 분명히 했다.

> 다음 연구는 양자역학 방정식들이 화학적으로 중요한(지금까지 알려진 것보다) 훨씬 더 많은 결과를 낳는다는 사실을 보여주고, 화학 결합으로 이어지는 전자쌍들에 대한 광범위한 규칙들을 수립하게 만들어준다. 이 규칙들은 여러 원자들이 만드는 화학 결합의 상대적 강도와 여러 원자들이 놓여 있는 각도를 알려준다.

계속해서 폴링은 자신의 이론이 결합의 종류들을 명확하게 표명할 것이라고 약속했고, 그의 동료들은 놀라움에서 헤어나올 수 없었다. 화학 분야에서 그런 일을 한 사람은 아직 아무도 없었다. 게다가 가장 훌륭한 점은 당시 젊은 폴링이 종이로 옮긴 거의 모든 것이 시대의 시험에 통과했고 옳은 것으로 입증되었다는 사실이다.

물론 화학은 폴링 이전에도 이미 주목할 만한 광범위한 학문이었다. 하지만 화학 교과서들은 실제 지식들을 모아놓은 것일 뿐이고 이 모든 것들에 대한 설명은 별로 없었다. 예를 들어 "왜 황은 무르고 다이아몬드는 단단한가? 왜 물은 0도에서 얼고 메탄은 -184도에서 어는가? 왜 염산은 질산보다 더 큰 부식작용을 하는가?" 등이 그러하다. 폴링이 등장해서 양자역학에 주제를 던져주기 전까지, 이와 유사한 질문들을 화학자들은 그저 지나쳐야만 했다. 폴링은 '화학 결합의 본성'을 전자의 상태를 통해 설명하고 "어떤 물질의 특성들 일부는 원자가 행하는 결합의 종류에 달려 있고 일부는 그때 이루어지는 배열에 달려 있다"고 입증함으로써, 물질의 수많은 특성들을 이해할 수 있게 해주었다. 그것도 그가 자랑스럽게 언급했듯이 "기초가 되는 원리로부터(from first principles)" 말이다.

폴링은 화학 결합의 많은 종류들 ― 예를 들어 공유 결합과 이온 결합 ― 을 구분했고 무엇보다 오늘날 '수소 다리'라고 알려진, 원자 내지 분자들 사이의 약한 접착에 대해 올바른 시각을 갖고 있었다. 수소는 하나의 전자만을 소유하고 있는데, 이 입자는 일종의 촉수로서 원자 주변을 조심스럽게 더듬다 안으로 들어가서 적합한 구성요소와 접촉할 수 있다. 그런 다음에도 수소 전자는 여전히 그 수소에 속하기는 하지만, 이웃한 분자들로 가는 일종의 현수교 같은 것을 형성하며, 그것들 다수는 함께 더 큰 연합을 공고히 할 수 있다. 가장 유명한 수소 다리는 DNA의 두 나사를 접합하고 이런 방식으로 이중 나선을 만드는 것들이다. 이것들은 유전 정보를 접합시킨다.

오늘날 보편적 지식이 된 것을 처음으로 발견해 낸 사람이 폴링이었고, 1939년 그는 고전이 된 자신의 저서 《화학 결합의 본성》에서 이 내용을 주목할 만한 폭넓은 시각으로 언급했다.

> 수소 다리 결합은 강하지 않다 하더라도 어떤 물질의 특성을 규정하는 데 큰 의미를 가지고 있다. 그것은 특히 실온에서 진행되는 반응들에 적합하다. 이미 알려졌듯, 수소 다리들은 단백질 구조에 커다란 역할을 하고 있다. 필자의 견해로는 구조화학을 생리학 문제에 적용하는 사례가 늘 것이고, 생물학자들에게는 수소 다리가 어떤 다른 결합보다 더 큰 의미를 가지게 될 것이다.

탁월한 예언이다. 여기서 '구조화학'이라는 개념은 폴링의 연구를 한 단어로 축약한 것이다. 그는 지난 20년대의 평면화학을 3차원 구조로 된 세계로 변화시켰고, 오늘날까지도 그의 후계자들은 열심히 이 구조 안을 돌아다니고 있다. 폴링은 이런 변화를 생물학에 도입시킨다면 생명의 과정을 더 잘 이해할 수 있다고 생각했다. 위의 인용문이 암시하듯, 폴링은 생화학의 해안을 향해 키를 돌릴 각오가 되어 있었고, 곧 목표했던 구체적 문제들에 눈을 돌리기 시작했다. 물론 처음에는 불시착 사고를 겪었다. 즉 면역학 실험을 하던 중 폴링은 유기체가 침투물 분자(항원)에 맞서 생산할 수 있는 항체가 항원 주변을 돌아다님으로써, 그것도 수소 다리의 적절한 옮김에 의해 특수한 구조를 얻는다고 주장했다. 오늘날 사람들은 이것이 사실이 아님을 알고 있다. 그러나 올바른 해결책이 40년(!) 후에야 나왔다는 점을 고려하면 참작의 여지가 있다. 더구나 이 해결책은 폴링의 시대에는 이해되지도 이해될 수도 없었던 유전자의 차원에서 나왔다.

다음 테마로는 더 단순한 것이 선택되었다. 헤모글로빈이라는 이름의 단백질이 피 속의 산소를 운반한다는 문제였다. 그는 우선 산소분자 안에서 산소가 어떻게 연결되어 있는지를 연구했다. 여기서 그 연구를 자세히 나열할 수는 없지만 — 자화율(磁化率), 그리고 산소를 동반하거나 결여한 헤모글로빈의 스핀이 중요했다 — 그가 이 문제에 몰두한 결과로 1949년 갑자기 중요한 의학적 성과가 나왔다는 점은 지적해야겠다. 당시 폴링은 '겸형 적혈구 빈혈증'이라고 알려진 질병에 시선을 던지기로 결심했다. 병 이름이 이렇게 붙은 것은, 정상인에게는 둥근 적혈구가 병자에게는 겸형(낫 모양)의 덩어리로 변하기 때문이다(그리고 이런 식으로 해서 피의 흐름이 막힌다).

캘리포니아 공과대학에 있는 폴링의 실험실에서는 단백질의 운동을 테스트하기 위한 방법이 개발되었고, 겸형 세포의 헤모글로빈이 정상적으로 몸을 순환하는 헤모글로빈과 구분된다는 분석이 나왔다. 폴링은 왜 적혈구가 "낫 모양인지" — 전하의 밀치는 힘이 방해하지 않기 때문에 낫 모양 적혈구의 헤모글로빈은 서로 달라붙는다 — 를 설명할 수 있었을 뿐 아니라 단 하나의 분자의 변화로 질병이 일어난다고 설명할 수 있었다. 그리고 1949년 그는 동료 이타노, 싱어, 웰스와 함께 겸형 적혈구 빈혈증을 '분자적 질병'으로 이해할 것을 제안했다. 그럼으로써 완전히 새로운 의학 개념이 탄생했고, 이 개념은 오늘날 그 유전학적 토대를 세우게 되었다.[9]

폴링은 이 질병의 의학적 자취를 계속 추적하는 대신 자신의 분자 구조 이론으로 돌아가 곧 단백질의 알파 나선을 제안했고 — 알파 나선은 헤모글로빈에서도 발견된다 — 1954년 그로 인해 노벨화학상의 영예를 안았다. 꼭 10년 후에 폴링은 두 번째 노벨상을, 평화 부문에서 받았다. 이번 수상은 그가 숨기지 않고 드러낸 정치적 확신과 관련되어 있다. 폴링이 능력과 명망의 정점에 서 있었을 때, 미국은 소위 매카시 시대로서 오늘날까지 불쾌한 기억을 일깨우는 세월을 체험하고 있었다. 공산주의자 사냥이 유행이었기에, 폴링이 핵무기와 핵무기 실험에 반대했다는 이유만으로 사람들은 그를 '빨갱이'이며 '위험분자'라고 분류했다. 사람들은 심지어 그가 단백질 구조에 관한 회의에 참석하기 위해 영국으로 떠나는 것을 금하기도 했다.

폴링은 당시 무엇보다 많은 수소폭탄 실험이 낳을 장기적 결과를 경고했고, 첫번째 소위 퍼그워시 회의를 조직했고, 이 회의를 통해 이후 동구(소비에트)와 서구 과학자들이 함께 군비 축소 가능성을 토론했다. 1958년 폴링은 《전쟁은 그만!(No More War!)》이라는 저서를 썼고,

같은 해 유엔 사무총장인 대그 하마슐드에게 과학자 만여 명이 서명한 실험금지 청원서를 제출했다. 청원서에는 "수소폭탄 실험을 종결짓기 위해 국제적인 협정을 요구한다"는 말이 있다. 과학자들이 정치에 관심을 돌리는 이유는 "방사능 물질의 방출에서 예상되는 유전적 작용을 포함한 복잡한 요인들을 그들만이 어느 정도 파악할 수 있기 때문"이라는 것이다.

1961년 5월 폴링은 오슬로 회의를 조직했다. 이곳에서 40명의 과학자들이 군비 축소에 대해 말했고, 행사는 수많은 시민들까지 참여해서 노르웨이 수도 도로를 통과하는 횃불행렬로 끝났다. 미국에서는 이 시기의 폴링을 '배신자'라고 불렀고, 그가 노벨평화상을 받은 후에도 그러했다.[10] 그가 베트남 전쟁에 반대하는 캠페인에 참여했을 때에는 말할 것도 없었다. 물론 워싱턴은 공식적으로 폴링 같은 사람을 무시할 수 없었다. 폴링은 저녁 7시 무렵 시위장을 떠나 멋진 옷을 입고 8시에 대통령과의 만찬에 참석하기도 했다.

이 모든 불안에도 불구하고 70대에 접어든 이 과학자는 이전과 마찬가지로 과학 연구 결과를 발표했다. 초기의 파란만장한 혁명은 더이상 없었지만 연구의 수준은 여전히 높았다. 1960년대에 폴링은, 현재 살아 있는 유기체에서 나온 거대한 분자들의 구조(소위 일차구조)로부터 그 유기체의 선조들이 가진 같은 분자들을 역추론하는 방법을 발견했고, 관련 정보들을 직접 모으기도 했다. 정치적 상황이 안정되자 그는 이제 정년퇴임만을 앞둔 평범한 교수로 보였다. 그러나 마침내 폴링은 갑자기 새로운 주제를 발견했다. 과학계 — 아니 과학계뿐만이 아니다 — 는 누구나 비타민 C를 충분히 섭취한다면 암이 사라질 것이라는 그의 주장에 경악하게 되었다.

비타민 캠페인의 출발점은 폴링이 1942년 걸린 원인불명의 심장병이었다. 그는 고용량의 비타민 C를 복용해 이 심장병을 치료했다고 주장했다. 그리고 아스코르빈산으로 알려진 이 물질이 감기와 암을 막아줄 수단이라고 선전했고, 건강을 판매한다는 데 초점을 맞춘 여론은 그의 '과학적 주장'을 탐욕적으로 받아들였다. 곧 모든 약국에는 비타민 C의 다른 이름인 '라이너스 분말(Linus' Pulver)'이 진열되었다. 폴링은 화학적인 논거를 펼쳤다. 예를 들어 비타민 C는 피와 조직 속에 있는 자유 라디칼(free radical, 전자쌍을 구성하고 있지 않은 전자를 가진 원자단 - 옮긴이)을 제거하는데,[11] 이 위험한 물질이 몸속에 더 적게 있을수록 암의 위험이 더 줄어든다는 것이다. 그러나 아스코르빈산을 다량 복용하는 것이 실제로 예방 효과가 있다는 그의 주장은 현재까지도 확고한 증거를 찾지 못했다.[12]

그는 이 모든 것 때문에 결국 자신의 가장 큰 약점에 굴복했을까? 그로 하여금 실수를 인정할 수 없게 만들고 같은 조건에서 더 나은 것을 이해한 사람들을 축하하기 어렵게 만든 그 허영심에 굴복했을까? 이 질문에 대한 답은 미루기로 하자. 대신 마지막까지 즐겁게 과학하고 예를 들어 핵 가까이에 있는(따라서 당연히 화학 결합에 기여할 수 없는) 전자에 대해 더 많은 것을 알고자 했던 이 위대한 화학자에게 차라리 경의를 표하자. 93세의 거장이 한 마지막 인터뷰의 첫번째 질문은 '장수, 건강, 활력의 비밀'을 묻는 것이었다. 폴링은 비타민 이야기를 하지 않고 그저 이렇게 대답했다.

"내가 활력을 유지하는 가장 중요한 비밀은 새로운 사안을 공부하고 새로운 것을 발견하려는 관심입니다. 그 결과가 내 머리를 깨지게 할지라도 나는 항상 일을 목표로 하고 또 추구합니다."

그는 스포츠를 하지 않았다. 이런 면에서 그는 마크 트웨인에게 공감했다. 마크 트웨인은 스포츠를 해야 한다는 생각이 엄습할 때마다 오랫동안 누워서 그 생각이 사라지기를 기다렸다고 한다. 이에 대해 폴링은 "나 역시 그렇게 누워서 기다립니다"라고 말했다. 그러는 동안 대개 그에게는 착상이 떠오르곤 했다.

존 폰 노이만

지구 뒤흔들기

John von Neumann

존 폰 노이만은 논리학자이기는 했지만, 자신이 가장 사랑한 금언 중 하나처럼 "지구를 뒤흔들고자" 했다. 그러면서 그는 아주 구체적인 가능성을 보았다. 즉 제2차 세계대전 시절 미국 원자폭탄 프로젝트를 위해 필요한 전자계산기를 제작한 사람들 중 한 명이 되었고, 1945년 이후에는 '슈퍼(Super)'라는 애칭으로 불린 수소폭탄의 사전작업에 아주 일찍부터 참여했다. 노이만은 원자세계의 계산 가능성만이 아니라[13] 날씨와 경제 등의 예측 가능성도 믿었다. 그 때문에 그는 예컨대 폴란드 만년설의 색깔 변화를 통해 세계 기후를 통제할 방법을 강구했고, 20세기에는 새로운 수학이 창안되어 환경과 경제 문제를 우아하게 해결할 수 있으리라고 전망했다. 마치 17세기에 아이작 뉴턴과 고트프리트 빌헬름 라이프니츠가 전개한 '미분과 적분'이 당시 제기된 역학적이고 물리학적 문제들을 다루었던 것처럼 말이다.

덧붙여 말하자면 라이프니츠는 미래 언젠가는 철학적 논쟁 문제들조차 예측에 의해 결정될 수 있을 것이라고 표명했었다. 전세계를 말과 기호와 상징으로 바꾼다면 깔끔한 증거가 나오리라는 것이다. 그리고 — 라이프니츠의 말 그대로 인용하면 — "이제 누군가가 내 성과들을 의심한다면, 나는 그에게 이렇게 대답하리라. '신사양반, 우리가 계산하도록 그냥 내버려 두시지요.' 그리고 잉크와 종이만 손에 들면 우리는 주어진 사안에 재빨리 규칙을 정할 수 있다."

노이만 역시 바로 그런 수학적 세계를 유랑했다. 노이만은 우리가 최후의 보편학자로서 존경하는 라이프니츠처럼 생각했을 뿐만 아니라 그와 마찬가지로 수많은 영역에 통달하고 활동했다. 라이프니츠는 20세기에 와서 후계자 노이만을 찾았다고 말해도 과언이 아니다. 그러므로 과학자 집단이 '자니'(노이만은 스스로를 이렇게 부르기를 좋아했다)를 세계에서 가장 지적인 인간으로 여긴 것도 놀라운 일은 아니다. 그럼에도 불구하고 그는 우리의 최근 과거에 모종의 영향을 끼쳤다. 다시 말해 전문가들은 그를 미국 원자 프로그램의 찬란한 투사로서 일련의 실험(방사능 강수 실험)을 부단히 확대시킨 인물로 평가했다. 노이만은 신이 존재하느냐는 질문에 이렇게 대답했다.

"십중팔구 신은 존재합니다. 신이 존재한다면, 신이 존재하지 않을 때보다 더 많은 사물을 더 쉽게 설명할 수 있습니다."

노이만은 세계를 수학자의 관점에서 관찰했고,[14] 이 시각으로 보았을 때 믿음을 갖는 일이 그저 더 논리적이었을 뿐이다. 그의 믿을 수 없이 다각적인 활동을 이해하려면, 기세등등한 논리학적 성과로부터, 즉 1903년 부다페스트에서 태어난 계산의 천재가 1930년 전에 이미 논리학에 일종의 기여를 했다는 사실로부터 출발해야만 할 것이다. 또한 그가 모든 것을 계산 문제로 파악하는 유형의 지각능력을 가진 인물이었음을 알아야 한다. 그의 뇌는 모든 현실을 곧바로 숫자와 기능으로 변화시키는 듯 보였다. 예를 들어 1940년대에 그가 심한 폭발 후 나타나는 충격파 전파 현상에 매달렸을 때, 한 기자가 내용을 설명해 달라고 청했다. 그들은 함께 폭발 사진을 보았다. 기자는 사방으로 날아간 파편들에 깊은 인상을 받았고, 반면 노이만은 이렇게 말했다.

"시각화한 이해로는 여기서 무슨 일이 벌어졌는지 알 수 없습니다. 추상적으로 보아야만 합니다. 이런 일이 발생한 것입니다. 첫번째 미분계수가 동일하게 사라졌고, 따라서 눈에 보이는 것은 두 번째 미분계수의 자취입니다."

'자니' 같은 사람이 내부인들에게 존경을 받았음은 너무도 당연하다. 그러나 여론에 미친 그의 영향이 7개의 봉인을 지닌 책으로 남았다는 사실도 놀라운 일은 아니다. 그의 영향력은 도처에서 찾을 수 있다. 예를 들어 노이만은 반응방정식과 그 해법을 거쳐 실험 분야의 화학을 수학의 한 지류로 변모시키고자 했고, 실제로 오늘날 이론을 연구하는 많은 화학자들은 실습기간이 끝난 이후로는 실험실을 떠나 컴퓨터 앞에 앉아 분자모델을 계산하거나 반응을 시각화하고 있다. 그때 그들이 사용하는 계산기는 기본적으로, 노이만이 제안한 구상에 따라 만들어진 것이다. 모든 현대의 컴퓨터들은 그의 기술에 의거해 만들어졌다. 이 기술의 토대를 이루는 컨셉은 '중심의 프로그래밍 단위'에 있는데, "그 단위 안에서 반복적인 프로그램 작업이 코드화한 형태로 저장된다." 노이만이 1945년 처음으로 주창한 바에 따르면 그렇다.

현재는 이렇게 자명해진 저장 프로그램을 처음으로 제안하면서 — 우선 기계 안에 저장된 것은 데이터뿐이었다 — 노이만은 인간의 뇌처럼 기능하는 기계에 대해 깊이 생각하기 시작했다.[15] 이 질문은 그가 너무 일찍 죽음을 맞이할 때까지 절대 그의 뇌리를 떠나지 않았다. 존 폰 노이만이 1957년 워싱턴 D.C.에서 백혈병으로 사망했을 때, 임종의 침상 위에는 '컴퓨터와 뇌(The Computer and the Brain)'라는 제목의 미완성 원고가 놓여 있었다.[16] 원고가 완성되지 않은 것은 상당히 유감스러운 일이다. 서문만 읽어봐도 거기 예고된 내용이 큰 호기심을 유발한다. 죽음을 앞둔 노이만은 신경체계의 철저한 수학적 연구가 "수학과 논리학에 대한 우리의 본질적인 견해를 변화시킬 것"이라고 썼다. 그런 연구가 허락되었더라면, 그는 라이프니츠 프로그램이 실현 가능한지 아닌지 우리에게 답해줄 수 있었을지 모른다. 긍정적인 답이라면 아마도 지구가 진짜로 뒤흔들렸을 것이다.

배경

1903년 헝가리에서 요한(나중에 미국에서 존이라고 불렸다) 폰 노이만 남작이 탄생했다. 같은 해 독일 의사 게오르크 페르테스(Georg Perthes)는 뢴트겐선이 종양 성장을 막는다는 사실을 발견하고 거기서 새로운 종양 치료 가능성을 보았다. 버트란트 러셀은 《수학의 원리》를 출간했고, 독일 제국의회는 아동노동법을 제정했다. 이제 13세 미만 아동의 노동은 금지되었다. 1904년 빌헬름 비야크네스(Vilhelm Bjerkness)는 《날씨 예측》이라는 제목의 책을 내고 처음으로 날씨를 역학적 문제로 다루기 시작했다. 1년 후 아인슈타인의 위대한 연구들이 나왔고, 지그문트 프로이트가 위트에 관한 논문과 성(性) 이론에 관한 몇 편의 에세이를 출간했다.

1908년 수학에서 두 개의 흥미로운 발전과 하나의 혁신적인 견해가 나왔다. 네덜란드인 L. 브라우어가 무한집합과 관련해서 고전논리학은 더 이상 신뢰할 수 없다는 사실을 입증했다. 미국인 W. S. 고셋은 '평균의 오차 확률분포'를 연구해 발표했는데, 그때 학생(Student)이라는 필명으로 논문을 냈기 때문에, 이때부터 학계에서는 결과의 중요성을 심사하기 위한 실험을 '학생 테스트(Student's test)'라고 부르게 되었다. 그리고 앙리 푸앵카레는 "훗날 수학자들은 집합 이론을 치유해야만 할 질병으로 여기게 될 것이다"라고 주장했다.

1928년 노이만이 첫번째 독창적인 논문을 제출했을 때 — 이때 소위 미니맥스 정리(Minimax Theorem)를 증명했다 — 영국의 폴 디랙은 양자역학과 상대성을 접목해서 반물질의 존재를 예견한 한 방정식을 제시했다. 1년 후 처음으로 초단파(UKW) 수신기와 송신기가 개발되었고, 뉴욕에서는 엠파이어스테이트 빌딩 건축이 시작되어 1931년 완공되었다. 이 해에 오토 바르부르크는 노벨의학상을 받았고, 쿠르트 괴델은 증명불가능성에 관한 유명한 정리를 입증했다. 조지 버코프는 소위 '에르고드 정리'를 일반화했다. 쿠르트 투홀스키는 《그립스홀름 성》을 출간했다.

노이만이 사망한 해(1957년) 유럽은 공동 시장을 설립하기 위해 노력했고 — 유럽경제공동체(EWG)의 역사가 시작되었다 — 러시아의 스푸트니크호가 우주에서 지구로 첫 신호를 보냈다. 또 중국의 물리학자들은 (미국에서) 거울에 대칭이 아닌 프로세스가 자연 속에 존재한다는 사실을 발견했다(원소 코발트가 분열할 때 등가성이 손실되었다). 브루스 사빈은 척수성 소아마비 백신을 개발했고, 이것은 곧 작은 설탕 모양으로 전세계에 분배되었다. 그리고 — 여론은 아직 완전히 인식하지 못했지만 — 독일에서는 제초제 속에 인간을 병들게 만드는 오염

물질이 있다는 주장이 처음으로 나왔다. 그 물질의 이름은 다이옥신이었다. 아직 사람들은 그런 종류의 이야기를 거의 하지 않았다.

초상

존 폰 노이만은 은수저를 입에 물고 태어난 아이였다. 그의 아버지는 은행가였고, 아들 역시 겉모습은 항상 은행가 같았다. 어쨌든 존 폰 노이만은 언제나 양복을 입고 다녔다. 심지어는 콜로라도 강에서 애리조나주 그랜드캐니언 고원으로 노새를 타고 갈 때조차 양복을 입었다. 어린 자니는 동화 같은 기억을 가지고 있었다. 그리고 강조해야 할 것은, 그가 세 가지 언어를 사용하며 성장한 부다페스트가 분명 20세기 초 가장 매혹적인 도시들 중 하나였다는 사실이다. 부다페스트는 빈의 거대한 상극(相極)과도 같았고, 이 시절 노이만 일가를 비롯해 동유럽에 사는 유태민족[17] 중에서 수많은 유명 과학자들이 배출되었다.[18] 적어도 6명의 헝가리 출신 노벨상 수상자들 중 5명이 1900년 즈음 이런 환경에서 태어났다. 하지만 노이만이 자신의 출신에 대해 너무 많은 생각을 하지는 않았다는 점을 언급해야 하겠다. 유태인이라는 사실이 그에게는 별 의미가 없었고, 미국에서 태어난 그의 딸 마리나는 나중에 10대가 될 때까지 아버지가 유태인인 것을 전혀 몰랐다. 존이 1930년 메리엇과 결혼할 때 형식상 가톨릭으로 개종했기 때문만은 절대 아니다.

그나마 종교적인 합의도 결혼생활에 큰 도움이 되지 못했다. 1937년 노이만 부부는 이혼했다. 메리엇이 친구들에게 하소연한 말에 따르면 "자니가 너무 지루했기" 때문이라고 한다.[19] 파티 중에도 그는 종종 방 안에 처박혀 방정식을 쓰거나 고치는 일을 했고, 집안일은 모조리 아내와 하인들에게 맡겼다. 노이만의 두 번째 부인 클라라는 너무나도 유명한 이런 자세에 더 잘 순응했다. 20년 이상 남편과 한 집에서 살았지만 그가 아직도 유리잔이 어디에 있는지 모른다는 사실을 그저 말없이 받아들였다.

노이만 가족은 1930년대 초 이후로 뉴저지 프린스턴에 살았다. 그곳에서 존은 처음에 객원강사로, 1933년 이후로는 교수로 일했다. 미국으로의 길은 독일과 스위스를 경유했다. 젊은 노이만은 부다페스트에서 박사학위를 받은 후 독일과 스위스에서 계속 공부하고 화학 과목까지 수강했다.[20] 수학에 대한 확실한 재능을 제외하고도 매우 일찍이 눈에 띄는 것이 있었다. 항상 한꺼번에 많은 일을 처리하려 했고 한 가지 일을 공부하거나 작업하고 있을 때 벌써 다른 주제를 계획했다는 점이다. 이해할 수 없는 이런 조급증은 그의 일생 동안 계속되었다. 모든 일이 숨이 막힐 듯 집중적으로 일어났다. 마치 일찍 죽으리라는 것을 예감하고 자신이 잡을 수 있는 것은 무엇이든 절대 놓치지 않으려고 노력하는 듯했다.

노이만은 언제나, 그리고 일단은 논리학자였다. 어느 전기작가의 말에 따르면 "치명적으로 냉정하고 질서정연한 오성"으로 일련의 문제들을 해결하는 논리학자였다. "치명적"이라는 말은 문자 그대로의 의미일 수 있다. 1945년 원자폭탄의 기능을 점검하던 중, 자니는 폭탄을 가장 잘 폭발시킬 높이를 조사하라는 임무를 받고 곧 계산하기 시작했다. 살인의 세계가 숫자와 공식의 세계로 변모했고, 그 세계에서 우리 시대의 라이프니츠는 아무런 불만이 없었다.

노이만이 이 전쟁의 임무를 부여받은 것은 기념비적인 저작이 출간된 지 1년이 지났을 때였다. 1944년 그는 경제학자 오스카 모르겐슈테른과 함께 '거울 이론'[21]에 관한, 600페이지가 넘는 두꺼운 책《게임과 경제행동 이론》을 내놓았고, 거울 이론의 수학적 구조를 경제 주제에 적용했다. 언제나처럼 노이만은 논리적 출발점에서 비롯해 경제 문제에 몰두했다. 1928년에 나온 그의 초기 연구들 중 하나는 누군가가 스스로 의도한 것을 다른 사람이 어떻게 평가하는지를 논리적으로 질문하는 '두 사람 놀이'에서 전략을 찾는 문제였다. 노이만은 소위 제로섬게임에서 ─ 여기서 이윤이 한 측면이고 손실이 다른 측면이다 ─ 이기기 위한 최적의 전략이 존재한다는 사실을 알아냈다. 사람들은 실제로 논리적으로 자기 이익을 최대화할 수 있고 그럼으로써 손실을 최소화할 수 있다. 미니맥스 정리는 그 모든 것을 수학적 언어로 표현한다.

1944년에 나온 광범위한 '거울 이론'은 상상 속의 두 인물을 넘어서서 구체적인 경제에 (더불어 전쟁 수행에도) 이 전략을 적용했다. 그리고 노이만이 다른 모든 부담에도 불구하고 상대적으로 쉽게 이 일을 해낸 이유는, 1932년 이미 경제학을 수학적으로 어떻게 윤택하게 할 수 있는지를 이해했기 때문이다. 당시 그는 프린스턴 대학에서 '경제를 위한 방정식들에 관해'라는 짧은 강연을 했고, 거기서 '브라우어의 고정점 정리의 일반화'를 소개했고[22] 나중에 (독일어로) 출간했다. 이것을 단숨에 이해하지 못한 사람들은 결과적으로 아쉬운 실수를 범한 셈이 되었다. 1980년대에 리처드 굿윈이 썼듯이, 29세의 노이만이 "세기의 위대한 결실을 담은 작업"을 제공했음을 경제학자들이 알아차리기까지는 수십 년의 세월이 소요되었기 때문이다.

이 구조의 놀랍도록 빈틈없는 건축술은 경외심을 불러일으킨다. 그것은 선배학자의 도움 없이 최고조에 이른 무시무시한 오성으로부터 솟아나온 듯 경제 문제의 해결 가능성을 입증했다. 최저 가격의 물건이 어떻게 가능한 한 최고의 품질로 생산될 수 있는지를, 물건의 가격과 비용, 공급과 수요의 문제 등을 말이다. 동시에 이 연구는 역동적인 균형에 도달하기 위해서는 최대의 성장이 필수불가결하다는 사실을 보여준다.

결국 제2차 세계대전 말기에 모든 경제학자들은 노이만이 이미 10여 년 전에 증명했던 것을 이해하는 데 매달렸다. 그들은 영어로 읽고자 논문을 번역했다. 노이만의 논문은 1945년《경제통계학 분석(Review of Economic Statistics)》에 실렸고 '보편적인 경제적 균형을 위한 모델'이라는 제목을 달았다. 이것은 그후 노이만의 '팽창경제모델(Expanding Economy Model)'(EEM)로 다루어졌고 학파가 형성되었다.

팽창경제모델이 경제학에 어떤 의미를 가지고 있는지에 대해 경제 전문가들이 논쟁을 벌이기 시작했을 때, 노이만은 벌써 다른 주제에 매달리고 있었다. 그 동안 그는 컴퓨터에 대한 '음험한 관심'을 키워왔다. 분명히 오늘날 모든 값싼 휴대용 전자계산기는 당시 40년대에 있던 펀치카드식 휴대용 전자계산기보다 압도적으로 탁월하다. 그러나 모든 시작은 어려운 법이다. 1943년의 IBM 계산기는 10자리의 두 수를 곱하는 데 약 10초가 걸렸다. 따라서 거의 5분 동안을 그런 멍청한 일에 매달렸던(여전히 매달리는) 보통 직원들보다는 훨씬 빨랐다. 알다시피 이미 라이프니츠는 "뛰어난 남성들이 노예처럼 몇 시간을 계산하는 데 소비하는 것은 체면을 손상케 할 일이다. 계산을 담당할 기계만 있다면 아무 문제없이 다른 누군가에게 넘길 수 있을 텐데 말이다"라고 한탄했다. 노이만도 똑같은 생각을 했기 때문에, 그의 마음에 당연히 음험한 관심이 솟아났을 것이다.

　노이만의 도움으로 다가올 컴퓨터 세대의 선조가 된 기계는 필라델피아에 있었다. '에니악(ENIAC)'이라는 이름으로 1초에 333개의 곱셈을 수행할 수 있었다.[23] 노이만은 1944년 8월에 에니악을 처음 보았고, 그 계산능력에 고무되었다. 무엇보다 그의 눈에 띈 것은, 기계에 새로운 과제를 제시할 때, 즉 프로그래밍을 바꿀 때 존재하는 난점이었다. 그는 지속적으로 새 프로그램을 장착할 때 발생하는 시간 소모 때문이라고 생각했다. 당시 이것은 구체적으로, 수많은 기술자들 내지 조작원들이 더 많은 케이블을 바꿔 꽂아야 한다는 것을 의미했다. 그래서 그는 저장된 프로그램의 아이디어를 발전시킬 것을 제안했는데, 이는 몇 년 후에 실제로 이루어졌다.

　1945년 3월 그는 에니악을 개선하기 위해 '초안(First Draft)'에 자신의 고찰들을 모아 담았고, 이 101페이지짜리 글은 "컴퓨터와 그 기능에 관해 쓰인 가장 중요한 문서"라고 불리게 된다. 노이만은 컴퓨터가 — 적어도 컨셉에 있어서는 — 기본적으로 논리적 기능을 수행하며 전기 내지 전자적 측면은 부차적이라는 사실을 알고 있었다. 그는 논리적 이유에서 계산기가 핵심 부분을 가져야 할 뿐 아니라(그는 이것을 '센트럴'의 C라고 불렀다) 저장기를 필요로 한다(이것은 '메모리'를 뜻하는 M이라고 불렀다)는 점을 환기시켰다. C는 조절단위(CC)와 산술을 담당하는 부분(CA)으로 구분했다. 이 내용을 쓰는 동안 노이만은 항상 인간의 뇌와 뇌세포를 떠올렸다. '초안'은 이렇게 언급한다. "CA, CC, M이라는 세 특수 부분들은 인간의 신경체계에 존재하는 연상적(聯想的) 뉴런들과 부합한다. 센서 혹은 구심성 신경세포, 그리고 모터 혹은 원심성 신경세포 중 어디에 해당하는지는 더 논의해야 할 것이다. 이것은 기계의 입력(인풋)과 출력(아웃풋) 기관들이다."

'초안'을 통해 이른바 컴퓨터의 노이만 식 건축술이 결정되었다. 컴퓨터는 우리 일상에 강력한 영향을 미치는 기계이기는 하나, 이 자리에서 더 자세히 설명하지는 않겠다. 다만 오늘날 현실이 된 것들을 노이만이 이미 예견했다는 사실, 과학이 컴퓨터를 통해 행해진다는 사실, 즉 컴퓨터의 도움 없이는 존재할 수 없을 과학의 지류들 — 예를 들어 카오스 이론[24] — 이 존재한다는 사실만을 덧붙여 언급하겠다. 오래된 수학 방법론들은 인간이 장악할 수 있는 느린 계산방식에 적응했다. 그러나 전자 컴퓨터는 완전히 다른 가능성을 가지고 있었다. 노이만은 그것이 우선 계산 속도와 저장용량이라 생각했다.[25]

그러나 이 분야가 발전하는 동안, 그는 또다른 방향으로 시선을 돌렸다. 노이만은 기계가 뇌의 논리적 구조뿐만이 아니라 생명의 논리적 구조를 수용해서 담당할 수 있는지를 자문했다. 예를 들어 스스로를 재생산하는 자동기계를 만들 수 있을까? 이미 1948년에 그는 이 질문을 던졌고, 이 해에 나왔지만 사후에 출판된 이론에 그에 관한 답을 내린다. 즉 그런 자동기계가 존재한다고 입증했고, 뿐만 아니라 그 기계는 네 개의 요소로 구성되어야 한다고 예측하기도 했다.

당시에는 아직 분자생물학이라고 부를 만한 연구가 없었다. 그러나 노이만의 세포 이론을 살펴보면, 스스로를 재생산하는 세포 차원의 자동기계가 갖춘 네 개의 구성요소란 다음과 같다고 간략하게 말할 수 있다. 유전자 전체(DNA에서 나온 게놈), 유전물질을 배로 늘리는 단백질, 이 복제를 통제하고 이끌어가는 구성요소들, 그리고 세포의 물질순환이 중단되지 않게 생촉매를 공급하는 분자적 기계장치(단백질의 생합성)가 그것이다.

이것을 증명하고 컴퓨터 관련 주제로 계속 연구함으로써 노이만은 위의 기계가 스스로 재생산할 수 있다는 것을 보여주었을 뿐 아니라 오랫동안의 편견을 깨뜨렸다. 즉 기계는 경험을 통해 무엇인가를 배울 수 없기 때문에 새로운 상황에 적응해서 거기 맞게 작동할 수 없고 인간과 의미 있는 방식으로 통합될 수 없다는 편견을 말이다. 주변 사람들이 그를 다른 세계에서 온 생명체로, 아니면 미래에서 와서 우리가 가야 할 방향을 알고 있는 존재로 여긴 것도 어쩌면 당연하리라. 그는 많은 사람들에게 일종의 '신'이었고, 그러나 다행히도 '유별나게 상냥한 신'이었다.

노이만은 물론 신이 아니었다. 1952년 그는 아이젠하워 대통령의 부름으로 워싱턴에 가서 '원자에너지위원회(Atomic Energy Commission)'의 회장으로 위촉되었다. 그럼으로써 그의 고양된 일생은 절정에서 갑자기 정지했다. 처음에는 어깨에서만 통증을 느꼈는데, 진단 결과 골수암이었다. 암은 척추로 전이되었고, 곧 그는 휠체어 신세를 지게 되었다. 노이만은 큰 고통에 시달렸지만, 스케줄은 꽉 차 있었다. 그는 군무기의 사용 가능성에 좌우되어 논리적 오류를 범하지는 않으려 노력했다. 노이만 위원회의 수많은 회의에 참석한 허버트 요크의 말을 보자.

> 그는 공군과 관련한 자신의 일을 계속하기로 굳게 결심했다. 나는 많은 회의들을 기억하고 있다. 자니는 군대 부관이 미는 휠체어에 앉아 안으로 들어왔고, 우리 모두는 모여 앉아 있었다. 처음에 그는 정상적인 자아를 소유한 것 같았다. 명랑하게 웃고 통상적인 모습으로 회의장을 떠났다. 다시 말해 자니는 조금도 싸우려 하거나 회의장을 장악하려는 마음 없이 지적으로 그들을 지배했다. 나중에 자신의 상태에 희망이 없다는

사실을 알자 그는 절망에 빠졌고 교회에 귀의해서 위안을 찾고자 했다.

존 폰 노이만, 사람들이 어떻게 살아가는지를 잘 알고 있던 그는 사람들이 어떻게 죽는지는 알지 못했다. 병상에 찾아온 마지막 방문객에게 그는 절망을 토로했다. 그는 자신을 포함하지 않는 세계를 결코 상상할 수 없었다.

막스 델브뤼크

패러독스를 찾아서

Max Delbrück

막스 델브뤼크는 분자생물학자들 중 지성인이었고, 그의 연구들은 이 유전과학의 기원을 의미한다. 유전과학은 오늘날 이미 실험실을 떠나 새로운 의학을 실현하는 데 쓰이고 있다. 델브뤼크 자신은 1953 년 이 영역에서 물러났다. 바로 유전자를 만드는 물질이 최초의 비밀을 드러낸 해에 말이다. 당시 DNA 이중나선구조가 발견되었고, 많은 사람들이 생각하기에 유전학은 이제 정말로 흥미로운 학문이 되었다. 그러나 우선 생화학자들이 그리고 나중에는 유전기술자들이 그가 다듬은 영역을 돌아다닐 때, 델브뤼크는 다른 분야로 호기심을 돌렸다. 그에게는 이제 점점 더 많이 가공된 분자들의 세부사항이 중요하지 않았고, 유전학이 앞으로는 타인의 손에서 더 좋은 대접을 받을 것임을 알았다. 그 대신에 그는 생물학의 패러독스를 발견하려는 새로운 시도를 시작했다. 이것은 처음부터, 즉 1932년부터 확실한 목표였다. 다시 말해 26세로 박사학위를 받은 물리학자 델브뤼크가 코펜하겐의 강의실 맨 마지막 줄에 앉아, 위대한 닐스 보어가 연단에서 '빛과 생명'이라는 두 개념을 어떻게 설명하는지를 귀기울여 들었던 바로 그 날부터이다.

당시 보어는 원래 빛 치료법에 관한 세미나를 열었을 뿐인데, 거기에 특별한 생각이 없던 다른 사람들에게는 귀찮은 의무였을 것이 델브뤼크에게는 인생을 변화시킬 기회를 주었다. 보어는 새로운 원자 이론인 양자역학에 대해 이야기했고, 학계에서는 빛과 물질의 상호작용과 양자역학의 특수성이 연구되고 있다고 말했다.[26] 실험적 사실과 전통적 물리학 사이의 모순이 발생한 것을 계기로, 그것도 원자들이 핵을 가지고 있고 전자들이 핵 주변을 회전한다는 사실이 밝혀졌을 때, 사람들은 이 같은 발걸음을 진지하게 받아들였다는 것이다.[27] 그러나 그런 형태는 뉴턴과 맥스웰 식의 고전물리학 차원에서는 안정된 모습을 유지할 수 없다. 따라서 이 역설적인 상황에 직면해 사람들은 새로운 물리학을 추구하지 않을 수 없었고, 결국 과학은 새로운 물질 이론과 원자 현실에 대한 더 나은 이해로 보답했다는 것이다.

보어는 계속해서 말했다. 이제 빛과 물질의 상호작용에 머물지 않고 빛과 생명의 상호작용이 엄청난 아이디어를 요구하는 지점을 찾으려 감행하는 사람이라면, 그런 다음 마찬가지로 이해할 수 없고 역설적 결과를 낳는 실험들을 생물학에서 계속 추구하는 사람이라면, ― 보어는 이를 높이 평가했다 ― 그런 사람이라면 생물학의 토대가 될 이론을 발견하고 어쩌면 심지어 생명의 수수께끼를 해결할 만하다고 말이다.[28]

델브뤼크는 감전이 된 듯했다. 그리고 곧바로 이 패러독스를 탐구하겠다고 결심했다. 빛과 생명에 대한 공부를 어떻게 어디서 시작할지도 이미 알았다. 즉 베를린에서, 방사선으로 돌연변이를 유발하고 그럼으로써 빛을 통해 생명을 변화시킨 한 유전학자에게서 시작할 것이다. 델브뤼크는 생물학의 길을 걷기로 결심했다.

왜 델브뤼크가 자신의 분야, 물리학에 완전히 만족하지 않았을까? 이유는 단순하다. 늦어도 1920년대 이후, 그는 아직 대학공부를 하고 있을 때부터 적지 않은 발상을 해냈기 때문이다.[29] 새로운 원자 이론을 공부하는 것이 긴장감 넘치는 일이었던 만큼, 그 이론을 직접 영위하는 사람은 이론을 복잡한 분자들이나 고체들에 적용해야만 했고, 여기서는 아이디어가 풍부한 물리학자보다는 요령이 풍부한 수학자가 더 필요했다. 리튬 분자에 관한 박사 연구를 델브뤼크는 오히려 지루하며 완성했고, 1932년 고향도시 베를린에서 카이저빌헬름 화학연구소의 리제 마이트너가 이끄는 물리학 분과에 자리를 잡고 일하면서도 약간은 기분이 좋지 않았다. 그는 스스로 칭했듯이 그녀의 '가정이론가'였고, 그녀가 어시스턴트들과 함께 수행한 산란실험을 정확하게 살펴보는 일이 그의 임무였다. 양자 이론이 모든 실험을 올바로 묘사하고 있는지 보기 위해서였다. 그때 오늘날 문헌에서 '델브뤼크 산란'[30]이라고 다루어지는 성과가 나왔다. 그러나 그는 제2차 세계대전 이후에야 비로소 이 사실을 알게 되었다. 그 시점에 그는 이미 미국 패서디나의 캘리포니아 공과대학 생물학 교수로 세계적인 명사였다. 보어의 연설이 제시한 방향으로 분자생물학에 이르는 길을 성공적으로 찾았기 때문이다. 물론 패러독스는 아직 등장하지 않았다. 이 생명에 관한 과학에서 사람들은 항상 물리학과 화학의 법칙들과 조화를 이루며 그것들로 회귀하기 위해 노력했다. 곧 델브뤼크는 다시 한 번 처음부터 연구를 시작해야만 한다고 깨닫고 1953년 자신의 유전 연구가 절정에 달했을 때 계획을 실천했다.

배경

1906년 델브뤼크가 세상에 태어났을 때, 그가 태어난 도시 베를린에는 아에게(AEG)사의 터빈공장이 세워졌다. 파리에서는 피에르 퀴리가 불행한 사고로 목숨을 잃었고, 그의 아내 마리 퀴리가 남편이 가지고 있던 소르본 대학 교수직을 넘겨받았다. 런던에서 조셉 J. 톰슨은 수소원자가 하나의 전자만을 가지고 있다고 밝혔고, 영국인 윌리엄 베이트슨이 쓴 평론에서 유전에 관한 이론들에 '유전학'이라는 이름을 붙이자는 제안이 나왔다. 3년 후에는 덴마크의 빌헬름 요한센이 제창한 '유전자'라는 용어 역시 사용되었다. 같은 해 아우구스트 바이스만은 《도태 이론》을 펴냈고, 칼 보쉬는 프리츠 하버가 고심한 암모니아 합성 과정을 발전시켰다(하버-보쉬-방법). 로버트 피어리는 세계 최초로 북극에 도달했다.

델브뤼크가 생물학으로 방향을 설정한 1930년대 중반 독일에서는 나치가 권력을 잡고 있었다. 나치는 프리츠 하버를 추방했고, 하버는 1934년 바젤에서 사망했다. 베르너 폰 브라운은 같은 해 2.4킬로미터 높이까지 올라가는 최초의 로켓을 만들었다. 미국인 아놀드 베크만은 소위 PH-미터를 최초로 만들었는데, 이것은 어떤 용액의 산도를 정확하게 결정할 수 있는 도구였다. 헨리 밀러는 《북회귀선》을 출간했고, 폴 힌데미트는 〈화가 마티스〉를 작곡했다. 1936년 독일 군대가 라인란트를 점령했고, 베를린에서는 올림픽이 열렸다. 1939년에는 독일 군대가 폴란드를 침공했다.

1970년대 초 유전 기술이 등장함으로써 델브뤼크가 표현했듯 유전학의 '신혼여행'이 막바지에 다다랐다. 70년대 중반에는 콘라트 로렌츠가 1943년 처음으로 표명한 진화적 인식 이론 이념이 관철되었다.

칸트의 선험이 이제 새로운 빛(생물학)에 등장했고, 델브뤼크는 1976년 이것과 스위스 심리학자 장 피아제의 유전학 어휘론에 자신의 고별강의를 헌사했다. 같은 해 하르 고빈드 코라나가 이끄는 연구 집단이 유전자를 합성했고, 유전 기술을 다루는 최초의 회사가 샌프란시스코 인근에 설립되었다. 5년 후 델브뤼크가 로스앤젤레스에서 사망했을 때, 인간의 유전 지도를 완성하는 방법이 발견되었고, 전염병 에이즈 (AIDS)가 이름을 얻었으며, IBM이 빌 게이츠의 운영체계 MS-DOS를 산업표준으로 삼아 컴퓨터 안에 도입했다.

초상

델브뤼크의 아버지 한스는 막스가 태어났을 때 거의 60세의 나이였다.[31] 막스는 일곱 남매 중 막내였다.[32] 한스 델브뤼크는 베를린 대학의 유명한 역사학 교수였고, 다른 델브뤼크가 사람들도 이미 인문학 분야에서 두드러진 활동을 해왔다. 젊은 막스는 자신 역시 명성을 위해 자연과학 분야를 선택해야 한다고 생각했다. 그는 고등학교 때 천문학을 선택했고, 대학시절 최초의 공부도 이 분야에 속했다. 그러나 1920년대 중반 아무리 조용한 천문대라 할지라도 물리학 분야에서 진행되는 위대한 일들에 동참하지 않을 수 없었다. 어느 날 델브뤼크는 베를린 물리학연구소의 커다란 강의실에서 베르너 하이젠베르크의 강의를 듣게 되었다. 20대에 불과한 하이젠베르크가 오늘날의 양자역학 이론을 소개하는 첫번째 자리였다. 델브뤼크는 바로 그 순간 강의실로 들어서는 행운을 누렸다. 뿐만 아니라 아인슈타인과 발터 네른스트[33]도 그 자리에 있어서, 델브뤼크는 두 사람이 속삭이는 말을 들었다. "훌륭한 연구야, 아주 중요해."

델브뤼크는 하이젠베르크가 그 저녁에 이야기한 것을 이해하지는 못했지만, 그후 곧바로 베를린과 천문학을 떠나 괴팅겐으로 가서 물리학을 공부하기 시작했다. 거기서 그는 새로운 원자역학을 공부했을 뿐만 아니라 일생 동안 큰 역할을 하게 될 경험을 하게 된다. 1972년 한 저널리스트가 "왜 당신은 과학을 일생의 일로 선택했습니까?" 라고 질문하자 그는 괴팅겐 학생 시절을 예로 들며 대답했다.

저는 젊은 시절 과학이 소심한 사람들, 비정상적인 사람들, 행실이 나쁜 사람들에게 일종의 항구라는 사실을 깨달았습니다. 아마도 과거의 사람들에게는 더욱 그랬을 겁니다. 그러나 1920년대에 괴팅겐에서 다비드 힐베르트와 막스 보른 주관의 '물질의 구조' 라는 세미나에 들어간 대학생들은, 진짜로 여기가 정신병원이 아닌가 생각하지 않을 수 없었습니다. 분명히 참석자들 하나하나가 심각한 증상에 빠졌습니다. 사람들이 할 수 있는 최소한의 것은 말더듬이 놀이뿐이었습니다. 고급과정 세미나의 학생인 로버트 오펜하이머는 특히 우아한 형태의 말더듬 기술을 개발하면 이익이겠다고 말했지요. '괴짜' 라고 불릴 만한 사람들이나 그곳을 편안하게 생각했을 겁니다.

그렇게 약간 정신이 돈 사람들을 ― 그들이 과학에 관심을 가졌다는 이유로 ― 델브뤼크는 항상 마음에 들어했고, 자신의 집이나 실험실을 그런 사람들에게 개방함으로써 그들에게 편안함을 느끼게 했다. 물론 앞서 닐스 보어의 예에서 보았듯이, 당시 괴팅겐에서 연구한 원자 이론은 기상천외한 것이었지만, 원자 이론이 수학적으로 제시되었을 때에야 비로소 본질적인 면이 발휘되었다. 새로운 아이디어를 사랑하는 사람은 무엇인가를 정확하게 완성하는 대신 다른 분야로 눈을 돌려야 하는 법이고, 델브뤼크는 바로 그런 상황에 있었다. 그는 우선 괴팅겐 대학의 막스 보른에게서 박사학위를 받은 다음 코펜하겐에서 닐스 보어에게, 취리히에서 볼프강 파울리에게서 수업을 받았으며, 결국 베를린의 리제 마이트너에게서 일자리를 얻었다.

새로운 테마는 유전자여야 했다. 1920년대에 뢴트겐선에 의한 유전자 변형이 목격되었기 때문이다. 다시 말해, 유전자는 분자 차원의 구조물임이 분명했고, 이론물리학자라면 그 구조물을 계산해 낼 수 있으리라 보였다. 아마도 거기에 델브뤼크가 희망한 패러독스도 있었을 것이다. 그는 베를린에서 러시아 유전학자 니콜라이 티모페예프 레소브스키가 이 주제로 연구한다는 사실을 알았고, 그래서 자신의 어머니의 집에서 '방사선과 유전자'에 관한 사적인 세미나를 열어 그를 초대했다. 티모페예프가 참석해 함께 토론을 거친 후 물리학자 K. G. 침머와 공동연구를 계속한 끝에 오늘날 고전적인 된 《유전변이와 유전구조의 본성에 관해》라는 논문이 탄생했다.

1935년 이 논문에서 델브뤼크는 생물학자들이 '유전자'라고 말하는 것을 '유전자 조합'으로 이해해야 한다고 제안했고, 이 제안은 오늘날 자명한 사실로 드러났다. 단순히 최초의 유전자 모델이 등장한 데서 그치지 않았다. 그의 제안으로 — 아니 위의 논문이 명명했듯이 세 남성의 연구로 — 그때까지 완전히 고립된 채 각자의 길을 달려가던 두 과학, 즉 물리학과 유전학이 이제 하나로 연결된 것이다.[34] 그럼으로써 분자생물학 방향으로 첫번째 걸음이 내디뎌진 것이다(물론 이때 델브뤼크의 결과는 개인적으로 완전히 만족스러울 수는 없었다는 점을 언급해야겠다. 그가 원하던 패러독스가 나타나지 않았기 때문이다. 반대로 실제 그는 모든 것을 확장된, 그러나 오래된 영역의 과학에서 설명할 수 있었다).

분자생물학 방향으로의 두 번째 걸음은 4년 후 서쪽으로 수천 마일 떨어진 곳에서 이루어졌다. 델브뤼크가 물리학자에서 유전학자로 변모했을 무렵, 독일에서 과학에 집중하기란 쉽지가 않았다. 교수자격을 얻기 원하는 사람은 전문분야의 자질을 입증해야 할 뿐 아니라 덧붙여 정치적 성숙함도 보여주어야 했다. 델브뤼크는 그에 해당하는 정신적 훈련에 관심이 없었다. 나치가 보기에 그는 성숙하지 못한 자였다. 1937년 록펠러 장학재단이 그에게 미국으로 가서 그곳 유전연구소에서 일하지 않겠냐고 권유하자, 그는 곧바로 장학금을 받아들였다.[35] 그의 선택은 캘리포니아의 패서디나였고, 1937년 여름 캘리포니아 공과대학(칼테크)으로 떠났다.

원래 그는 거기서 초파리와 그 염색체를 연구할 생각이었지만, 그동안 유전학의 고전으로 자리매김한 초파리 연구는 그를 전혀 자극하지 못했다. 캘리포니아에서의 체류가 헛된 것이 아닐까 생각하던 즈음에, 그는 에머리 엘리스라는 이름의 한 남자를 만났다. 그는 델브뤼크에게 박테리아를 공격하는 바이러스를 연구하는 방법을 보여주었다. 델브뤼크는 이런 종류의 바이러스가 있는지 몰랐지만 — 당시 그는 생명의 그런 주변 현상이 존재한다는 사실 자체도 전혀 몰랐다 — 엘리스가 어떻게 그런 것들을 연구했는지를 알게 되자, 델브뤼크는 곧 그것이 운명이라는 사실을 깨달았다.

박테리아를 먹어치우는 박테리아파지라고도 불리는 박테리아 바이러스는, 사람들이 세포를 배양소에서 성장시키면 그냥 생겨나는 소위 '박테리아 잔디밭'에 구멍을 뚫는다. 그러므로 바이러스가 아직 존재하는지 혹은 완전히 번식했는지를 알고자 한다면 구멍 수만 세면 그만이었다. 엘리스는 정확하게 이 목적으로, 즉 바이러스의 성장을 연구하기 위해 연구비를 얻었다. 배경에는 바이러스 번식을 저지할 수 있는 화학물질을 찾겠다는 기대가 있었고, 그런 관심은 결국 바이러스가 종양과 어떤 관계가 있다는 가정 때문에 생긴 것이다.

이 모든 것은 델브뤼크에게 아무 상관없는 일이었다. 다만 그는 한편으로는 바이러스가 자신과 자신의 유전자를 증식하는 일 외에는 아무 일도 하지 않는다는 사실, 그리고 다른 한편 이런 과정에서 수량을 측정할 수 있다는 사실만을 알게 되었다. 그가 추구해 온 체계가 바로 그런 것이었다. 유전자가 '무엇이냐'는 질문은 기대하던 대로 패러독스에 이어지지 않았지만, 유전자가 '무엇을 하느냐'는 다음 질문이 최고의 후보로 보였기 때문이다. 그리고 박테리오파지를 통해 그는 이 아이디어를 구체적으로 실증할 기회를 얻었다.[36] 델브뤼크는 일에 착수했다. 1939년 델브뤼크와 엘리스가 '박테리오파지의 성장'에 관한 연구결과를 출간하자, 분자생물학은 엄밀한 과학이 되었다. 델브뤼크와 그의 물리학적 지식은 생물학자들로 하여금 처음으로 바이러스의 농도(와 그 이상)를 정확히 규정하게 해주었고, 이런 규정은 새로운 연구자들을 처녀지로 유혹했다.

그러나 우선은 몇 가지 난점이 있었다. 델브뤼크의 장학금은 1939년 9월에 끝났고, 일본을 거치는 귀국여행이 이미 계획되어 있었다. 그러나 그 동안 유럽에 전쟁이 발발해 그는 미국에 남기로 결심했다. 다시금 록펠러 재단의 도움으로 델브뤼크는 내슈빌(테네시 주)에서 일할 기회를 얻었고, 여기서 그는 전시의 겨울을 편안하게 났을 뿐 아니라 살바도르 루리아라는 이름의 젊은 이탈리아 출신 생물리학자를 만나기도 했다. 1943년 두 사람은 함께 박테리아와 박테리아 바이러스

사이의 상호작용에 관한 연구결과를 내놓았고, 이 연구는 1969년 노벨 생화학과 의학상을 가져다주었다.[37] 이유는 단순했다. 그들의 연구로 박테리아유전학에 관한 새로운 과학의 토대가 놓였기 때문이다. 루리아와 델브뤼크는 박테리아로 유전학을 영위할 수 있음을 보여주었으며, 박테리아가 박테리오파지의 공격에 대항해 어떻게 저항력을 가질 수 있는지를 알아내고자 했다.

1943년 유명한 '체액요동분석'에서 델브뤼크와 루리아는, 박테리아 유전자들이 변화할 수 있고 그럼으로써 바이러스 침투로부터 세포를 보호한다는 사실을 증명했다. 게다가 이 변이는 다윈의 순응 이론이 예견한 것처럼 자발적이고 우연하게 이루어진다는 것이다. 이러한 분석은 질적인 측면만을 가진 것이 아니었다. 나아가 그것은 거기 나타나는 변이의 비율이 얼마나 높은지도 덧붙였고, 그럼으로써 박테리아유전학의 최종 지점을 돌파했다. 실제로 보면 돌파 시점은 제2차 세계대전이 끝난 후, 즉 과학자들이 다시 민간의 목표에 눈을 돌릴 수 있었을 때였다. 그리고 사실 유전학의 이런 방향전환이 가속화한 것은, 델브뤼크가 1945년 이후 뉴욕 롱아일랜드의 콜드스프링하버 실험실에서 매년 여름 새로운 영역을 소개하는 강좌를 열겠다고 밝혔기 때문이다. 이 강좌의 참석자 리스트를 넘겨본 사람이라면, 그 안에서 훗날의 많은 노벨상 수상자의 이름을 발견할 것이다.

델브뤼크는 나중에 역사가들이 '파지 그룹'이라고 칭하게 될 집단을 조직했고, 이 그룹은 분자생물학의 진로를 결정지어 주었다. 논쟁의 여지없이 이 그룹의 우두머리이자 추동력은 델브뤼크였다. 그는 제2차 세계대전 이후 몇 년 동안 과학적 가족뿐 아니라 개인적 가족을 얻었다. 캘리포니아에서 테네시로 가기 직전 그는 미국 여성 메리 브루스를 만났다. 두 사람은 1941년 결혼했고, 1947년 첫번째 아이를 얻자 다시 서부 해안으로 돌아갔다. 캘리포니아 공과대학은 그에게 교수 자리를 제공했다. 바로 직전까지만 해도 유럽으로 돌아갈 생각을 하던 델브뤼크 가족은 패서디나로 이주해서 델브뤼크가 죽을 때까지 그곳에 머물렀다.

1947년에서 1948년은 그렇게 모든 일이 아무 마찰 없이 진행되었다. 패러독스만이 아직 등장하지 않았을 뿐이다. 1946년 서로를 배제하는 무엇인가에 부딪히게 될 명확한 실험을 시도했을 때조차 그는 정확히 정반대를 만났고, 그때에도 분자생물학은 다시 한 걸음 진보했다. 그의 실험은 모든 종류의 박테리아 조직을 공격하지는 못하는 바이러스에 관한 것이었다. 그는 두 종류의 바이러스를 하나의 박테리아에 풀어놓았는데, 그 두 바이러스 중 하나만이 증식할 수 있었다. 이때 델브뤼크는 바이러스 증식을, 더 이상 분해해서 설명할 수 없는 '생명의 기본 사실'로 인식하게 해줄 어떤 일이 발생하리라고 기대했다. 그러나 바이러스들은 서로를 방해하는 대신에 서로를 돕는 모습을 보여주었다. 그것들은 유전물질을 교환했고 — 다른 말로 하자면 교접했고 — 오늘날 사람들이 말하는 유전자 재결합이 이루어졌다. 그럼으로써 유전학에서 패러독스를 발견하려는 희망은 사라졌다. 델브뤼크가 박테리아와 바이러스(파지)를 떠나 한 단계 더 높은 목표를 향해 올라가기까지는 그리 오랜 시간이 걸리지 않았다.

1953년 그는 유기체의 유전 문제로부터 관심을 돌려 유기체의 행태를 더 정확히 관찰하기로 했다. 지각의 파지 같은 어떤 것, 즉 가능한 한 단순한 방식으로 환경의 신호 — 빛, 바람, 중력 등 — 에 반응하는, 생명의 단순한 형태를 찾고자 했고 거기서 일어나는 일을 파악할 수 있었다. 델브뤼크는 신호를 받아들이고 변형시켜 답하는 이런 과정을 '생물학의 중요한 비밀'이라고 칭하고 생물학자들에게, 자극을 주어 반응을 일으키는 신호들의 완전한 연쇄사슬을 제시하라고 요청했다. 예를 들어 그는 눈 속의 빛이 뇌 속에서 보는 행위로 바뀌는 과정에서 그런 사슬이 존재한다고 상상할 수는 없었다. 망막으로부터 신경세포와 뇌피질을 거쳐 의식으로 가는 길 어딘가에서, 1932년 보어가 환상 (Vision)이라고 명명한 패러독스가 나타나야만 했다.

델브뤼크는 유기체의 모델로 진균의 일종인 조균류(Phycomyces)를 선택했다. 조균류는 단세포생물로서 장점이 있어 보였다. 그는 활기 넘치게 새로운 과제로 뛰어들어 거의 죽을 때까지 그 일에 매달렸다. 그러나 흥미로운 사실들이 수없이 드러났음에도 불구하고 — 예를 들어 진균은 명백한 신호로 지각하지 않은 대상들, 즉 보거나 듣거나 접촉하지 않은 대상들을 피해갈 수 있었다. 오늘날까지도 조균류가 어떻게 접촉을 행하는지는 분명히 밝혀지지 않았다. 그리고 수많은 단초들이 기획되었음에도 불구하고, — 델브뤼크는 생화학과 유전학을 접목시켰고, 인공두뇌학자와 생화학자들을 초대했다 — 게다가 곧 스페인, 프랑스, 일본, 중국, 인도, 이스라엘, 캐나다, 독일, 미국 등의 동료들과 커다란 국제적 조균류 그룹을 조직했음에도 불구하고, 그 모든 것은 아무 소용이 없었다. 바바라 매클린턱이 말했듯이, 진균은 그들 모두를 언제나 바보로 만들었다. 그리고 누군가 정답에 근접했다고 생각할 때면 언제나 — 예를 들어 어떻게 진균은 빛신호를 성장추진력으로 변화시키는가, 라는 질문에 — 그는 진균세포의 비밀을 여전히 간직한 생화학적 덤불 속에서 발이 엉키곤 했다. 오늘날까지 진균의 신호체계도, 기대했던 패러독스도 비밀이 밝혀지지는 않았다.

조균류를 연구하던 시기에, 특히 1960년대에 델브뤼크는 다른 할 일이 있었다. 그는 이미 미국 국적을 얻었지만, 마음은 예전과 마찬가지로 유럽에 기울어 있었고, 대부분의 델브뤼크가 사람들은 유럽에 살고 있었다. 제2차 세계대전이 끝난 직후 그는 독일을 여행하여 친척과 친구, 그리고 동료들과 접촉했다. 이 같은 인간관계를 거쳐, 독일 과학의 부흥에 도움을 주자는 생각이 생겨났고, 쾰른 유전학연구소 설립으로 그 생각을 구체화했다. 델브뤼크는 1961년부터 1963년까지 2년 동안 연구소 소장을 맡았다.

그는 다시 한 번 오랜 기간 독일에 머물렀다. 1969년, 새로 설립된 콘스탄츠 대학에 도움이 되기 위해서, 즉 콘스탄츠 대학 생물학과 설립에 도움이 되기 위해서였다. 그해 말은 델브뤼크의 인생에서 특별한 절정이었다. 1969년 그는 노벨의학상을 수상했는데, 이런 영광이 특별한 의미를 가진 이유는, 그해 노벨문학상이 사무엘 베케트에게 돌아갔기 때문이다. 델브뤼크가 베케트만큼 좋아하는 작가는 세상에 없었다. 그는 베케트를 만날 수 있으리라는 기대감에 부풀었다. 《몰로이》의 주인공이, 1920년대 괴팅겐 세미나들에 출몰하던 괴짜 별종들로 구상되었는지 아닌지 베케트에게 물어보고 싶었다. 그러나 베케트는 스톡홀름에 오지 않았다. 또 몇 년 후 델브뤼크가 그와 함께 베를린 거리를 산책할 기회를 얻었을 때에도, 작가는 과학자의 질문을 이해하지 못했고 자신이 방금 무대에 올린 작품에 대해서만 이야기했다.

델브뤼크는 아직 쾰른에 있던 1962년, 연구소 개소를 기념하는 연설을 해달라고 닐스 보어를 초대했다. 그는 코펜하겐에서 온 위대한 노학자에게 1932년의 저 유명한 '빛과 생명'의 관계 이론을, 물리학과 생물학이 함께 그려볼 수 있는 거대한 진보의 시선으로 현재화해 달라고 요청했다. 보어는 델브뤼크에서 호의를 베풀어 약속된 제목으로 연설을 했다. 하지만 누구도 그의 말을 이해하지 못한 것 같았다. 델 브뤼크는 "생명현상의 해석 가능성이 분자 차원의 과정들을 통해서 오늘날 비로소 정확한 과학적 질문이 되었고" 곧 새로운 종류의 패러 독스를 만나게 되기를 기대한다고 감사를 표하기는 했지만, 대부분의 청중은 별로 할 말이 없었다. 그들은 결국 실용주의적인 입장을 가지 고 있었다. 세포를 분열시키고 분자를 유리시키며 그것들이 어떤 상 호작용을 하는지가 주된 관심사였다. 도대체 패러독스가 어디서 나온 단 말인가?

그들은 깨닫지 못했다. 오늘날까지도 많은 이들은 이해하지 못한 다. 생물학 본래의 패러독스를 만들어내는 전조가 자신들이 낳은 수 많은 결과들이며 수많은 모든 분자의 디테일들이라는 사실을. 문제는 세포와 유기체들 안의 모든 과정들이 지극히 정확한 물리학 및 화학 법칙 전체를 실현하기는 하지만 여전히 이해되지 않고 있다는 데 있 다. 생명의 복잡한 흐름은, 어쩌면 전혀 이해될 수 없을지도 모르겠 다. 비록 사람들이 그런 흐름들 중 많은 것을 이해하고 있고, 그러기 위해 분명히 노력하고 있지만 말이다. 델브뤼크는 죽는 날까지 그렇 게 했다. 악성백혈병이 마침내 그에게서 많은 에너지를 빼앗아갔을지 라도. 그러나 그는 고통을 겪으면서도 마지막까지 과학에 대해 깊이 고민하고 실험함으로써 자연을 고찰하고 자연에 질문을 던지는 데서 기쁨을 느꼈다. 델브뤼크는 언제나 팽팽한 긴장상태에서 자연이 내릴 답을 기다렸다.

리처드 P. 파인만

화려함 속의 유별남

Richard P. Feynman

　리처드 파인만은 매우 미국적인 사람이었다. 그는 1918년 미국 동부 해안에서 태어나 1988년 서부 해안에서 사망했다. 자신의 고향 미국의 거대한 대지처럼 그 역시 수많은 대립들로 가득해 있었다. 예를 들어 미국이 미키마우스와 달여행의 나라로 특징지어지는 것처럼, 파인만은 천재적인 물리학자이자 대단히 유치한 사람으로 묘사되기도 한다. 서구에서 가장 많은 수의 문맹자와 대부분의 노벨 자연과학상 수상자가 미국에 살고 있는 것처럼, 파인만 안에는 물리학에서의 최고의 독창성과 예술 및 철학에서의 최고의 진부함[38]이 공존한다. 그가 물리학에 관해 한 모든 말은 정확하게 간직하고 보물로서 지킬 것이 추천되지만, 반면 그가 윤리학, 미학, 정치에 관해 말한 모든 것은 그냥 지나쳐버리는 것이 좋다. 우리가 물리학에 대해 의견을 피력할 때 그가 느낄 모습과 똑같이 서투르고 지루하기 때문이다.

　물리학에서 그의 지식은 실로 일인자다웠다. 단순한 전문지식 이상이었다. 그의 전문분야에는 '양자전기역학(QED)'이라는 위협적이고 위력적인 이름이 붙어 있지만 그럼에도 불구하고 주목할 만한 가치는 충분하다. 결국 양자전기역학은 빛과 물질이 어떻게 만나는지를 기술하는, 세계에 대한 가장 정확한 이론인 것이다. 다시 말해 파인만은 빛 에너지가 어떻게 전자 에너지와 만나 상호작용을 하는지, 그때 어떻게 색과 굴절이 발생하는지를 이해했다. 더 특별한 것은, 심지어 그가 1949년 이 매우 복잡한 물리학적 상호작용과 더 복잡한 수학적 구조를 매력적인 그림으로 − 소위 파인만 도식으로 − 표현할 방법을 찾았다는 데 있다.

그러나 그는 이 특수한 부문에만 통달한 것이 아니었다. 그의 이름에는 물리학 전체를 조망했다는 꼬리표가 붙어 있었다. 파인만은 자기 세대의 물리학자 자체였고, 마치 스승처럼 동료들을 능가했다. 1960년대 초에 그는 패서디나의 캘리포니아 공과대학에서 전설적인 '파인만의 물리학 강의'를 했고, 이 강의는 1963년 특이한 포맷의 번쩍거리는 붉은색 3권의 책으로 출간되었다.[39] 이 강의록이 30년이 지난 후에도 여전히 − 그것도 변함 없는 내용으로 − 인쇄되어 나온다는 사실만 봐도 알 수 있듯, 파인만은 이 책에서 자기 학문의 현상태를 고집하지 않고 물리학 분과의 본질적인 것을 설명하면서 자신의 행동 방식 및 사고방식을 소개하는 데 성공했다. 1963년 파인만은 물리학이 무엇인지를 보여주었고, 파인만에게 필적할 만한 일을 할 수 있는 사람은 이전에도 없었고 앞으로도 없을 것이다.[40]

예를 들어 시계태엽이 풀려나오는 것을 막는 역학적 장치에 대한 강의가 유명하다. 딸랑이와 갈고리가 들어 있어 시계 방향으로만 움직이게 하는 톱니 모양의 구조를 어떻게 설명했는지! 물론 파인만은 더 큰 연관관계를 보았고, 45분이 다 흘러가기 직전에 학생들에게 세계 역사에 대한 교훈까지 제공한다.

> 딸랑이와 갈고리는 하나의 방향으로만 움직입니다. 나머지 우주와 근본
> 적인 어떤 관계가 존재하기 때문이죠. 우리는 지구를 식히고 태양으로부
> 터의 열을 보존하기 때문에, 우리가 만드는 딸랑이와 갈고리는 한 방향으
> 로 움직일 수 있습니다. 사람들이 이것을 완전히 이해하지 못하는 것은,
> 우주 시초의 비밀을 더 잘 이해하지 못하기 때문입니다.

이 붉은색 표지의 책들이 나온 이후로, 대학에서 물리학을 가르치
는 방식은 완전히 달라졌다. 파인만의 능숙한 교수능력과 자연의 연
관관계에 대한 육감을 아무리 칭찬한다 하더라도, 그가 벌인 물리학
축제는 직접 참가한 학생들에게, 적어도 초심자들에게 너무 많은 것
을 요구했다는[41] 사실은 감출 수 없다. 동료학자 데이비드 굿스타인은
파인만의 리서치를 이렇게 요약했다. "과정을 진행할수록, 첫 학기
대학생들은 점점 더 많은 수가 과정을 그만두었다. 동시에 더 높은 학
기의 학부생 중 점점 더 많은 수가 강의를 들었다. 따라서 강의실은
언제나 대만원이었기에, 파인만은 아마도 원래의 청중을 잃어버렸음
을 결코 알아차리지 못했을 것이다."

그러나 그는 팬클럽을 얻었다. 그 세 권의 붉은 책을 읽은 전세계
수많은 독자들이었다. 그가 물리학에 대해 설명할 때 매번 놀라운 것
은, 어떤 출처도 필요 없이 모든 공식과 모든 법칙을 독자적 방식으로
도출했다는 데 있었다. 텍스트를 읽은 사람이라면 아마 너무 안타까
워할지도 모른다. 파인만 같은 사람이 아이작 뉴턴의 시대에 있었더
라면, 아니면 제임스 클라크 맥스웰이 전자기장 방정식을 세웠던 19

세기에 있었더라면 물리학이 얼마나 멋진 모습을 하게 되었을지 상상해 보며 말이다. 물론 파인만은 양자 이론의 탄생에 기여하기에는 너무 늦게 태어났다. 하지만 이 이론 역시 그는 직접 도출해 냈다. 그것도 두 번이나. 한 번은 학생들을 위해 개념적으로, 또 한 번은 동료들을 위해 새로운 수학적 형태로 만들어냈다.

새로운 방정식들에 관해서 말하자면, 우리가 앞으로 알게 될 그의 도식들이 그 방정식들로부터 나왔다. 새로운 설명에 관해 말하자면, 파인만의 양자 강의들 ― 1권 37장 ― 은 양자의 근본적인 과제와 전자들의 이중성격을 명확한 방식으로 끌어냈다. 따라서 왜 양자 이론에 의해 고전물리학이 종말을 맞이했는지를 알 수 있게 해준다. 하지만 평소 모든 것을 설명을 통해 탈마법화하려는 파인만도 양자역학의 비밀, 즉 "불특정성을 통해 보호받는 그 위험하면서도 엄밀한 존재"는 포기할 수밖에 없었다. 이에 대에 파인만은 자신의 놀라움을 이렇게 표현한 적이 있다.[42]

양자 이론에서 나타나는
사물의 관점을 이해하는 일은
항상 어려웠다.

적어도 나에게는,
난 아직 모든 것이 명백한
시점에 도달하지 못한
나이이기에 말이다.

나는 여전히 거기에 신경이 쓰인다.

당신들은 그것이 어떠한지를 알고 있지,

모든 새로운 이념은,

명백하게 되어

어떤 문제도 제기되지 않기까지

한 세대 혹은 두 세대를 필요로 한다는 것을.

나는 원래의 문제를 정의할 수 없기에,

그런 문제가 존재하지 않을 것이라고 추측한다.

실제 문제가 없다고는

확신하지 못하면서.

배경

1918년 파인만이 뉴욕 파라커웨이에서 출생했을 때, 유럽에서는 제
1차 세계대전이 종결되었다. 황제 빌헬름 2세는 왕위를 포기했고, 사
회민주주의자 필립 샤이데만이 독일공화국을 알렸다. 오스발트 슈펭
글러는 《서양의 몰락》을 발표했고, 스페인 독감이 유럽에서 100만 명
이상의 사망자를 냈다. 희생자 중에는 화가 에곤 실레도 있었다. 1년
후 바이마르 국가회의가 독일제국 헌법을 승인했고, 1920년 미국에서
는 금주법이 도입되었고 첫번째 방송 프로그램이 전파를 탔다.

1941년 미국은 진주만에서 일본의 공격을 받았고 제2차 세계대전
이 태평양전쟁으로 확산되었다. 1942년 독일에 반대하여 참전한 국가
들이 연합국으로 뭉쳐 모든 공세를 물리쳤다. 엔리코 페르미는 시카
고에서 최초의 통제된 연쇄반응을 성공시켰다. 1943년 스위스 화학자
알베르트 호프만은 LSD가 환각을 일으키는 약물이라는 사실을 발견

했고, S. A. 워크스먼이 스트렙토마이신을 찾아냈다. 앙투안 드 생텍쥐페리는 《어린 왕자》를, 헤르만 헤세는 《유리알유희》를 출간했다. 5년 후(1948년) 세계는 두 가지 버전의 양자전기역학을 획득했다. 하나는 율리안 슈빙거가, 다른 하나는 파인만이 제시한 것이다. 그 때문에 그들은 ― 일본의 신이치로 토모나가와 공동으로 ― 1965년 노벨물리학상을 받았다.

2년 전 유명한 파인만 강의가 출간되었을 때, 매우 높은 적색편이를 보여주며 빅뱅 이론에 따르지 않는 준항성체들이 발견되었다. 1988년 파인만이 사망했을 때, 화학자들은 1,000만 가지 특수 화합물을 알고 있었고, 매년 40만 개가 거기 추가될 수 있다고 추정했다. 미국 특허청은 암 연구에 중요한 역할을 할 유명한 '암쥐'라는 척추동물에 첫 번째 특허를 주었다. 물리학에서 가장 활발한 분야는 고체 연구였다. 세라믹 소재에서 초전도가 되는 온도는 새로운 기록을 세웠다. 섭씨 영하 150도에 불과했다.

초상

파인만이 죽은 날, 그가 30년 이상 강의해 온 캘리포니아 공과대학 학생들은 캠퍼스의 가장 높은 건물에 거대한 띠를 둘렀다. "당신을 사랑해요, 딕(We love you, Dick)"이라는 문구가 쓰인 띠였다. 이런 행동은 파인만이 물리학과 대학생 세대에게 위대한 물리학자나 매력적인 스승 이상의 존재였다는 명백한 증거였다. 그들은 모든 것에서 '즐거움'을 찾는 것처럼 보이는 그를 사랑했고, 파인만을 가장 잘 특징화한 단어가 바로 '즐거움(fun)'이었다. 배달차를 운전해 시내를 돌아다니며, 자신에게 노벨상을 가져다준 '파인만 도식'들을 그린 사람, 그는 마치 봉고 북을 연주하는 것처럼 물리학을 했다. 또 그는 초유체(超游體) 이론[43]을 세울 때와 똑같이 마야의 상형문자를 해독할 때에도 즐거움을 느꼈다. 세계의 언어들을 모방할 때에도 즐겁기는 마찬가지였다. 파인만은 특이한 방식으로 음성을 낼 수 있었는데, 사람들은 그가 스페인어나 중국어를 말한다는 인상을 받았다. 진짜로 이들 언어를 알고 있는 사람만이 그것이 이해할 수 없는 소리라는 사실을 알아차릴 수 있었다. 그는 뉴욕 태생임을 분명히 알게 해주는 자신의 억양에 신경쓰거나 조심스럽게 말하지도 않았다. 그런 행동은 우스운 일이라고 생각했다.

파인만은 ― 더 정확히 말해 ― 파라커웨이 태생이었고, 혀를 굴리는 듯한 브룩클린 억양으로 말했다. 그 덕분에 보스턴과 프린스턴 대학에서 공부할 때 일단 학우들과 쉽게 구분될 수 있었다. 그러나 사실 그가 눈에 띈 까닭은 곧 완전히 다른 성과, 즉 수학적 능력과 물리학적 직관 때문이었다. 1943년 로버트 오펜하이머의 지휘로 황무지 도시인 로스 알라모스(뉴멕시코 주) 땅을 다지는 맨해튼 프로젝트가 출범했다. 이때 비록 젊은 나이였지만 파인만 같은 사람이야말로 미국이 꼭 필요로 한 사람이었다. 곧 파인만은 원자폭탄의 크기와 유효범위를 확정적으로 계산할 의무를 지고 그룹을 이끌었다. 여기서 언급해야 할 것은, 오늘날 방식의 컴퓨터 없이도 해결해 낸 계산 범위가 압도적으로 대단했다는 사실이다.

로스 알라모스 시절, 파인만은 어렵고 힘든 이론으로 시간을 소모했을 뿐만 아니라 '금고털이' 놀이를 하며 즐기기도 했다.[44] 그는 원자폭탄의 최고 기밀이 숨겨져 있는 금고를 따는 데 성공해, 오펜하이머와 장군들만이 알고 있는 서류를 입수했다. 미국 당국이 경악하지 않을 수 없었다.

그러나 이 이야기는 젊은 파인만이 이 시절 겪어야 했던 본질적인 비극 옆에서 퇴색하고 만다. 그는 매우 일찍 결혼했고 아내 아를린을 매우 사랑했다. 파인만에 따르면 "내가 아는 그 누구와도 비교할 수 없는 사랑"이었다. 하지만 로스 알라모스에서 그는 아를린이 결핵으로 죽는 모습을 지켜보아야 했다. 파인만은 물론 사랑이 과학보다 더 중요하다고 생각했지만, 이제 무엇이건 의지할 곳이 필요했고, 지식이 자신에게 주어진 '최고의 가치'라고 확신했다. 적어도 몇 년 동안 그는 이 '최고의 가치'에 모든 감정을 바쳤다. 아를린이 죽어갈 때, 그는 아내의 숨이 멈추어가는 것을 진찰하고 뇌의 활동 중지를 관찰하면서 고통을 이겨냈다. 마침내 아내가 숨을 거두자, 그는 병원을 떠나 다시 일로 돌아갔다. 1, 2주 후에야 갑자기 한 상점에서 아를린이 좋아했을 만한 옷을 보고 몸과 마음이 허물어졌다고 한다.[45]

전쟁이 끝나자 ─ 정치에 관심이 없는 파인만은 원자폭탄 투여에 대해 어떤 언급도 남기지 않았다 ─ 그는 로스 알라모스의 직속상관인 이론물리학자 한스 베스를 따라 뉴욕 주 코넬 대학으로 갔다. 거기서 파인만은 물리학에서 거둔 가장 큰 업적의 기초를 구상하게 되고, 이후 캘리포니아로 옮겨 거기서 (암으로) 죽을 때까지 살게 된다.

코넬 대학에서 파인만은 양자역학으로부터 양자전기역학으로 가는 길을 추구했다. 일반인들이 언뜻 보기에는 별로 중요하지 않은 일 같겠지만, 물리학 역사를 잠깐 살펴보기만 해도 이것이 얼마나 결정적인 진보를 의미하는지 알 수 있다. 물리학의 역사는 역학(뉴턴) 다음에 전기역학(맥스웰)을 찾아냈다. 그리고 20세기에 와서 양자역학(보어)

다음에 양자전기역학이 나올 차례였고, 이 일을 한 사람이 파인만이었다.[46]

기술적이고 수학적인 어려움은 일단 제외하고, 양자전기역학으로 가는 길에는 두 가지 문제가 있었다. 심리학적 문제와 물리학적 문제였다. 심리적인 장애는, 방법을 추구하는 방향을 제시했고 온 세상으로부터 기대를 한몸에 받은 영국인 학자 폴 디랙조차 앞으로 나아가지 못했다는 데 있었다. 디랙은 자신의 도전은 위대한 아이디어들을 필요로 하는 위대한 것이라 말했고, 다른 사람들은 그를 경외하며 무릎을 꿇었다. 이것이 파인만의 공명심을 자극했다. 그는 물리학 역사에서 스스로를 영웅이라고 생각한 사람에게 무엇인가를 보여주고 싶었을 것이다.

디랙이 자신의 수학적 무기들을 펼쳐놓은 것은 따분해서가 아니었다. 충전된 입자(예컨대 전자)의 소위 자체 에너지에서 물리학적 문제를 제거할 수 없었기 때문이었다. 이론에 따르면 자체 에너지의 값은 언제나 무한히 높았고, 이것은 물리학적으로 아무 의미가 없었다. 결국 디랙은 거기에 신경 쓰고 괴로워하기를 그만두었다. 자체 에너지가 무엇이며 왜 그렇게 어려움이 발생했는지는 아주 단순하게 설명할 수 있다. 전하 충전을 전혀 고려하지 않고 그저 중력장(예컨대 지구) 안에 있는 돌 하나를 본다면 그럴 수밖에 없다. 그 돌이 지상의 특정한 높이 위에서 어떤 에너지를 가지는지를 정확하게 계산하고자 하는 사람이라면, 질량과 에너지가 등가라는 알베르트 아인슈타인의 이론들도 염두에 두어야 한다. 그러나 ― 순수하게 이론적으로는 ― 재앙이 발생한다. 돌은 질량을 가지고 있고 지구 중력장 안에서는 에너지도 가지고 있다. 아인슈타인에 따르면 이 에너지는 독자적인 작은 장이 속해 있는 질량을 높이고[47] 이 장은 그 에너지를 높이는데, 이 에너지는 다시금 그 질량을 커지게 하는 것이다. 이렇게 나선과 같은 무한한 상승이 이어진다.

마찬가지로 하나의 전자도 자신의 전기장 안에 있다. 이 지점에서 디랙은 노트를 덮었다. 다음으로 그 노트를 다시 열어 출구를 찾은 사람이 파인만이었다. 공식들이 더는 먹히지 않는 지점, 이른바 특이성을 피하기 위해서였다. 파인만은 물론 하나의 트릭이나 아이디어로 성과를 거두지는 않았다. 반대로 그는 자체 에너지의 제어를 위한 도구를 작동시키기 위해 양자역학 전체를 다시 한 번 완전히 새롭게 만들어야 했다. "내 방식으로 한다(I do it my way)"는 모토에 따라서 말이다.[48]

파인만은 양자 시스템이 일단 고전적 체계와 똑같다는 가정, 즉 여러 상이한 상태들을 돌아가게 만들고 점차로 발전해 가는 체계라는 가정으로 양자역학 재창조를 시작했다. 양자들이 작동한다면 물론 더 많은 가능성이 떠오른다. 하지만 그러기 위해서는 더 고도의 수학이 필요하고, 그 수학의 도움으로 파인만은 현재의 상태를 통해 미래의 발전상을 계산할 수 있다는 사실을 보여주었다. 그의 수학적 트릭은 소위 '후원자'들로 구성되었고, 이들에 의해 그의 판타지는 오늘날 그의 이름을 달고 모든 물리학자들이 배우는 도식들을 만들어냈다.

파인만의 도식들은 계산에 재능이 없는 사람들도 양자전기역학에 접근할 수 있게 만들었다. 그의 도식들은 개연성을 계산하는 데 들어 있는 요소들을 분류하고 산출한다. 이 개연성을 통해 하나의 시스템은 상호작용을 통해 어떤 상태에서 다른 상태로 이행한다. 파인만이 자신의 방법론을 전자들에 적용하고 전자와 빛의 상호작용을 파악했을 때, 사람들은 갑자기 물리학 무대로 마술사가 걸어들어 오는 듯한 인상을 받았다. 그는 모든 무한성을 일격에 사라지게 만들었고, 마치 실크해트에서 토끼를 꺼내듯이 양자전기역학을 꺼내놓았다. 특이성이 사라진 것은 엄밀히 말하자면 파인만이 자신의 형식주의 속에 가능한 모든 방법과 작용을 통용시키려는 용기를 가졌기 때문이다. 그리고 그때 등장한 각각의 무한한 값은, 부정적인 징후로 보이는 다른 값이 삼켜버렸다. 이론을 써먹을 수는 있었지만, 일부 사람들은 이론 적용을 이상하게 여겼다. 디랙은 마지막까지 파인만의 이론을 좋아하지 않았다. 그러나 파인만은 바로 이 모든 기이한 특성 때문에 우리가 양자전기역학으로 물리학을 하면서 기꺼이 즐거움을 느끼리라고 말했다.

파인만 자신에게 양자전기역학은 특별한 순간을 허락해 주었다. 엄청나게 많은 돈을 들여도 절대 살 수 없고 정상적으로 기능하는 뇌를 가진 사람들은 결코 도달할 수 없는 그런 순간 말이다. 파인만은 도식들을 다스리게 됨으로써 진짜 물리학 문제들에 뛰어들 수 있었고, 1950년대 중반 드디어 전자가 입자 트리오(양자, 전자, 중성자)로 변모하게 되는 분열을 완벽히 설명했다. 그는 짧은 기간 내에 완전히 혼자서 그런 통찰을 이루어낸 세계 유일의 인간이었을 뿐 아니라 이런 계기로 "자연이 어떻게 기능하는지를 안 순간"을 체험하기도 했다. 결정적인 도식은 "망할 놈의 사물이 내비치는 우아함과 아름다움"을 소유하는 데 그치지 않았다.[49]

파인만은 다른 많은 것들에서도 '즐거움(fun)'을 찾았다. 봉고를 연주하며 참가한 리오 카니발로부터 극소의 기계만이 작용할 수 있는 '밑바닥 공간(room at the bottom)'으로 기술자들을 몰고 간 아이디어까지. 그럼으로써 그는 오늘날 나노기술이라고 불리는 것을 구체적으로 요청했다. 처음에는 인치(inch)의 1퍼센트보다도 작은 전기모터만을 생각했다고 한다. 그는 최초의 설계자에게 1,000US달러를 제안했고, 반년도 되지 않아 돈을 지불했다. 그러나 파인만은 다른 내기에서 이김으로써 돈의 일부를 회수할 수 있었다. 노벨상을 받은 후에도 관직을 수락하지 않고 예전과 마찬가지로 과학에 헌신할 것인지에 관한 내기였다. 시한은 10년이었고, 돈벌이가 될 법한 많은 직위가 그를 유혹했음에도 불구하고 어떤 것에도 눈을 돌리지 않았다.

하지만 만년에 미국 레이건 대통령의 청만은 거절할 수 없었다. 1986년 챌린저호의 재난을 조사하고 미항공우주국(NASA)의 안전조치를 심사하는 조사위원회에 함께 해달라는 부탁이었다. 7명의 우주비행사들(남자 5명, 여자 2명)이 우주선 발사 실패로 목숨을 잃었고, 파인만은 불행의 원인을 찾아내는 데 도움을 주기 위해 워싱턴으로 갔다.

당시 그는 골수암 진단을 받은 지 6년이 지난 상태였다. 그러나 많은 수술들 덕분에 다행히 아직 몇 년의 시간이 남아 있었다. 대통령의 초청으로 수도에 온 그가 처음으로 한 생각은 자신의 여생을 헛되이 보내지 않겠다는 것이었다. 그러나 우주선 프로그램에 참여한 친구들이 있었고, 프로그램이 계속된다면 그의 약점이 발견될 것이 분명했다.

친구들은 그가 재직한 캘리포니아 공과대학에서 아주 가까운 곳에서 일했다. 패서디나의 제트추진연구소(Jet Propulsion Laboratory, JPL)였다. 파인만은 이곳 기술자들이 이미 오랫동안 수많은 안전 결함 문제를 제시해 왔다는 사실을 알았지만 ― 예컨대 터빈 블레이드의 문제가 있었다 ― 제일 먼저 그의 눈에 띈 것은 O링(O-Ring)이라고 불리는 정교한 구성물이었다. 일반적인 고무 고리들이 문제였는데, 그것들은 연필보다도 가늘고 10미터 이상 길었다. 로켓을 구성하는 조각들을 밀폐하기 위해 사용한 것들이다. "분절의 홈을 검사할 때 O링에 탄 흔적이 보였다." 제트추진연구소를 방문한 후 파인만은 이렇게 메모했다. 그리고 깨달았다. "작은 구멍이 불에 타자마자, 갑자기 큰 구멍이 생겼다. 몇 초 지나지 않아 재앙 같은 결과가 나왔다." 이제 파인만은 워싱턴에서 함께 일하기로 결심한다.

그는 조사위원회 구성원들 중 나사(NASA)와 아무 상관없는 유일한 사람이었고, 따라서 가장 날카로운 비판자임을 여실히 보여주었다. 그는 당국 지도부에게 이 프로젝트가 우주비행사의 안전을 담보로 한 일종의 러시안룰렛이라고 비난했다. 하지만 조사를 진행하는 중에 O링의 열손상이 불행을 초래한 가장 큰 원인은 아니라는 사실을 확인했다. 더 중요한 것은 발사 전날 밤, 빙점에 가까운 차가운 기온이었다. O링에 대한 조사결과를 알리기 전 마술사 파인만은 트릭상자 안에 손을 집어넣었다. 그는 TV에서 어떻게 하면 좋은 반응을 얻을지 잘 알고 있었다. 파인만은 작은 클립 하나와 집게 두어 개를 준비하고 얼음물이 든 배가 볼록한 유리병과 유리잔을 달라고 했다. 그는 집게로 위원회가 모형으로 제공한 O링의 한 조각을 떼어내서 클립을 이용해 얼음물 속에 담갔다. 그러고 나서 이렇게 말했다.

"저는 모형에서 채취한 고무를 잠시 얼음물 안에 두었습니다. 그런데 클립을 떼어놓으면 고무가 재빨리 되돌아가지 않는다는 사실을 알게 되었습니다. 다시 말해 기온이 0도일 때 이 물질은 몇 초가 지나면 탄성을 잃어버린다는 것입니다. 그것이 이 문제에서 중요하다고 생각합니다."

챌린저호 참사의 기본적인 물리학적 원인은 그렇게 밝혀졌다. 비록 모든 조직적, 정치적인 문제를 비롯해 다른 결함들이 인식되고 수정되기까지는 몇 달이 더 소요되었기는 하지만 말이다. 모든 일이 끝나고 ― 백악관의 장미정원에서 추도식도 마치고 ― 파인만은 다시 캘리포니아로 돌아갔다. 그후 얼마 지나지 않아 세상을 떠났다. 대통령에게 보낸 그의 개인적 보고서에서 그는 이런 말로 끝맺었다.

"성공적인 기술을 위해서는 현실이 홍보를 앞서야 합니다. 자연은 속지 않기 때문입니다."

1 가장 근본적인 통찰은 방사가 유전질에 위험하다는 그의 직관이었다. 유전물질이 어떻게 구성되었고 방사가 분자들과 어떻게 상호작용을 할 수 있는지가 세부적으로 알려지기도 전에 나온 통찰이다.

2 나사를 뜻하는 라틴어 'helica'에서 도출된 단어이다.

3 단백질은 대개 촉매작용이 활발해서 효소(Enzyme)라고 불린다. 초기에는 'Ferment'라는 용어가 같은 것을 의미했다. 이 생명의 물질 뒤에는 긴장감 넘치는 역사가 숨어 있다. 그 이야기가 잘 알려져 있지 않은 까닭은, 핵산 내지 DNA에 사람들의 모든 관심이 쏠렸기 때문이다. 단백질은 생명의 대가와도 같다. DNA가 단백질을 위해 하는 일보다 단백질이 DNA를 위해 하는 일이 더 많다.

4 이 사진들은 특히 로잘린 프랭클린이 제공했다.

5 델브뤼크는 편지의 마지막 부분을 다 읽기도 전에 다음 행동을 서둘렀다. 편지에는 추신(P.S.)이 있었는데, 거기서 왓슨은 당분간 폴링에게 아무 말도 하지 말라고 부탁했다. 우선 혹시 있을지 모를 오류 등을 다시 한 번 면밀히 검토하고 싶다는 것이었다.

6 1919년 비타민 C는 괴혈병을 막아주는 요인으로 인식되었다. 1933년에는 비타민 C에 화학적으로 아스코르빈산이 작용하며, 이것은 합성으로 생산될 수 있다는 사실이 밝혀졌다.

7 그의 아내도 그 자신도 암으로 사망했다. 그들 둘은 물론 이미 늙은 나이였다. 두 사람은 1923년 결혼해 두 아이를 낳았다. 폴링의 아내 에이바 헬렌 밀러는 1981년 세상을 떠났다.

8 이 작업은 1927년 발터 하이틀러와 프리츠 런던이 해냈다. 그들의 연구 성과는 양자역학이 그런 결합을 허락 내지 예견했다는 결정적인 증거였다. 따라서 양자역학은 원자의 이론일 뿐만 아니라 분자의 이론이며 아마도 물질 전체의 이론이었다.

9 1957년 버논 잉그램(Vernon Ingram)은 겸형 적혈구 빈혈증의 사례에서 변화하는 헤모글로빈 구성요소는 단 하나뿐이라는 사실을 밝혔다.

10 결국 1963년 열강들은 원자무기 실험 중단 협정에 서명했다.

11 이런 일을 하는 다른 물질들도 있다. 그것들은 항산화제 집단이라고 불리며 예컨대 심장병에서 무시할 수 없는 역할을 한다.

12 최근 한 역학 연구에 따르면 10년 이상 지속된 정기적인 비타민 C 복용은 암 발생률을 25퍼센트 낮춰 준다고 한다.

13 노이만은 물론 예측 가능성이 대단히 복잡할 것이라고 예감했지만, 예측을 목적으로 인간이 생산할 기계(컴퓨터)가 언젠가는 거기 대적할 수 있으리라고 가정했다.

14 그의 사후에 출판된 《전자계산기와 뇌》(주 16 참조)는 이런 문장으로 시작한다. "여기서 중요한 것은 신경체계를 이해할 방법을 수학자의 관점에서 발견하려는 시도이다."

15 이 아이디어는 물론, 대부분의 수학자와 논리학자들이 뇌와 뇌의 복잡성을 평가절하고 있다는 점과 함께, 그다지 새로운 것은 아니다. 뇌의 수많은 신경세포가 수많은 자극을 주고, 이 자극은 연접부를 거쳐 통합된다는 지식만으로는 뇌를 이해할 수 없다.

16 이 원고는 1955년 노이만이 미국에서 가장 오래된 아카데미 강연회 중 하나에 속하는, 소위 실리먼 강연회에 초청받은 후 쓰기 시작한 것이다.

17 부다페스트는 때로 농담으로 '유다페스트' 라 불리기도 했다.

18 노이만과 함께 특히 테오도레 카르만, 마이클 폴라니, 유진 위그너, 에드워드 텔러, 레오 질라드가 있었다. 그들 대부분은 부다페스트 출신으로 그곳에서 같은 (상류층) 학교를 다녔다.

19 그는 또한 심각한 교통사고를 일으켜, 아내 매리엇에게 여러 군데 뼈가 부러지는 중상을 입혔다. 아마도 운전 중 넋을 놓고 있다가 나무를 향해 돌진한 것 같다.

20 소년 자니의 수학적 재능은 간과할 수 없는 것이었다. 17세에 그는 소위 최소다항식을 풀기 시작했고, 19세 때는 이 주제와 관련해 처음으로 진지한 연구논문을 발표했다. 이 논문은 '특정 최소다항식의 0점 상황에 관해' 라는 제목으로 《독일 수학협회지》에 실렸다.

21 요즘 거울 이론은 다시 각광을 받고 있다. 1994년 노벨경제학상은 독일학자 젤텐에게 돌아갔는데, 거울 이론을 계속 발전시킨 업적에 대한 것이었다.

22 '고정점' 이라는 용어는 수학자들이 그린 복사본(그래프)과 관계가 있다. 대개 수학이라는 학문에서 중요한 것은 매우 추상적인 과정들이지만, 고정점은 생생하고 구체적이다. 예를 들어 시가지도는 한 도시의 복사본이다. 도시가 한 점 한 점 모사된 것이라고 생각할 수 있다. 만약 내가 콘스탄츠 시가지도를 콘스탄츠의 거리들 위에 놓는다면, 도시와 시가지도가 일치하는 지점이 존재해야 한다. 그 지점이 이 복사본의 고정점이다. 브라우어의 정리는 어떤 상황에서 어떤 사본들(기능들)이 얼마나 많은 고정점을 가지는지를 알려준다.

23 현재는 1초에 20억 개 이상 계산할 수 있다.

24 그러나 알다시피 카오스 이론은 세계의 완전한 예언 가능성과 계산 가능성이라는 노이만의 꿈과는 모순이다.

25 무엇보다 노이만은 컴퓨터를 통해 기상학이 정확한 학문이 될 것이라고 예측했다. 물리학은 — 뇌 덕택

으로 — 이미 정확한 학문이었다. 날씨를 장기적으로 예측하는 것이 가능해지리라는 확신은 노이만이 범한 커다란 실수 중 하나였다. 이 부분에서 그는 논리학의 힘을 과대평가했다. 카오스는 그의 오성이나 그가 구상한 기계보다 더 크다.

26 막스 플랑크는 검은 물체의 온도가 올라갈 때 그 물체가 받아들이는 색들을 설명하면서 유명한 '작용의 양'을 발견했다. 물체는 처음에는 붉게 되었고 다음에는 노란색이, 마지막으로 흰색이 되었다. 물질이 내보내는 빛은 오로지 양자 이론의 차원에서만 설명될 수 있다.

27 보어 자신의 성과를 말하는 것이다. 보어의 장에서 설명했던, 1912~1913년의 원자 모델을 말한다.

28 물론 보어는 그렇게 말하지 않았다. 여기 나온 말은 아마도 1932년 보어가 개회 연설에서 말했던 것과는 거의 관계가 없을 것이다. 추측건대 이것은 델브뤼크가 그날 이해한 내용이 아니라 훗날 보어의 연설들로부터 만들어낸 내용일 것이다. 필자는 1980년 중반에 걸린 델브뤼크에게 어떻게 생물학에 관심을 가지게 되었냐고 질문하면서 이 결정적 회심의 계기를 알게 되었다. 그때 그는 보어와 코펜하겐에 대해 이야기했다.

29 엄격하게 보면 맞는 말은 아니다. 하지만 1927~1928년 물리학적 세계상에 본질적인 변혁이 찾아왔다는 말은 거짓이 아니다. 물론 그후에 원자물리학이 등장했지만, 그것은 — 가혹하게 표현하자면 — 양자역학의 적용으로서 1925~1926년에 태어났다.

30 이것은 어떤 원자핵에서 고에너지의 방사가 겪는 산란에 관한 것이다. 그러나 산란현상은 방사가 핵 자체를 만났기 때문이 아니라 핵을 둘러싼 높은 장으로부터 반입자쌍(反粒子雙)을 해방시켰기 때문에 발생한다. 이 쌍은 나중에 다시 아래로 떨어진다. 양자역학이 예견했고 전문가들이 확인한, 수많은 기발한 착상들 중 하나로 꼽히는 이 과정은 쌍생성이라고 불린다.

31 어머니 리나는 40세가 넘었다. 그녀는 유명한 화학자 유스투스 폰 리비히의 손녀였다.

32 델브뤼크가 모두는 거대한 일족의 일원이었고 각각 번호를 가지고 있었다. 막스의 번호는 2517번이었다. 이것의 의미는 1800년경 할레에서 살았던 고트리프 델브뤼크의 2번째 아이가 낳은 장남의 7번째 아이라는 의미였다.

33 당시 네른스트는 오늘날 아인슈타인처럼 유명했다. 네른스트는 절대 영점에 도달하는 것은 불가능하다는 내용의 열역학 제3법칙을 작성했다.

34 델브뤼크의 제안은 기이한 행보를 겪게 된다. 논문의 특별판은 노벨물리학상 수상자인 에르빈 슈뢰딩거의 손에 들어갔는데, 그는 제2차 세계대전 이후 베스트셀러가 된 자신의 책 《생명이란 무엇인가》에서

그것을 "델브뤼크의 유전자 모델"이라고 언급했다. 1945년 이 책이 나오자 델브뤼크는 유명해졌다.

35 록펠러 재단은 유럽에서 전쟁이 발발할 것을 예상하고, 1935년 이후 재정자원을 이용해서 과학자들을 미국으로 데려오고자 했다. 그들 계획 중 하나는, 책임자 W. 위버가 '분자생물학'이라고 부른 전문분야를 촉진하는 것이었다. 이런 맥락에서 그들은 델브뤼크에게 접근한 것이다.

36 델브뤼크는 물론 박테리오파지 실험이 쉽고 이론가인 자신에게도 아무 문제 없으리라는 사실도 알았다.

37 그들은 알프레드 허쉬와 공동으로 수상했다.

38 그는 영어 'philosophical'을 항상 'philosawfucal'이라고 말했다. 'awful'은 '무시무시하다'는 뜻이다.

39 이 책들은 파인만이 직접 쓰지는 않았다. 그는 강의를 했을 뿐이며, 동료들이 필기하고 테이프에 녹음했다. 이 노트와 테이프로부터 《파인만의 물리학 강의(The Feynman Lectures in Physics)》가 탄생했다.

40 파인만의 강의들을 성서처럼 인용하는 물리학자들도 있다. 예컨대 '3권 12장 26절' 같은 식이다.

41 학생들의 시험 결과는 재앙과 같았고 파인만은 용기를 잃었다. 그러나 그는 캘리포니아 공과대학 학장의 청으로 강의를 계속했고 모두 2년 동안의 과정을 마쳤다.

42 물리학자 데이비드 머민(David Mermin)의 제안에 따라 파인만의 산문을 시 형태로 써보았다.

43 예를 들어 매우 낮은 온도로 냉각된 헬륨의 특성을 말한다. 헬륨은 액체 형태로는 어떤 그릇에도 담을 수 없다. 모든 것을 통과해 흘러가기 때문이다.

44 파인만이 훗날 이에 관해 이야기한 내용이 녹음되었다. 특히 '금고털이 조곡(safecracker Suite)'이라는 CD까지 나왔다.

45 다음 몇 해 동안 여성들과의 관계는 좀 이상했다. 그는 많은 시간을 바에서 보냈다. 1952년의 두 번째 결혼은 반갑지 않은 이혼으로 끝났고, 세 번째 아내와 함께 비로소 죽기 직전 은혼식을 맞을 수 있었다. 기네스 파인만은 남편을 기분 좋게 만드는 법을 알았다.

46 완전한 양자전기역학은 물리학자 4명의 공동작품이다. 파인만과 더불어 앞서 언급한 슈빙거와 토모나가, 그리고 영국학자 프리먼 다이슨이 양자전기역학 발생에 큰 역할을 했다.

47 지구만이 아니라 모든 질량은 중력장을 가지고 있다. 이 사실이 눈에 띄지 않는 것은, 지구의 질량이 다른 모든 질량보다 훨씬 크기 때문이다.

48 파인만의 방법론은 기술적으로 '경로 적분(path integral)'이라고 불리는데, 여기서 중요한 것은 '경

로'이다. 즉 파인만은 모어와 하이젠베르크가 불특정성 내지 보완성 개념을 통해 제거했던, 전자의 경로를 다시 도입했다. '경로 적분'에 쓰이는 수학이 우아한 만큼, 거기서 말하는 경로는 상상의 것이며 실제 길과는 아무 관계가 없다. 그럼에도 불구하고 파인만이 보완성 철학의 제거를 물리학적 승리와 연결지으려 했다면, 이것은 그가 보완성 사유에 대해 아무것도 이해하지 못했다는 증거이다. 파인만이 그랬던 것처럼 철학자를 '무능한 논리학자'라고 조롱하는 것은 잘못이다.

49 파인만의 비범한 직관능력은, 도식을 다룰 때마다 눈앞에 색을 보았다고 말한 데서도 드러난다.

전망

통계적으로 보아 우리 시대의 과학자들의 수는 지난 모든 역사적 시대들을 전부 합한 것보다 더 많다. 그렇다면 통계적으로 보아 지난 시대들보다는 20세기의 과학사에서 훨씬 더 많은 업적이 보고되어야 할 것이다. 그러나 과학의 모험에 관한 더 완전한 상을 얻기 위해 이 책에서 소개한 인명 목록이 어떻게 연장될 수 있는지를 고민하는 사람이라면, 오히려 17세기와 18세기에서 더 많은 인물들을 발견할 것이다. 그리고 아직 살아 있는 과학계 위인들 중에서 어떤 사람이 선별될 수 있는지 알고자 하는 사람은 낙관보다 회의에 빠지게 될 것이다.

과학의 두 번째 '후방부대'를 얻고자 한다면, 막스 플랑크보다 더 적격인 사람은 없을 것이며, 누구도 베르너 하이젠베르크를 추월할 수 없을 것이다. 그들보다 더 귀한 사람을 찾아본다면, 보편주의자인 고트프리트 빌헬름 라이프니츠와 수학자인 칼 프리드리히 가우스를 꼽을 수 있다. 이렇게 잠깐만 살펴봐도 또다른 '과학인물사전'을 만들기 위한 자료가 얼마나 많이 남아 있는지를 알게 된다.

그렇다면 그 책은 고트프리트 라이프니츠로부터 콘라트 로렌츠까지의 인물평을 담게 될 것이다. 또 한 가지, 집필 과정에서 항상 염두에 두어야 할 질문이 있다. 현존하는 과학자들 중 혹시 고려하고 수용해야 할 인물이 있지는 않을까? 그러나 이 자리에서 나는 침착하고 냉정하게 단정하고 싶다. 어떤 식으로든 아주 위대한 천재들은 과학계에서 사라진 것처럼 보인다고. 아니면 아직 등장하지 않았다고 말하는 편이 나을지도 모르겠다. 물론 예전과 마찬가지로 선두에 서서 과학을 이끌어가는 위대한 인물들은 존재하고 있지만 말이다.

이제 과학은 팀 활동의 문제가 되었다. 그래서 예컨대 매년 노벨상을 공정하게 수여하는 일도 점점 더 어려워지고 있다. 정관에 따르면 한 카테고리에서 3명 이상의 수상자는 나올 수 없기 때문이다. 우리 시대의 가장 뜨거운 과학인 분자생물학에 시선을 돌려본다면, 어떻게 팀들이 생성되고 어떻게 점점 더 큰 규모의 집단으로 발전하는지 낱낱이 볼 수 있다. 20세기 초만 해도 아직 개개 인물들이 전면을 장악했다. 몇 명만 열거해 봐도 알 수 있다. 바바라 매클린턱, 토머스 헌트 모건, 아우구스트 바이스만 등이 거기 속한 과학자들이다.

1930년대와 1940년대에 와서 처음으로 파트너와 함께 연구하는 현상이 생겨났다. 예를 들어 독일인 막스 델브뤼크는 이탈리아인 살바도르 루리아와 함께 일했다. 이 현상은 제2차 세계대전 이후 더 큰 의미를 얻었다. 영국인 프랜시스 크리크는 미국인 제임스 왓슨과 함께 이중나선구조를 발견했고, 프랑스 과학자 자크 모노와 프랑수아 야콥은 유전적 조정 작용을 통찰했다. 오늘날 특히 명성을 얻은 과학자들은, 수많은 공동연구자들을 거느리고 커다란 실험실을 지휘하거나 심지어는 거대한 연구조직의 대표가 되는 데 성공한 사람들이다.

현대 과학사에 엄청나게 많은 활동을 한 한 인물이 있다면, 이미 언급한 제임스 왓슨을 거론할 수 있다. 그는 과학자이자 교사이며 경영자로서 위대한 업적을 남겼다. 그의 예에서 우리는 지난 세기들과 비교해 오늘날 큰 변화가 있음을 명확히 알 수 있다. 막 25세가 된 젊은 왓슨은 세기적 발견을 해냈다. 즉 화학명이 DNS인 유전물질 구조, 이중나선을 발견한 것이다. 외관상 그는 이 문제를 쉽게 해결했지만, 그것은 왓슨이 이전에 환상적인 결정을 내렸기 때문이다. 즉 그는 혼자서는 문제를 해결할 수 없다는 사실을 확실히 알았다. 또 각각의 개별 분과의 연구만으로는 DNS 구조를 발견하기에 부족하다는 점도 명백했다. 따라서 가능한 한 많은 전문가들과 함께 가능한 한 많은 데이터를 다루는 것이 중요했다. 생물학자 왓슨은 자발적으로 학제적 연구를 했고, 결국 물리학적 수단으로 분석된 화학적 구조를 찾을 수 있었다. 그러나 그의 방식이 들어맞은 것은 단 한 번뿐이었다. 왓슨은 곧 다른 목표를 세웠고, 분자생물학에 관한 최초의 교과서를 저술했다. 이 책은 현재 4판까지 찍고 이후 많은 저서들의 모범이 되었다. 지난 몇 년 동안 왓슨은 특히 뉴욕의 콜드스프링하버 실험실 소장으로, 그리고 인간게놈 프로젝트를 조직한 인물로 이름을 얻었다.

당연히 왓슨은 우리 시대 생물학과 과학에 가장 큰 영향을 미쳤지만, 누구도 그에게 '생물학의 아인슈타인'이라는 지위를 공인해 주지는 않는다. 정통 부류에서 한 번 그를 그렇게 칭한 적이 있었기는 하지만 말이다. 즉 그가 만들어낸 것은 즉시 적용 가능하기 때문에 논란의 여지가 있다. 왓슨의 발견으로부터 새로운 과학(분자생물학)이 나왔을 뿐 아니라 새로운 기술(유전 기술)도 발생했고, 이 기술의 도움으로 산업과 과학 사이의 카드가 새롭게 섞였다. 오늘날 과학자들은 자연을 인식하는 데에만 그치지 않는다. 이제 그들은 많은 돈을 벌 수 있고 또 기꺼이 그러고자 한다. 또 그런 상황은 다양한 결과를 낳는다.

과학자들의 전성기는 끝난 것처럼 보인다. 몇몇 소수의 행운아들이 아주 편안하게 자신들의 분과에서 일하고 그 안에서 쉽게 개관할 수 있는 인식의 진보를 토론하지만 즉시 그 실천적 결과를 마주 대하지 않아도 되는 시대는 지나가버렸다. 오늘날에는 많은 '평범한 사람들'이 수많은 거대 실험실들에 군거하고 있다. 그들을 지켜보는 일은 여전히 즐거움을 준다. 아마도 그들 중 누군가 새로운 아인슈타인이 숨어 있을지도 모른다. 어쩌면 그는 갑자기 모든 나무들, 즉 데이터들 속에서 결정적인 가치를 지닌 숲을 볼지도 모른다. 예를 들어 아인슈타인이 과거 '우주론'을 가능케 했던 것처럼 그가 '게놈론'을 가능케 한다면 그보다 멋진 일은 없을 것이다. 그렇다면 과학의 집은 새로운 광채를 내뿜게 될 것이고, 그와 함께 일하는 수많은 사람들이 그 볕을 쬐게 될지도 모른다. 우리는 그들을 필요로 한다. 비록 '과학사'에서 그들에게 단독 장을 마련해 주지는 않을지라도 말이다.

기원전 500	소크라테스 전기(前期) 학파	
기원전 470	소크라테스(468-399)	
기원전 460	데모크리토스(460-371)	
기원전 430	플라톤(427-347)	
기원전 400	아리스토텔레스(384-322)	
기원전 330	유클리드(322-285)	알렉산더 대왕 사망(323)
기원전 300	아르키메데스(287-212)	
...		
0		그리스도 탄생
40		알렉산드리아 도서관 첫 파괴(?)
90	프톨레마이오스(90-170)	
130	갈레노스(130-200)	
...		
390		알렉산드리아 도서관 두 번째 파괴
...		
520		최초의 기독교 수도원 설립(529)
		유스티니아누스 페스트
		고대의 종말
620		무함마드의 메디나 피신(히즈라)
		이슬람교의 원년(622)
...		
960	이븐 알하이탐/알하젠(965-1039)	
980	이븐시나/아비센나(980-1037)	
...		

1120	이븐 루슈드/아베로에스(1126-1198)	
1140		파리 대학과 볼로냐 대학 창설
1190	알베르투스 마그누스(1193-1280)	
1210	로저 베이컨(1219-1292)	
1230	라이문두스 룰루스(1235-1315)	
1290	장 뷔리당(1295-1358)	
1340		유럽 흑사병(1347-1348)과 중세의 종말
		프라하 대학 창설(1347)
...		
1440	크리스토퍼 콜럼버스(1446-1506)	
1450	레오나르도 다빈치(1452-1519)	
1470	니콜라우스 코페르니쿠스(1473-1543)	
1490		콜럼버스의 아메리카 대륙 발견
		스페인이 아랍국 그라나다 탈환(1492)
1560	프랜시스 베이컨(1561-1626)	
	갈릴레오 갈릴레이(1564-1642)	
1570	요하네스 케플러(1571-1630)	
1590	르네 데카르트(1596-1650)	
1610		30년전쟁(1618-1648)
1620	블레즈 파스칼(1623-1662)	
1640	아이작 뉴턴(1642-1727)	
	고트프리트 빌헬름 라이프니츠(1646-1716)	
1700	다니엘 베르누이가(1700-1782)	
	벤저민 프랭클린(1706-1790)	
	레오날드 오일러(1707-1783)	
1720	임마누엘 칸트(1724-1804)	
1740	앙투안 라부아지에(1743-1794)	
	요한 볼프강 폰 괴테(1749-1832)	
1760	알렉산더 폰 훔볼트(1769-1859)	
1770	칼 프리드리히 가우스(1777-1855)	미합중국 독립선언(1776)
1790	마이클 패러데이(1791-1867)	프랑스대혁명 발발(1789)
1800	유스투스 폰 리비히(1803-1873)	
	찰스 다윈(1809-1882)	
1820	헤르만 폰 헬름홀츠(1821-1894)	
	루돌프 비르초프(1821-1902)	
	그레고르 멘델(1822-1884)	
	베른하르트 리만(1826-1866)	

연표

1830	제임스 클라크 맥스웰(1831-1879)	
1840	로베르트 코흐(1843-1910)	
	루트비히 볼츠만(1844-1905)	
1850	막스 플랑크(1858-1947)	
1860	다비트 힐베르트(1862-1943)	
	마리 퀴리(1867-1934)	
1870	리제 마이트너(1878-1968)	
	알베르트 아인슈타인(1879-1955)	
1880	닐스 보어(1885-1962)	
	에르빈 슈뢰딩거(1887-1961)	
1900	볼프강 파울리(1900-1958)	
	베르너 하이젠베르크(1901-1974)	
	라이너스 폴링(1901-1994)	
	바바라 매클린턱(1902-1990)	
	존 폰 노이만(1903-1957)	
	막스 델브뤼크(1906-1981)	
1910	리처드 P. 파인만(1918-1988)	
		제1차 세계대전(1914-1918)
1930		히틀러 집권(1933)
		제2차 세계대전(1939-1945)
1950		이중나선구조 발견(1953)
1960		달 착륙(1969)
1970		환경 문제 대두
1980		개인용 컴퓨터 등장
1990		과학계의 '뇌의 10년'
2000		삼천년기 시작

사전

Biographical Encyclopedia of Scientists, hg. von John Daintith u. a., IOP Publishing, 2. Bände, Bristol 1994.

Collins Biographical Dictionary of Scientists, hg. von Trevor Williams, HarperCollins, Glasgow 1994.

Forscher und Erfinder — abc Fachlexikon, hg. von Hans-Ludwig Wussing u.a., Verlag Harri Deutsch, Frankfurt a. M. 1992.

Grosse Naturwissenschaftler — Biographisches Lexikon, hg. von Fritz Krafft, VDI Verlag, Düsseldorf 1986.

단행본

Niels Bohr, *Atomphysik und menschliche Erkenntnis*, Vieweg, Braunschweig 1985.

Ludwig Boltzmann, *Populäre Schriften*, Vieweg, Braunschweig 1979.

Engelbert Broda, *Ludwig Boltzmann*, Deuticke, Wien 1955.

David Cahan (Hg.), *Hermann von Helmholtz and the Foundation of Nineteenth-Century Science*, University of California Press, Berkeley 1994.

I. Bernhard Cohen, *Revolutionen in der Wissenschaft*, Suhrkamp, Frankfurt a. M. 1994.

Alain Desmond und James Moore, *Darwin*, Rowohlt, Reinbek 1994.

William C. Donahue, *Kepler's fabricates figures*, Journal for the History of Astronomy 19(1988), 217-228.

J. Fauvel u. a. (Hg.), *Newtons Werk*, Birkhäuser, Basel 1993.

Richard P. Feynman, *Kümmert Sie, was andere Leute denken?*, Piper, München 1991, Taschenbuchausgabe 1996.

Richard P. Feynman, *QED — Die seltsame Theorie des Lichts und der Materie*, Piper, Munchen 1988, Taschenbuchausgabe 1992.

Richard P. Feynman, *Sie belieben wohl zu scherzen, Mr. Feynman!*, Piper, München 1987, Taschenbuchausgabe 1991.

Richard P. Feynman, *Vom Wesen physikalischer Gesetze*, Piper, München 1990, Taschenbuchausgabe 1993.

Ernst Peter Fischer, *Niels Bohr*, Piper, Munchen 1987.

Ernst Peter Fischer, *Das Atom der Biologen — Max Delbrück und der Ursprung der Molekulargenetik*, Piper, Munchen 1988.

Klaus Fischer, *Galileo Galilei*, C. H. Beck, München 1983.

Albrecht Fölsing, *Albert Einstein*, Suhrkamp, Frankfurt a. M. 1993.

Albrecht Fölsing, *Galileo Galilei — Prozess ohne Ende*, 2. Aufl., Piper, München 1989.

Stephan Gankroger, *Descartes: An Intellictual Biolgraphy*, Oxford University Press 1995.

James Gleick, *Richard Feynman*, Droemer Knaur, München 1993.

David Gooding, *Faraday Rediscovered*, Macmillan, Basingstoke 1985.

Jürgen Hamel, *Nicolaus Copernicus*, Verlag Chemie, Heidelberg 1994.

Armin Hermann, *Einstein*, Piper, München 1994.

Evelyn Fox Keller, *A Feeling for the Organism — The Life and Work of Barbara McClintock*, W. H. Freeman, San Francisco 1983.

Hermann Kesten, *Copernicus und seine Welt*, dtv, Munchen 1973.

Jochen Kirchhoff, *Kopernikus*, Rowohlt, Reinbek 1990.

Ingrid Kraemer-Ruegenberg, *Albertus Magnus*, C. H. Beck, München 1980.

Fritz Krafft, Lise *Meitner und ihre Zeit*, Angewandte Chemie 90(1978), S. 876-892.

Wolfgang Krohn, *Francis Bacon*, C. H. Beck, Munchen 1987.

Mechthild Lemcke, *Johannes Kepler*, Rowohlt, Reinbek 1995.

Norman Macrae, *John von Neumann*, Birkhäuser, Basel 1994.

Albertus Magnus, *Ausgewählte Texte — Lateinisch-Deutsch*, hg. von A. Fries, Wissenschaftliche Buchgesellschaft, 3. Aufl., Darmstadt 1994.

Ernst Mayr, ... und Darwin hat doch recht, Piper, München 1994.

Ernst Mayr, Die Entwicklung der biologischen Gedankenwelt, Springer, Heidelberg 1984.

Lise Meitner, Einige Erinnerungen, Die Naturwissenschaften 41(1954), S. 97-99.

Lise Meitner, Wege und Irrwege zur Kernenergie, Naturwissenschaftliche Rundschau 16(1963), S. 167-169.

Isaac Newton, Mathematische Grundlagen der Naturphilosophie, hg. von Ed Dellian, Meiner, Hamburg 1988.

Max Perutz, Linus Pauling, Nature Structural Biology 1(1994), S. 667-671.

Susan Quinn, Marie Curie: A Life, Simon & Schuster, New York 1995.

Alexander Rich, Linus Pauling, Nature 371(1994), S. 285.

Patricia Rife, Lise Meitner, Claassen, Düsseldorf 1990.

Ivo Schneider, Isaac Newton, C. H. Beck, Munchen 1988.

Emilio Segrè, Die grossen Physiker und ihre Entdeckungen. Bd. 1: Von den fallenden Körpern zu den eledtromagnetischen Wellen. Bd. 2: Von den Röntgenstrahlen zu den Quarks, Piper, München 1990.

Anthony Serafini, Linus Pauling — A Man and his Science, Simon & Schuster, New York 1989.

Michel Serre (Hg.), Elemente einer Geschichte der Wissenschaften, Suhrkamp, Franfurt a. M. 1993.

Rainer Specht, Descartes, 6. Aufl., Rowohlt, Reinbek 1992.

Ferenc Szabadváry, Antoine Laurent Lavoisier, Wiss. Verlags-Gesell-schaft, Stuttgart 1973.

Ivan Tolstoy, James Clerk Maxwell, Canongate, Edinburgh 1981.

Richard S. Westfall, Never at Rest — A Biograpy of Isaac Newton, Cambridge University Press 1980.

J. M. Zemb, Aristoteles, 11. Aufl., Rowohlt, Reinbek 1993.

| 찾아보기 |

인명·용어

457